JavaScript pour
le Web 2.0

CHEZ LE MÊME ÉDITEUR

Du même auteur

J. Dubois, J.-P. Retaillé, T. Templier. – **Spring par la pratique**.
Mieux développer ses applications Java/J2EE avec Spring, Hibernate, Struts, Ajax...
N°11710, 2006, 518 pages.

Dans la même collection

C. Porteneuve. – **Bien développer pour le Web 2.0** – *Bonnes pratiques Ajax.*
N°12028, 2007, 580 pages.

M. Plasse. – **Développez en Ajax**.
Avec quinze exemples de composants réutilisables et une étude de cas détaillée.
N°11965, 2006, 314 pages.

R. Goetter. – **CSS 2 : pratique du design web**.
N°11570, 2005, 324 pages.

H. Wittenbrik. – **RSS et Atom. Fils et syndications**.
N°11934, 2006, 216 pages.

M. Mason. – **Subversion. Pratique du développement collaboratif avec SVN**.
N°11919, 2006, 206 pages.

J.-M. Defrance. – **PHP/MySQL avec Dreamweaver 8**.
N°11771, 2006, 632 pages.

J.-M. Defrance. – **PHP/MySQL avec Flash 8**.
N°11971, 2006, 752 pages.

E. Daspet, C. Pierre de Geyer. – **PHP 5 avancé**.
N°12004, 3e édition 2006, 800 pages.

M. Kofler. – **MySQL 5. Guide de l'administrateur et du développeur**.
N°11633, 2005, 692 pages.

A. Patricio. – **Hibernate 3.0**.
N°11644, 2005, 336 pages.

K. Djafaar. – **Eclipse et JBoss**.
N°11406, 2005, 656 pages + CD-Rom.

J. Weaver, K. Mukhar, J. Crume. – **J2EE 1.4**.
N°11484, 2004, 662 pages.

G. Leblanc. – **C# et .NET 2.0**.
N°11778, 2006, 700 pages.

Autres ouvrages sur le développement Web

M. Nebra. – **Réussir son site web avec XHTML et CSS** (Accès libre).
N°11948, 2007, 306 pages.

J. Zeldman. – **Design web : utiliser les standards. CSS et XHTML**.
N°12026, 2e édition 2006, 444 pages.

J. Protzenko, B. Picaud. – **XUL** (Les Cahiers du programmeur).
N°11675, 2005, 320 pages.

V. Caron, Y. Forgerit et al. – **SPIP 1.8** (Les Cahiers du programmeur).
N°11428, 2005, 450 pages.

JavaScript pour le Web 2.0

Thierry Templier
Arnaud Gougeon

Avec la collaboration de Olivier Salvatori,
et la contribution de Jean-Philippe Retaille
et de Séverine Roblou Templier

EYROLLES

ÉDITIONS EYROLLES
61, bd Saint-Germain
75240 Paris Cedex 05
www.editions-eyrolles.com

Remerciements

Nous remercions Éric Sulpice, directeur éditorial d'Eyrolles, et Olivier Salvatori pour leurs multiples relectures et conseils.

Enfin, merci à toutes les personnes qui ont eu la gentillesse de nous soutenir et de nous relire, notamment Jean-Philippe Retaillé et Stéphane Labbé.

Merci également à Cyril Balit et François Lion, créateurs et développeurs de la bibliothèque Rialto, pour leur précieuse aide dans le chapitre relatif à cette bibliothèque.

Arnaud Gougeon :

Merci à ma femme, Anouk, et à ma famille pour m'avoir soutenu tout au long de l'écriture de cet ouvrage.

Thierry Templier :

Merci à ma femme, Séverine, pour son soutien et son aide précieuse tout au long de ce projet. Merci également à toutes les personnes qui m'ont soutenu tout au long de ce projet.

Avant-propos

JavaScript est un langage de script très populaire, utilisé notamment afin d'implémenter des traitements dans les pages Web. Tout au long de cet ouvrage, nous nous efforçons de détailler les différents concepts de ce langage ainsi que les mécanismes à mettre en œuvre afin de l'utiliser dans ce type de pages.

Le langage JavaScript permet de réaliser des traitements évolués dans les pages Web en offrant la possibilité d'utiliser les différents standards Web supportés par les navigateurs et d'interagir avec eux. Certaines spécificités de ces derniers restent néanmoins à prendre en compte afin de garantir leur portabilité.

Longtemps freinée par le support hétérogène de ces standards, l'utilisation du langage JavaScript a été facilitée par l'apparition de bibliothèques intégrant la prise en compte de ces spécificités quant à la résolution de problématiques particulières.

De solides connaissances sont nécessaires pour mettre en œuvre ce langage dans des applications de type Web 2.0, dont l'interface graphique est plus évoluée et interactive. Heureusement, des bibliothèques JavaScript ont été mises au point afin d'aider au développement de ce type d'application Web.

Loin d'être uniquement dédié aux applications de type Web 2.0, JavaScript ouvre d'intéressantes perspectives afin d'améliorer et d'optimiser les interfaces graphiques des applications Web classiques en se fondant sur les techniques Ajax.

Objectifs de cet ouvrage

Cet ouvrage se veut un guide pratique pour le développement de traitements fondés sur le langage JavaScript dans les pages Web.

Nous avons voulu le rendre accessible au plus grand nombre afin de permettre à tout développeur Web d'utiliser ce langage dans différents contextes et de devenir plus productif dans son utilisation de JavaScript. C'est la raison pour laquelle il détaille aussi bien les mécanismes de base du langage que son utilisation dans des pages Web. Avant tout didactique, il vise à rendre le lecteur directement opérationnel dans l'utilisation des différentes facettes du langage.

Tout au long de l'ouvrage, nous mettons en œuvre diverses bibliothèques JavaScript gratuites et populaires. Ces dernières adressent un ou plusieurs aspects des développements fondés sur ce langage et intègrent les spécificités des différents navigateurs pour la prise en compte des standards Web.

Cette volonté d'accessibilité ne signifie pas pour autant que l'ouvrage soit d'une lecture simple et peu technique. Au contraire, nous y abordons des sujets avancés, tels que les principes de la programmation orientée objet et d'Ajax, ainsi que des bonnes pratiques afin de structurer et optimiser les développements fondés sur JavaScript.

Convaincus que l'on apprend mieux par la pratique, nous proposons au lecteur une étude de cas pratique, sous la forme d'une application de gestion de sites archéologiques. Cette application s'appuie sur la bibliothèque dojo et sur l'outil Google Maps, dont l'ouvrage détaille la mise en œuvre conjointe.

Organisation de l'ouvrage

L'ouvrage commence par décrire les concepts et mécanismes de base de JavaScript. Il aborde ensuite les mécanismes relatifs à la programmation graphique avec ce langage, conjointement avec les langages HTML, xHTML et CSS.

Diverses bibliothèques facilitant l'utilisation des mécanismes abordés sont présentées et mises en œuvre.

Nous avons fait l'effort de dégager autant que de besoin les bonnes pratiques d'utilisation de ce langage.

L'ouvrage comporte les six grandes parties suivantes :

• La première partie introduit les mécanismes de base du langage JavaScript. La manière de mettre en œuvre la programmation orientée objet ainsi que le support de la technologie DOM par ce langage y sont décrits et détaillés. Les techniques Ajax sont également abordées afin de permettre l'échange de données par les pages Web sans les recharger.

• La partie II concerne les bibliothèques JavaScript de base, dont l'objectif est de faciliter l'utilisation des divers mécanismes du langage abordés dans la première partie. Sont ainsi introduites les fondations de prototype, une bibliothèque JavaScript légère et populaire, et de dojo, une bibliothèque très complète.

• Avec la partie III, l'ouvrage aborde les problématiques graphiques des traitements JavaScript dans les pages Web. Après avoir rappelé le fonctionnement des langages HTML, xHTML et CSS, nous montrons comment JavaScript peut interagir avec ces langages et comment mettre en œuvre des composants graphiques. L'accent est mis tout au long de cette partie sur la structuration et la séparation des différents langages et traitements mis en œuvre.

• Afin de développer des applications graphiques avec le langage JavaScript, bien des aspects doivent être pris en compte et maîtrisés. De nombreuses bibliothèques Java-Script sont disponibles sur Internet afin de masquer ces problématiques et de mettre à disposition des mécanismes et des composants graphiques prêts à l'emploi et portables. La partie IV introduit certaines d'entre elles, notamment prototype, script.aculo.us et behaviour. Par la suite, sont décrites les bibliothèques dojo et rialto, plus complètes et offrant des mécanismes de gestion des composants graphiques.

- Dans la philosophie du Web 2.0, où le Web correspond à une véritable plate-forme, la partie V aborde les problématiques relatives à l'intégration et à l'interaction avec des services externes dans des pages Web en se fondant sur le langage JavaScript. Y sont notamment présentés Google Maps, l'outil cartographique de Google, et la manière d'utiliser des données de services des sites Yahoo! et Amazon, accessibles par le biais de l'architecture REST.

- La partie VI décrit divers outils connexes au langage JavaScript permettant d'améliorer la qualité des traitements JavaScript ainsi que la productivité de leur développement. Sont abordés les tests unitaires avec JsUnit et l'outillage disponible pour l'écriture et la mise en œuvre de ce type de traitement.

À propos de l'étude de cas

L'étude de cas, une application de gestion de sites archéologiques, est un exemple concret d'utilisation du langage JavaScript, de la bibliothèque dojo et de l'outil Google Maps.

Elle permet au lecteur de voir concrètement comment les différents mécanismes et techniques abordés tout au long de l'ouvrage peuvent être utilisés conjointement afin de développer une application Web riche et interactive.

Loin de n'être qu'un simple exemple, cette application correspond à un prototype servant de fondation à une application de gestion de données archéologiques pour une université française.

L'étude de cas est accessible en démonstration sur la page du site de SourceForge dédiée à l'ouvrage, à l'adresse *http://jsweb2.sourceforge.net*.

À qui s'adresse l'ouvrage ?

Cet ouvrage s'adresse à tout développeur Web souhaitant découvrir ou redécouvrir le langage JavaScript. L'accent a été mis sur les mécanismes de base du langage ainsi que sur les possibilités offertes au développement de traitements simples ou évolués dans des pages Web dans l'esprit du Web 2.0.

Il n'est nul besoin d'être expert dans les technologies présentées. Chaque chapitre présente clairement chacune d'elles puis montre comment le langage JavaScript la met en œuvre ou interagit avec. Les différents langages, tels que HTML, xHTML et CSS, ainsi que les techniques mis en œuvre dans les pages Web sont également détaillés.

Pour toute question concernant l'ouvrage, vous pouvez contacter ses auteurs sur la page Web dédiée du site d'Eyrolles, à l'adresse *www.editions-eyrolles.com,* ou sur le site de l'ouvrage, à l'adresse *jsweb2.sourceforge.net*.

Table des matières

Avant-propos   V

   Objectifs de cet ouvrage   V

   Organisation de l'ouvrage   VI

   À propos de l'étude de cas   VII

   À qui s'adresse l'ouvrage ?   VII

Table des matières   IX

CHAPITRE 1

Introduction   1

   Le langage JavaScript   1

      Historique   2

      ECMAScript   3

      JavaScript   4

   JavaScript dans un navigateur Web   5

   JavaScript, fondation du Web 2.0   7

      Enrichissement des interfaces graphiques   7

      Échanges de données   8

      Structuration des applications   9

   Conclusion   10

PARTIE I

Principes de base de JavaScript

CHAPITRE 2

Fondements de JavaScript 13

Exécution de scripts JavaScript 13

Interpréteurs JavaScript 13

Utilisation de JavaScript dans un navigateur 15

Principes de base de JavaScript 16

Variables et typage 16

Opérateurs.. 20

Structures de contrôle.. 24

Méthodes de base 27

Tableaux 28

Types de base 32

Manipulation des chaînes..................................... 33

Manipulation des nombres 35

Manipulation des dates....................................... 36

Expressions régulières 37

Structuration des applications 41

Fonctions... 41

Closures 45

Gestion des exceptions 45

Conclusion 47

CHAPITRE 3

JavaScript et la programmation orientée objet 49

Rappel des principes de la programmation objet 49

Classes et objets 50

L'héritage 52

Agrégation et composition 55

Le polymorphisme 56

En résumé.. 56

Classes JavaScript 57

   Classes de base.. 59

   Classes pré-instanciées...................................... 62

   Classes de l'environnement d'exécution 64

Mise en œuvre de classes personnalisées 64

   Mise en œuvre de classes 64

   L'héritage de classes.. 72

   Pour aller plus loin 78

Conclusion 83

CHAPITRE 4

Programmation DOM 85

Spécifications du DOM 85

   Support par les navigateurs Web 86

Structure du DOM 86

   La classe Node 87

   Types des nœuds... 88

Manipulation des éléments 89

   Accès direct aux éléments 89

   Accès aux éléments à partir d'un nœud 90

   Manipulation des nœuds...................................... 91

   Utilisation des fragments d'arbre 93

   Manipulation des attributs 94

Parcours de l'arbre DOM 95

L'attribut innerHTML 98

Utilisation du DOM niveau 0 100

Modification de l'arbre DOM au chargement 100

Conclusion 103

CHAPITRE 5

Mise en œuvre d'Ajax 105

Ajax et la classe XMLHttpRequest 105

   La classe XMLHttpRequest.................................... 106

   Gestion des échanges 108

Échanges de données 109

  Données échangées 110

  Structure des données échangées 111

  En résumé 114

Contournement des restrictions 114

  Proxy au niveau du serveur 115

  iframe cachée 116

  Utilisation dynamique de la balise script 120

  En résumé 122

Conclusion 122

PARTIE II

Fondations des bibliothèques JavaScript

CHAPITRE 6

La bibliothèque prototype 125

Support des éléments de base de JavaScript 126

  Support des classes 126

  Essai de fonctions 127

  Support des fonctions 128

  Déclencheur 129

Support des classes de base 129

  Chaînes de caractères 129

  Nombres 131

Gestion des collections 131

Support du DOM 138

Support d'Ajax 139

  Exécution de requêtes Ajax 139

  Mise à jour d'éléments HTML 142

Raccourcis 144

Conclusion 146

CHAPITRE 7

Fondations de la bibliothèque dojo   147

Mécanismes de base   148
  Installation et configuration   149
  Gestion des modules.   151

Support de base   154
  Vérification de types.   155
  Fonctions   156
  Support de la programmation orientée objet   157
  Tableaux   158

Programmation orientée objet   162
  Mise en œuvre des classes   162
  Initialisation des classes.   162
  Support de l'héritage   163

Chaînes de caractères et dérivés   164
  Chaînes de caractères.   165
  Dates.   167
  Expressions régulières   170

Support des collections   173
  Collections de base.   173
  Structures de données avancées   175
  Itérateurs.   177

Support du DOM   178

Support des techniques Ajax   183
  Fonction dojo.io.bind   183
  Classes de transport disponibles.   187
  Support de RPC   187
  Soumission de formulaire.   189
  En résumé.   190

Traces applicatives   190

Mesure des performances   192

Conclusion   194

PARTIE III

Programmation graphique Web avec JavaScript

CHAPITRE 8

Fondements des interfaces graphiques Web 197

    HTML et xHTML 198

    CSS 202

        Définition de styles..................................... 203

        Application des styles................................... 204

    Interactions avec JavaScript 208

        Détection du navigateur 208

        Manipulation de l'arbre DOM 209

        Gestion des événements 210

        Manipulation des styles 220

    Concepts avancés 222

        Gestion des événements 222

        Utilisation des technologies XML et XSLT 223

    Conclusion 229

CHAPITRE 9

Mise en œuvre de composants graphiques 231

    Généralités sur les composants graphiques 231

        Objectifs des composants graphiques....................... 233

        Relations entre composants graphiques 233

    Structuration des composants graphiques 234

        Conception orientée objet................................ 235

        Apparence... 236

        Comportement générique 238

        Gestion des événements 240

    Utilisation d'Ajax 241

    Approches de construction 242

        Construction fondée sur le HTML 242

        Construction fondée sur JavaScript 244

        En résumé 246

Exemples d'implémentation de composants graphiques   246

Zone de texte et complétion automatique.   247

Liste de sélection   248

Conclusion   252

PARTIE IV

Bibliothèques JavaScript graphiques

CHAPITRE 10

Les bibliothèques graphiques légères   255

La bibliothèque prototype   255

Manipulation d'éléments de l'arbre DOM   255

Ajout de blocs HTML   258

Gestion des événements   260

Support des formulaires HTML   264

En résumé   266

La bibliothèque behaviour   266

Installation et mise en œuvre de la bibliothèque behaviour   267

En résumé   269

La bibliothèque script.aculo.us   269

Effets   270

Glisser-déposer.   275

Autocomplétion   278

En résumé   280

Conclusion   281

CHAPITRE 11

Support graphique de la bibliothèque dojo   283

Modules HTML de base   284

Fonctions de base   284

Gestion des styles.   286

Gestion de l'affichage.   288

Gestion des événements   290

   Fonctions de base   290

   Découplage   294

Gestion des effets   296

Gestion du glisser-déposer   299

Implémentation des composants graphiques   299

   Structuration des composants graphiques   300

   Implémentation d'un composant personnalisé   306

   Mise en œuvre des composants   310

   Manipulation de composants graphiques   313

   En résumé   317

Composants prédéfinis   317

   Composants simples   318

   Positionnement   320

   Fenêtres   322

   Menus et barres d'outils   326

   Composants complexes   331

Étude de cas   338

   Mise en œuvre de dojo   338

   Utilisation de composants graphiques   339

Conclusion   345

CHAPITRE 12

La bibliothèque rialto   347

Historique   347

   Projets annexes   348

Installation   348

Support de base   350

Support des techniques Ajax   356

Composants graphiques   357

   Structuration des composants   357

   Composants de base   359

   Gestion des formulaires   367

   Positionnement   370

Fenêtres flottantes 376
Composants complexes 378
En résumé 389

Comportements 389

Rialto Studio 390

Conclusion 392

PARTIE V

Utilisation de services externes

CHAPITRE 13

Google Maps 395

Description et fonctionnement 395

Mise en œuvre 397
Installation 397
Utilisation de base 398
Enrichissement de l'interface 400
Interaction avec l'application 405

Extensions 410
Extension EInsert 410

Support de Google Maps dans dojo 412

Étude de cas 414
Recherche géographique de sites 414
Positionnement d'un site 416

Conclusion 417

CHAPITRE 14

Services offerts par Yahoo! et Amazon 419

Yahoo! 419
Service de recherche Internet 420
Service de recherche d'albums musicaux 424
Utilisation des services 426
En résumé 430

Amazon 430

Service ECS 430

Utilisation du service 436

En résumé 440

Conclusion 440

PARTIE VI

Outils annexes

CHAPITRE 15

Tests d'applications JavaScript 443

Les tests unitaires 443

Mise en œuvre de JsUnit 443

Les cas de test 445

Assertion et échec 449

Les suites de tests 450

Chargement de données pour les tests 452

Exécution des tests 453

Test Runner 453

Le lanceur JsUnit intégré à Eclipse 455

Automatisation des tests avec JsUnit Server et Ant 457

Simulacres d'objets 462

Implémentation de simulacres simples 462

Implémentation de simulacres fondée sur JsUnit 463

Réalisation des tests 464

Limites des tests unitaires avec JavaScript 468

Conclusion 468

CHAPITRE 16

Outillage 471

Outils de développement 471

ATF (Ajax Toolkit Framework) 472

Outils de débogage 476

    Console JavaScript de Firefox 476

    FireBug pour Firefox 477

    Débogage dans Internet Explorer. 480

    Débogage avec dojo 482

    Détection des fuites mémoire. 483

Outils de documentation 483

    jsDoc. 483

Outils d'optimisation 486

    Outils de compression 486

    Chargement dynamique 487

Conclusion 488

Index 489

1

Introduction

JavaScript, le langage de script par excellence des navigateurs Web, offre la possibilité d'implémenter des traitements élaborés dans des pages Web. Il peut être mis en œuvre dans toute application disposant d'un interpréteur pour ce langage.

Bien que le noyau de JavaScript soit standardisé par l'intermédiaire du langage ECMAScript, aucune standardisation n'est disponible quant à ses différents dialectes utilisés dans les navigateurs Web. Diverses spécificités sont donc à prendre en compte dans ces navigateurs pour utiliser JavaScript.

Longtemps freiné par les incompatibilités entre les différentes implémentations des navigateurs, ce langage est devenu le fondement des applications Web 2.0. Il permet désormais de définir des traitements évolués en leur sein afin de gérer notamment l'interaction avec les utilisateurs et les échanges de données avec des applications ou des services accessibles par le biais d'Internet.

Dans ce chapitre introductif, nous explorons les fondements du langage JavaScript ainsi que son historique.

Nous verrons ensuite en quoi ce langage constitue la brique fondamentale des applications Web 2.0 en nous penchant sur la façon dont il s'intègre dans les éléments constitutifs des pages HTML.

Le langage JavaScript

Il existe une certaine confusion autour des termes JavaScript, JScript et ECMAScript. De plus, contrairement à ce que leur nom pourrait laisser penser, JavaScript et Java n'ont que peu de similitudes, hormis celles issues de leur parent commun, le langage C, et qui se limitent à la syntaxe de base.

Historique

Le langage JavaScript a été créé par Brench Eich pour le compte de Netscape Communications Corporation. En novembre 1996, il a servi de fondation à la première version du standard ECMA-262 décrivant le langage ECMAScript. JavaScript correspond donc à un dialecte de ce standard et a évolué indépendamment par la suite.

ECMA (European Computer Manufacturers Association)

Fondé en 1961 et à vocation internationale depuis 1994, ECMA est un organisme de standardisation pour les systèmes d'information et de communication. Son objectif est de développer et promouvoir divers standards afin de faciliter l'utilisation des technologies de l'information et de la communication. ECMA a publié à ce jour plus de 370 standards et rapports techniques, dont les deux tiers ont été adoptés en tant que standards internationaux, et est responsable des standards relatifs aux langages C++, C#, Eiffel et ECMAScript.

Face au succès de JavaScript en tant que langage de script pour les pages Web, Microsoft a sorti, en août 1996, le langage JScript, similaire à JavaScript et correspondant également à un dialecte du langage ECMAScript.

Ainsi, chaque navigateur supporte ECMAScript par l'intermédiaire de son propre dialecte. Par abus de langage, tous ces dialectes sont désignés par le terme JavaScript.

Les tableaux 1.1 et 1.2 récapitulent les niveaux de conformité entre les versions de la spécification ECMAScript et celles de ses principaux dialectes, JavaScript et JScript.

Tableau 1.1   Niveaux de conformité entre ECMAScript et JavaScript

Version de JavaScript	Version de ECMAScript
1.0 (Netscape 2.0, mars 1996)	-
1.1 (Netscape 3.0, août 1996)	-
1.2 (Netscape 4.0, juin 1997)	-
1.3 (Netscape 4.5, octobre 1998)	Versions 1 (juin 1997) et 2 (juin 1998)
1.4 (Netscape Server)	-
1.5 (Netscape 6.0 et versions suivantes de Netscape et Mozilla)	Version 3 (décembre 1999)
1.6 (Gecko 1.8 et Firefox 1.5, novembre 2005)	Version 3 ainsi que le support de E4X, extensions des tableaux ainsi que les chaînes et tableaux génériques
1.7 (Gecko 1.8.1, Firefox 2.0, fin 2006)	Version 3 avec les fonctionnalités de JavaScript 1.6 ainsi que diverses autres fonctionnalités

Tableau 1.2   Niveaux de conformité entre ECMAScript et JScript

Version de JScript	Version de ECMAScript
1.0 (Internet Explorer 3.0, août 1996)	-
2.0 (Internet Explorer 3.0, janvier 1997)	-
3.0 (Internet Explorer 4.0, octobre 1997)	Versions 1 (juin 1997) et 2 (juin 1998)

Tableau 1.2   Niveaux de conformité entre ECMAScript et JScript *(suite)*

Version de JScript	Version de ECMAScript
4.0 (Visual Studio 6)	-
5.0 (Internet Explorer 5.0, mars 1999)	-
5.1 (Internet Explorer 5.01)	-
5.5 (Internet Explorer 5.5, juillet 2000)	Version 3 (décembre 1999)
5.6 (Internet Explorer 6.0, octobre 2001)	-
.Net (ASP.NET)	-

La section suivante détaille la spécification ECMAScript, dont l'objectif est la description du noyau du langage JavaScript.

ECMAScript

Fondé sur la spécification ECMA-262, ECMAScript consiste en un langage interprété, dont l'objectif est de permettre la manipulation d'objets fournis par l'application hôte.

Cette spécification décrit les divers éléments suivants :

- syntaxe et mots-clés ;
- conventions et notations ;
- types et conversions de types ;
- contextes d'exécution ;
- expressions et structures de contrôle ;
- fonctionnement des fonctions ;
- objets natifs.

Ce langage met aussi en œuvre le concept des prototypes. Ce dernier correspond à un style de programmation orientée objet, dans lequel la notion de classe est absente. La réutilisation des traitements se réalise par clonage d'objets existants servant de modèle et non sous forme d'instanciation de classes.

Les différentes versions de la spécification ECMA-262 sont récapitulées au tableau 1.4.

Tableau 1.4   Versions de la spécification ECMA-262

Version	Date	Description
1	Juin 1997	Version initiale fondée sur la première version de JavaScript de Netscape
2	Juin 1998	Modifications en vue de la faire correspondre au standard international ISO/IEC 16262
3	Décembre 1999	Améliore la spécification précédente en ajoutant, entre autres, le support des expressions, une meilleure gestion des chaînes, de nouvelles structures de contrôle et la gestion des exceptions fondée sur les mots-clés `try` et `catch`.
4	En cours	Apportera peut-être des mots-clés afin de définir explicitement les classes, les packages, les espaces de nommage ainsi que, de manière optionnelle, le type statique des données.

En juin 2004, est paru le standard ECMA-357, plus connu sous le nom de E4X (ECMA-Script for XML). Il correspond à une extension du langage ECMAScript, auquel il ajoute un nouveau support de XML. Son objectif est de fournir une solution de rechange au DOM afin d'accéder plus simplement et de manière intuitive aux éléments d'un document XML.

Les différentes spécifications sont disponibles aux adresses suivantes :

- ECMAScript : *http://www.ecma-international.org/publications/standards/Ecma-262.htm*.

- E4X : *http://www.ecma-international.org/publications/standards/Ecma-357.htm*.

JavaScript

D'une manière générale, JavaScript désigne les dialectes du langage ECMAScript tels que récapitulés au chapitre 2.

Ces dialectes enrichissent l'ensemble des objets de base du langage ECMAScript avec d'autres objets provenant de l'environnement d'exécution du script. Cet environnement peut correspondre à un navigateur Web ou à un interpréteur JavaScript embarqué dans une application.

Ces objets peuvent être normalisés, comme c'est quasiment le cas de ceux relatifs à la technologie DOM (Document Object Model), ou être spécifiques du navigateur.

DOM (Document Object Model)

DOM correspond à une représentation en mémoire d'un arbre XML normalisée sous forme d'objets. Dans le cas de pages HTML, cette technologie offre la possibilité de manipuler leur structure en mémoire par programmation. Nous détaillons cette technologie au chapitre 4.

La figure 1.1 illustre les différents éléments JavaScript disponibles dans un navigateur Web.

Figure 1.1
Éléments JavaScript présents dans un navigateur Web

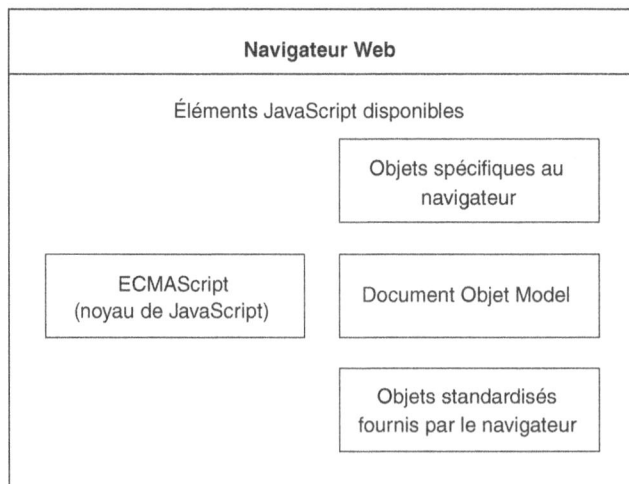

Les objets spécifiques d'un navigateur ne sont pas forcément présents dans tous les navigateurs. De plus, les objets standardisés fournis par les navigateurs peuvent posséder des variantes, les navigateurs pouvant supporter parallèlement diverses versions de la même spécification.

Le langage JavaScript peut être utilisé dans des pages Web mais également dans d'autres types d'applications. Ces dernières doivent intégrer un interpréteur relatif à ce langage afin de le mettre en œuvre.

JavaScript dans un navigateur Web

JavaScript propose différents mécanismes permettant de faire interagir les éléments écrits avec les langages HTML, xHTML et CSS d'une page Web avec les scripts JavaScript.

HTML et xHTML

Le HTML (HyperText Markup Language) est un langage de balisage utilisé afin de mettre en œuvre des pages Web contenant notamment des liens et des éléments graphiques. Ces pages sont conçues pour être affichées dans des navigateurs Web.

Positionné en tant que successeur du HTML, le xHTML (eXtensible HyperText Markup Language) est un langage distinct, qui reformule le HTML. De ce fait, les pages Web utilisant le xHTML doivent être bien formées au sens XML. Toutes les balises doivent être correctement fermées et les attributs délimités par le caractère « ou '.

CSS

CCS (Cascading Style Sheets) adresse les problématiques d'affichage des pages HTML. Son objectif est de permettre une séparation claire entre la structure d'une page, par le biais des langages HTML ou xHTML, et sa présentation, décrite avec CSS.

La page est d'abord chargée par le navigateur à partir d'un site Web. Cette page correspond à un fichier contenant des éléments HTML ou xHTML. Elle peut également contenir ou faire référence à divers blocs hétérogènes. Par exemple, des scripts JavaScript ainsi que des styles CSS peuvent s'y trouver.

Tous ces éléments permettent au navigateur d'initialiser la page Web, aussi bien au niveau de sa structure que de son interface graphique et de ses traitements.

Les éléments HTML ou xHTML sont utilisés par le navigateur afin d'initialiser la structure de la page en mémoire. Cette structure se fonde sur la technologie DOM (Document Object Model), une représentation objet hiérarchique de la page.

Le navigateur s'appuie sur les styles CSS pour donner une représentation graphique à la page. Notons que la structure HTML ou xHTML de la page peut également influer sur cette représentation.

Les scripts JavaScript permettent d'ajouter des traitements à la page. Ces derniers peuvent être exécutés à son chargement ou en réponse à divers événements.

La figure 1.2 illustre les différents constituants d'une page Web ainsi que leurs interactions.

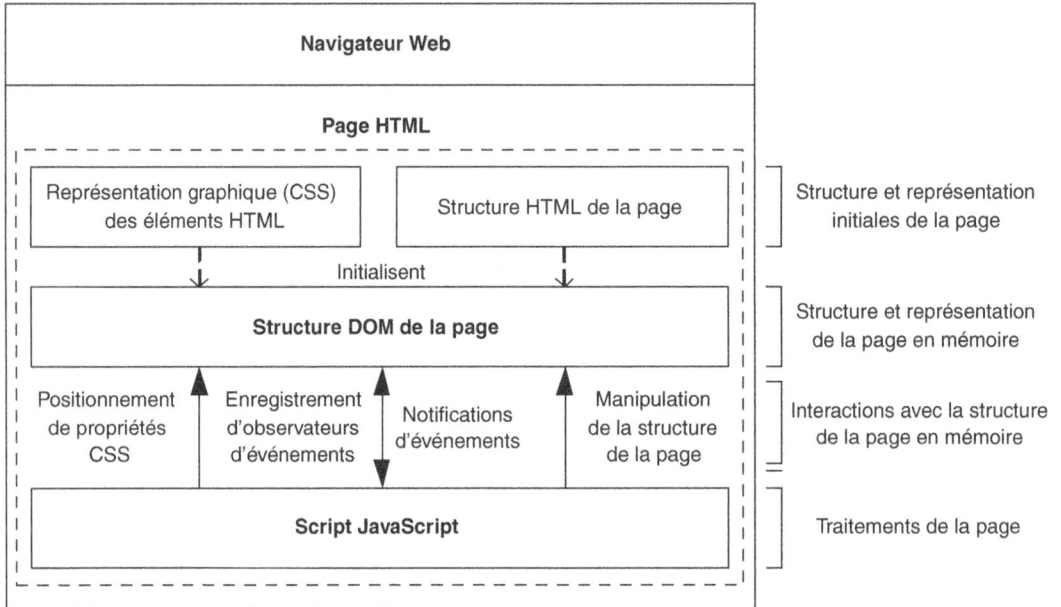

Figure 1.2
Interactions entre les différents constituants d'une page Web

Une fois la page chargée en mémoire, il est possible de la manipuler avec JavaScript en se fondant sur la technologie DOM. Cette dernière permet d'influer sur la structure de la page en ajoutant, modifiant ou supprimant des éléments, mais également sur sa représentation graphique puisque les styles CSS peuvent être vus ou rattachés en tant que propriétés d'éléments HTML.

Nous constatons que le DOM est central dans une page Web et que c'est à partir de lui que la manipulation de la page Web est envisageable.

La figure 1.2 montre que JavaScript peut modifier la structure du DOM mais également être notifié suite à différents événements. Les événements spécifiés au niveau du DOM peuvent correspondre à des événements utilisateur, tels qu'un clic sur un élément HTML, ou à des modifications de la structure DOM en mémoire.

Des observateurs peuvent être enregistrés au niveau de cette structure afin d'être appelés lorsque l'événement se produit. Dans le cas de JavaScript, ces observateurs correspondent à de simples fonctions ou à des méthodes d'objets qui ont accès à l'événement déclencheur.

Maintenant que nous avons décrit le fonctionnement et l'interaction des langages HTML, xHTML et CSS avec JavaScript, nous allons montrer en quoi JavaScript permet de mettre en œuvre des applications Web 2.0.

JavaScript, fondation du Web 2.0

Comme indiqué précédemment, JavaScript constitue la clé de voûte du Web 2.0. Nous détaillons dans cette section les problématiques techniques liées à ce nouveau paradigme d'Internet.

Enrichissement des interfaces graphiques

En se fondant sur les technologies HTML, xHTML et CSS, JavaScript offre la possibilité de réaliser des interfaces graphiques de pages Web plus élaborées et plus interactives.

Le support amélioré de la technologie CSS par les navigateurs a également grandement favorisé cet enrichissement.

Interactivité

JavaScript offre la possibilité d'ajouter de l'interactivité à une page Web.

Les événements peuvent être traités localement par la page par l'intermédiaire de fonctions ou méthodes d'objets JavaScript, comme nous l'avons vu à la section précédente.

En effet, le langage offre la possibilité de déclencher des traitements suite à des événements utilisateur par le biais de la technologie DOM. Les entités JavaScript enregistrées pour l'événement sont alors déclenchées afin de réaliser des traitements.

Ces derniers peuvent aussi bien modifier la structure en mémoire de la page, réaliser des effets graphiques ou interagir avec des applications ou des services accessibles par le biais d'Internet.

Prise en compte des navigateurs

La plupart des navigateurs du marché possèdent différentes spécificités quant à l'utilisation du DOM, de CSS et de JavaScript. La difficulté consiste donc à assurer le même rendu dans différents navigateurs.

La résolution de ce problème passe par l'utilisation de bibliothèques JavaScript fournissant une abstraction par rapport à ces spécificités par l'intermédiaire de collections de fonctions et de composants graphiques. Ainsi, le code de détection et de prise en compte des navigateurs est désormais externalisé des pages Web et géré au niveau de ces bibliothèques. Les pages Web n'ont plus qu'à utiliser ces composants implémentés en utilisant les divers mécanismes du langage JavaScript.

Les spécificités des navigateurs ne sont pas uniquement relatives aux aspects graphiques des pages Web et peuvent consister en des supports différents des versions des technologies. C'est le cas notamment de la technologie DOM avec les navigateurs Internet Explorer et Firefox. Les bibliothèques JavaScript intègrent également ces aspects.

Nous traitons en détail tous ces aspects à la partie III de l'ouvrage relative à la programmation Web graphique avec JavaScript.

Échanges de données

JavaScript permet de réaliser des requêtes HTTP en recourant aux mécanismes fournis par le langage JavaScript. La plupart des navigateurs récents supportent désormais cette fonctionnalité.

HTTP (HyperText Transfer Protocol)

HTTP correspond au protocole de transport applicatif de base d'Internet. Il s'agit d'un protocole ASCII transportant des informations sous forme de texte et qui peut fonctionner sur n'importe quel protocole réseau fiable, le plus souvent TCP.

Les pages Web ont désormais la possibilité d'échanger des données avec des applications distantes par l'intermédiaire du protocole HTTP sans avoir à recharger complètement leurs interfaces graphiques.

Jusqu'à présent, l'envoi d'un formulaire vers une ressource ou l'appel d'une ressource par le biais d'une adresse permettait d'échanger des données. L'interface graphique réalisant la requête était cependant perdue et remplacée par l'interface graphique de la ressource appelée.

Ces traitements sont toujours possibles mais peuvent être réalisés dans la page, sans avoir à recharger ni à toucher à son interface graphique. Il devient de surcroît possible d'échanger des données plutôt que du contenu correspondant à des pages Web.

Les techniques mises en œuvre ici sont communément désignées par l'acronyme AJAX (Asynchronous JavaScript and XML). Elles se fondent sur JavaScript afin d'exécuter une requête HTTP dans une page Web et de traiter sa réponse de manière synchrone ou asynchrone.

Plusieurs approches sont possibles pour cela. L'une d'elles s'appuie sur la classe Java-Script `XMLHttpRequest`, présente dans la plupart des navigateurs récents et en cours de standardisation par le W3C. Cette classe offre la possibilité d'exécuter une requête HTTP et de gérer la réponse. Cette approche se fonde uniquement sur le langage JavaScript.

W3C (World-Wide Web consortium)

Le W3C est un consortium dont l'objectif est de promouvoir les technologies Web (HTML, xHTML, XML, CSS, etc.). Cet organisme n'émet pas de norme mais des recommandations représentant des standards.

Deux autres approches peuvent être mises en œuvre à l'aide de balises des langages HTML et xHTML. Ces approches doivent être utilisées lorsque la classe précédente n'est pas disponible ou afin d'outrepasser ses limitations.

Dans tous les cas, JavaScript utilise la technologie DOM pour mettre à jour une ou plusieurs parties de l'interface graphique à partir des données reçues dans la réponse.

Les mécanismes de communication fondés sur Ajax sont illustrés à la figure 1.3.

Nous détaillons les différentes techniques relatives à Ajax au chapitre 5.

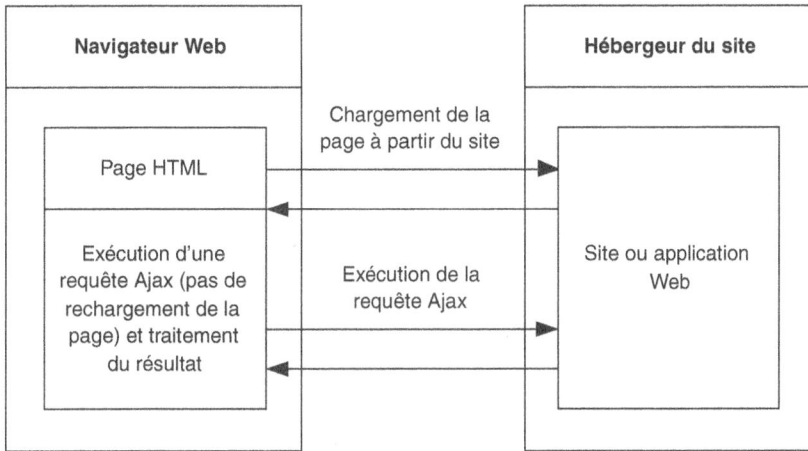

Figure 1.3
Mécanismes de communication fondés sur Ajax

Structuration des applications

Comme JavaScript devient de plus en plus présent dans les applications Web 2.0, il est indispensable de bien structurer les pages Web en fonction des technologies mises en œuvre et des traitements qu'elles intègrent.

Cette structuration peut être réalisée à différents niveaux.

Isolation des langages

Dans la mesure où les pages Web peuvent recourir à différents langages, il est important de bien séparer leur utilisation et de soigner leurs interactions.

Les styles CSS doivent être le plus possible externalisés de la page. La relation entre HTML, xHTML et CSS doit essentiellement se fonder sur les sélecteurs CSS. L'utilisation de l'attribut style des balises HTML et xHTML doit être évitée au maximum lors de la définition de leurs styles.

De la même manière, le code JavaScript doit être le plus possible externalisé des balises HTML et xHTML.

Ainsi, le rattachement des traitements JavaScript aux balises HTML et xHTML doit être localisé au minimum dans les attributs relatifs aux événements et utiliser au maximum le support des événements par la technologie DOM.

Ces approches permettent de bien séparer les différents traitements et langages contenus dans les pages Web afin de faciliter leur maintenance et leur évolution.

Structuration des traitements JavaScript

Divers mécanismes peuvent être mis en œuvre afin de structurer les traitements des applications JavaScript. Ils s'appuient essentiellement sur les fonctions JavaScript, qui permettent notamment de mettre en œuvre les concepts de la programmation orientée objet.

L'objectif est de modulariser les traitements dans des entités JavaScript afin d'éviter les duplications de code et de favoriser la réutilisation des traitements.

La mise en œuvre et l'utilisation de bibliothèques JavaScript permettent d'utiliser diverses collections de fonctions pour une problématique donnée et d'adresser de manière transparente les spécificités des navigateurs.

La plupart des bibliothèques graphiques offrent un ensemble de composants graphiques et d'effets prêts à l'emploi ainsi qu'un cadre général afin de développer des applications Web avec JavaScript.

Nous détaillons la mise en œuvre de ces bonnes pratiques d'utilisation des technologies HTML, xHTML, CSS et JavaScript tout au long de la partie III de l'ouvrage.

Nous abordons à la partie IV la mise en œuvre de diverses bibliothèques JavaScript adressant les problématiques graphiques des pages Web.

Conclusion

JavaScript est un langage de script dont le noyau est standardisé par la spécification ECMA-262. Cette dernière décrit le langage ECMAScript, dont JavaScript peut être considéré comme un dialecte, au même titre que JScript. Par abus de langage, JavaScript désigne en fait tous ces dialectes.

En tant que langage interprété, JavaScript permet notamment de mettre en œuvre des scripts dans des pages Web. Il offre ainsi la possibilité d'interagir avec les différents langages et technologies utilisés dans les pages Web. En recourant à la technologie DOM, il permet en outre de manipuler la structure en mémoire des pages Web.

Ce langage correspond véritablement à la clé de voûte des applications Web 2.0, aux interfaces graphiques riches et interactives.

Longtemps freiné par les spécificités des navigateurs, JavaScript peut désormais recourir à différentes bibliothèques afin d'adresser ces spécificités. Les pages Web n'ont alors plus à les gérer directement.

La mise en œuvre des mécanismes relatifs à Ajax permet d'exécuter des requêtes HTTP à partir de pages Web sans avoir à recharger complètement leur interface graphique. Le langage JavaScript permet alors de réaliser une requête HTTP dont la réponse est utilisée afin de ne mettre à jour qu'une partie de cette interface en se fondant sur la technologie DOM.

Partie I

Principes de base de JavaScript

Cette partie se penche sur les fondations du langage JavaScript. Bien que simple, à première vue, ce langage recèle des subtilités qu'il est important de connaître.

Toutes les bibliothèques que nous présentons dans la suite de l'ouvrage s'appuient sur les principes décrits dans cette partie, rendant les applications JavaScript à la fois robustes, évolutives, modulaires et maintenables.

Le **chapitre 2** traite des éléments et mécanismes élémentaires de JavaScript, qu'il est indispensable de maîtriser afin de développer des applications JavaScript tirant partie de toutes les subtilités du langage.

Au travers du **chapitre 3**, nous verrons que JavaScript permet de mettre en œuvre la plupart des principes objet et de rendre ainsi les applications beaucoup plus modulaires et robustes.

Le **chapitre 4** s'intéresse aux différentes techniques permettant de manipuler la structure d'un document DOM par l'intermédiaire de JavaScript.

Le **chapitre 5** décrit la mise en œuvre des techniques Ajax, qui permettent d'exécuter des requêtes HTTP dans une page Web sans la recharger. Le chapitre détaille la mise en œuvre de la classe XMLHttpRequest aussi bien que les contournements de ses limitations.

2

Fondements de JavaScript

Ce chapitre a pour objectif de rappeler les mécanismes de base de JavaScript ainsi que la manière de structurer les applications JavaScript.

Nous aborderons d'abord l'exécution des scripts JavaScript dans des pages HTML, puis la gestion des variables ainsi que leur typage et les structures de contrôle. Nous décrirons ensuite la façon d'utiliser les tableaux et les types de base.

Nous verrons en fin de chapitre la manière dont JavaScript met en œuvre fonctions et closures et permet de gérer les exceptions.

Exécution de scripts JavaScript

JavaScript n'étant pas un langage compilé, il doit être exécuté par le biais d'un interpréteur, dont plusieurs sont disponibles gratuitement tandis que d'autres sont intégrés aux navigateurs Web.

Puisque cet ouvrage est destiné aux développeurs d'applications Web, nous nous concentrons sur l'utilisation de JavaScript dans les navigateurs.

Interpréteurs JavaScript

Des interpréteurs JavaScript sont disponibles dans différents produits du marché. Ils peuvent correspondre à des implémentations propriétaires ou à des incorporations de moteurs d'interprétation externes.

Comme nous l'avons souligné au chapitre précédent, ces navigateurs conservent quelques spécificités relativement à certains aspects du langage, dont ils supportent par ailleurs des versions différentes.

Le tableau 2.1 récapitule les différents interpréteurs présents dans les navigateurs Web ainsi que les versions de langage supportées.

Tableau 2.1   Interpréteurs JavaScript des principaux navigateurs

Navigateur et version	Interpréteur JavaScript	Version de JavaScript supportée
Internet Explorer 4.*	Interpréteur JScript	JScript 3.0
Internet Explorer 5.*	Interpréteur JScript	JScript 5.0
Internet Explorer 6.*	Interpréteur JScript	JScript 6.0
Konqueror 3.*	Interpréteur KJS	JavaScript 1.2
Mozilla 0.8 et 0.9	SpiderMonkey	JavaScript 1.5
Mozilla 1.x	SpiderMonkey	JavaScript 1.5
Netscape 4.*	-	JavaScript 1.3
Netscape 5.*	SpiderMonkey	JavaScript 1.5
Netscape 7.*	SpiderMonkey	JavaScript 1.5
Opera 6.x	Interpréteur spécifique	ECMAScript (ECMA-262, version 3)
Opera 7.x	Interpréteur spécifique	ECMAScript (ECMA-262, version 3)
Opera 8.x	Interpréteur spécifique	ECMAScript (ECMA-262, version 3)

Les interpréteurs de Mozilla, SpiderMonkey et Rhino sont disponibles aux adresses *http://www.mozilla.org/js/spidermonkey/* et *http://www.mozilla.org/rhino/*. Ils correspondent aux implémentations des interpréteurs JavaScript de Mozilla avec respectivement les langages C et Java. Contrairement à SpiderMonkey, Rhino n'est pas utilisé dans les navigateurs Netscape et Mozilla, car il est écrit en Java.

L'interpréteur Rhino peut être utilisé pour tester des blocs de code grâce à un intéressant interpréteur en ligne de commande. Son utilisation se fonde sur une machine virtuelle Java.

Le code suivant illustre l'utilisation de Rhino en ligne de commande :

```
$ java org.mozilla.javascript.tools.shell.Main
js> print('Ceci est un test');
Ceci est un test
js> function test(parametre) {
   return 'Valeur du paramètre : '+parametre);
}
js> print(test(10));
Valeur du paramètre : 10
```

Le code suivant illustre l'utilisation de Rhino afin d'exécuter le code JavaScript contenu dans un fichier :

```
$ java org.mozilla.javascript.tools.shell.Main test.js 10
Valeur du paramètre : 10
```

Le contenu du fichier JavaScript **test.js** reprend les commandes saisies précédemment :

```
function test(parametre) {
    return "Valeur du paramètre : "+parametre;
}
print(test(arguments[0]));
```

Utilisation de JavaScript dans un navigateur

La façon d'utiliser un script JavaScript est identique pour tous les navigateurs. Elle consiste à utiliser la balise HTML générique script, avec l'attribut type spécifiant le type de langage de script. Dans notre cas, la valeur de cet attribut doit être text/javascript.

Il est fortement conseillé de placer la balise script à l'intérieur de la balise head. Cette dernière étant évaluée avant le corps du document HTML matérialisé par la balise body, le code JavaScript est disponible avant la construction graphique de la page, celle-ci pouvant l'utiliser à cet effet si nécessaire. Néanmoins, le développeur peut insérer un bloc script n'importe où dans la page HTML.

Le code suivant illustre un squelette de page HTML intégrant un script JavaScript :

```
<html>
  <head>
    (...)
    <script type="text/javascript" (...)>
      (...)
    </script>
  </head>
  <body>
    (...)
  </body>
</html>
```

Il existe deux manières d'utiliser JavaScript dans une page Web :

• Implémenter directement des traitements JavaScript dans la page, comme dans le code suivant :

```
<script type="text/javascript">
  var test = "Ceci est un test";
  alert(test);
</script>
```

• Faire référence à une adresse contenant le code par l'intermédiaire de l'attribut src de la balise script. Ainsi, aucun code n'est contenu dans cette dernière balise. Cette technique permet de partager entre plusieurs pages HTML des traitements ou des fonctions JavaScript communes et de les mettre en cache au niveau du navigateur. Elle permet également d'appeler une ressource qui génère dynamiquement du code JavaScript côté serveur. Remarquons qu'elle est communément utilisée par certains frameworks Ajax, tel DWR dans le monde Java/J2EE.

Le code suivant illustre la façon de faire référence à une ressource JavaScript externe :

```
<script type="text/javascript" src="monScript.js">
</script>
```

Le fichier `monScript.js` doit pouvoir être résolu en tant qu'adresse valide et ne contient que du code JavaScript.

Le code suivant illustre un contenu possible de ce fichier :

```
var test = "Ceci est un test";
alert(test);
```

Afin de prendre en compte les navigateurs ne supportant pas JavaScript, l'utilisation de commentaires HTML est conseillée dans le bloc délimité par la balise `script`, comme dans le code suivant :

```
<script type="text/javascript">
  <!--
  var test = "Ceci est un test";
  alert(test);
  // -->
</script>
```

Principes de base de JavaScript

Cette section rappelle les principes de base de JavaScript, depuis les variables et le typage jusqu'aux méthodes et tableaux, en passant par les opérateurs et les structures de contrôle.

Variables et typage

JavaScript est un langage non typé. Cela signifie que le type d'une variable est défini uniquement au moment de l'exécution.

La mise en œuvre d'une variable se réalise par l'intermédiaire du mot-clé var. L'interpréteur JavaScript a la responsabilité de créer la valeur du bon type en fonction de l'initialisation ou de l'affectation.

Le langage n'impose pas l'initialisation des variables au moment de leur création et offre la possibilité d'en définir plusieurs en une seule instruction.

Le code suivant illustre la mise en œuvre de plusieurs variables :

```
// Variable initialisée avec une chaîne de caractères
var variable1 = "mon texte d'initialisation";
// Variable non initialisée
var variable2;
// Définition de plusieurs variables en une seule instruction
var variable3 = 2, variable4 = "mon texte d'initialisation";
```

Le choix du nom des variables doit respecter les deux règles suivantes : le premier caractère ne peut être qu'une lettre, un souligné (underscore) ou un dollar, et les caractères suivants doivent être des caractères alphanumériques, des soulignés (underscores) ou des dollars.

JavaScript permet de changer le type des variables au cours de l'exécution, comme l'illustre le code suivant :

```
var variable = "mon texte d'initialisation";
(...)
variable = 2;
```

Formes littérales

En JavaScript, une forme littérale correspond à une expression du langage permettant d'initialiser une variable.

Les formes littérales sont surtout utilisées afin de définir un nombre, une chaîne de caractères, un objet JavaScript ou un tableau. Pour les deux derniers éléments, cette représentation est décrite par JSON, un format générique de structuration des données indépendant de JavaScript. Nous reviendrons sur JSON au chapitre 3, relatif à la programmation objet avec JavaScript.

Le code suivant illustre l'initialisation de différentes variables en se fondant sur des formes littérales :

```
//Forme littérale pour un nombre entier en base décimale
var nombreEntier = 11;
//Forme littérale pour un nombre réel
var nombreReel = 11.435;
//Forme littérale d'une chaine de caractères
var chaineCaracteres = "Une chaine de caractères";
//Forme littérale d'un tableau normal
var tableau = [ "Premier élément", "Second élément" ];
//Forme littérale d'un tableau associatif
var tableauAssociatif = { "cle1" : "valeur1", "cle2" : "valeur2" };
```

Types primitifs et objets référencés

JavaScript définit plusieurs types, qui peuvent être classés en deux groupes : les types primitifs et les objets référencés.

Les types primitifs correspondent à des données stockées directement dans la pile d'exécution, ces types étant définis de manière littérale directement à partir de valeurs.

Le tableau 2.2 récapitule les types primitifs définis par JavaScript.

Tableau 2.2 Types primitifs de JavaScript

Type	Description
Boolean	Type dont les valeurs possibles sont true et false.
Null	Type dont l'unique valeur possible est null. Une variable possède cette valeur afin de spécifier qu'elle a bien été initialisée mais qu'elle ne pointe sur aucun objet.
Number	Type qui représente un nombre.
String	Type qui représente une chaîne de caractères.
Undefined	Type dont l'unique valeur possible est undefined. Une variable définie possède cette valeur avant qu'elle soit initialisée.

L'utilisation du type `Boolean` se réalise par l'intermédiaire des mots-clé `true` et `false`, correspondant respectivement à vrai et faux, comme l'illustre le code suivant :

```
var vrai = true;
var faux = false;
```

L'utilisation des types `Number` et `String` est détaillée à la section relative aux types de base.

Les types primitifs sont gérés de manière particulière puisqu'ils correspondent à des pseudo-objets. Ils possèdent ainsi des propriétés et des méthodes. Nous reviendrons sur cet aspect dans la suite de ce chapitre.

Les objets référencés correspondent à des références vers des zones de la mémoire. Ils sont stockés dans le tas *(heap)*. Seules les références à ces valeurs sont stockées dans la pile d'exécution *(stack)*. Ce mécanisme permet d'utiliser deux variables pointant sur une même adresse et donc la même instance.

En JavaScript, tous les objets suivent ce principe, comme l'illustre le code suivant :

```
var objet1 = new Object();
var objet2 = objet1;
// objet1 et objet2 pointent sur la même adresse
```

Notons que les opérateurs `new` et `delete` permettent respectivement d'allouer et de désallouer de la mémoire dans le tas.

Détermination du type

La méthode `typeof` permet de déterminer le type d'une variable. Elle renvoie la valeur `object` dans le cas de variables par référence, et ce quel que soit le type de l'objet.

Le code suivant présente la détection de types primitifs :

```
var variable1;
alert(" type de variable1 : "+(typeof variable1));
// variable1 est de type undefined
var variable2 = null;
alert(" type de variable2 : "+(typeof variable2));
// variable2 est de type object
var variable3 = 12.3;
alert(" type de variable3 : "+(typeof variable3));
// variable3 est de type number
var variable4 = "une chaîne de caractères";
alert(" type de variable4 : "+(typeof variable4));
// variable4 est de type string
var variable5 = true;
alert(" type de variable5 : "+(typeof variable5));
// variable5 est de type boolean
```

Remarquons qu'une variable ayant la valeur `null` est de type `object`. Ce comportement s'explique par le fait que le mot-clé `null` permet de définir une variable par référence qui ne pointe pour le moment sur aucune valeur.

Nous détaillerons dans la suite du chapitre des techniques permettant de déterminer de manière plus subtile le type d'un objet, par l'intermédiaire notamment de l'opérateur `instanceof`.

Conversion de types

JavaScript fournit des méthodes afin de convertir un type primitif en un autre. Il supporte les conversions de types primitifs en chaînes de caractères et de chaînes de caractères en nombres entiers ou réels.

Comme nous l'avons vu précédemment, les types primitifs correspondent à des pseudo-objets. Ils peuvent posséder des méthodes, dont la méthode `toString`, qui permet de retourner leur représentation sous forme de chaînes de caractères.

Le code suivant illustre l'utilisation de la méthode `toString` pour les types `boolean` et `number` :

```
var booleen = true;
var variable1 = booleen.toString();
// variable1 contient la chaîne de caractère « true »
var nombreEntier = 10;
var variable2 = nomEntier.toString();
// variable2 contient la chaîne de caractère « 10 »
var nombreReel = 10.5;
var variable2 = nombreReel.toString();
// variable2 contient la chaîne de caractère « 10.5 »
```

Dans le cas des nombres, la méthode `toString` peut être utilisée avec un paramètre pour spécifier la représentation du nombre souhaité. Par défaut, la base décimale est utilisée. Il est cependant possible de spécifier, par exemple, les valeurs 2 pour la base binaire et 16 pour l'hexadécimale.

Le code suivant décrit l'utilisation de cette méthode :

```
var nombreEntier = 15;
var variable1 = nombreEntier.toString();
// variable1 contient la chaîne de caractère « 10 »
var variable2 = nombreEntier.toString(2);
// variable2 contient la chaîne de caractère « 1111 »
var variable4 = nombreEntier.toString(16);
// variable4 contient la chaîne de caractère « f »
```

La création de nombres à partir de chaînes de caractères se réalise par l'intermédiaire des méthodes `parseInt` et `parseFloat`. Ces dernières prennent en paramètres des chaînes de caractères représentant des nombres. Comme précédemment, il est possible de spécifier la base utilisée afin de réaliser la conversion soit directement dans la chaîne elle-même, soit par l'intermédiaire d'un paramètre.

Le code suivant illustre la création d'un nombre entier à partir d'une chaîne de caractères :

```
var entier1 = parseInt("15");
// entier1 contient le nombre 15
var entier2 = parseInt("0xf");
```

```
// entier2 contient le nombre 15
var entier3 = parseInt("f", 16);
// entier3 contient le nombre 15
```

Le code suivant présente la création d'un nombre réel à partir d'une chaîne de caractères :

```
var reel = parseFloat("15.5");
// reel contient le nombre réel 15,5
```

Dans le cas où les fonctions ne peuvent construire un nombre à partir d'une chaîne, elles renvoient la valeur NaN.

NaN (Not a Number)

Cette valeur correspond à un nombre dont la valeur est incorrecte. Elle se rencontre le plus souvent lors des conversions de types.

Opérateurs

Le langage JavaScript fournit différents types d'opérateurs utilisables directement dans les applications.

Le tableau 2.3 récapitule les types d'opérateurs supportés par JavaScript.

Tableau 2.3 Types d'opérateurs de JavaScript

Type	Description
Affectation	Permet d'affecter une valeur ou une référence à une variable. L'unique opérateur de ce type est =. L'opérateur d'affectation peut être combiné à ceux de calcul afin de réaliser des calculs sur l'affectation. Par exemple, l'expression « valeur += 10 » correspond à « valeur = valeur + 10 ».
Calcul	Permet de réaliser les calculs de base sur les nombres.
Comparaison	Permet de réaliser des comparaisons entre différentes variables.
Concaténation	Permet de concaténer deux chaînes de caractères. L'unique opérateur de ce type est +.
Conditionnel	Permet d'initialiser la valeur d'une variable en se fondant sur une condition.
Égalité	Permet de déterminer si différentes variables sont égales.
Logique	Permet de combiner différents opérateurs de comparaison afin de réaliser des conditions complexes.
Manipulation de bits	Permet de manipuler des variables contenant des bits.
Unaire	Mot-clé du langage se fondant sur un seul élément.

Nous détaillons dans les sections suivantes les spécificités de ces différents types d'opérateurs. Nous n'étudions pas dans le contexte de cet ouvrage les opérateurs de manipulation de bits.

Opérateurs unaires

Les opérateurs unaires correspondent à des mots-clés ou symboles du langage qui se fondent sur un seul élément. C'est le cas de typeof, détaillé précédemment, qui détermine le type d'une variable, et de new, delete et instanceof, abordés au chapitre suivant, qui permettent respectivement de créer et libérer la mémoire allouée pour un objet ainsi que de déterminer finement son type.

L'opérateur void permet de retourner la valeur undefined pour n'importe quelle expression. Le code suivant en illustre l'utilisation :

```
function uneFonction() {
    return "ma valeur de retour";
}
var uneVariable = void(uneFonction());
// uneVariable contient « undefined »
```

Les opérateurs ++ et -- permettent respectivement d'incrémenter et de décrémenter des nombres en les préfixant ou les suffixant. La position de l'opérateur par rapport au nombre permet de déterminer le moment où est affectée la variable sur laquelle il porte.

Le code suivant illustre ce mécanisme :

```
var unNombre = 10;
var unAutreNombre = unNombre++;
// unAutreNombre vaut 10 et unNombre vaut 11
unAutreNombre = ++unNombre;
// unAutreNombre vaut 12 et unNombre vaut 12
```

Les opérateurs + et - permettent de convertir une chaîne de caractères en nombre de la même façon que la méthode parseInt. Contrairement à l'opérateur +, - change en plus le signe du nombre.

Le code suivant illustre la mise en œuvre des opérateurs + et - :

```
var chaine = "10"; // chaine est de type string
var nombre = +chaine; // nombre est de type number
var autreNombre = -chaine; // autreNombre est de type number et l'opposé de nombre
```

Opérateurs d'égalité

Il existe deux opérateurs de ce type. Le premier, dont le symbole est ==, permet de réaliser une comparaison entre deux variables. La comparaison peut se réaliser aussi bien au niveau des valeurs pour les types primitifs qu'au niveau des références pour les objets.

Notons que ce type de comparaison permet de comparer deux variables de types différents. Une conversion est réalisée à cet effet. Si cette dernière échoue, JavaScript considère les deux variables comme différentes.

Ce langage possède également un opérateur d'égalité stricte, dont le symbole est ===. Il est équivalent à l'opérateur précédent, mais, contrairement à ce dernier, il ne réalise pas de conversion de type. Ainsi, deux variables de types différents ne sont jamais égales avec cet opérateur.

Opérateurs de comparaison

Ce type d'opérateur comprend quatre opérateurs. Le premier et le second, dont les symboles sont > et <, renvoient respectivement à des conditions de supériorité et d'infériorité strictes. Les deux derniers, dont les symboles sont >= et <=, sont identiques aux précédentes si ce n'est qu'elles permettent l'égalité.

Ces opérateurs peuvent s'appliquer aussi bien à des nombres qu'à des chaînes de caractères. Dans ce dernier cas, les comparaisons se fondent sur les codes des caractères. Le code suivant illustre la mise en œuvre de ces opérateurs :

```
var unTest = 10 < 12; // unTest contient true
var unAutreTest = "Mon test" > "un autre test"; //unAutreTest contient false
```

La dernière condition du code ci-dessus renvoie false puisque le code du caractère « M » vaut 77 tandis que celui de « u » vaut 117. Dans le cas de la comparaison de chaînes de caractères, il convient de faire attention à la casse.

La réalisation des tests entre des nombres et des chaînes de caractères est également possible. Dans ce cas, JavaScript tente de convertir ces dernières en nombre afin de réaliser le test. S'il n'y parvient pas, la comparaison s'effectue avec la valeur NaN et vaut alors par convention false.

Le code suivant illustre ce cas d'utilisation :

```
var unTest = "11" < 10; // unTest contient false
var unAutreTest = "chaine" < 10; // unAutreTest contient false
```

Notons que ce type d'opérateur peut être utilisé dans les structures de contrôle conditionnelles et de boucle.

Opérateurs de calcul

Les opérateurs de calcul permettent de réaliser les calculs élémentaires entre nombres. Le langage JavaScript en définit cinq. Les deux premiers, dont les symboles sont + et -, concernent l'addition et la soustraction. Les deux suivants, dont les symboles sont * et /, correspondent à la multiplication et à la division. Le symbole % permet de récupérer le reste de la division entière d'un nombre par un autre (modulo).

Le code suivant présente leur mise en œuvre :

```
var unNombre = 26;
var unAutreNombre = 3;
var uneOperation = unNombre * unAutreNombre;
// uneOperation contient 78
var uneAutreOperation = unNombre / unAutreNombre;
// uneAutreOperation vaut 8,666666666666666
var uneDerniereOperation = unNombre % 5;
// uneDerniereOperation vaut 1
```

JavaScript définit la valeur particulière Infinity pour les nombres. Elle correspond à une valeur littérale positive représentant un nombre infini. Avec la version 1.2 de JavaScript, cette valeur est accessible par l'intermédiaire des propriétés POSITIVE_INFINITY et NEGATIVE_INFINITY de la classe Number. Avec la version 1.3, Infinity est rattaché à l'objet Global de JavaScript.

Ce nombre particulier est supérieur à tous les nombres, y compris lui-même. Il est obtenu, par exemple, lors d'une division par zéro. Une division par ce nombre donne le résultat 0.

Opérateurs logiques

Ce type d'opérateurs permet de combiner différents opérateurs de comparaison afin de réaliser des conditions complexes. Il existe trois opérateurs : !, && et ||.

L'opérateur ! correspond à la négation. && correspond à l'opérateur ET, qui réalise des opérations logiques en se fondant sur deux opérandes. Il possède les comportements récapitulés au tableau 2.4.

Tableau 2.4   Comportements de l'opérateur ET

Opérande 1	Opérande 2	Résultat
true	true	true
false	true	false
true	false	false
false	false	false

|| correspond à l'opérateur OU, qui réalise des opérations logiques en se fondant sur deux opérandes. Il met en œuvre le comportement récapitulé au tableau 2.5.

Tableau 2.5   Comportements de l'opérateur OU

Opérande 1	Opérande 2	Résultat
true	true	true
false	true	true
true	false	true
false	false	false

Le code suivant illustre la mise en œuvre de ces opérateurs en combinaison avec l'opérateur de comparaison :

```
var unTest = 10 < 11 && 15 > 16; // unTest contient false
var unAutreTest = 10 < 11 || 15 > 16; // unTest contient true
```

Ce type d'opérateur peut être utilisé dans les structures de contrôle conditionnelles et de boucle.

Opérateur conditionnel

Cet opérateur peut initialiser une variable dont la valeur se fonde sur le résultat d'une condition. Sa syntaxe s'appuie sur les caractères ? et : afin de définir trois blocs. Le premier bloc correspond à la condition, le second à la valeur à utiliser lorsque la condition est vérifiée et le troisième à la valeur quand la condition ne l'est pas.

Le code suivant illustre l'utilisation de cet opérateur :

```
var valeurCondition = (...);
var maValeur = valeurCondition == "vrai"? "La condition est vraie": "la condition
➥est fausse";
```

Structures de contrôle

Le langage JavaScript définit plusieurs structures de contrôle afin de réaliser des conditions et des boucles et de mettre en œuvre des renvois.

Ces structures classiques sont présentes dans la plupart des langages de programmation. Comme nous allons le voir, elles sont aisément utilisables.

Conditions

Il existe deux types de structures de conditions. La première est fondée sur la combinaison d'instructions if, else if et else. Son rôle est de vérifier une condition et de réaliser différents traitements en cas de validité ou non. Il obéit à la syntaxe suivante :

```
if( condition ) {
    (...)
} else if( condition ) {
    (...)
} else {
    (...)
}
```

Il est possible d'utiliser autant de blocs else if que nécessaire. Le code suivant en donne un exemple d'utilisation :

```
var chaine = (...);
if( chaine == "une chaine" ) {
    alert("La variable chaine est égale à 'une chaine'");
} else if( chaine== "une autre chaine" ) {
    alert("La variable chaine est égale à 'une autre chaine'");
} else {
    alert("La variable chaine est différente de"
                    + " 'une chaine' et 'une autre chaine'");
}
```

Le second type de structures permet de réaliser la même fonctionnalité que précédemment à l'aide de la combinaison d'instructions switch, case et default. Cela permet de mettre en œuvre des traitements en fonction de la valeur d'une variable. Il obéit à la syntaxe suivante :

```
switch( variable ) {
    case valeur:
        (...)
        break;
    default:
        (...)
}
```

Il est possible d'utiliser autant de blocs case que nécessaire. Le code suivant en donne un exemple d'utilisation :

```
var chaine = (...);
switch( chaine ) {
    case "une chaine":
        alert("La variable chaine est égale à 'une chaine'");
        break;
    case "une autre chaine":
        alert("La variable chaine est égale à 'une autre chaine'");
        break;
    default:
        alert("La variable chaine est différente de"
                        + " 'une chaine' et 'une autre chaine'");
}
```

Boucles

JavaScript définit quatre types de boucles, for, for…in, while et do…while.

La première s'appuie sur le mot-clé for afin de spécifier à la fois les traitements d'initialisation réalisés à l'entrée de la boucle, la condition de sortie et les traitements à réaliser après chaque itération. Tant que la condition de sortie est vraie, l'itération continue.

La syntaxe de la boucle for est la suivante :

```
for( traitements d'initialisation ; condition de fin ;
     traitements à effectuer après chaque itération) {
     (...)
}
```

Il est recommandé de définir des variables locales dans les traitements d'initialisation afin de réduire leur portée à la boucle. Le code suivant en donne un exemple d'utilisation :

```
for( var cpt=0; cpt<10; cpt++ ) {
    alert("Valeur du compteur: "+cpt);
}
```

La boucle for…in est une variante de la précédente qui se sert du mot-clé for conjointement avec le mot-clé in, ce dernier permettant de spécifier la variable à utiliser. Cette boucle permet de parcourir tous les éléments des tableaux indexés ou des objets, comme nous les verrons par la suite. Sa syntaxe est la suivante :

```
for( variable in structure ) {
    (...)
}
```

Comme précédemment, il est recommandé d'utiliser des variables locales dans la déclaration de la boucle. Le code suivant en donne un exemple d'utilisation :

```
var tableauIndexe = {
    "cle1": "valeur1",
    "cle2": "valeur2"
};
for( var cle in tableau ) {
    alert("Valeur pour la clé "+cle+": "+tableau[cle]);
}
```

La boucle while permet de spécifier la condition de fin. Aussi longtemps que cette condition est vraie, les traitements sont répétés. La syntaxe de cette boucle est la suivante :

```
while( condition de fin ) {
    (...)
}
```

Le code suivant en donne un exemple d'utilisation :

```
var nombre = 0;
while( nombre < 10 ) {
    nombre++;
}
```

La dernière boucle est une variante de la précédente, qui permet d'effectuer le bloc avant la première condition. La syntaxe de cette boucle est la suivante :

```
do {
    (...)
} while( condition de fin );
```

Le code suivant en donne un exemple d'utilisation :

```
var nombre = 0;
do {
    nombre++;
} while( nombre < 10 );
```

Renvois

JavaScript définit les mots-clé break et continue afin de modifier l'exécution des boucles. Le premier offre la possibilité d'arrêter l'itération d'une boucle et de sortir de son bloc d'exécution, et le second de forcer le passage à l'itération suivante. Les traitements suivants de l'itération courante ne sont alors pas effectués.

Ces deux mots-clés supportent l'utilisation d'étiquettes afin de mettre en œuvre des renvois de traitements. Cette approche est particulièrement utile pour interrompre ou continuer des traitements contenus dans des boucles imbriquées.

Le code suivant montre comment arrêter l'itération dans deux boucles imbriquées sur une condition :

```
var compteurGlobal = 0;
boucleExterne:
for( var cpt1=0; cpt1<5; cpt1++ ) {
    for( var cpt2=0; cpt2<5; cpt2++ ) {
        if( cpt1==2 && cpt2==2 ) {
            break boucleExterne;
        }
        compteurGlobal++;
    }
}
// compteurGlobal vaut 12
```

Le code suivant illustre la continuation de l'itération pour la boucle de plus haut niveau à partir de la boucle imbriquée :

```
var compteurGlobal = 0;
boucleExterne:
for( var cpt1=0; cpt1<5; cpt1++ ) {
    for( var cpt2=0; cpt2<5; cpt2++ ) {
        if( cpt1==2 && cpt2==2 ) {
            continue boucleExterne;
        }
        compteurGlobal++;
    }
}
// compteurGlobal vaut 22
```

Méthodes de base

Le langage JavaScript fournit des méthodes de base pouvant être appelées directement dans les scripts. Nous revenons à la section « Classes pré-instanciées » du chapitre suivant sur les mécanismes sous-jacents qui permettent d'exécuter ces méthodes.

Nous avons détaillé précédemment les méthodes dont le nom commence par parse, méthodes permettant de convertir une chaîne de caractères en un type primitif.

La méthode eval permet d'interpréter le code JavaScript contenu dans une chaîne de caractères. Le code suivant donne un exemple d'utilisation de cette méthode :

```
var codeJavaScript = "var maVariable = 10;" +
        "function incrementer(parametre) { return parametre+1; }";
eval(codeJavaScript);
var retour = incrementer(maVariable);
// retour contient la valeur 11
```

> **Utilisation de la méthode *eval***
>
> Cette méthode est utilisée pour mettre en œuvre le chargement à la demande de modules dans certaines bibliothèques et évaluer des structures JSON dans le cadre de la technologie Ajax. Le format JSON est abordé au chapitre 3, relatif à la programmation objet.
>
> Il convient cependant d'être extrêmement prudent dans l'utilisation de cette méthode, car elle peut introduire des failles de sécurité, telles que l'exécution de code malicieux. Elle est en outre coûteuse en temps d'exécution.

JavaScript propose un ensemble de méthodes permettant de détecter le type et la validité de la variable passée en paramètre. Ces méthodes, dont le nom commence par is, s'avèrent très utiles puisque le langage JavaScript n'est pas typé.

Le tableau 2.6 récapitule ces méthodes de détection de types et de validité des variables.

Tableau 2.6   Méthodes de détection de types et de validité des variables

Méthode	Description
isArray	Détermine si le paramètre est un tableau.
isBoolean	Détermine si le paramètre est un booléen.
isEmpty	Détermine si un tableau est vide.
isFinite	Détermine si le paramètre correspond à un nombre fini.
isFunction	Détermine si le paramètre est une fonction.
isNaN	Détermine si la valeur du paramètre correspond à NaN (Not a Number).
isNull	Détermine si le paramètre est null.
isNumber	Détermine si le paramètre est un nombre.
isObject	Détermine si le paramètre est un objet.
isString	Détermine si le paramètre est une chaîne de caractères.
isUndefined	Détermine si le paramètre est indéfini, c'est-à-dire une référence non initialisée.

Le code suivant illustre la mise en œuvre des plus utilisées de ces méthodes :

```
var tableau = [];
alert(isEmpty(tableau)); // Affiche true
alert(isFunction(tableau)); // Affiche false
var booleen = true;
alert(isBoolean(booleen)); // Affiche true
var chaine = "Ceci est un test";
alert(isString(chaine)); // Affiche true
```

Les méthodes escape et unescape offrent respectivement la possibilité d'encoder et de décoder des chaînes afin qu'elles puissent être utilisées dans des pages HTML. Le code suivant donne un exemple de leur utilisation :

```
var chaine = "Ceci est une chaîne de caractère!";
var chaineEncodee = escape(chaine);
/* chaineEncodee contient « Ceci%20est%20une%20cha%EEne%20de%20caract%E8re%21 » */
var chaineDecodee = unescape(chaineEncodee);
// chaineDecodee contient la même chose que la variable chaine
```

Certaines méthodes de base correspondent aux constructeurs des classes relatives aux types primitifs. Nous détaillons ces classes ainsi que leurs types primitifs correspondants à la section « Types de base » de ce chapitre, ainsi qu'à la section « Classes de base » du chapitre suivant.

Tableaux

Le langage JavaScript offre deux types de tableaux. Nous décrivons dans cette section leur création par l'intermédiaire de valeurs littérales. Nous verrons au chapitre suivant que les tableaux peuvent également être gérés par l'intermédiaire de la classe Array.

Le premier type correspond à un tableau classique, géré par index. Le code suivant illustre la création et l'utilisation de ce type de tableau :

```
// Initialisation d'un tableau vide
var tableau1 = [];
tableau1[0] = "Le premier élément";
tableau1[1] = "Le seconde élément";
// Initialisation d'un tableau avec des éléments
var tableau2 = ["Le premier élément", "Le seconde élément" ];
tableau1[2] = "Le troisième élément";
```

Le parcours d'un tableau de ce type se réalise en s'appuyant sur les indices avec la boucle for, comme dans le code suivant :

```
var tableau = [ "element1","element2" ];
(...)
for(var cpt=0 ; cpt<tableau.length ; cpt++) {
    alert("Elément pour l'index "+cpt+" : "+tableau[cpt]);
}
```

Bien qu'il soit possible de manipuler les tableaux de ce type en utilisant les indices, cette approche peut vite devenir fastidieuse. Nous recommandons donc plutôt d'utiliser les méthodes de manipulation des tableaux. Malgré le fait qu'elles soient rattachées à la classe Array, elles peuvent être utilisées directement avec un tableau défini de manière littérale.

Le tableau 2.7 récapitule les méthodes permettant de manipuler les tableaux en JavaScript.

Tableau 2.7   Méthodes de la classe *Array* permettant de manipuler les tableaux

Méthode	Paramètre	Description
concat	Tableau à ajouter	Concatène un tableau à un autre.
join	Séparateur	Construit une chaîne de caractères à partir d'un tableau en utilisant un séparateur.
pop	-	Supprime et retourne le dernier élément d'un tableau.
push	Élément à ajouter	Ajoute des éléments à la fin d'un tableau.
reverse	-	Inverse l'ordre des éléments d'un tableau.
shift	-	Retourne le premier élément et le supprime du tableau. Décale vers la gauche tous ses éléments.
slice	Indices de début et de fin	Retourne une partie du tableau en fonction d'indices de début et de fin.
sort	Rien ou une fonction de tri	Trie les éléments d'un tableau. Par défaut, le tri s'effectue par ordre alphabétique. Une fonction de tri peut néanmoins être passée en paramètre afin de spécifier la stratégie de tri.
splice	Indices de début et de fin et éventuellement éléments à ajouter	Permet d'insérer, de supprimer ou de remplacer des éléments d'un tableau.
toString	-	Convertit un tableau en une chaîne de caractères.
unshift	Éléments à ajouter	Permet d'ajouter un élément au début d'un tableau et de décaler tous ses éléments vers la droite.

Nous allons détailler les principales méthodes de manipulation des tableaux.

La méthode concat ajoute un tableau à la fin d'un autre, comme dans le code suivant :

```
var tableau = [ "element1", "element2" ];
var tableauAAjouter = [ "element3", "element4" ];
//Retourne un tableau correspondant à la concaténation des deux
var tableauResultat = tableau.concat(tableauAAjouter);
```

La méthode join permet de calculer une chaîne de caractères à partir d'un tableau. Elle utilise le séparateur fourni en paramètre afin de séparer les différents éléments du tableau dans la chaîne. Le code suivant donne un exemple d'utilisation de cette méthode :

```
var tableau = [ "element1", "element2", "element3", "element4" ];

var chaine = tableau.join(",");
//chaine contient « element1,element2,element3,element4 »
```

La méthode reverse inverse simplement l'ordre des éléments d'un tableau, comme dans le code suivant :

```
var tableau = [ "element1", "element2", "element3", "element4" ];
var resultat = tableau.reverse();
/*resultat correspond au tableau [ "element4", "element3", "element2", "element1" ] */
```

La méthode slice permet l'extraction d'une sous-partie d'un tableau en se fondant sur des indices de début et de fin. Ce dernier peut cependant être omis. Dans ce cas, sa valeur correspond à l'indice de fin de tableau. L'élément correspondant à l'indice de fin n'est pas pris en compte dans le sous-tableau. Le code suivant donne un exemple d'utilisation de cette méthode :

```
var tableau = [ "element1", "element2", "element3", "element4" ];

var resultat = tableau.slice(1,3);
/*resultat correspond au tableau [ "element2", "element3" ] */
```

La méthode sort trie les éléments d'un tableau, comme dans le code suivant :

```
var tableau = [ "trois", "quatre", "cinq", "six" ];

var resultat = tableau.sort();
/*resultat correspond au tableau [ "cinq", "quatre", "six", "trois" ] */
```

La méthode sort peut également prendre en paramètre une fonction de tri. Cette dernière prend deux paramètres afin de réaliser la comparaison. Le code suivant donne un exemple de mise en œuvre de ce mécanisme :

```
var tableau = [ "10", "11", "9", "8" ];
function fonctionDeTri(element1, element2) {
    return element1-element2;
}
var resultat = tableau.sort(fonctionDeTri);
/* result correspond au tableau [ "8", "9", "10", "11" ] */
```

La méthode `splice` permet l'insertion et la suppression d'éléments d'un tableau en une seule opération. Le premier paramètre spécifie l'indice à partir duquel sont réalisées les opérations, et le second le nombre d'éléments supprimés du tableau. Les paramètres suivants sont optionnels et correspondent aux éléments ajoutés.

Cette méthode modifie le tableau sur lequel elle est appliquée et renvoie alors un tableau contenant les éléments supprimés. Le code suivant donne un exemple d'utilisation de cette méthode :

```
var tableau = [ "element1", "element2", "element3", "element4" ];

//Remplacement de deux éléments dans le tableau
var tableauResultat = tableau.splice(1,2,"nouveau element2","nouveau element3");
/* tableauResultat est équivalent à [ "element1", "nouveau element2",
➡"nouveau element3", "element4" ] */
//Suppression des deux éléments ajoutés précédemment
tableauResultat = tableau.splice(1,2);
// tableauResultat est équivalent à [ "element1", "element4" ]
```

Certaines des méthodes récapitulées au tableau 2.7 permettent de mettre facilement en œuvre des structures de données. Les méthodes `shift` et `push` permettent la gestion d'un tableau sous forme de queue de type FIFO (First In, First Out). Cette structure correspond à une file d'attente dont le premier élément qui lui est ajouté est le premier à en sortir. Le code suivant illustre la mise en œuvre de cette structure de données :

```
var queue = [];
//Ajout d'éléments à la queue
pile.push("element1");
pile.push("element2");
//Récupération du premier élément de la queue
var elementQueue = pile.shift();
//elementQueue contient la valeur « element1 »
```

Les méthodes `push` et `pop` permettent la gestion d'un tableau sous forme de pile ou de queue LIFO (Last In, First Out). Cette structure correspond à une pile dans laquelle le dernier élément qui lui est ajouté est le premier à en sortir. La première ajoute un ou plusieurs éléments au sommet de la pile, tandis que la seconde retourne et supprime l'élément du sommet de la pile. Le code suivant donne un exemple de mise en œuvre de cette structure de données :

```
var pile = [];
//Ajout d'éléments à la pile
pile.push("element1");
pile.push("element2");
//Récupération du premier élément de la pile
var elementPile = pile.pop();
//elementPile contient la valeur « element2 »
```

JavaScript fournit en outre un tableau associatif, fondé sur des identifiants d'éléments. Le code suivant illustre la création et l'utilisation d'un tel tableau par clé :

```
// Initialisation d'un tableau vide
var tableau1 = {};
tableau1["cle1"]= "Le premier élément";
tableau1["cle2"]= "Le second élément";
// Initialisation d'un tableau avec des éléments
var tableau2 = {
    "cle1": "Le premier élément",
    "cle2": "Le second élément"
};
tableau2["cle3"] = "Le troisième élément";
```

Le parcours d'un tableau de ce type se réalise en utilisant la boucle dédiée for...in, comme dans le code suivant :

```
var tableau = {
    "cle1": "valeur1",
    "cle2": "valeur2"
};
(...)
for(var cle in tableau) {
    alert("Elément pour la clé "+cle+" : "+ tableau[cle]);
}
```

Nous verrons au chapitre suivant que JavaScript permet également de mettre en œuvre les tableaux par l'intermédiaire de la classe Array et de combiner l'utilisation de la forme littérale et de la classe Array. Nous verrons en outre que JavaScript considère les tableaux associatifs comme des objets.

Types de base

Le langage JavaScript offre différents mécanismes pour utiliser des éléments courants tels que les chaînes de caractères, les nombres et les dates.

JavaScript définit pour cela des classes correspondant aux types primitifs. Bien que nous n'ayons pas encore abordé la programmation orientée objet avec JavaScript, nous détaillons dans cette section aussi bien les types primitifs que leurs classes correspondantes, ces dernières enrobant un type primitif en tant que valeur interne.

La frontière est étroite entre les types primitifs et les classes correspondantes puisque les premiers correspondent à des pseudo-objets. Il est ainsi possible d'utiliser les méthodes des classes sur les types primitifs, comme l'illustre le code suivant avec les chaînes de caractères :

```
var chaine1 = "ma chaîne de caractères";
var chaine2 = chaine1.concat(" et une autre chaîne de caractères");
/* chaine2 contient la chaîne de caractères « ma chaîne de caractères et une autre
   ➟chaîne de caractères » */
```

Manipulation des chaînes

JavaScript gère les chaînes de caractères de manière similaire à d'autres langages tels que Java. Ces dernières peuvent cependant être définies littéralement, aussi bien avec des guillemets ou des apostrophes, comme dans le code suivant :

```
var chaine1 = "ma chaîne de caractère";
var chaine2 = 'mon autre chaîne de caractère';
```

Le langage JavaScript introduit la classe `String` correspondante. Le code suivant illustre la façon de créer une chaîne de caractères par l'intermédiaire de cette classe :

```
var chaine1 = new String("ma chaîne de caractère");
```

Le tableau 2.8 récapitule les méthodes relatives à la manipulation de chaînes. Bien que la classe `String` possède des méthodes relatives au HTML, nous ne les détaillons pas ici.

Tableau 2.8   Méthodes de manipulation de chaînes de la classe *String*

Méthode	Paramètre	Description
charAt	Index du caractère dans la chaîne	Retourne le caractère localisé à l'index spécifié en paramètre.
charCodeAt	Index du caractère dans la chaîne	Retourne le code du caractère localisé à l'index spécifié en paramètre.
concat	Chaîne à concaténer	Concatène la chaîne en paramètres à la chaîne courante.
fromCharCode	Chaîne de caractères Unicode	Crée une chaîne de caractères en utilisant une séquence Unicode.
indexOf	Chaîne de caractères	Recherche la première occurrence de la chaîne passée en paramètre et retourne l'index de cette première occurrence.
lastIndexOf	Chaîne de caractères	Recherche la dernière occurrence de la chaîne passée en paramètre et retourne l'index de cette dernière occurrence.
match	Expression régulière	Détermine si la chaîne de caractères comporte une ou plusieurs correspondances avec l'expression régulière spécifiée.
replace	Expression régulière ou chaîne de caractères à remplacer puis chaîne de remplacement	Remplace un bloc de caractères par un autre dans une chaîne de caractères.
search	Expression régulière de recherche	Recherche l'indice de la première occurrence correspondant à l'expression régulière spécifiée.
slice	Index dans la chaîne de caractères	Retourne une sous-chaîne de caractères en commençant à l'index spécifié en paramètre et en finissant à la fin de la chaîne initiale si la méthode ne comporte qu'un seul paramètre. Dans le cas contraire, elle se termine à l'index spécifié par le second paramètre.
split	Délimiteur	Permet de découper une chaîne de caractères en sous-chaînes en se fondant sur un délimiteur.
substr	Index de début et de fin	Méthode identique à la méthode `slice`
substring	Index de début et de fin	Méthode identique à la précédente
toLowerCase	-	Convertit la chaîne de caractères en minuscules.
toString	-	Retourne la chaîne de caractère interne sous forme de chaînes de caractères.
toUpperCase	-	Convertit la chaîne de caractères en majuscules.
valueOf	-	Retourne la valeur primitive de l'objet. Est équivalente à la méthode `toString`.

Attardons-nous maintenant sur les principales méthodes de manipulation des chaînes de caractères.

Tout d'abord, la méthode concat permet de retourner la concaténation de deux chaînes de caractères. Le code suivant illustre l'utilisation de cette méthode :

```
var uneChaine = "Une chaine.";
var uneAutreChaine = "Une autre chaine.";
var resultat = uneChaine.concat(uneAutreChaine);
// resultat contient « une chaine.Une autre chaine. »
```

Les méthodes indexOf et lastIndexOf déterminent l'indice de première occurrence d'un caractère dans une chaîne de caractères en la parcourant respectivement depuis son début et depuis sa fin. Le code suivant illustre sa mise en œuvre :

```
var uneChaine = "Le début de la chaine. Sa fin.";
var indicePointDebut = uneChaine.indexOf(".");
//La valeur de indicePointDebut est 10
var indicePointFin = uneChaine.lastIndexOf(".");
//La valeur de indicePointFin est 21
```

La méthode replace remplace la première occurrence d'une chaîne de caractères par une autre, comme dans le code suivant :

```
var uneChaine = "Le début de la chaine. Sa fin.";

var resultat = uneChaine.replace(". "," ; ");
//resultat contient « Le début de la chaine ; Sa fin. »
```

Cette méthode peut être également utilisée avec une expression régulière en paramètre afin de déterminer la chaîne de caractères à remplacer. Nous détaillons cette utilisation à la section relative aux expressions régulières.

La méthode split permet de couper une chaîne de caractères en plusieurs sous-chaînes en se fondant sur un délimiteur. Elle retourne un tableau les contenant, comme dans le code suivant :

```
var uneChaine = "Le début de la chaine. Sa fin.";

var resultat = uneChaine.split (".");
/* resultat est un tableau contenant les éléments « Le début de la chaine »,
  ➡« Sa fin » et « » */
```

Les méthodes substring et slice extraient une sous-chaîne de caractères d'une autre. Elles se fondent sur des indices dans la chaîne pour délimiter la sous-chaîne. Le code suivant illustre la mise en œuvre de la méthode substring :

```
var uneChaine = "Le début de la chaine. Sa fin.";
var sousChaine = uneChaine.substring(15,21);
// sousChaine contient la chaîne « chaine »
```

Les méthodes `toLowerCase` et `toUpperCase` permettent respectivement de mettre une chaîne en majuscules et en minuscules, comme l'illustre le code suivant :

```
var uneChaine = "Une chaine";
var chaineMajuscule = uneChaine.toUpperCase();
// chaineMajuscule contient « UNE CHAINE »
var chaineMinuscule = uneChaine.toLowerCase();
// chaineMajuscule contient « une chaine »
```

Les méthodes `match` et `search` mettent en œuvre des expressions régulières. Nous les détaillons plus loin dans ce chapitre.

Manipulation des nombres

JavaScript ne définit pas plusieurs types pour gérer les nombres, à la différence de langages tels que Java. Un nombre entier et un nombre réel sont tous deux de type `Number`. La différentiation se fait au niveau de leur initialisation. JavaScript fournit la classe correspondante `Number`.

Le tableau 2.9 récapitule les méthodes de cette classe pouvant être appelées sur un nombre (les nombres sont considérés comme des pseudo objets).

Tableau 2.9   Méthodes de la classe *Number*

Méthode	Paramètre	Description
`toLocaleString`	-	Convertit une chaîne de caractères en chaînes de caractères en se fondant sur des paramètres régionaux.
`toSource`	-	Retourne un objet littéral pour le nombre.
`toString`	Rien ou la base de représentation du nombre	Convertit un nombre en chaîne de caractères en se fondant éventuellement sur un paramètre représentant la base. S'il est omis, la base décimale est utilisée.
`valueOf`	-	Retourne la valeur primitive correspondant à l'objet.

La méthode `toLocaleString` permet de retourner une représentation du nombre sous forme de chaînes de caractères en se fondant sur les paramètres régionaux.

La méthode `toString` offre la possibilité de retourner une représentation du nombre sous forme de chaînes de caractères. Elle n'utilise pas les paramètres régionaux dans le formatage et prend en paramètre la base de représentation du nombre. Si ce paramètre est omis, la méthode retourne sa représentation décimale. Le code suivant illustre l'utilisation de cette méthode :

```
var nombre = 11;
var chaineDecimale = nombre.toString();
/* chaineDecimale contient la chaine de caractère « 11 » */
var chaineHexdecimale = nombre.toString(16);
/* chaineDecimale contient la chaine de caractère « b » */
```

Manipulation des dates

JavaScript définit les dates uniquement en tant que classe par l'intermédiaire de la classe `Date`, laquelle comporte un grand nombre de méthodes.

Le tableau 2.10 récapitule ses méthodes principales en omettant celles relatives au système horaire universel (UTC). Toutes les méthodes commençant par `get` se fondent sur les paramètres régionaux.

Tableau 2.10 Principales méthodes de la classe *Date*

Méthode	Paramètre	Description
getDate	-	Retourne le jour du mois de la date courante.
getDay	-	Retourne le jour de la semaine de la date courante.
getFullYear	-	Retourne l'année de la date courante.
getHours	-	Retourne les heures de l'heure courante.
getMilliseconds	-	Retourne les millisecondes de l'heure courante.
getMinutes	-	Retourne les minutes de l'heure courante.
getMonth	-	Retourne le mois de la date courante.
getSeconds	-	Retourne les secondes de l'heure courante.
getTime	-	Détermine le nombre représentant la date en millisecondes.
getTimezoneOffset	-	Détermine le décalage horaire par rapport à l'heure GMT.
getYear	-	Retourne l'année de la date courante sur deux caractères pour les années précédant 2000.
setXXX	Paramètre correspondant à la propriété	Toutes les méthodes `getXXX` ont des méthodes `setXXX` correspondantes.
toGMTString	-	Retourne la date GMT sous forme de chaînes de caractères.
toLocaleString	-	Retourne la date sous forme de chaînes de caractères en utilisant les paramètres régionaux.
toSource	-	Retourne un objet littéral représentant la date.
toString	-	Retourne la date sous forme de chaîne de caractères.
valueOf	-	Retourne la date sous forme de nombre.

La création d'une date se réalise par le biais du constructeur de la classe `Date`. Ce dernier peut ne prendre aucun paramètre. Dans ce cas, l'instance créée correspond à la date courante. Une instance de la classe `Date` peut également être initialisée à partir d'une date exprimée en millisecondes ou à partir des informations relatives à l'année, au mois, au jour ainsi qu'aux heures, aux minutes, aux secondes et aux millisecondes.

Le code suivant illustre ces différentes façons de créer une date :

```
var dateCourante = new Date();
// dateCourante contient la date courante
var uneDate = new Date(dateCourante.getTime());
```

```
// uneDate est initialisée avec la date courante exprimée en secondes
var uneAutreDate = new Date(1996,10,20,12,5,0);
// uneAutreDate correspond au 20 octobre 1996 à 12 heures et 5 minutes
```

Une fois la date créée ou récupérée, il est possible d'avoir accès à ses différentes informations et de les modifier, comme dans le code suivant :

```
var uneDate = new Date();
var annee = uneDate.getFullYear();
var mois = uneDate.getMonth();
var jour = uneDate.getDate();
uneDate.setMonth(7);
```

La méthode `toString` permet de retourner la représentation sous forme de chaînes de caractères d'une date. Cette représentation n'est pas totalement identique suivant les navigateurs, comme l'illustre le code suivant :

```
Var date = new Date();
Var chaineDate = date.toString();
/* avec Internet Explorer, chaineDate contient « Mon Nov 20 12:05:00 UTC+0100 2006 » */
/* avec Firefox, chaineDate contient « Mon Nov 20 2006 12:05:00 GMT+0100 » */
```

Spécificités des navigateurs pour les dates

Les navigateurs Internet Explorer et Firefox ne se comportent pas de la même manière à l'égard des méthodes `getYear` et `toString`. Par exemple, avec la méthode `getYear` pour une date dont l'année est 2006, le premier renvoie 6 et le second 106. Les navigateurs ont également des comportements différents quant à la représentation des dates sous forme de chaînes de caractères.

JavaScript ne fournit pas en natif de fonctionnalités permettant de convertir des dates en chaînes de caractères et réciproquement. Il faut donc recourir à une bibliothèque pour réaliser ces traitements.

Expressions régulières

Le langage JavaScript propose différentes fonctionnalités afin de mettre en œuvre les expressions régulières.

Une expression régulière correspond à une notation compacte et puissante qui décrit de manière concise un ensemble de chaînes de caractères. Elle peut notamment être appliquée à une chaîne de caractères afin de déterminer si elle correspond à des critères particuliers. Elle obéit à une syntaxe particulière et interprète spécifiquement différents symboles. La syntaxe du support intégré des expressions régulières par JavaScript est empruntée au langage Perl.

Forme littérale

JavaScript permet de définir une expression régulière sous forme littérale par l'intermédiaire du symbole /. Cette définition comporte deux parties : l'expression proprement dite et les propriétés relatives à son application. Aucune apostrophe ni aucun guillemet ne sont nécessaires avec la forme littérale.

Il existe deux propriétés relatives à l'application des expressions régulières :

- La valeur g, qui spécifie que toutes les occurrences dans la chaîne doivent être utilisées. Si elle n'est pas spécifiée, seule la première occurrence est utilisée.

- La valeur i, qui spécifie que la recherche n'est pas sensible à la casse.

Le code suivant illustre la mise en œuvre d'une expression régulière fondée sur la forme littérale :

```
var chaine = "Ceci est un test";
var expression = /test/gi;
var chaineCorrespond = expression.test(chaine);
/* chaineCorrespond contient true puisque la chaîne correspond à l'expression régulière */
```

Nous verrons au chapitre 3 que la classe RegExp fournie par JavaScript permet de définir une expression régulière de manière similaire.

Syntaxe

Avant de décrire la syntaxe des expressions régulières JavaScript, nous récapitulons au tableau 2.11 les symboles particuliers utilisables pour leur écriture.

Tableau 2.11   Symboles des expressions régulières JavaScript

Symbole	Description
$	Indique que l'expression se situe en fin de chaîne de caractères.
( )	Marque un endroit de la chaîne en se fondant sur une expression régulière. Ce marquage peut être réalisé neuf fois dans une expression régulière. L'accès à l'élément se fait ensuite directement par RegExp.$1. Permet également de délimiter un groupe de caractères dans l'expression régulière.
*	Désigne un ensemble d'au moins un signe quelconque.
.	Désigne un signe quelconque.
[]	Spécifie un ensemble de caractères sous la forme d'une plage de caractères. On spécifie que le caractère peut être un de ceux compris entre a et f, par exemple.
\b	Désigne l'extrémité d'un mot.
\B	Désigne l'opposé du symbole précédent, et donc tout sauf l'extrémité d'un mot.
\d	Désigne un chiffre quelconque.
\D	Désigne l'opposé du symbole précédent, et donc un signe autre qu'un chiffre.
\f	Correspond à un signe de saut de page.
\n	Correspond à un signe de saut de ligne, ou LF (Line Feed).
\r	Correspond à un signe de retour chariot, ou CR (Carriage Return).
\s	Correspond à n'importe quelle espace : espace, saut de page, saut de ligne, retour chariot et tabulation.
\S	Désigne l'opposé du symbole précédent, et donc tout sauf une espace.

Tableau 2.11 Symboles des expressions régulières JavaScript *(suite)*

Symbole	Description
\t	Correspond à un signe de tabulation.
\v	Correspond à un signe de tabulation verticale.
\w	Désigne tous les signes alphanumériques, y compris le tiret.
\W	Désigne l'opposé du symbole précédent, et donc un signe autre qu'un signe alphanumérique ou un tiret.
^	Indique que l'expression se situe en début de chaîne de caractères. Entre crochets, ce symbole correspond à la négation.
{}	Spécifie le nombre d'occurrences du bloc de caractères qui le précède.
|	Désigne l'une ou l'autre expression.
+	Désigne un ensemble de zéro ou plusieurs signes quelconques.

Le caractère d'échappement dans les expressions régulières est \. Il doit être mis en œuvre lorsque des caractères du tableau 2.11 doivent être utilisés dans l'expression elle-même. Notons qu'avec la classe RegExp le caractère d'échappement doit être doublé.

Le code suivant donne un exemple d'utilisation du caractère d'échappement :

```
var chaine = "Ceci est un test?";
var monExpression = /test\?/g;
/* monExpression correspond au bloc « test? » dans la chaîne de caractères */
```

Tous ces symboles peuvent être combinés afin de mettre en œuvre des expressions régulières puissantes.

La forme la plus simple d'expression régulière consiste en une chaîne de caractères n'utilisant aucun symbole du tableau 2.11. Cette forme permet de rechercher les occurrences de cette chaîne dans une autre chaîne, comme dans le code suivant :

```
var chaine = "Ceci est une chaine de test";
var monExpression = /chaine/g;
/* monExpression correspond au mot « chaine » dans la chaîne de caractères */
```

L'utilisation des symboles [] permet de définir un ensemble de caractères dans une expression régulière, comme dans le code suivant :

```
var chaine = "Ceci est une chaine de test";
var monExpression = /c[a-z]*e/g;
/* monExpression correspond au mot « chaine » dans la chaîne de caractères */
```

L'utilisation des symboles {} permet de déterminer un ensemble précis d'occurrences de caractères, comme dans le code suivant :

```
var chaine = "Ceci est une chaine de test";
var monExpression = /c[a-z]{4}e/g;
/* monExpression correspond au mot « chaine » dans la chaîne de caractères */
```

Méthodes utilisables

Nous nous intéressons dans cette section aux méthodes utilisables avec les expressions régulières.

Puisqu'une expression régulière sous forme littérale est considérée comme un pseudo-objet, à l'instar des chaînes de caractères et des nombres, les méthodes de la classe `RegExp` récapitulées au tableau 2.12 peuvent être utilisées.

Tableau 2.12   Méthodes de la classe *RegExp*

Méthode	Paramètre	Description
exec	Chaîne de caractères	Retourne les occurrences correspondant à l'expression régulière dans la chaîne.
test	Chaîne de caractères	Détermine si des occurrences sont contenues dans la chaîne de caractères en paramètre pour l'expression régulière.

La méthode `test` détermine si des occurrences sont contenues dans la chaîne de caractères en paramètre pour l'expression régulière sur laquelle elle est appliquée. Le code suivant illustre son utilisation :

```
var chaine = "Ceci est une chaine de test";
var expression = /test$/g;
var retour = expression.test(chaine);
// retour contient la valeur true
chaine = "Ceci est une chaine de test.";
retour = expression.test(chaine);
// retour contient désormais la valeur false
```

La méthode `exec` retourne les occurrences correspondant à l'expression régulière pour la chaîne de caractères passée en paramètre. Si une seule occurrence est trouvée, le tableau de retour est converti automatiquement en chaîne de caractères. Le code suivant illustre son utilisation :

```
var chaine = "Ceci est une chaine de test";
var expression = /test$/g;
var sousChaines = expression.exec(chaine);
// sousChaines est un tableau contenant un seul élément, « test »
```

Comme indiqué précédemment, les chaînes de caractères possèdent trois méthodes acceptant en paramètre une expression régulière : `match`, `search` et `replace`.

La méthode `match` retourne les différentes sous-chaînes de caractères correspondant à l'expression régulière dans la chaîne de caractères initiale. Le code suivant illustre l'utilisation de cette méthode :

```
var chaine = "Ceci est une chaine de test";
var expression = /chaine|test/g;
var sousChaines = chaine.match(expression);
/* sousChaines est un tableau contenant les valeurs « chaine » et « test » */
```

La méthode `search` retourne la position de la première occurrence correspondant à l'expression régulière. Elle s'utilise comme dans le code suivant :

```
var chaine = "Ceci est une chaine de test";
var expression = /chaine|test/g;
var position = chaine.match(expression);
// position contient la valeur 13
```

La méthode `replace` permet de remplacer le premier élément correspondant à l'expression régulière spécifiée. Le code suivant illustre son utilisation :

```
var chaine = "Ceci est une chaine de test";
var expression = /une chaine de/g;
var nouvelleChaine = chaine.replace(expression,"un");
// nouvelleChaine contient « Ceci est un test »
```

Structuration des applications

JavaScript propose différents éléments de langage sur lesquels un développeur peut se fonder afin de structurer ses applications. Ces éléments permettent en outre de réaliser des traitements de manière plus élégante, mais aussi de modulariser ces traitements et de rendre les applications plus robustes.

Fonctions

Les fonctions représentent le concept de base de la programmation JavaScript afin de modulariser les traitements. Elles possèdent des spécificités par rapport à des langages tels que Java ou C++.

Nous verrons au chapitre suivant que les fonctions constituent la clé de voûte du développement objet en JavaScript.

Le mot-clé `function` permet de mettre en œuvre les fonctions selon la syntaxe suivante :

```
function nomDeLaFonction(parametre1, parametre2, ...) {
    //Code de la fonction
}
```

Remarquons que la définition de la fonction permet de déterminer son nom ainsi que la liste de ses paramètres, cette liste ne contenant que leurs noms. Aucune information relative à leur type n'est spécifiée. De plus, le type de retour n'est pas spécifié, même si le code de la fonction comprend une clause `return`.

Les paramètres de la fonction sont visibles uniquement dans la méthode. Ils peuvent être utilisés pour réaliser ses traitements.

Comme dans la plupart des langages, une fonction est utilisée par le biais de son nom, suivi de parenthèses. Ces dernières permettent de délimiter la liste de ses paramètres, comme dans le code suivant :

```
function test(parametre1, parametre2) {
    return parametre1+" - "+parametre2;
}
var retour = test("param1","param2");
//La variable retour contient la valeur: "param1 - param2"
```

La valeur de retour, dans le cas où la fonction ne renvoie pas d'élément, est undefined.

Fonction et variable

JavaScript offre la possibilité d'affecter une fonction à une ou plusieurs variables. La variable est alors de type function. L'affectation peut être réalisée à partir d'une fonction existante ou, au moment de la création de la variable, à l'aide d'une fonction anonyme.

Le code suivant illustre l'affectation d'une fonction existante à une variable :

```
function test(parametre1, parametre2) {
    return parametre1+" - "+parametre2;
}
var maFonction = test;
```

Dans le cas d'une fonction anonyme, la syntaxe est la suivante :

```
var maFonction = function(parametre1, parametre2, ...) {
    //Code de la fonction
};
```

Le code suivant illustre la mise en œuvre de ce mécanisme :

```
var maFonction = function (parametre1, parametre2) {
    return parametre1+" - "+parametre2;
}
```

Lors de l'appel de la fonction, le nom de la variable est utilisé. Dans le cas de l'affectation d'une fonction existante, le nom de la variable est équivalent au nom de la fonction, comme dans le code suivant :

```
function test(parametre1, parametre2) {
    return parametre1+" - "+parametre2;
}
var maFonction = test;
var retour = maFonction("param1","param2");
//Exécute le code de la méthode test1
```

Le code suivant illustre la mise en œuvre d'une fonction anonyme :

```
var maFonction = function(parametre1, parametre2) {
    return parametre1+" - "+parametre2;
}
var retour = maFonction("param1","param2");
//Exécute le code de la méthode anonyme
```

Identification de fonction

Le concept de signature permet d'identifier complètement une fonction puisque la signature englobe à la fois le nom de la fonction, les types de ses paramètres et son type de retour. En cas d'utilisation d'une fonction sur un objet, sa visibilité est également prise en compte. Nous détaillons au chapitre suivant cette notion de visibilité.

Le langage JavaScript n'utilise pas les signatures pour identifier les fonctions et se fonde uniquement sur leurs noms. Ainsi, deux fonctions globales ou d'un même objet possédant le même nom ne peuvent coexister avec ce langage.

En fait, si deux fonctions ou deux méthodes d'un même objet possédant le même nom existent pour le même objet, l'interprétateur JavaScript utilise toujours celle qui a été définie en dernier, ignorant toutes les précédentes. Ce mode de fonctionnement peut être perturbant au premier abord, mais JavaScript fournit un mécanisme qui contourne cette limitation.

Le code suivant illustre ce mécanisme :

```
function maFonction(parametre1, parametre2) {
    return parametre1+" - "+parametre2;
}
function maFonction(parametre1) {
    return parametre1;
}
var retour = maFonction("param1", "param2");
```

Nous pourrions nous attendre à ce que le contenu de la variable retour soit la chaîne de caractères param1 - param2, alors que nous constatons que la variable contient la chaîne de caractères param1. La raison à cela est que la fonction maFonction appelée est la seconde, puisqu'elle a été définie en dernier et est donc la seule à être prise en compte.

Notons que JavaScript introduit la variable arguments dans le corps la fonction pour résoudre ce problème.

Gestion des arguments

JavaScript met à disposition la liste des arguments passés à une fonction dans une variable particulière. Nommée arguments, cette variable est implicitement définie pour chaque fonction. Le développeur peut donc l'utiliser directement dans le code des fonctions.

Cette fonctionnalité de JavaScript permet de supporter plusieurs signatures de méthodes et ainsi de contourner le problème soulevé à la section précédente. En contrepartie, il faut gérer les différents paramètres au début de la fonction.

Le code suivant illustre la façon de corriger le code de la section précédente pour supporter différentes signatures de fonctions :

```
function maFonction() {
    if( arguments.length == 1 ) {
        return arguments[0];
    }
    if( arguments.length == 2 ) {
        return arguments[0]+" - "+arguments[1];
    }
}
```

```
var retour = maFonction("param1", "param2");
//La valeur de la variable retour est « param1 - param2 »
var retour = maFonction("param1");
//La valeur de la variable retour est « param1 »
```

Une fonction JavaScript est définie par l'intermédiaire du mot-clé `function`, qui permet de spécifier son nom ainsi que ses paramètres. Comme le langage n'est pas typé, ces derniers ne sont définis qu'avec leur nom. La déclaration d'une fonction ne définit pas de retour, même si elle en possède un.

Le code suivant illustre la définition d'une fonction nommée `test` possédant deux paramètres, `param1` et `param2` :

```
function test(param1, param2) {
    (...)
    return "Ceci est une fonction - param1 : "+param1;
}
var retour = test("param1", "param2");
```

Une fonctionnalité intéressante de JavaScript permet d'affecter une fonction à une variable. Cette dernière fait alors référence à la fonction. Le code suivant montre la façon d'affecter une fonction et d'utiliser ensuite la variable :

```
var maFonction = function(param1, param2) {
    (...)
    return "Ceci est une fonction - param1 : "+param1;
}
maFonction("param1", "param2") ;
```

Il est de la sorte facile de personnaliser un algorithme avec une variable contenant une fonction, comme l'illustre le code suivant :

```
var maFonction = function(param1, param2) {
    (...)
    return "Ceci est une fonction - param1 : "+param1;
}
function test(uneFonction) {
    var param1="test";
    var param2="test";
    (...)
    return uneFonction(param1,param2);
    (...)
}
var retour = test(maFonction);
// retour contient « Ceci est une fonction - param1 : test »
```

La fonction `test` prend en paramètre une fonction. Cette dernière est utilisée afin d'implémenter les traitements de la fonction `test`.

Notons qu'une fonction doit être définie dans un script JavaScript avant d'être utilisée, sous peine de générer une erreur. Dans les cas simples, ces problèmes sont facilement identifiables, mais ce n'est pas forcément le cas avec les mécanismes d'importation de sources, plus ou moins complexes.

Closures

Une closure est une fonction JavaScript particulière, qui utilise directement des variables définies en dehors de la portée de son code. Ce mécanisme est souvent utilisé par des fonctions définies dans d'autres fonctions, comme l'illustre le code suivant :

```
function uneFonction(parametre) {
    function uneClosure(unAutreParametre) {
        return "Les paramètres sont: "
                    +parametre+", "+ unAutreParametre;
    }
    return uneClosure;
}

var retour = uneFonction("Mon paramètre");
var valeurRetour = retour("Mon autre paramètre");
// valeurRetour contient « Les paramètres sont: Mon paramètre, Mon autre paramètre »
```

Cette fonctionnalité très puissante de JavaScript est couramment utilisée pour mettre en œuvre les concepts de la programmation objet avec ce langage, comme nous le verrons au chapitre suivant.

Il convient cependant d'utiliser prudemment ce concept puisque certains navigateurs, notamment Internet Explorer, ne gèrent pas les closures correctement dans les cas de références cycliques, entraînant des fuites mémoire. Nous reviendrons sur ce type de problème au chapitre 3, relatif à la programmation orientée objet avec JavaScript.

Gestion des exceptions

Comme la plupart des langages objet, JavaScript permet de gérer les exceptions. Ce mécanisme offre la possibilité d'intercepter les erreurs au lieu de les laisser traiter par l'intercepteur du langage. Cela évite l'arrêt brutal de l'exécution d'un script et, en conjonction avec un gestionnaire d'exceptions robuste, facilite le débogage des applications.

Le langage offre également la possibilité de lancer des exceptions applicatives.

Interception globale

JavaScript offre la possibilité d'intercepter d'une manière globale ou pour une bloc HTML particulier toutes les erreurs qui surviennent. Lorsqu'une erreur se produit, l'interpréteur passe la main à l'observateur de l'événement s'il a été spécifié. Nous détaillons à la partie III de l'ouvrage la gestion des événements survenant dans une page HTML avec JavaScript.

Le code suivant illustre la mise en œuvre de ce mécanisme :

```
<script langage="text/javascript">
    function gestionErreurs(message, fichier, ligne) {←❶
    }
    onerror = gestionErreurs;←❷
</script>
```

Comme nous pouvons le voir au repère ❶, la fonction de gestion des erreurs doit posséder trois paramètres. Le premier correspond au message d'erreur original, le second au fichier dans lequel l'erreur s'est produite et le dernier à la ligne. Au repère ❷, la fonction est enregistrée en tant que gestionnaire des erreurs par le biais de l'événement onerror.

Attraper les exceptions

JavaScript offre la même syntaxe que Java pour gérer les exceptions, au moyen des mots-clés try, catch et finally. Le premier définit le bloc d'interception des exceptions, le second les traitements à réaliser en cas de levée d'exceptions et le dernier les traitements à exécuter, que des exceptions soient levées ou non.

Le code suivant décrit la façon de gérer les exceptions (nous faisons volontairement appel à une méthode testException inexistante afin de déclencher une exception) :

```
try {
    testException(); //Cette méthode est inexistante!
} catch(error) {
    alert("Une exception a été levée");
    alert("Nom de l'exception levée : "+error.name);
    alert("Message de l'exception levée : "+error.message);
} finally {
    alert("Passage dans finally");
}
```

À l'exécution de ce code, la valeur de la propriété name de l'exception est ReferenceError, et la valeur de la propriété message est « testException is not defined ». Notons que le code défini dans le bloc finally est bien appelé.

Lancer des exceptions

JavaScript offre la possibilité aux applications de lancer des exceptions afin de signaler une erreur. Cette fonctionnalité se réalise par l'intermédiaire du mot-clé throw de la même manière que pour le langage Java. Le code suivant en donne un exemple d'utilisation :

```
try {
    throw new Error("test");
} catch(error) {
    alert("Une exception a été levée");
    alert("Nom de l'exception levée : "+error.name);
    alert("Message de l'exception levée : "+error.message);
}
```

Le langage offre la possibilité de définir ses propres classes d'exception. Ces dernières n'ont pas besoin d'hériter de la classe `Error` car le mot-clé `throw` permet de déclencher n'importe quelle classe JavaScript.

Le code suivant illustre l'implémentation d'une exception utilisateur ainsi que son utilisation :

```
function MonException(message) {
    this.name = "MonException";
    this.message = message;
}
try {
    throw new MonException("test");
} catch(error) {
    alert("Une exception a été levée");
    alert("Nom de l'exception levée : "+error.name);
    alert("Message de l'exception levée : "+error.message);
}
```

Conclusion

Nous avons rappelé dans ce chapitre les concepts de base du langage JavaScript de manière à faire bien comprendre ses principaux mécanismes. Ces derniers correspondent à la façon dont le langage gère les variables, du fait de leur manque de typage, ainsi que les conditions, les structures de contrôle et les tableaux.

Nous avons en outre détaillé les fonctionnalités offertes par JavaScript pour gérer les types de base sous différentes formes, notamment en tant que pseudo-objets. La séparation entre les types primitifs et les objets correspondants n'étant pas clairement définie par le langage, nous avons introduit les méthodes de ces derniers, qui seront reprises et développées au chapitre 3 traitant des principes de la programmation orientée objet avec JavaScript.

Nous avons enfin évoqué les éléments de langage offerts par JavaScript afin de structurer les développements. Comme nous le verrons dans la suite de l'ouvrage, la façon dont les fonctions sont utilisées par JavaScript permet de résoudre avec élégance certaines problématiques récurrentes de la programmation objet.

3

JavaScript et la programmation orientée objet

JavaScript avait la réputation d'être un langage peu élaboré et peu structuré, dont l'utilisation se limitait aux contrôles des saisies. De ce fait, une utilisation standard de JavaScript dans des pages HTML entraînait rapidement des interférences entre différentes fonctions ou variables, lesquelles sont globales à une page, et, par voie de conséquence, des difficultés à maintenir le code, d'autant que la lisibilité de celui-ci tend à diminuer fortement en fonction de sa taille.

Avec l'arrivée des applications Internet riches, le code JavaScript embarqué se doit d'être beaucoup plus robuste et structuré, puisque les fonctionnalités et les traitements deviennent beaucoup plus complexes. Il doit également prendre en compte toutes les possibilités du langage afin d'être modulaire et évolutif.

Le langage JavaScript offre la possibilité de mettre en œuvre la plupart des concepts objet, tels que l'héritage et le polymorphisme. Les développeurs peuvent tirer parti de ces mécanismes pour augmenter la qualité, la lisibilité et la modularité de leurs applications JavaScript.

La façon de mettre en œuvre les concepts objet est spécifique à ce langage et est essentiellement fondée sur les fonctions et closures de JavaScript.

Rappel des principes de la programmation objet

Avant d'aborder la programmation orientée objet avec JavaScript, nous allons revenir sur les concepts de ce paradigme ainsi que sur ses avantages. Pour illustrer notre propos, nous utiliserons le langage de modélisation UML. L'objectif de cette section n'est pas de décrire les spécificités de tel ou tel langage objet mais d'illustrer leurs principaux concepts.

> **UML (Unified Modeling Language)**
>
> UML correspond à un standard de modélisation objet conçu par l'OMG (Object Modeling Group). Ce standard de modélisation, en version 2 actuellement, offre un diagramme permettant de modéliser des classes ainsi que leurs relations.

La programmation orientée objet est un paradigme visant à améliorer la modularité des applications en utilisant des abstractions plus évoluées que les fonctions ou les procédures. Son objectif est de rassembler en une seule entité logique (la classe) un ensemble de données (les attributs) et un ensemble de traitements (les méthodes). Les méthodes peuvent s'appuyer sur les attributs pour réaliser leurs traitements. L'objectif est de modulariser les traitements afin de faciliter leur réutilisation.

Ce type de langage permet de mettre en œuvre le mécanisme d'héritage afin d'étendre les mécanismes d'une classe. Un des avantages de ce mécanisme réside dans la possibilité d'utiliser des classes existantes sans connaître leurs implémentations. Le polymorphisme va de pair avec l'héritage puisqu'il spécifie qu'un objet peut être considéré du point de vue du type de sa classe d'instanciation mais également du type d'une de ses classes mères.

Les sections qui suivent entrent plus en détail dans les concepts de la programmation orientée objet.

Classes et objets

Le concept central de la programmation objet est la classe. Composée d'attributs et de méthodes, c'est elle qui permet de définir la structure des entités manipulées. Attributs et méthodes permettent de définir respectivement les états et les comportements de la classe.

Dans la plupart des langages objet, le mot-clé dédié `class` est introduit afin de définir les classes. Dans toute cette section, nous illustrons notre propos à l'aide de la classe `Vehicule`, dont la figure 3.1 illustre la structure par l'intermédiaire du diagramme de classes du langage UML.

Figure 3.1
Modélisation de la classe Vehicule

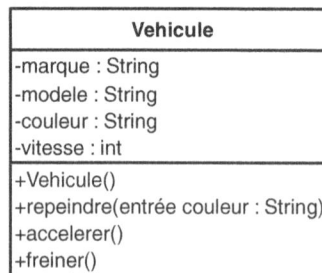

Vehicule
-marque : String
-modele : String
-couleur : String
-vitesse : int
+Vehicule()
+repeindre(entrée couleur : String)
+accelerer()
+freiner()

Nous avons volontairement supprimé les paramètres du constructeur afin de ne pas surcharger le schéma.

Une classe possède toujours une ou plusieurs méthodes particulières, appelées *constructeur,* permettant de construire l'objet. Certains langages en fournissent un par défaut s'il n'est pas explicitement défini dans la classe.

Une classe possède également des attributs, permettant de stocker des états, et des méthodes, permettant d'exécuter des traitements en utilisant éventuellement ces attributs.

Les langages objet introduisent le mot-clé this afin de permettre à un objet de s'autoréférencer. Il permet notamment de différencier les variables locales par rapport aux attributs de classe ou encore de permettre à un objet de se passer en paramètre à un autre objet.

La notion de package est également introduite afin d'organiser les classes. Un package correspond à un ensemble de classes organisées selon une structure arborescente.

Instances et objets

Une classe n'est pas utilisable directement dans une application, car elle correspond à un concept abstrait et structurel. Les applications travaillent sur des objets ou instances correspondant à des occurrences de classes. Ces instances sont créées à la demande à partir du modèle de structure qu'est la classe par l'intermédiaire du mot-clé new.

Prenons l'exemple de la classe Vehicule. Cette dernière définit ses attributs (marque, modèle, couleur) et méthodes (repeindre, accelerer, freiner). Une instance de véhicule correspond à un véhicule d'une marque et d'un modèle particuliers. Elle possède une couleur, et il est possible d'interagir avec elle afin d'accélérer ou de freiner, par exemple.

Le code suivant illustre l'utilisation d'une instance de la classe Vehicule :

```
Vehicule monVehicule = new Vehicule("maMarque","monModele","bleue");
monVehicule.accelerer ();
(...)
monVehicule.freiner();
```

Nous constatons qu'une instance ou objet correspond à une entité existante dans l'application. Les attributs de la classe prennent des valeurs spécifiques, qui déterminent leurs comportements. La classe elle-même permet uniquement de définir la structure de ces instances.

Encapsulation et visibilité

Comme nous l'avons vu, une classe correspond à une entité possédant des attributs et des méthodes. Il n'est pas forcément utile de rendre ces derniers accessibles depuis l'extérieur de la classe. L'encapsulation revient à interdire l'accès à certains éléments d'une classe afin de protéger ses états et fonctionnements internes.

La plupart du temps, les attributs de classe ne doivent pas être exposés directement à l'extérieur de la classe. C'est la raison pour laquelle la mise en œuvre d'accesseurs et de mutateurs constitue une bonne pratique de conception.

Afin de mettre en œuvre l'encapsulation, la plupart des langages objet offrent un support permettant de contrôler la visibilité des attributs et méthodes par des éléments de langage.

Comme indiqué au tableau 3.1, il existe plusieurs niveaux de visibilité des attributs et méthodes, dont la signification est quasiment commune à la plupart des langages objet.

Tableau 3.1   Niveaux de visibilité des attributs et méthodes

Niveau de visibilité	Description
Par défaut	Seules les entités du même package et les sous-classes ont accès aux éléments de la classe.
Privé	Les entités externes n'ont pas accès aux éléments de la classe.
Protégé	Seules les sous-classes ont accès aux éléments de la classe.
Public	Les entités externes ont accès aux éléments de la classe.

L'héritage

Par souci de modularité, les langages orientés objet mettent en œuvre des mécanismes d'héritage. Ces derniers permettent de définir des sous-classes afin d'enrichir et de bénéficier d'attributs et de méthodes de classes existantes. Le mot-clé extends est généralement mis à disposition du développeur afin de créer les relations d'héritage entre classes.

La figure 3.2 illustre l'utilisation de la méthode UML et de son diagramme de classes afin de décrire un lien d'héritage entre la classe Vehicule précédemment décrite et la classe VehiculeMotorise.

Figure 3.2

Modélisation de l'héritage entre les classes
Vehicule *et* VehiculeMotorise

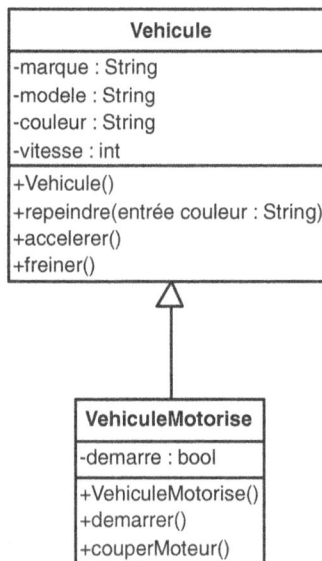

La classe VehiculeMotorise spécialise la classe Vehicule et peut utiliser le constructeur de la classe Vehicule par l'intermédiaire du mot-clé super. Il est également possible de spécifier de nouveaux attributs ainsi que de nouvelles méthodes. Les méthodes peuvent appeler des méthodes de la classe mère, si nécessaire.

D'une manière générale, les langages orientés objet offrent un mécanisme permettant de référencer la classe mère. Dans le cas de Java, le mot-clé super est mis à la disposition des sous-classes afin de référencer la classe mère. Il permet ainsi d'utiliser les constructeurs, méthodes et attributs accessibles de cette dernière.

Encapsulation et visibilité

La plupart du temps, les langages orientés objet donnent la possibilité de contrôler l'accès aux éléments auxquels ont accès les classes.

En reprenant les niveaux de visibilité décrits précédemment, les différentes possibilités sont les suivantes :

• Une méthode ou un attribut public peut être utilisé par n'importe quelle classe.

• Une méthode ou un attribut protégé peut être utilisé par les sous-classes mais n'est pas visible par les classes sans lien d'héritage.

• Une méthode ou un attribut privé ne peut être utilisé que par la classe elle-même. Les sous-classes n'y ont pas accès.

Reprenons l'exemple des classes Vehicule et VehiculeMotorise de la section précédente. Si nous modifions la visibilité de la méthode accelerer de la classe Vehicule avec la valeur protégée, cette dernière peut être utilisée dans la classe VehiculeMotorise mais n'est pas accessible en dehors des sous-classes de la classe Vehicule. Si sa visibilité devient privée, elle ne peut être utilisée que dans la classe Vehicule.

Classes et méthodes abstraites

Une classe abstraite est une classe qui ne peut être instanciée dans une application. Il s'agit d'une abstraction de haut niveau, destinée à être spécialisée afin de répondre à différents contextes d'utilisation. Elle ne peut donc être utilisée que par l'intermédiaire de classes qui l'étendent.

Cette classe définit la plupart du temps une ou plusieurs méthodes abstraites, dont le code n'est pas défini dans la classe. Ces dernières peuvent cependant être utilisées dans les méthodes concrètes de la classe. Son rôle est de permettre aux sous-classes de paramétrer l'algorithme des méthodes de la classe mère. Les classes filles concrètes ont quant à elles la responsabilité de les implémenter.

Les langages orientés objet utilisent le mot-clé abstract afin de définir ces types de classes et de méthodes. Si nous reprenons notre classe Vehicule, nous pouvons la rendre abstraite ainsi que ses méthodes accelerer et freiner. Cette classe ne peut toutefois être instanciée, si bien que les deux méthodes précédentes n'ont pas d'implémentation. Une sous-classe telle que VehiculeMotorise aurait la responsabilité, par exemple, de les implémenter.

Classes et méthodes finales

Une classe finale est une classe qui ne peut être étendue dans une application et correspond donc au dernier niveau d'héritage.

N'importe quelle classe peut définir une ou plusieurs méthodes finales. Dans ce cas, ces dernières ne peuvent être surchargées dans une sous-classe. Notons qu'une classe ne doit pas être nécessairement finale pour définir des méthodes finales.

Les langages orientés objet utilisent le mot-clé `final` afin de définir ces types de classes et de méthodes. Si nous reprenons notre classe `Vehicule`, nous pouvons rendre ses méthodes `accelerer` et `freiner` finales. Ces deux méthodes ne peuvent toutefois être surchargées dans les sous-classes telles que `VehiculeMotorise`.

Notons qu'il est possible de définir des attributs finaux qui correspondent à des constantes.

L'héritage multiple

Certains langages orientés objet permettent de faire hériter une classe de plusieurs autres. Ce mécanisme est supporté par C++ mais pas par Java.

La figure 3.3 illustre un exemple d'héritage multiple fondé sur les classes `Vehicule` et `VehiculeAmphibi`. Cette dernière hérite désormais de la classe `Amphibi` afin de spécifier que le véhicule motorisé peut se déplacer dans l'eau.

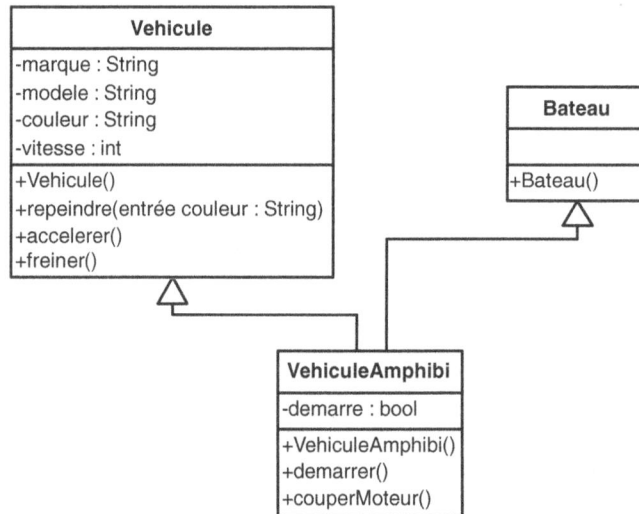

Figure 3.3

Modélisation de l'héritage multiple entre les classes Vehicule, Bateau *et* VehiculeAmphibi

Les mécanismes décrits aux sections précédentes s'appliquent également à l'héritage multiple.

Il faut avoir à l'esprit que la mise en œuvre de l'héritage multiple engendre des problèmes et complexifie les relations entre les classes. Le principal problème peut provenir de l'existence de méthodes ou d'attributs similaires dans les parents d'une classe. Dans ce cas, afin de garantir une solution cohérente, le langage doit fournir un mécanisme pour réaliser une fusion ou un renommage des entités dupliquées.

Agrégation et composition

L'agrégation correspond au fait de référencer un objet dans un autre objet. Ainsi, un attribut d'une classe est du type d'une autre classe.

La figure 3.4 illustre la représentation en UML d'une relation d'agrégation entre les classes Vehicule et Conducteur.

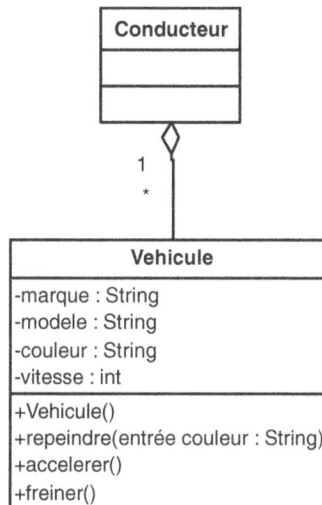

Figure 3.4
Représentation UML d'une relation d'agrégation

La classe Vehicule est enrichie par l'information relative à son conducteur principal. Cela se traduit par un attribut de classe, conducteurPrincipal, et éventuellement des méthodes de manipulation de cet attribut. L'agrégation peut également être réalisée par l'intermédiaire d'un attribut d'une classe correspondant à une collection.

La composition correspond à une agrégation forte. En effet, les cycles de vie des objets référencés suivent celui de l'objet contenant, si bien que lorsque ce dernier est détruit, les autres le sont également, contrairement à ce qui se produit avec l'agrégation.

La figure 3.5 illustre la schématisation d'une relation de composition entre la classe Vehicule et une classe Roue avec le langage UML.

Dans l'exemple ci-dessus, lorsqu'une instance de la classe Vehicule est détruite, les références à la classe Roue sont également détruites.

Figure 3.5

Représentation UML d'une
relation de composition

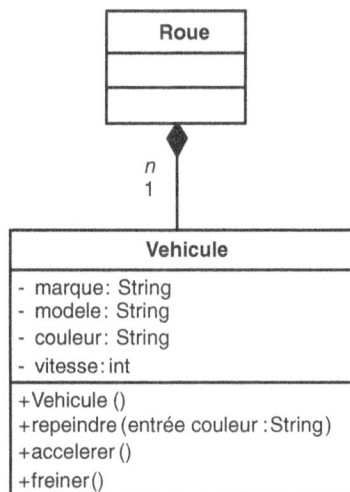

Le polymorphisme

Les mécanismes de polymorphisme permettent à une application de voir une instance sous différentes formes. Cette instance peut ainsi être considérée comme étant non seulement du type de sa classe, mais également des types de ses différentes classes mères. Une instance de notre classe VehiculeMotorise peut dès lors être vue comme une instance de sa classe mère Vehicule. La considérer comme Vehicule revient toutefois à restreindre le nombre de ses méthodes utilisables.

Le polymorphisme est intimement lié aux mécanismes de transtypage, qui permettent de convertir le type d'une instance, quand c'est possible, en un autre type.

Le code suivant donne un exemple de transtypage d'instances :

```
VehiculeMotorise voiture = (...);
Vehicule vehicule = (Vehicule)voiture; ← ❶
VehiculeMotorise laMemeVoiture = (VehiculeMotorise)vehicule; ← ❷
```

Au repère ❶, le transtypage ascendant VehiculeMotorise fonctionne correctement puisque la classe Vehicule est une classe mère de la classe VehiculeMotorise. Au repère ❷, le transtypage descendant est également correct puisque l'instance transtypée est de type VehiculeMotorise.

En résumé

Nous avons décrit dans cette section les principaux concepts de la programmation orientée objet.

Le langage JavaScript n'est pas un langage orienté objet, mais il permet néanmoins de mettre en œuvre les principaux concepts décrits au cours des sections précédentes. S'il permet de travailler avec des classes et des objets, il ne fournit pas d'éléments de langage spécifiques à cet effet.

Le tableau 3.2 récapitule les différents concepts des langages orientés objet supportés par JavaScript. Les sections suivantes entrent plus dans le détail de la programmation orientée objet avec JavaScript.

Tableau 3.2   Concepts des langages objet supportés par JavaScript

Concept	Support par JavaScript
Classe	JavaScript supporte partiellement les classes. Il permet de définir des classes en se fondant sur les mécanismes des fonctions et des closures ainsi que sur leur attribut `prototype` mais ne fournit pas d'élément de langage dédié.
Classes et méthodes abstraites	JavaScript ne supporte pas explicitement les classes et méthodes abstraites. Il peut néanmoins les mettre en œuvre, puisqu'une méthode d'une classe peut en appeler une autre qui n'existe pas dans la classe. La classe fonctionne correctement si une classe fille la définit. Si tel n'est pas le cas, une erreur se produit. JavaScript ne permet pas de verrouiller ce mécanisme.
Composition et agrégation	JavaScript supporte ces deux mécanismes, puisqu'il permet d'utiliser des variables par référence (hormis les types primitifs).
Contrôle de l'héritage et visibilité	JavaScript ne supportant pas le modificateur `final`, il ne permet pas de contrôler l'héritage dans le but d'empêcher de créer des sous-classes ou de surcharger des méthodes. Le langage ne supporte pas non plus le type de visibilité protégé.
Encapsulation et visibilité	JavaScript ne fournit pas de mécanisme permettant de mettre en œuvre l'encapsulation et de supporter convenablement tous les niveaux de visibilité. Comme il ne permet de gérer dans tous les cas le niveau privé, seul le niveau de visibilité `public` peut être utilisé tout le temps. Dans ce cas, les différents attributs et méthodes d'un objet peuvent être accédés depuis des entités extérieures. L'encapsulation n'est alors pas garantie par le langage.
Héritage	JavaScript permet de mettre en œuvre l'héritage mais ne fournit pas de mot-clé `extends` à cet effet. Comme nous le verrons, différentes techniques, fondées sur les constructeurs des classes mères et l'attribut `prototype` des fonctions, permettent cependant de mettre en œuvre l'héritage multiple.
Mot-clé `super`	Non supporté
Mot-clé `this`	JavaScript supporte ce mot-clé dans une fonction en faisant référence à l'objet sur lequel la méthode est appelée.
Package	JavaScript ne fournit pas à proprement parler la notion de package. Il est cependant possible d'en simuler un en l'incorporant dans le nom d'une classe.
Polymorphisme	JavaScript ne supporte pas ce concept puisque la mise en œuvre de l'héritage avec ce langage consiste en une recopie des méthodes et attributs.
Typage	JavaScript possède un typage dynamique. Le type d'un objet n'est donc connu qu'au moment de l'exécution du code et peut varier au cours de l'exécution. Le langage fournit toutefois les mots-clé `typeof` et `instanceof` afin de déterminer le type d'un objet.

Classes JavaScript

Comme nous venons de le voir, JavaScript n'offre qu'un support partiel des concepts orientés objet mais permet d'utiliser différents types de classes. Certaines d'entre elles sont fournies directement par le langage, tandis que d'autres le sont par l'environnement d'exécution. Le langage offre également au développeur la possibilité de définir ses propres classes par l'intermédiaire des fonctions.

Bien qu'il permette l'utilisation d'objets et dispose d'objets natifs, JavaScript n'est pas véritablement un langage orienté objet. Il ne fournit pas d'éléments de langage afin de supporter ce paradigme mais permet simplement d'émuler les différents principes de la programmation orientée objet.

JavaScript ne supporte donc pas véritablement la notion de classe et n'offre pas de mot-clé dédié `class` afin d'en définir. Pour mettre en œuvre les concepts de la programmation objet, il se fonde uniquement sur les mécanismes des fonctions et des closures ainsi que sur l'attribut `prototype`.

Classe et objet JavaScript

Le langage JavaScript ne supporte pas la notion de classe afin de définir la structure des objets. Il se fonde à la place sur les principes des fonctions. Dans ce langage, les fonctions correspondent à des objets puisqu'elles y peuvent être référencées.

C'est la raison pour laquelle certains auteurs préfèrent ne pas parler de classe JavaScript mais plutôt d'objet JavaScript, aussi bien pour l'entité définissant la structure d'un objet que pour ses instances. Par exemple, certains parlent de l'objet `XMLHttpRequest` plutôt que de la classe `XMLHttpRequest`.

Dans cet ouvrage, afin de simplifier nos explications et d'éviter toute confusion, nous avons fait le choix de désigner la structure des objets JavaScript par le terme de classe et les instances de ces classes par le terme d'objet.

Dans ce contexte, un objet ou une instance correspond à une collection d'attributs et de fonctions, appelées dans ce contexte *méthodes*. Ils peuvent être ajoutés et supprimés dynamiquement au cours de son utilisation. Nous utilisons par la suite le terme *classe* pour désigner la structure de l'objet qui spécifie la liste de ses méthodes et attributs.

JavaScript fournit deux possibilités de définir un objet. La première consiste à utiliser la forme littérale d'un tableau associatif et la seconde à se fonder sur une fonction constructeur ou sur son attribut `prototype`. Ces deux derniers éléments peuvent éventuellement être utilisés conjointement.

Le tableau 3.3 recense les différents types de classes du langage.

Tableau 3.3 Types de classes de JavaScript

Type	Description
Classes applicatives	JavaScript permet à l'application de créer ses propres classes et objets dans un souci de structuration et de modularité.
Classes de base	JavaScript fournit les classes relatives aux différents types natifs du langage.
Classes fournies par l'environnement d'exécution	L'environnement d'exécution fournit des classes aux applications JavaScript. Dans le cas d'une exécution dans un navigateur, par exemple, des instances de ces classes relatives aux éléments HTML contenus dans la page sont disponibles.
Classes pré-instanciées	JavaScript pré-instancie deux classes particulières afin qu'elles puissent être utilisées lors de l'exécution. Les instances se nomment `Global` et `Math`. `Global` possède un fonctionnement particulier, que nous décrirons par la suite.

Classes de base

JavaScript offre différentes classes correspondant à la représentation objet des différents types primitifs et de certains éléments du langage, ainsi qu'à la classe racine de tous les objets et à différentes classes d'erreur.

Le tableau 3.4 récapitule l'ensemble de ces classes de base.

Tableau 3.4   Classes de base de JavaScript

Classe	Description
Array	Représentation sous forme d'objet d'un tableau JavaScript
Boolean	Représentation sous forme d'objet du type primitif booléen
Date	Classe représentant une date
Error	Classe d'erreur générique
EvalError	Classe relative aux erreurs survenant lors de l'interprétation de code JavaScript par l'intermédiaire de la fonction eval
Function	Représentation sous forme d'objet d'une fonction JavaScript
Number	Représentation sous forme d'objet d'un nombre
Object	Classe de base de toutes les classes
RangeError	Classe relative aux erreurs survenant lors de l'utilisation de nombres excédant la plage autorisée (supérieurs à MAX_VALUE ou inférieurs à MIN_VALUE)
ReferenceError	Classe relative aux erreurs survenant lors de l'utilisation d'une référence incorrecte
RegExp	Classe permettant d'utiliser des expressions régulières
String	Classe représentant une chaîne de caractères
SyntaxError	Classe relative aux erreurs de syntaxe
TypeError	Classe relative aux erreurs de typage
URIError	Classe relative aux erreurs survenant lors d'une mauvaise utilisation des méthodes de traitements des URI de l'objet Global

La classe racine *Object*

La classe racine de tous les objets est la classe Object. Cette classe, la plus simple du langage, fournit ses attributs et méthodes à toutes les autres classes JavaScript.

Le tableau 3.5 récapitule ses attributs et le tableau 3.6 ses méthodes.

Tableau 3.5   Attributs de la classe *Object*

Attribut	Description
constructor	Référence la méthode utilisée pour créer une instance de la classe.
prototype	Sert à initialiser l'objet lors de son instanciation. Cet attribut est très important pour mettre en œuvre ses propres classes et l'héritage en JavaScript. Nous détaillons un peu plus loin dans ce chapitre la façon de l'utiliser.

Tableau 3.6 Méthodes de la classe *Object*

Méthode	Paramètre	Description
`hasOwnProperty`	Nom de propriété	Permet de déterminer si l'objet possède un attribut ou une méthode dont le nom correspond au paramètre.
`isPrototypeOf`	Classe	Permet de déterminer si un objet est le prototype d'un autre.
`propertyIsEnumerable`	Nom de la propriété de l'objet	Permet de déterminer si l'attribut dont le nom est passé en paramètre peut être énuméré par l'intermédiaire d'une boucle `for…in`.
`toString`	-	Représentation de l'objet sous forme de chaîne de caractères
`valueOf`	-	Valeur associée à l'objet. Cette méthode est utile dans le cas d'objets relatifs à des types primitifs. Sinon, elle renvoie la même valeur que la méthode `toString`.

La classe `Object` permet de définir facilement des instances vides, comme dans le code suivant :

```
var o = new Object();
```

L'objet précédemment créé est équivalent à l'objet littéral suivant (nous détaillons les objets littéraux un peu plus loin dans ce chapitre) :

```
var o = {};
```

Classes relatives aux types primitifs

Les classes relatives aux types primitifs du langage JavaScript sont les classes `Boolean`, `Number` et `String`.

Les méthodes de ces classes peuvent être également utilisées sur les types primitifs, considérés comme des pseudo-objets par JavaScript. Leur utilisation a d'ailleurs été abordée au chapitre 2, relatif aux bases du langage.

Classes d'éléments du langage

JavaScript permet de mettre en œuvre des tableaux, comme nous l'avons vu au chapitre 2. Le langage permet également de construire des tableaux par l'intermédiaire de la classe `Array`.

Le code suivant illustre la façon de créer un tableau avec cette classe :

```
var tableau = new Array();
tableau.push("première chaine","seconde chaîne");
for(var cpt=0;cpt<tableau.length;cpt++) {
    (...)
}
```

Ce code est similaire au code suivant, qui utilise une expression littérale afin de créer un tableau :

```
var tableau = [];
tableau[0] = "première chaîne";
tableau[1] = "seconde chaîne";
for(var cpt=0;cpt<tableau.length;cpt++) {
    (...)
}
```

JavaScript permet de combiner ces deux approches, le tableau étant toujours géré en tant qu'objet en interne, comme dans le code suivant :

```
var tableau = new Array("première chaine","seconde chaîne");
tableau[2] = "troisième chaine";
```

Toutes les méthodes abordées à la section relative aux tableaux du chapitre précédent peuvent être également utilisées avec l'approche objet.

À l'instar des tableaux, JavaScript offre une représentation objet des fonctions par le biais de la classe `Function`.

Le code suivant illustre la façon de créer une fonction par l'intermédiaire de cette classe :

```
var maFonction = new Function(parametre1, parametre2,
                        "return parametre1+parametre2");
//Appel de la fonction
var resultat = maFonction(13, 15);
```

L'utilisation de cette technique est équivalente au code suivant :

```
function maFonction(parametre1, parametre2) {
    return parametre1+parametre2;
}
//Appel de la fonction
var resultat = maFonction(13, 15);
```

Il est toutefois recommandé de passer par la méthode classique pour créer des fonctions, car elle permet de s'abstraire des problèmes liés aux chaînes de caractères contenues dans leur définition. Comme pour la classe `Array`, l'intérêt de la représentation objet d'une fonction provient des méthodes qu'il est possible d'utiliser avec la classe `Function`. Ces méthodes sont récapitulées au tableau 3.7.

Tableau 3.7   Méthodes de la classe *Function*

Méthode	Paramètre	Description
apply	Objet et tableau de paramètres	Appelle une fonction JavaScript pour l'objet spécifié en lui passant les paramètres fournis dans le tableau.
call	Objet et paramètres	Appelle une fonction JavaScript pour l'objet spécifié en lui passant les paramètres fournis.
toSource, toString, valueOf	-	Retournent le code source de la fonction.

Nous détaillons l'utilisation des méthodes `apply` et `call` à la section décrivant la façon d'appeler le constructeur d'une classe mère.

Les attributs de la classe `Function` sont récapitulés au tableau 3.8.

Tableau 3.8   Attributs de la classe *Function*

Attribut	Description
arguments	Permet d'accéder aux paramètres d'invocation de la fonction.
constructor	Spécifie la fonction qui sert de base à la création de l'attribut prototype.
length	Correspond au nombre de paramètres déclarés pour la fonction.
prototype	Utilisé pour mettre en œuvre les concepts objet avec JavaScript.

Remarquons l'attribut prototype, que nous détaillons dans la suite du chapitre, qui est fondamental pour la mise en œuvre des concepts objet.

Tableaux et fonctions étant considérés comme des objets, il est possible de leur ajouter des attributs et des méthodes.

Expressions régulières

Comme pour les tableaux et fonctions, JavaScript fournit une classe RegExp afin de mettre en œuvre des expressions régulières.

Le code suivant illustre la façon de créer et manipuler une expression régulière avec cette classe :

```
var expression = new RegExp("test","gi");
var trouvee = expression.test("Ceci est un test");
```

Ce code est similaire au code suivant, fondé sur la représentation littérale des expressions régulières :

```
var expression = /test/gi;
var trouvee = expression.test("Ceci est un test");
```

Les méthodes décrites à la section relative aux expressions régulières du chapitre précédent peuvent être également utilisées avec l'approche objet.

Classes pré-instanciées

JavaScript pré-instancie deux classes pour ses applications, dont les noms de leurs instances sont Global et Math.

Global est utilisée implicitement par le langage, dont les méthodes « globales » ne sont apparemment rattachées à aucune instance. Cette dernière ne peut donc être utilisée explicitement.

Les méthodes de l'instance Global sont les suivantes :

- eval : afin d'interpréter une chaîne de caractères contenant du JavaScript.

- parseXXX : permet de convertir des chaînes de caractères en des types primitifs. Par exemple, pour les entiers, la méthode est parseInt.

- Méthodes de type `isXXX` : permettent de vérifier la véracité d'un objet pour un critère, comme, pour les nombres, les méthodes `isFinite` ou `isNaN`.

- Méthodes `escape` et `unescape` : afin de convertir des chaînes pour HTML.

- Constructeurs des classes relatives aux types primitifs, décrites précédemment.

Toutes ces méthodes sont rattachées à l'instance `Global`. Bien que cette dernière ne soit pas accessible ni utilisable directement dans les applications, ses méthodes sont utilisables telles quelles, sans avoir à être préfixées par `Global`. Pour plus d'informations concernant ces méthodes, voir, au chapitre 2, la section « Éléments de base du langage ».

L'instance `Math` offre des constantes mathématiques ainsi que des méthodes permettant de réaliser des opérations mathématiques.

Le tableau 3.9 récapitule les principales d'entre elles.

Tableau 3.9   Méthodes de l'instance *Math*

Méthode	Paramètre	Description
Abs	Un nombre	Retourne la valeur absolue d'un nombre.
acos, asin, atan	Un nombre	Permettent de calculer respectivement les arc cosinus, sinus et tangente en radians.
Ceil	Un nombre	Retourne l'arrondi supérieur d'un nombre.
cos, sin, tan	Un nombre	Permettent de calculer les cosinus, sinus et tangente d'un nombre.
exp, log	Un nombre	Permettent de calculer respectivement l'exponentiel et le logarithme d'un nombre.
Floor	Un nombre	Retourne l'arrondi inférieur d'un nombre.
Max	Deux nombres	Retourne la plus grande valeur des deux paramètres.
Min	Deux nombres	Retourne la plus petite valeur des deux paramètres.
pow, sqrt	Un nombre	Permettent de calculer respectivement le carré et la racine carrée d'un nombre.
Random	-	Retourne un nombre pseudo-aléatoire.
Round	Un nombre	Retourne l'arrondi d'un nombre.

Les plus intéressantes de ces méthodes sont `ceil`, `floor` et `round`, qui permettent de calculer les arrondis de nombre, et `random`, qui retourne un nombre pseudo-aléatoire.

Le code suivant illustre l'utilisation des trois premières :

```
var nombre = 34.567;
// Affiche 35
alert("Ceil : "+Math.ceil(nombre));
// Affiche 34
alert("Floor : "+Math.floor(nombre));
// Affiche 35
alert("Round : "+Math.round(nombre));
```

Classes de l'environnement d'exécution

Nous aborderons tout au long de cet ouvrage les différents objets fournis par l'environnement d'exécution. Puisque notre objectif est de nous concentrer sur la mise en œuvre d'applications Internet riches, ces objets correspondent essentiellement à des événements et à des représentations objet des différents éléments contenus dans une page HTML.

En cas d'utilisation de JavaScript dans une page HTML, les scripts ont accès aux objets permettant de manipuler l'arbre DOM de la page, comme nous le verrons au chapitre 4.

Nous verrons également tout au long de la partie IV que les éléments graphiques, les événements et les styles de la page sont accessibles sous forme d'objets. Cela rend plus facile leur manipulation ainsi que la gestion de leurs événements.

Mise en œuvre de classes personnalisées

L'avantage d'un langage supportant les concepts de base de la programmation orientée objet est qu'il permet au développeur de créer ses propres classes afin de structurer une application.

JavaScript offre cette possibilité, bien qu'il ne supporte pas vraiment la notion de classe, puisque aucun élément de langage spécifique ne permet de définir une classe. Leur mise en œuvre est cependant possible en utilisant le support des fonctions et des closures, décrites au chapitre précédent et en s'appuyant sur le concept de prototype décrit dans cette section.

JavaScript ne fournissant pas une manière unique de mettre en œuvre les concepts de la programmation objet, plusieurs techniques permettent d'implémenter des classes et de définir des liens d'héritage.

Mise en œuvre de classes

Rappelons que JavaScript ne permet pas d'implémenter tous les mécanismes objet décrit en début de chapitre, puisqu'il ne fournit pas de mot-clé `class` afin de créer une classe.

De plus, le support de la visibilité de type privée n'est que partiel et dépend de la façon dont sont implémentées les classes. Dans tous les cas, le langage supporte la visibilité de type public, sans toutefois garantir les principes d'encapsulation.

Le mot-clé *this*

Le langage JavaScript fournit le mot-clé `this`, qui offre une référence, dans une fonction, à l'objet sur lequel cette dernière est appelée. De ce fait, il est possible d'avoir accès à tous les attributs et méthodes de l'objet dans le code d'une fonction.

Nous avons vu au chapitre précédent qu'une fonction pouvait être affectée à une variable. Elle peut également être rattachée à un objet en l'affectant à un attribut d'un objet. Le point important à comprendre est qu'à ce moment-là, l'objet référencé par le mot-clé `this` change pour correspondre à l'objet dont dépend maintenant la fonction.

Nous verrons un peu plus loin dans ce chapitre que cet aspect est très important pour mettre en œuvre l'héritage.

Le code suivant illustre la mise en œuvre de ce mécanisme :

```
function test() {
    return this.monAttribut;
}
```

Le code de la fonction test permet de renvoyer la valeur de l'attribut monAttribut de l'objet appelant la méthode. Nous pouvons remarquer que la fonction n'a pas besoin d'être rattachée à une classe lors de sa création. Par contre, lors de son exécution, elle doit être exécutée sur un objet sous peine que la valeur de this.monAttribut soit undefined.

Le code suivant décrit l'utilisation de la fonction test précédente pour un objet :

```
function test(msg) {
    return msg+" : "+this.monAttribut;
}
var premierObjet = new Object();
premierObjet.monAttribut = "mon attribut";
premierObjet.maMethode = test; ← ❶
var retour = premierObjet.maMethode("Valeur de l'attribut"); ← ❷
var secondObjet = new Object();
secondObjet.maMethode = test; ← ❶
secondObjet.maMethode("Valeur de l'attribut"); ← ❸
```

Les repères ❶ désignent l'affectation de la fonction test en tant que méthode maMethode pour les deux objets. Dans la première utilisation (repère ❷), la valeur de la variable retour est celle de l'attribut monAttribut pour l'objet premierObjet. La second utilisation (repère ❸) génère une erreur puisque aucun attribut monAttribut n'est défini pour le second objet.

Appels de fonctions d'un objet

Comme nous l'avons vu précédemment, JavaScript gère les fonctions en tant qu'objets de type Function. Cette classe possède les méthodes call et apply, qui se révèlent particulièrement utiles lorsqu'elles sont utilisées conjointement avec le mot-clé this. Elles permettent alors d'exécuter une fonction pour un objet donné sans affecter la fonction à l'objet.

Ces deux méthodes permettent également de passer des paramètres à ce moment et de retourner la valeur de retour de la fonction appelée.

L'unique différence entre ces méthodes réside dans la façon de passer les paramètres. La première, call, prend en paramètre l'objet cible suivi de la liste des paramètres de la fonction à appeler, comme le montre le code suivant :

```
function test(msg) {
    return msg+" : "+this.monAttribut;
}
var o = new Object();
o.monAttribut = "mon attribut";
var retour = test.call(o, "Valeur de l'attribut");
```

La seconde, `apply`, prend en paramètre l'objet cible, suivi d'un tableau contenant la liste des paramètres de la fonction à appeler, comme dans le code suivant :

```
function test(msg) {
    return msg+" : "+this.monAttribut;
}
var o = new Object();
o.monAttribut = "mon attribut";
var parametres = ["Valeur de l'attribut"];
var retour = test.apply(o, parametres);
```

Nous verrons à la section relative à l'héritage que ces méthodes peuvent être utilisées afin d'appeler le constructeur des classes mères.

L'attribut *prototype*

L'attribut `prototype` est un attribut particulier que possèdent toutes les classes JavaScript. Il est utilisé lors de l'instanciation des objets afin de spécifier un modèle structurel pour leur création. Les différents attributs et méthodes présents dans l'attribut sont assignés à l'objet nouvellement créé.

L'attribut `prototype` permet ainsi de spécifier tous les attributs et méthodes communs à toutes les instances de la classe.

Attribut *prototype* et bibliothèque prototype

Il ne faut pas confondre l'attribut `prototype`, qui est défini par le langage JavaScript, avec la bibliothèque prototype, qui étend le langage afin de le rendre plus facile à utiliser. Cette bibliothèque est décrite en détail au chapitre 6.

Cette fonctionnalité permet de faire pointer toutes les instances d'une classe sur les mêmes méthodes et évite de devoir dupliquer leurs codes lors des différentes instanciations des objets. Cela allège la mémoire des applications JavaScript fondées sur des objets.

L'attribut `prototype` offre également la possibilité d'affecter aux attributs des objets des valeurs par défaut.

Le code suivant illustre la mise en œuvre de cette technique afin d'ajouter une méthode à une classe (repère ❶) et de spécifier la valeur par défaut d'un attribut (repère ❷) pour une classe :

```
Object.prototype.maMethode = function() {←❶
    (...)
};
Object.prototype.monAttribut = "Valeur par défaut ";←❷
var o = new Object();
o.maMethode();
```

L'utilisation de `prototype` peut se faire à n'importe quel moment dans un script JavaScript. Tous les objets dont l'attribut `prototype` de la classe correspondante a été modifié sont impactés, et ce, même s'ils ont été instanciés précédemment.

Le code suivant illustre ce mécanisme, désigné sous le terme *late binding* :

```
var monInstance = new Object();
Object.prototype.maFonction = function() {
    return "test de late binding";
};
var retour = monInstance.maFonction();
```

Techniques de création de classes

Avec le langage JavaScript, il est possible de créer des classes en se fondant sur les caractéristiques des fonctions et closures ainsi que sur le mot-clé `this` et l'attribut `prototype`.

Il existe plusieurs façons de créer des classes en JavaScript. Afin de décrire leur mise en œuvre, nous allons utiliser une classe `StringBuffer`, qui offre la possibilité de concaténer des chaînes de caractères.

Une classe peut être définie en se fondant uniquement sur les fonctions, les closures et le mot-clé `this`. La classe est alors définie par l'intermédiaire d'une fonction dont le nom est celui de la classe. Cette fonction correspond au constructeur. Elle peut contenir des variables locales, précédées du mot-clé `var`, et des variables de classe, correspondant aux attributs, préfixées par `this`. Ces variables peuvent correspondre aussi bien à des attributs (repère ❶) qu'à des méthodes (repères ❷), comme l'illustre le code suivant :

```
function StringBuffer() {
    this.chainesInternes = [];← ❶
    this.append = function(chaine) {← ❷
        this.chainesInternes.push(chaine);
    };
    this.clear = function() {← ❷
        this.chainesInternes.splice(0,
                      this.chainesInternes.length);
    };
    this.toString = function() {← ❷
        return this.chainesInternes.join("");
    };
}
```

L'utilisation de cette classe se réalise de la manière suivante :

```
var sb = new StringBuffer();
sb.append("première chaîne");
sb.append(" et ");
sb.append("deuxième chaîne ");
var resultat = sb.toString();
//resultat contient « première chaîne et deuxième chaine »
```

Le problème avec cette première approche est que le code de chaque méthode est dupliqué à chaque instanciation. Comme indiqué précédemment, l'attribut `prototype` permet de résoudre ce problème. La technique décrite ici ne peut cependant être utilisée que lorsque peu d'instances de la classe sont utilisées ou si des attributs ou des méthodes privées doivent être mis en œuvre.

Une bonne pratique consiste à définir les méthodes de la classe précédente à l'aide de l'attribut prototype (repères ❶) de la classe StringBuffer.

Ainsi, le code de la classe est désormais le suivant :

```
function StringBuffer() {
    this.chainesInternes = [];
}
StringBuffer.prototype.append = function(chaine) { ← ❶
    this.chainesInternes.push(chaine);
};
StringBuffer.prototype.clear = function() { ← ❶
    this.chainesInternes.splice(0, this.chainesInternes.length);
};
StringBuffer.prototype.toString = function() { ← ❶
    return this.chainesInternes.join("");
};
```

Comme les attributs ne sont pas partagés par les différentes instances de la classe, ils sont toujours définis dans le constructeur qui a la responsabilité de les initialiser spécifiquement pour les instances. Leur définition avec l'attribut prototype permet cependant de leur affecter une valeur par défaut.

Cette façon de définir une classe à l'aide de l'attribut prototype est celle communément utilisée. Son principal inconvénient est de ne pas définir toute la classe dans le constructeur. Il est possible de l'améliorer afin de spécifier les méthodes sur l'attribut prototype lors d'un premier appel au constructeur.

Nous utilisons pour cela une propriété du constructeur (repères ❶), comme l'illustre le code suivant :

```
function StringBuffer() {
    this.chainesInternes = [];
    if( typeof StringBuffer.initialized == "undefined" ) { ← ❶
        StringBuffer.prototype.append = function(chaine) {
            this.chainesInternes.push(chaine);
        };
        StringBuffer.prototype.clear = function() {
            this.chainesInternes.splice(0,
                             this.chainesInternes.length);
        };
        StringBuffer.prototype.toString = function() {
            return this.chainesInternes.join("");
        };
        StringBuffer.initialized = true; ← ❶
    }
}
```

Il est également possible d'initialiser l'attribut prototype grâce à un objet. Ce dernier peut être défini sous forme littérale, comme nous le verrons à la section relative à JSON. Nous verrons également que certaines techniques de mise en œuvre de l'héritage s'appuient sur ce principe.

Classes et visibilité

Comme indiqué précédemment, le niveau de visibilité public est le seul supporté complètement par le langage JavaScript.

Il est néanmoins possible de supporter le niveau de visibilité privé dans certains cas. En JavaScript, les attributs et méthodes privés doivent nécessairement être définis dans le constructeur de la classe en tant que variables. Afin que les méthodes publiques puissent les utiliser, il est indispensable que toute la classe soit définie dans son constructeur. D'après la section précédente, deux approches vérifient cette condition.

La première n'utilise pas l'attribut prototype et définit attributs et méthodes directement dans le constructeur. Les méthodes privées sont alors des méthodes internes au constructeur et ne sont pas rattachées à une propriété de la classe. Les attributs privés sont eux définis en tant que variables locales simples du constructeur.

Le code suivant illustre la mise en œuvre de la classe StringBuffer précédente avec des attributs et des méthodes privées :

```
function StringBuffer() {
    var chainesInternes = [];  ← ❶
    function addInInternalTable(chaine) {  ← ❷
        chainesInternes.push(chaine);
    }
    function clearInternalTable() {  ← ❷
        chainesInternes.splice(0,
                        this.chainesInternes.length);
    }
    this.append = function(chaine) {  ← ❸
        addInInternalTable(chaine);
    };
    this.clear = function() {  ← ❸
        clearInternalTable();
    };
    this.toString = function() {  ← ❹
        return chainesInternes.join("");
    };
}
```

Le repère ❶ identifie l'attribut privé de la classe, puisqu'il est défini en tant que variable pour le constructeur par l'intermédiaire du mot-clé var. Les repères ❷ indiquent les méthodes privées, puisqu'elles sont définies uniquement par le mot-clé function et ne sont pas affectées à des variables préfixées par this. Les méthodes identifiées par le repère ❸ sont publiques et utilisent une méthode privée. La méthode identifiée par le repère ❹ est publique et utilise un attribut privé.

La seconde approche s'appuie sur l'attribut prototype, mais son initialisation s'effectue dans le constructeur de la classe.

L'adaptation du code précédent est la suivante :

```
function StringBuffer() {
    var chainesInternes = [];← ❶
    function addInInternalTable(chaine) {← ❷
        chainesInternes.push(chaine);
    }
    function clearInternalTable() {← ❷
        chainesInternes.splice(0,
                      this.chainesInternes.length);
    }
    if( typeof StringBuffer.initialized == "undefined" ) {
        StringBuffer.prototype.append = function(chaine) {← ❸
            addInInternalTable(chaine);
        };
        StringBuffer.prototype.clear = function() {← ❸
            clearInternalTable();
        };
        StringBuffer.prototype.toString = function() {← ❹
            return chainesInternes.join("");
        };
        StringBuffer.initialized = true;
    }
}
```

Les repères correspondent aux mêmes descriptions que précédemment.

Notons pour finir que les techniques utilisant l'attribut prototype à l'extérieur du constructeur ne peuvent mettre correctement en œuvre des éléments avec une visibilité autre que publique. Dans ce cas, les méthodes publiques ne pourraient pas appeler les méthodes privées.

Objets littéraux et JSON

Comme JavaScript considère les objets en tant que collections d'éléments contenant des valeurs, des références à d'autres objets ou des fonctions, un objet peut être défini grâce à une structure JSON. Cette dernière correspond à la représentation littérale de l'objet.

JSON est supporté en standard dans le langage et peut être utilisé directement dans les programmes JavaScript.

JSON (JavaScript Object Notation)

JSON est un format d'échange de données sous forme de texte indépendant de tout langage de programmation et reprenant une partie de la spécification du langage JavaScript. La documentation de ce format est disponible à l'adresse *http://www.json.org/*. JSON est facile à lire et écrire par un être humain et est simple à interpréter et générer par des programmes.

JSON définit deux structures de données différentes. La première correspond à la définition d'un objet par l'intermédiaire d'une liste non ordonnée de clés et de valeurs, dont le format est le suivant :

```
{
    cle1: valeur,
    cle2: function() {
        (...)
    }
}
```

La seconde correspond à la définition d'un tableau simple par l'intermédiaire d'une liste non ordonnée de valeurs, dont le format est le suivant :

```
[
    valeur,
    function() {
        (...)
    }
}
```

Le code suivant illustre la création d'un objet à partir d'une structure JSON :

```
var monInstance = {
    maMethode: function() {
        (...)
    }
};
monInstance.maMethode();
```

Cette technique permet de définir d'une manière plus concise le contenu de l'attribut prototype d'une classe.

Ainsi, la classe StringBuffer de la section précédente pourrait être écrite de la manière suivante :

```
function StringBuffer() {
    this.chainesInternes = [];
}
StringBuffer.prototype = {
    append : function(chaine) {
        this.chainesInternes.push(chaine);
    },
    clear : function() {
        this.chainesInternes.splice(0,
                    this.chainesInternes.length);
    },
    toString : function() {
        return this.chainesInternes.join("");
    }
};
```

Cette notation est communément utilisée dans des bibliothèques JavaScript telles que prototype et dojo.

L'héritage de classes

À l'instar de la création de classes, le langage JavaScript ne définit pas de mot-clé spécifique (par exemple, extends) afin de réaliser l'héritage de classes. De ce fait, il existe plusieurs manières de faire hériter une classe d'une autre, dont certaines permettent de mettre en œuvre l'héritage multiple.

Comme nous l'avons vu à la section précédente, les éléments d'une classe sont définis à deux niveaux :

- Les attributs au niveau du constructeur, puisque leurs valeurs sont spécifiques aux instances. Leurs valeurs par défaut peuvent être cependant spécifiées dans l'attribut prototype.

- Les méthodes au niveau du constructeur ou de l'attribut prototype, avec les implications décrites précédemment.

Comme JavaScript comprend les objets comme une liste non ordonnée d'attributs et de méthodes, la mise en œuvre de l'héritage correspond à une copie de ces derniers de la ou des classes mères dans la sous-classe.

Appel du constructeur de la classe mère

La première technique permettant de mettre en œuvre l'héritage en JavaScript consiste à s'appuyer sur le constructeur de la classe mère pour initialiser la sous-classe. Elle s'appuie sur le fonctionnement du mot-clé this, qui référence l'objet sur lequel est appelée une méthode

Il s'agit d'affecter la fonction correspondant au constructeur de la classe mère à une méthode quelconque de la classe fille. De ce fait, l'appel de cette fonction initialise cette dernière classe en se fondant sur le constructeur de la classe mère.

Le code suivant illustre la mise en œuvre de ce mécanisme :

```
function StringBuffer() {
    this.chainesInternes = [];
}
StringBuffer.prototype.append = function(chaine) {
    this.chainesInternes.push(chaine);
};
StringBuffer.prototype.clear = function() {
    this.chainesInternes.splice(0, this.chainesInternes.length);
};
StringBuffer.prototype.toString = function() {
    return this.chainesInternes.join("");
};
function ExtendedStringBuffer() {
    this.parent = StringBuffer; ← ❶
    this.parent();
    delete this.parent;
    (...)
}
```

Le repère ❶ indique l'utilisation du constructeur de la clase mère.

Notons qu'il convient de libérer la variable contenant le constructeur de la classe mère puisqu'elle ne correspond pas à un élément de la classe fille. Cette variable n'est d'ailleurs plus utilisée par la suite. Dans l'exemple ci-dessus, une fois la méthode parent appelée, la classe ExtendedStringBuffer possède un attribut nommé chainesInternes.

Cette technique est fastidieuse et peu naturelle. L'utilisation des méthodes call et apply des fonctions s'avère beaucoup plus intéressante en ce qu'elles offrent la possibilité de définir au moment de l'exécution l'objet sur lequel est appelée la méthode.

Le code précédent peut être amélioré de la manière suivante :

```
function StringBuffer() {
    this.chainesInternes = [];
}
(...)
function ExtendedStringBuffer() {
    StringBuffer.call(this); ← ❶
    (...)
}
```

Le repère ❶ indique toujours l'utilisation du constructeur de la clase mère.

Dans le cas où les méthodes de la classe StringBuffer sont définies par l'intermédiaire de l'attribut prototype en dehors du constructeur, ces dernières ne sont pas héritées avec cette technique.

Utilisation du prototype de la classe mère

L'utilisation de l'attribut prototype afin de mettre en œuvre l'héritage peut se réaliser de deux manières :

- en écrasant le contenu de l'attribut prototype de la classe fille avec une instance de la classe mère ;

- en recopiant les éléments de l'attribut prototype de la classe mère dans celui de la classe fille.

La première technique correspond au chaînage de prototype et consiste à initialiser l'attribut prototype de la classe fille avec une instance de la classe mère. Elle permet d'affecter tous les éléments contenus dans la classe mère à l'attribut prototype de la classe fille. Par contre, elle ne permet pas de supporter l'héritage multiple.

Le code suivant illustre sa mise en œuvre :

```
function StringBuffer() {
    this.chainesInternes = [];
}
function ExtendedStringBuffer() {
    (...)
}
ExtendedStringBuffer.prototype = new StringBuffer();
```

L'ordre dans lequel sont réalisés les différents traitements peut avoir une incidence importante sur les méthodes de la classe fille. En effet, les méthodes de la classe fille ajoutées à l'attribut prototype avant sa réinitialisation ne sont pas présentes au final.

Le code suivant illustre ce problème :

```
function StringBuffer() {
    this.chainesInternes = [];
}
function ExtendedStringBuffer() {
    (...)
}
ExtendedStringBuffer.prototype.uneMethode = function() {
    (...)
}
ExtendedStringBuffer.prototype = new StringBuffer();
//La méthode uneMethode n'existe plus dans le prototype
```

La seconde technique consiste à copier manuellement les éléments présents dans l'attribut prototype de la classe mère dans celui de la classe fille.

Le code suivant illustre la mise en œuvre de ce principe :

```
function StringBuffer() {
    this.chainesInternes = [];
}
(...)
function ExtendedStringBuffer() {
    (...)
}
for( element in StringBuffer.prototype ) {
    ExtendedStringBuffer.prototype[element]
                        = StringBuffer.prototype[element];
}
```

Cette technique ne permet pas à la classe fille d'hériter des éléments de la classe définis dans le constructeur de la classe mère. Il convient donc de combiner l'approche fondée sur le constructeur de la classe mère avec celle fondée sur l'attribut prototype.

Combinaison des deux techniques

Afin de réaliser efficacement l'héritage de classes avec JavaScript, la combinaison des deux techniques précédentes est nécessaire.

Le code suivant en donne un exemple de mise en œuvre :

```
//Définition de la classe mère
function StringBuffer() {
    this.chainesInternes = [];
}
//Spécification des méthodes de la classe mère
StringBuffer.prototype.append = function(chaine) {
    this.chainesInternes.push(chaine);
```

```
};
StringBuffer.prototype.clear = function() {
    this.chainesInternes.splice(0, this.chainesInternes.length);
};
StringBuffer.prototype.toString = function() {
    return this.chainesInternes.join("");
};
//Définition de la classe fille
function ExtendedStringBuffer() {
    StringBuffer.call(this); ← ❶
}
//Copie des méthodes de la classe mère
for( var element in StringBuffer.prototype ) { ← ❷
    ExtendedStringBuffer.prototype[element]
                        = StringBuffer.prototype[element];
}
//Spécification des méthodes de la classe fille
StringBuffer.prototype.append = function(chaine) {
    this.chainesInternes.push(chaine);
};
```

L'appel du constructeur de la classe mère est réalisé dans le constructeur de la classe fille (repère ❶). La copie des éléments de l'attribut prototype de la classe mère dans celle de la classe fille se fait au repère ❷.

Cette implémentation n'est pas encore complètement satisfaisante, car le code des différentes classes n'est pas regroupé dans leurs constructeurs respectifs. Avec la technique permettant de spécifier les valeurs de l'attribut prototype dans le constructeur, la spécification de l'héritage est plus concise.

Comme cette opération ne doit être réalisée qu'une seule fois, nous utilisons une propriété rattachée au constructeur afin de détecter si elle a déjà été réalisée.

Le code suivant illustre la mise en œuvre de ce mécanisme :

```
//Définition de la classe mère
function StringBuffer() {
    this.chainesInternes = [];
    //Spécification des méthodes de la classe mère
    if( typeof StringBuffer.initialized == "undefined" ) {
        StringBuffer.prototype.append = function(chaine) {
            this.chainesInternes.push(chaine);
        };
        StringBuffer.prototype.clear = function() {
            this.chainesInternes.splice(0,
                            this.chainesInternes.length);
        };
        StringBuffer.prototype.toString = function() {
            return this.chainesInternes.join("");
        };
        StringBuffer.initialized = true;
    }
}
```

```
//Définition de la classe fille
function ExtendedStringBuffer() {
    //Appel du constructeur de la classe mère
    StringBuffer.call(this);
    //Spécification des méthodes de la classe fille
    if( typeof ExtendedStringBuffer.initialized == "undefined" ) {←❷
        //Copie des méthodes de la classe mère
        for( var element in StringBuffer.prototype ) {←❶
            ExtendedStringBuffer.prototype[element]
                        = StringBuffer.prototype[element];
        }
        ExtendedStringBuffer.prototype.append = function(chaine) {
            this.chainesInternes.push(chaine);
        };
        ExtendedStringBuffer.initialized = true;←❷
    }
}
```

La copie des éléments de l'attribut `prototype` de la classe mère dans la classe fille se réalise désormais dans le constructeur de cette dernière (repère ❶). Elle n'est réalisée qu'une seule fois grâce à la propriété `initialized` rattachée au constructeur de la classe `ExtendedStringBuffer` (repères ❷).

L'héritage multiple

L'héritage multiple peut être mis en œuvre avec JavaScript de la même manière que l'héritage simple. Il faut simplement prendre garde de ne pas écraser l'attribut `prototype` lors de la réalisation des différents héritages.

Une bonne pratique consiste à copier les différents éléments contenus dans les attributs `prototype` des classes mères dans l'attribut `prototype` de la classe fille.

Le code suivant illustre la mise en œuvre de l'héritage multiple pour la classe `Extended-StringBuffer`, dont les classes mères sont `StringBuffer` et `StringSpliter` :

```
function StringBuffer() {←❶
    this.chainesInternes = [];
    //Spécification des méthodes de la première classe mère
    if( typeof StringBuffer.initialized == "undefined" ) {
        StringBuffer.prototype.append = function(chaine) {
            this.chainesInternes.push(chaine);
        };
        StringBuffer.prototype.clear = function() {
            this.chainesInternes.splice(0,
                        this.chainesInternes.length);
        };
        StringBuffer.prototype.toString = function() {
            return this.chainesInternes.join("");
        };
        StringBuffer.initialized = true;
    }
```

```
    }
function StringSpliter() {  ← ❷
    if( typeof StringSpliter.initialized == "undefined" ) {
        StringSpliter.prototype.split = function(chaine) {
            this.chainesInternes = chaine.splite(" ");
        };
        StringSpliter.initialized = true;
    }
}
function ExtendedStringBuffer() {  ← ❸
    StringBuffer.call(this);  ← ❹
    StringSpliter.call(this);  ← ❹
    if( typeof ExtendedStringBuffer.initialized == "undefined" ) {  ← ❹
        //Copie des méthodes de la première classe mère
        for( var element in StringBuffer.prototype ) {
            ExtendedStringBuffer.prototype[element]
                        = StringBuffer.prototype[element];
        }
        //Copie des méthodes de la seconde classe mère
        for( var element in StringSpliter.prototype ) {
            ExtendedStringBuffer.prototype[element]
                        = StringSpliter.prototype[element];
        }
        ExtendedStringBuffer.prototype.append = function(chaine) {
            this.chainesInternes.push(chaine);
        };
    }
}
```

Les repères ❶, ❷ et ❸ pointent respectivement sur les définitions des classes mères StringBuffer et StringSpliter et de la classe fille ExtendedStringBuffer. Les repères ❹ illustrent l'appel aux constructeurs des classes mères ainsi que l'initialisation de l'attribut prototype de la classe fille à partir de ceux des classes mères.

Rappelons que l'héritage multiple doit être utilisé avec prudence puisqu'il peut introduire des problèmes dans certains cas.

En résumé

Le langage JavaScript permet de mettre en œuvre les principes de base de la programmation objet. Il ne fournit cependant pas d'élément de langage dédié afin de définir des classes ainsi que leurs relations d'héritage. Pour pallier cette lacune, différentes approches peuvent être utilisées en se fondant sur les mécanismes des fonctions et des closures ainsi que sur le mot-clé this et l'attribut prototype.

Ces différentes techniques ne sont pas équivalentes et peuvent avoir des impacts sur le développement d'applications.

Pour aller plus loin

Comme nous l'avons indiqué tout au long de ce chapitre, JavaScript ne définit pas de mécanisme uniformisé, standardisé et intégré au langage permettant de mettre en œuvre les concepts de la programmation orientée objet. Le langage ne supporte pas non plus tous les mécanismes de ce paradigme.

Aussi est-il nécessaire de modulariser les traitements afin d'enrichir des classes existantes et de mettre en œuvre l'héritage. Certaines techniques peuvent également simuler des mécanismes tels que les packages.

La compréhension de la gestion de la mémoire par l'interpréteur JavaScript est capitale pour minimiser la consommation mémoire des applications développées avec ce langage et éviter des fuites mémoire.

Enrichissement de classes existantes

JavaScript fournit une multitude d'objets prédéfinis, tels que String et Number. Avec l'attribut prototype, il est possible d'enrichir des classes existantes sans avoir à modifier leur code. Ce mécanisme simple consiste à ajouter des méthodes à cette propriété.

La fonction extends suivante peut être créée à cet effet :

```
function extends(destination, source) {
    for( property in source ) {
        destination.prototype[property] = source[property];
    }
    return destination;
}
```

Le code suivant illustre l'utilisation de cette fonction afin d'ajouter des méthodes à la classe String de JavaScript :

```
extends(String, {
    maMethode: function(_param) {
        return (...);
    },
    monAutreMethode: function() {
        return (...);
    }
}
var maChaine = new String("ma chaine");
maChaine.maMethode("mon parametre");
```

Notons que la méthode Object.extends de la bibliothèque prototype met en œuvre ce mécanisme afin de copier des attributs et des méthodes. L'utilisation de l'attribut prototype des objets est recommandée lors de son utilisation.

Détermination du type d'un objet

Nous avons vu au chapitre précédent que l'utilisation du mot-clé typeof n'était pas d'une grande utilité lors de l'utilisation d'objets puisqu'il retourne la valeur object quel que soit le type de l'objet.

Le langage JavaScript fournit le mot-clé instanceof pour déterminer si une instance correspond à un type.

Le code suivant en donne un exemple d'utilisation avec la classe String :

```
String chaine = "Ceci est un test";
// Affiche « object »
alert("typeof chaine : "+(typeof chaine));
// Affiche « true »
alert("chaine instanceof String : "+(chaine instanceof String));
```

Dans le cas d'un héritage entre différentes classes, ce mot-clé permet également de déterminer si une classe est une instance d'une classe mère. Cette fonctionnalité n'est toutefois supportée que lorsque l'héritage est réalisé par l'initialisation de l'attribut prototype avec le constructeur de la classe mère.

Le code suivant illustre l'utilisation du mot-clé instanceof dans le cadre de l'héritage :

```
function StringBuffer() {
    (...)
}
function ExtendedStringBuffer() {
    (...)
}
ExtendedStringBuffer.prototype = new StringBuffer();
var sb = new ExtendedStringBuffer();
// Affiche « true »
alert("sb instanceof StringBuffer : "
                    +(sb instanceof StringBuffer));
// Affiche « true »
alert("sb instanceof ExtendedStringBuffer : "
                    +(sb instanceof ExtendedStringBuffer));
```

Dans le cas d'une recopie de méthodes d'une classe mère vers une classe fille, le mot-clé instanceof ne peut être utilisé, comme le montre le code suivant :

```
function StringBuffer() {
    (...)
}
function ExtendedStringBuffer() {
    (...)
}
for( var element in StringBuffer.prototype ) {
    ExtendedStringBuffer.prototype[element] = StringBuffer.prototype[element];
}
var sb = new ExtendedStringBuffer();
```

```
// Affiche « false »
alert("sb instanceof StringBuffer : "
                    +(sb instanceof StringBuffer));
// Affiche « true »
alert("sb instanceof ExtendedStringBuffer : "
                    +(sb instanceof ExtendedStringBuffer));
```

Le mot-clé `instanceof` ne donnant pas les mêmes résultats suivant la façon de le mettre en œuvre, il doit être utilisé avec prudence dans le cadre de l'héritage.

Support des bibliothèques JavaScript

La mise en œuvre des concepts de la programmation objet en JavaScript n'est pas intuitive et nécessite de bien comprendre certains mécanismes du langage.

Le recours à des bibliothèques permet de réduire cette complexité de mise en œuvre, voire d'offrir parfois des approches plus orientées objet.

La bibliothèque prototype offre, par exemple, un style différent pour créer des classes et la méthode `Object.extend` pour l'héritage. dojo offre pour sa part les méthodes `dojo.declare` et `dojo.inherits` afin de modulariser les traitements relatifs à la mise en œuvre de l'héritage. Nous reviendrons plus en détail sur ces mécanismes et méthodes aux chapitres 6 et 7.

Signalons enfin la bibliothèque xbObjects, dont l'objectif est de fournir des mécanismes davantage orientés objet afin de mettre en œuvre ce paradigme de programmation. Nous ne détaillons pas cet outil dans l'ouvrage, mais sa documentation est disponible sur le site de son créateur, Bob Clary, à l'adresse *http://bclary.com/log/2002/12/14/*.

Structuration en packages

JavaScript n'offrant pas de support pour les packages, il est possible de simuler ce mécanisme avec le nom des classes.

Le code suivant montre comment spécifier le package `lang` (repères ❶) pour la classe `StringBuffer` précédemment décrite :

```
function lang.StringBuffer() { ← ❶
    this.chainesInternes = [];
}
lang.StringBuffer.prototype.append = function(chaine) { ← ❶
    this.chainesInternes.push(chaine);
};
lang.StringBuffer.prototype.clear = function() { ← ❶
    this.chainesInternes.splice(0, this.chainesInternes.length);
};
lang.StringBuffer.prototype.toString = function() { ← ❶
    return this.chainesInternes.join("");
};
```

L'utilisation de cette classe se fait désormais de la manière suivante :

```
var sb = new lang.StringBuffer();
sb.append("première chaîne");
sb.append(" et ");
sb.append("deuxième chaîne ");
var resultat = sb.toString();
```

Portée des attributs et méthodes

La portée des variables en JavaScript suit des règles bien précises.

Par exemple, une variable définie avec le mot-clé var est visible dans tout le bloc la contenant et après sa déclaration. Son utilisation en dehors de celui-ci génère une erreur, comme dans le code suivant :

```
function test() {
    var maVariable = "test";
    alert(maVariable); //Affiche le contenu de la variable
}
test() ;
alert(maVariable) ; //Génère une erreur
```

Si le mot-clé var n'est pas spécifié, nous pourrions penser qu'il s'agit d'une variable globale pour le script. En fait, JavaScript rattache toujours ce type de variable à un objet. Si rien n'est précisé, la variable est automatiquement rattachée à l'objet window de la page HTML.

Le code suivant illustre ce mécanisme :

```
maVariable = "une variable";
alert(maVariable);
alert(window.maVariable);
```

Les entités maVariable et window.maVariable sont toutes définies et contiennent la même valeur.

JavaScript offre également une fonctionnalité intéressante permettant de rattacher toutes les variables à un objet dans un bloc de code. Ce mécanisme peut être mis en œuvre par l'intermédiaire du mot-clé with, comme dans le code suivant :

```
(...)
var monInstance = new Object();
with(monInstance) {
    monAttribut = "Un attribut";
}
alert("monAttribut : "+monInstance.monAttribut); //Affiche la valeur de l'attribut
alert("monAttribut : "+monAttribut); //Génère une erreur
```

L'utilisation de cette fonctionnalité allège l'écriture de code JavaScript en cas d'utilisation des attributs d'un objet non préfixés avec l'instance.

Notons que with ne peut s'utiliser qu'avec des attributs, et non avec des méthodes, comme le montre le code suivant :

```
(...)
var monInstance = new Object();
with(monInstance) {
    maMethode = function() {
        return "Une valeur";
    }
}
alert("methode : "+monInstance.maMethode()); //Génère une erreur
```

Le problème des fuites mémoire

Le développeur doit avoir conscience que l'utilisation du mot-clé new permet d'allouer de la mémoire. De manière similaire au langage Java, JavaScript possède un mécanisme de libération de la mémoire non utilisée. Ce dernier est mis en œuvre par l'intermédiaire d'un ramasse-miettes (garbage collector). Il détecte les zones mémoire qui ne sont plus référencées par aucun objet et les libère.

Ce type de mécanisme offre la fausse impression de ne plus avoir à gérer la mémoire. La réalité est toute autre. Des fuites mémoire peuvent toujours survenir, car les applications peuvent influer indirectement sur la façon dont l'interpréteur gère la mémoire.

Contrairement à Java, JavaScript possède le mot-clé delete, qui permet de forcer la libération de la mémoire allouée par un objet.

Deux problèmes courants sont sources de fuites mémoire. Le premier provient de classes utilisant des variables globales à une page. Ces dernières peuvent être, par exemple, des éléments de l'arbre DOM de la page courante. En ce cas, ces classes ne sont libérées qu'à la fermeture de la page.

Le code suivant fournit un exemple de ce problème :

```
function MaClasse() {
    this.elementDOM = document.getElementById("monId");
    (...)
}
```

Le second problème peut être spécifique à un navigateur. Par exemple, Internet Explorer comporte un bogue dans son ramasse-miettes qui empêche la libération des objets de la page qui font partie de référencements circulaires par l'intermédiaire des closures.

Une référence circulaire pour un objet correspond à une référence indirecte sur lui-même. Par exemple, un objet objet1 référence un objet objet2 qui référence lui-même objet1. Lorsqu'une application utilise les événements conjointement avec les closures, ce type de dysfonctionnement peut facilement survenir.

Le code suivant donne un exemple générant une fuite mémoire avec Internet Explorer (la fonction fireOnLoad est attachée à l'événement de chargement de la page HTML) :

```
function fireOnLoad() {
    var bouton = document.getElementById("monBouton");
    bouton.onClick = function() { ← ❶
        alert("Valeur du bouton : "+this.getValue());
    };
}
```

La fuite mémoire se situe au niveau du repère ❶. L'instance `bouton` référence une fonction anonyme, qui est une closure et qui référence elle-même l'instance du bouton par l'intermédiaire du mot-clé `this`.

Il est en ce cas recommandé soit de ne pas utiliser de closures, soit de bien déréférencer tous les événements associés à un objet.

La code suivant utilise la première approche afin de corriger le problème :

```
function handleClick() {
    alert("Valeur du bouton : "+this.getValue());
}
function fireOnLoad() {
    var bouton = document.getElementById("monBouton");
    bouton.onClick = handleClick;
}
```

Le suivant illustre la manière de bien libérer les fonctions de gestion d'événements (la fonction `fireOnUnLoad` est attachée à l'événement de libération de la page HTML) :

```
function fireOnUnLoad() {
    var bouton = document.getElementById("monBouton");
    bouton.onClick = null;
}
```

Conclusion

Le langage JavaScript n'est pas un langage orienté objet. Bien qu'il permette l'utilisation d'objets et dispose d'objets natifs, il n'offre pas d'éléments de langage supportant ce paradigme. Il permet cependant d'émuler les différents principes de la programmation orientée objet en se fondant sur les fonctions et les closures, ainsi que sur le mot-clé `this` et l'attribut `prototype` des fonctions.

Plusieurs techniques permettent de mettre en œuvre des classes et des objets ainsi que l'héritage. Ces techniques ne sont cependant pas toutes équivalentes et supportent plus ou moins bien les différents concepts de la programmation orientée objet. Certaines d'entre elles ne supportent pas, par exemple, la visibilité privée ni l'héritage multiple. De plus, elles induisent un comportement différent pour le mot-clé `instanceof`.

L'un des avantages de cette mise en œuvre du paradigme objet par JavaScript est qu'elle offre beaucoup de flexibilité. Il est, par exemple, possible de modifier dynamiquement au cours de l'exécution la structure des classes utilisées, et ce, même après leurs instanciations.

L'utilisation des mécanismes objet de JavaScript pour développer des applications offre donc de réels avantages en terme de structuration, de robustesse et de modularité du code.

Tous les principes et mécanismes décrits dans ce chapitre sont fréquemment utilisés dans les frameworks et bibliothèques Open Source JavaScript.

4

Programmation DOM

Avant la standardisation du DOM, chaque navigateur Web implémentait ses propres méthodes afin de manipuler les éléments des pages HTML. Cela se traduisait par autant d'API qu'il y avait de navigateurs. Le code JavaScript était dès lors très difficilement portable sur l'ensemble des navigateurs.

Afin d'harmoniser ces différences, un groupe de travail du W3C s'est donné pour mission de spécifier une API de manipulation de l'arbre DOM.

L'API du DOM (Document Object Model) permet d'accéder à une page Web et de manipuler son contenu, sa structure ainsi que ses styles. Le DOM fournit pour cela une représentation objet normalisée des documents, dont le contenu est arborescent. Ces derniers peuvent être des pages HTML ou des documents XML.

Les spécifications du DOM sont indépendantes de tout langage de programmation. Elles comportent différentes versions, appelées niveaux. Dans le cadre de notre ouvrage, nous détaillons son utilisation avec le langage JavaScript.

Spécifications du DOM

À ce jour, trois spécifications du DOM ont été définies, correspondant à différents niveaux d'évolution, appelés 1, 2 et 3. Le niveau 0 fait référence à des fonctionnalités non spécifiées formellement et utilisées initialement par Internet Explorer 3.0 et Netscape Navigator 3.0.

Apparu en 1998, le DOM niveau 1 est en partie implémenté dans les versions 5 d'Internet Explorer et 6 de Netscape Navigator. Ce niveau permet la manipulation d'un document HTML ou XML.

Le DOM niveau 2, publié en 2000, apporte de nouvelles fonctionnalités, notamment l'ajout de vues filtrées, la gestion des événements et des feuilles de style et de nouvelles méthodes de parcours de l'arbre. Ce niveau correspond à la dernière version finalisée de la spécification.

Le DOM niveau 3 est en cours de spécification. Il ajoute une interface permettant les opérations de chargement et de sauvegarde du document sous forme XML. Il offre également la possibilité d'utiliser des expressions XPath afin d'exécuter des requêtes de recherche dans l'arbre. Il supporte en outre les espaces de nommage de XML.

Support par les navigateurs Web

Les navigateurs Web sont apparus bien avant la normalisation du DOM. De ce fait, leur support du DOM prend plus ou moins en compte les niveaux des spécifications et comporte généralement des extensions propriétaires non normalisées.

Pour des raisons de portabilité des applications, l'appel des méthodes des extensions propriétaires est déconseillé. Il est cependant parfois inévitable lors du développement de certaines fonctionnalités. Dans ce cas, il est préférable d'utiliser une couche d'abstraction afin de garantir le portage et de ne plus avoir à se soucier des problèmes d'incompatibilité entre navigateurs.

Le tableau 4.1 récapitule le support du DOM par les principaux navigateurs HTML.

Tableau 4.1   Support des spécifications du DOM par les navigateurs

Navigateur	Description
Internet Explorer 5+	Support partiel du niveau 1
Mozilla/Firefox	Support des niveaux 1 et 2 et partiel du niveau 3
Opera 7+	Support des niveaux 1 et 2 et partiel du niveau 3
Safari	Support des niveaux 1 et 2

Structure du DOM

Pour détailler la structure d'un arbre DOM ainsi que ses entités de base, nous nous appuyons sur les fonctionnalités présentes dans les niveaux 1 et 2 du DOM.

Tout langage de balises possède une structure logique arborescente dont la représentation objet correspond au DOM. Cette dernière fournit des méthodes permettant de parcourir cet arbre et éventuellement de le modifier.

Afin de détailler la structure du DOM, nous recourons tout au long des sections suivantes à un exemple simple de fragment HTML, qui comprend une balise racine div contenant deux blocs HTML, l'un délimité par la balise span et l'autre par une autre balise div :

```
<div id="maZone">
    <span><b>Un texte</b></span>
    <div id="monAutreZone">
        Un autre texte
    </div>
</div>
```

Ce fragment de code HTML correspond à la structure hiérarchique illustrée à la figure 4.1. L'objet `document` en est la racine. Les balises HTML sont reliées entre elles par des relations parent ou enfant.

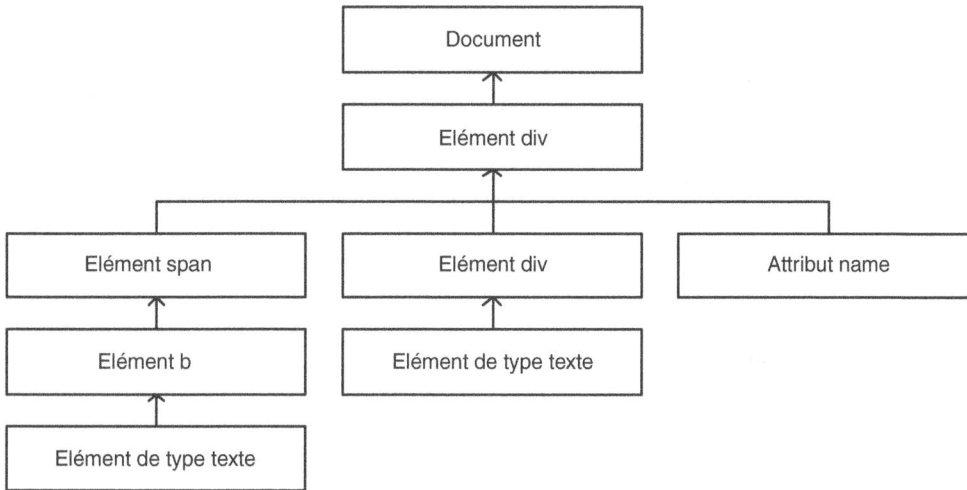

```
                    ┌──────────────────────┐
                    │       Document       │
                    └──────────────────────┘
                              ▲
                    ┌──────────────────────┐
                    │     Elément div      │
                    └──────────────────────┘
                              ▲
      ┌───────────────────────┼───────────────────────┐
┌────────────────┐   ┌────────────────┐   ┌────────────────┐
│  Elément span  │   │  Elément div   │   │  Attribut name │
└────────────────┘   └────────────────┘   └────────────────┘
      ▲                     ▲
┌────────────────┐   ┌────────────────────┐
│   Elément b    │   │ Elément de type texte │
└────────────────┘   └────────────────────┘
      ▲
┌──────────────────────┐
│ Elément de type texte │
└──────────────────────┘
```

Figure 4.1
Structure de l'arbre DOM du code HTML

Avec le DOM, chacune des balises HTML possède une représentation objet correspondant à son nom. Dans l'exemple ci-dessus, la balise `div` est représentée par un objet de type `HTMLDivElement` et la balise `span` par `HTMLSpanElement`.

Nous pouvons remarquer que les nœuds peuvent être de différents types. Dans notre exemple, le deuxième nœud représente une balise et le cinquième un attribut de cette dernière.

La classe Node

La classe centrale représentant un nœud DOM est `Node`. Elle définit différentes propriétés afin de donner accès aux informations relatives au nœud, telles que son type et son nom.

Le tableau 4.2 récapitule les principales propriétés de la classe `Node`.

Tableau 4.2   Propriétés de la classe *Node*

Propriété	Description
`attributes`	Attributs du nœud
`nodeName`	Nom de la balise du nœud
`nodeType`	Type du nœud *(voir la section suivante)*
`nodeValue`	Valeur de la balise. Cette valeur peut être nulle lorsque aucune valeur n'est associée à la balise.
`ownerDocument`	Référence le document représentant l'arbre DOM dans lequel se trouve le nœud.

Dans notre exemple de fragment HTML, la balise identifiée par maZone est une div. La valeur de sa propriété nodeType est 1.

Cette classe va de pair avec les classes NodeList et NamedNodeMap, qui définissent des collections de nœuds. Ces dernières sont utilisées lorsque des méthodes de manipulation de l'arbre DOM renvoient plusieurs nœuds ou attributs.

Différentes syntaxes permettent de parcourir une liste de nœuds, dont la plus simple consiste à utiliser la liste à la manière d'un tableau, comme dans l'exemple suivant :

```
var elements = (...)
for( var cpt=0; cpt<elements.length; cpt++ ){
    var element = elements[cpt];
    (...)
}
```

Une autre solution, plus orientée objet, consiste à utiliser la méthode item sur l'objet NodeList de la manière suivante :

```
var elements = (...)
for( var cpt=0; cpt<elements.length; cpt++ ){
    var element = elements.item(cpt);
    (...)
}
```

La classe NamedNodeMap est similaire à NodeList en ce qu'elle représente une liste de nœuds. Les éléments de cette dernière sont toutefois stockés par clé. Le code suivant en donne un exemple d'utilisation avec des attributs :

```
var attributs = (...)
for( var cpt=0; cpt<attributs.length; cpt++ ){
    var attribut = attributs.item(cpt);
    var nomAttribut = attribut.name;
    var valeurAttribut = attribut.value;
    (...)
}
```

Nous détaillons dans la suite du chapitre les différentes techniques permettant de récupérer une liste de nœuds et d'attributs.

La classe Node définit en outre des propriétés référençant d'autres nœuds de l'arbre. Nous verrons que ces dernières peuvent se révéler très utiles pour implémenter une navigation relative au nœud.

Types des nœuds

Un arbre DOM regroupe un ensemble de nœuds représentant différentes entités. Comme la classe Node est générique, elle contient une propriété nodeType dont la valeur est un entier.

Afin de faciliter l'utilisation de la propriété nodeType, la classe Node définit les constantes récapitulées au tableau 4.3.

Tableau 4.3 Constantes de la classe *Node* définissant les types de noeuds

Constante	Valeur	Description
ATTRIBUT_NODE	2	Attribut d'une balise de l'arbre
COMMENT_NODE	8	Balise de commentaire
DOCUMENT_FRAGMENT_NODE	11	Nœud racine d'un fragment d'arbre
DOCUMENT_NODE	9	Nœud racine de l'arbre. Il s'agit du type de l'objet document.
ELEMENT_NODE	1	Balise de l'arbre
TEXT_NODE	3	Nœud texte de l'arbre

DOCUMENT_NODE est le type du nœud racine de l'arbre DOM d'une page HTML. Cet élément est représenté par l'objet document de la page.

Dans notre exemple, la balise d'identifiant maZone est de type ELEMENT_NODE, et son attribut id de type ATTRIBUT_NODE. Le texte « un autre texte » est de type TEXT_NODE.

Manipulation des éléments

Nous allons à présent détailler les différentes API permettant de manipuler les éléments d'un arbre DOM.

Toutes les techniques décrites dans cette section correspondent au niveau 1 de la spécification.

Accès direct aux éléments

Pour accéder au nœud d'un document afin de pouvoir le manipuler par la suite, une méthode simple consiste à identifier ce nœud par un attribut id. La méthode getElementById de l'objet document peut ensuite se fonder sur ce dernier pour récupérer l'instance correspondante.

La balise div de notre bloc HTML exemple peut être référencée de la façon suivante :

```
var zone = document.getElementById("maZone");
```

Puisque l'identifiant d'une balise doit être unique dans une page HTML, la méthode getElementById renvoie un unique élément.

D'autres méthodes permettent de récupérer un ensemble de références sur des nœuds en se fondant soit sur l'objet document, soit sur un objet représentant un nœud.

La méthode getElementsByTagName, permet de récupérer une liste de nœuds en se fondant sur le nom des balises, lequel correspond à la valeur de la propriété nodeName de la classe Node décrite précédemment.

La méthode getElementsByTagName peut s'appliquer sur l'objet document ou sur un objet nœud, comme dans le code suivant :

```
var balisesDiv = document.getElementsByTagName("div");
```

Ce code permet de récupérer l'ensemble des balises div d'un document sous la forme d'une liste de nœuds (NodeList). La valeur * peut être utilisée comme argument afin de récupérer l'ensemble des nœuds du document, comme dans le code suivant :

```
var elements = document.getElementsBytagName("*");
```

La méthode getElementsByName retourne une liste de nœuds dont l'attribut name est égal à la valeur spécifiée en paramètre.

Cette méthode est particulièrement appropriée lors de la manipulation de cases d'option *(radio button)* d'un formulaire HTML, comme dans l'exemple suivant :

```
<form method="post" id="monFormulaire">
    <input type="radio" name="couleur" value="rouge"/>Rouge<br/>← ❶
    <input type="radio" name="couleur" value="bleu"/>Bleu<br/>← ❶
    <input type="radio" name="couleur" value="jaune"/>Jaune<br/>← ❶
</form>
```

Le code JavaScript suivant permet de référencer directement les trois balises input (repères ❶ dans le code précédent) avec le support de cette méthode :

```
var elementsInput = document.getElementsByName("couleur");
```

Les méthodes getElementsByTagName et getElementsByName permettent de récupérer une liste de nœuds dans une hiérarchie complète. Ces méthodes parcourent l'ensemble de l'arbre à partir d'un nœud de manière récursive.

Accès aux éléments à partir d'un nœud

La classe Node permet de parcourir un arbre DOM relativement à un nœud précis.

Elle possède à cet effet des propriétés spécifiques qui permettent de référencer les nœuds autour du nœud courant.

Le tableau 4.4 récapitule ces propriétés.

Tableau 4.4   Propriétés de la classe *Node* relatives aux nœuds dépendants

Propriété	Description
childNodes	Représente la liste des nœuds enfants sous forme d'objet NodeList. La méthode hasChildNodes permet de déterminer si le nœud a des nœuds enfants. La propriété childNodes ne contient pas les attributs du nœud.
firstChild	Référence le premier nœud enfant, correspondant au premier nœud de la liste childNodes.
lastChild	Référence le dernier nœud enfant, correspondant au dernier nœud de la liste childNodes.
nextSibling	Pointe sur l'enfant suivant dont le parent est identique. Elle contient null si le nœud est le dernier enfant.
parentNode	Référence le nœud parent.
previousSibling	Pointe sur l'enfant précédent dont le parent est identique. Elle contient null si le nœud est le premier enfant.

Jusqu'à présent, nous avons vu que l'accès aux nœuds consistait en la navigation au sein d'un objet NodeList. Les propriétés firstChild, lastChild, previousSibling et nextSibling permettent de s'abstraire de cette navigation en référençant directement certains nœuds.

Le code suivant donne un exemple de la façon d'accéder à ces nœuds :

```
var zone = document.getElementById("maZone");
var span = zone.firstChild; ← ❶
var div = zone.lastChild; ← ❷
```

La variable du repère ❶ référence la balise span et celle du repère ❷ la balise div.

L'utilisation des propriétés previousSibling et nextSibling offre la possibilité de parcourir un arbre DOM, comme dans le code suivant :

```
var zone = document.getElementById("maZone");
var element = zone.firstChild;
while( element!=null ){
    (...)
      element = element.nextSibling;
}
```

La propriété childNodes permet de référencer les différents enfants directs d'un nœud. Le code suivant indique comment récupérer l'ensemble des enfants du nœud d'identifiant maZone de notre fragment HTML :

```
var zone = document.getElementById("maZone");
var enfants = zone.childNodes;
```

Dans cet exemple, la variable enfants contient les nœuds relatifs aux balises span et div contenues dans la balise div d'identifiant maZone.

Spécificité de l'utilisation de la propriété *childNodes* avec Firefox

Dans le navigateur Firefox, la propriété childNodes renvoie l'ensemble des espaces comprises entre les balises HTML sous la forme de nœuds de type texte (nodeType=TEXT_NODE). Il faut donc veiller à prendre en compte ces nœuds texte lors des traitements.

Manipulation des nœuds

DOM définit des méthodes permettant de créer, d'ajouter, de remplacer ou de supprimer des nœuds de tout type. Ces méthodes sont fournies par l'objet document, qui décline les méthodes de création pour tous les types de nœuds.

Le code suivant fournit un exemple de création d'une balise, d'un nœud de type texte et d'un commentaire HTML :

```
var element = document.createElement("label");
var elementTexte = document.createTextNode("mon texte");
var commentaire = document.createComment("mon commentaire");
```

Une fois le nœud créé, il ne reste plus qu'à l'attacher à un nœud existant en utilisant les méthodes appendChild ou insertBefore, qui ajoutent un nœud enfant sous une balise.

Le code suivant se fonde sur notre code HTML exemple pour ajouter dynamiquement une balise label une fois la page chargée :

```
var zone = document.getElementById("maZone");
var label = document.createElement("label");
var texte = document.createTextNode("mon label");
label.appendChild(texte);
zone.appendChild(label);
```

Ce code permet de modifier l'arbre DOM en mémoire de la page afin d'obtenir le résultat suivant :

```
<div id="maZone">
    <span><b>Un texte</b></span>
    <div id="monAutreZone">
        Un autre texte
    </div>
    <label>mon label</label>← ❶
</div>
```

Le repère ❶ met en valeur le bloc ajouté. Notons que la méthode appendChild ne permet pas de spécifier à quel endroit le nœud enfant est ajouté. Ce dernier est toujours ajouté à la fin de la liste des enfants.

Lorsque nous souhaitons insérer dans un tableau une nouvelle ligne entre deux lignes existantes, l'utilisation de insertBefore est requise. Dans l'exemple précédent, cette méthode permet d'insérer la balise label directement en dessous de la balise div d'identifiant maZone, comme dans le code suivant :

```
var zone = document.getElementById("maZone");
var autreZone = document.getElementById("monAutreZone");
var label = document.createElement("label");
var texte = document.createTextNode("mon label");
label.appendChild(texte);
zone.insertBefore(autreZone, label);
```

Cet exemple permet d'obtenir l'arbre DOM suivant :

```
<div id="maZone">
    <span><b>Un texte</b></span>
    <label>mon label</label>
    <div id="monAutreZone">
        Un autre texte
    </div>
</div>
```

Tous les nouveaux nœuds que nous avons créés jusqu'à présent utilisaient les différentes méthodes createXXX de la classe Document. Il est aussi possible d'obtenir un nouveau nœud par clonage d'un nœud existant, en utilisant la méthode cloneNode. Le premier argument de cette méthode est un booléen, qui permet d'indiquer si seul le nœud doit être cloné ou si le nœud ainsi que tous ses enfants doivent l'être.

Le code suivant donne un exemple d'utilisation de la méthode `cloneNode` :

```
var zone = document.getElementById("maZone");
var zoneClone = zone.cloneNode(true) ; // clonage complet
var zonePartielle = zone.cloneNode(false); // clonage uniquement de la balise div
```

La méthode `removeChild` permet de supprimer un nœud. Le code suivant donne un exemple de suppression de la balise `div` d'identifiant `monAutreZone` :

```
var zone = document.getElementById("maZone");
var autreZone = document.getElementById("monAutreZone");
zone.removeChild(autreZone);
```

Utilisation des fragments d'arbre

Les fragments d'arbre permettent de travailler sur une portion de l'arbre. Ils sont représentés par l'objet `DocumentFragment`, qui peut être considéré comme un objet `Document` allégé. Il implémente toutes les méthodes de la classe `Node`.

Le code suivant permet de créer un nouveau fragment d'arbre :

```
var fragment = document.createDocumentFragment();
```

Les fragments d'arbre sont très utiles lorsqu'une nouvelle portion de l'arbre DOM doit être ajoutée.

Supposons que nous souhaitions ajouter sept paragraphes contenant le nom du jour de la semaine à la `div` de notre exemple. Les sept paragraphes peuvent être créés dans un fragment d'arbre. Ce dernier peut ensuite être ajouté sous la balise `div`.

Le code suivant fournit un exemple de création de paragraphes par l'utilisation d'un objet `DocumentFragment` :

```
var zone = document.getElementById("maZone");
var fragment = document.createDocumentFragment();
var jours = ["Lundi", "Mardi", "Mercredi", "Jeudi", "Vendredi", "Samedi", "Dimanche"];
for (var i=0; i < jours.length; i++){
    var paragraphe = document.createElement("P");
    var texte = document.createTextNode(jours[i]);
    paragraphe.appendChild(texte);
    fragment.appendChild(paragraphe);
}
zone.appendChild(fragment);
```

Ce code permet d'obtenir l'arbre DOM suivant :

```
<div id="maZone">
    <p>Lundi</p>
    <p>Mardi</p>
    <p>Mercredi</p>
    <p>Jeudi</p>
    <p>Vendredi</p>
    <p>Samedi</p>
    <p>Dimanche</p>
</div>
```

Lorsque le fragment de cet exemple est inséré sous la balise div, ses nœuds enfants sont insérés, mais pas le fragment lui-même. Le fragment est utilisé uniquement comme container et n'existe plus en tant que tel une fois qu'il a été inséré dans l'arbre DOM.

Le résultat de cet exemple peut aussi être obtenu sans utiliser de fragment d'arbre. Dans ce cas, des balises p sont insérées au fur et à mesure de leur création sous la balise div par des appendChild. Chacune des insertions dans l'arbre DOM provoque le rafraîchissement complet de la page. Dans notre cas, la page est donc rafraîchie sept fois.

En cas d'utilisation d'un fragment d'arbre, la page n'est rafraîchie que lors de l'insertion du fragment dans le DOM. Lors de la construction du fragment, les nœuds sont uniquement présents en mémoire et ne sont pas affichés. Ils ne sont réellement affichés qu'au moment de l'ajout du fragment sur le DOM de la page.

L'utilisation de fragments d'arbre améliore sensiblement les performances lors de l'insertion de plusieurs nœuds puisqu'elle réduit le nombre de rafraîchissement du document HTML affiché.

Manipulation des attributs

Tout élément du type NODE_ELEMENT peut contenir des attributs permettant de lui ajouter des informations. Un attribut possède une clé et une valeur, la valeur de la clé devant être unique pour l'élément.

Le code suivant met en œuvre les attributs dans notre fragment HTML exemple :

```
<div id="maZone">
    <span><b>Un texte</b></span>
    <div id="monAutreZone">
        Un autre texte
    </div>
</div>
```

id est un attribut de la balise div. La classe Node met à disposition la propriété attributes afin de lister ses différents attributs. Cette propriété est du type NamedNodeMap, décrit précédemment.

La classe Node fournit également l'ensemble de méthodes récapitulées au tableau 4.5.

Tableau 4.5 Méthodes de manipulation des attributs de la classe *Node*

Méthode	Paramètre	Description
getAttribute	Identifiant de l'attribut	Référence un attribut d'un élément en utilisant son identifiant.
hasAttribute	Identifiant de l'attribut	Détermine si un attribut est présent pour un élément.
removeAttribute	Identifiant de l'attribut	Supprime un attribut pour un élément.
setAttribute	Identifiant de l'attribut ainsi que sa valeur	Crée un attribut ou remplace un attribut existant d'un élément.

La méthode setAttribute offre la possibilité d'ajouter un attribut à une balise. Le code suivant donne un exemple d'utilisation de cette technique afin d'ajouter un attribut d'identifiant type pour la première balise div de notre fragment HTML :

```
var zone = document.getElementById("maZone");
zone.setAttribute("type", "UnType");
```

La méthode `getAttribute` donne accès à la valeur d'un attribut. Dans le cas où l'attribut n'existe pas, la méthode renvoie `null`.

Le code suivant permet de récupérer la valeur de l'attribut `type` précédemment ajouté :

```
var elt = document.getElementById("d1");
var type = elt.getAttribute("type");
```

Les méthodes `hasAttribute` et `removeAttribute` permettent respectivement de vérifier la présence d'un attribut et de supprimer un attribut, comme dans le code suivant :

```
var zone = document.getElementById("maZone");
if( zone.hasAttribute("type") ) {
    zone.removeAttribute("type");
}
```

Les attributs peuvent être utilisés sur des nœuds afin d'ajouter des données supplémentaires accessibles pour les traitements sans impacter le rendu visuel. Ces attributs sont souvent utilisés pour stocker des éléments techniques sur le nœud.

Parcours de l'arbre DOM

Le DOM niveau 2 introduit de nouvelles fonctionnalités, appelées DOM Traversal et Range, permettant de parcourir un arbre DOM. Elles correspondent essentiellement aux classes `NodeIterator` et `TreeWalker`.

La classe `NodeIterator` est très utile pour parcourir un arbre DOM. Nous allons utiliser le fragment suivant afin d'illustrer ses capacités de navigation :

```
<div id="maZone">
    <span><b>Un texte</b></span>
    <div id="monAutreZone">
        <p>un paragraphe</p>
        <p>deuxième paragraphe</p>
    </div>
    <div id="encoreUneZone">
        <b>texte en gras</b>
    </div>
</div>
```

La classe `NodeIterator` permet de parcourir l'ensemble des nœuds de ce fragment par le biais d'une méthode dite de *parcours de l'arbre en profondeur préfixé*.

Avant d'utiliser la classe `NodeIterator`, il faut la créer. Il suffit pour cela d'utiliser la méthode `createNodeIterator` sur l'objet `Document`. Les arguments de cette méthode de création permettent de définir les nœuds qui doivent être explorés. Ces arguments sont récapitulés au tableau 4.6.

Tableau 4.6 Arguments de la méthode *createNodeIterator*

Argument	Description
`root`	Un document ou un nœud à parcourir
`whatToShow`	Précise les types de nœuds qui doivent être parcourus. Les valeurs possibles de cet argument sont recensées au tableau 4.7.
`filter`	Classe `NodeFilter` contenant les caractéristiques d'un filtre ou `null` si aucun filtre n'est nécessaire.
`entityReferenceExtension`	Booléen indiquant si les entités référencées doivent être explorées.

Les valeurs les plus usuelles de l'argument `whatToShow` sont récapitulées au tableau 4.7.

Tableau 4.7 Principales valeurs de l'argument *whatToShow*

Valeur	Description
`NodeFilter.SHOW_ALL`	Retourne tous les nœuds.
`NodeFilter.SHOW_COMMENT`	Retourne uniquement les nœuds de type COMMENT_NODE.
`NodeFilter.SHOW_ELEMENT`	Retourne uniquement les nœuds de type ELEMENT_NODE.
`NodeFilter.SHOW_TEXT`	Retourne uniquement les nœuds de type TEXT_NODE.

Le code suivant donne un exemple de création d'un objet `NodeIterator` :

```
var zone = document.getElementById("maZone");
var parcours = document.createNodeIterator(zone, NodeFilter.SHOW_ELEMENT, null, false);
```

Il ne reste plus qu'à se déplacer dans l'objet `NodeIterator` en utilisant les méthodes `nextNode` ou `previousNode`.

L'exemple ci-dessous indique comment utiliser ces deux méthodes :

```
var monSpan = parcours.nextNode();
var maBaliseB = parcours.nextNode();
```

À ce stade, l'appel de la méthode `previousNode` permet de revenir sur le nœud représentant la balise `span` :

```
var encoreMonSpan = parcours.previousNode();
```

Le code suivant donne un exemple de parcours complet de notre fragment HTML de départ :

```
var zone = document.getElementById("maZone") ;
var parcours = document.createNodeIterator(zone, NodeFilter.SHOW_ELEMENT, null, false);
var sortie ;
var nœud = parcours.nextNode();
while (nœud){
    sortie += noeud.nodeName + " ";
    noeud = parcours.nextNode();
}
```

La variable `sortie` contient la chaîne `SPAN B DIV P P DIV B`.

Jusqu'à présent, nous n'avons pas utilisé la classe `NodeFilter`. Cette dernière permet d'ajouter un filtre supplémentaire permettant d'exclure certains nœuds lors du parcours de l'arbre. Cette classe est définie par une unique méthode `acceptNode`. Le code de retour de cette méthode permet de rejeter ou de garder le nœud dans le `NodeIterator`.

La création d'un objet `NodeFilter` est très simple, comme le montre le code suivant :

```
var oFilter = new Object() ;
oFilter.acceptNode = function (oNode){}
```

La fonction `acceptNode` doit retourner la valeur `NodeFilter.FILTER_REJECT` ou `NodeFilter.FILTER_ACCEPT` afin d'indiquer si le nœud passé en argument doit faire partie ou non du `NodeIterator`.

À partir de notre fragment de code HTML, il est possible de ne garder dans un `NodeIterator` que les balises `p`, comme dans le code suivant :

```
var oFilterP = new Object();
oFilterP.acceptNode = function (oNode){
    if (oNode.nodeName == "P"){
        return NodeFilter.FILTER_ACCEPT;
    } else {
        return NodeFilter.FILTER_REJECT;
    }
}
```

Il ne reste plus qu'à créer un `NodeIterator` à partir de ce filtre :

```
var parcours = document.createNodeIterator(zone, NodeFilter.SHOW_ALL, oFilterP, false);
```

Il est également possible de parcourir un arbre DOM en utilisant la classe `TreeWalker`. Cette dernière offre les mêmes fonctionnalités que la classe `NodeIterator` mais comporte des méthodes de déplacement supplémentaires.

La méthode `createTreeWalker` de l'objet `document` permet de créer un `TreeWalker` (cette méthode de création porte la même signature que son homologue `CreateNodeIterator`) :

```
var walker = document.createTreeWalker(zone, NodeFilter.SHOW_ELEMENT, null, false);
```

Les méthodes permettant de naviguer dans un `TreeWalker` sont recensées au tableau 4.8.

Tableau 4.8   Méthodes de navigation de la classe *TreeWalker*

Méthode	Description
`firstChild`	Retourne le premier enfant du nœud courant.
`lastChild`	Retourne le dernier enfant du nœud courant.
`nextNode`	Retourne le nœud suivant (identique à `NodeIterator.nextNode`).
`nextSibling`	Retourne l'enfant suivant dont le parent est identique au nœud courant.
`parentNode`	Retourne le nœud parent du nœud courant.
`previousNode`	Retourne le nœud précédent (identique à `NodeIterator.previousNode`).
`previousSibling`	Retourne l'enfant précédent dont le parent est identique au nœud courant.

Le code suivant fournit un exemple d'utilisation de ces méthodes :

```
var walker = document.createTreeWalker(zone, NodeFilter.SHOW_ELEMENT, null, false);
var monSpan = walker.firstChild();← ❶
var divMonAutreZone = walker.nextSibling();← ❷
var premierP = walker.firstChild();
```

La ligne identifiée par le repère ❶ permet de récupérer la balise span. La balise div portant l'identifiant monAutreZone est récupérée au repère ❷.

Les classes NodeIterator et TreeWalker simplifient le parcours d'un arbre DOM en offrant deux niveaux de filtre. Le premier, whatToShow, est un filtre sur le type de nœud, et le second, NodeFilter, un filtre défini par programmation.

Notons que ces classes ne sont pas supportées par Internet Explorer.

L'attribut *innerHTML*

Bien que l'attribut innerHTML, présent sur les nœuds d'un arbre DOM, ne soit pas normalisé par le W3C, cet ouvrage se doit de le présenter. Cet attribut permet en effet de remplacer complètement le contenu d'un élément par celui spécifié dans une chaîne de caractères.

Le code ci-dessous donne un exemple d'utilisation de l'attribut innerHTML afin de remplacer le contenu de la balise span définie en début de chapitre par un ensemble de balises HTML :

```
var zone = document.getElementById("maZone");
var span = zone.getElementsByTagName("span")[0];
span.innerHTML = "<p><b>mon texte</b></p>";
```

Ce code permet de modifier l'arbre DOM en mémoire de la page afin d'obtenir le résultat suivant :

```
<div id="maZone">
    <span><p><b>Un texte</b></p></span>← ❶
    <div id="monAutreZone">
        Un autre texte
    </div>
</div>
```

Le repère ❶ met en valeur le bloc modifié. Nous constatons qu'une balise p a été ajoutée autour de la balise b.

L'utilisation de l'attribut innerHTML sur un élément est particulièrement tentante, puisqu'elle évite de multiples appels à la méthode appendChild et autant de créations de nouveaux nœuds. Elle force cependant à construire des chaînes de caractères contenant un ensemble de balises ainsi que leurs propriétés (événements, styles, etc.) sous la forme de multiples concaténations de chaînes. Or ces chaînes nuisent à la maintenabilité du code JavaScript et peuvent conduire à des syntaxes HTML invalides. De plus, l'utilisation de cette méthode rompt la structuration définie dans les spécifications du DOM.

Au vu de ces considérations, l'utilisation de cette méthode n'est recommandée que dans des cas bien particuliers, et il ne faut surtout pas en abuser.

L'attribut innerHTML peut être invoqué pour résoudre des problèmes de performance résultant de l'ajout d'un grand nombre de nœuds. Cette problématique de performance peut également être résolue par l'utilisation de fragments d'arbre. Dans la quasi-totalité des navigateurs Web, l'utilisation de l'attribut innerHTML est beaucoup plus performante que celle de la méthode appendChild pour ajouter de nouveaux nœuds à l'arbre DOM.

Nous allons illustrer l'utilisation des deux approches.

La première correspond à l'utilisation des méthodes du DOM afin de créer dynamiquement un tableau composé de trois cents lignes :

```
var nbLigne = 3000;
var zone = document.getElementById("maZone");
var elementTableau = document.createElement("table");
var elementTBody = document.createElement("tbody");
elementTableau.appendChild(elementTBody);
var elementTr = document.createElement("tr");
var elementTd = document.createElement("td");
var elementDonnees = document.createTextNode("Mes données");
for( var cpt=0; cpt<nbLigne; cpt++ ){
    var tmpElementTr = elementTBoby.appendChild(elementTr.cloneNode(true));
    var tmpElementTd = tmpElementTr.appendChild(elementTd.cloneNode(true));
    tmpElementTd.appendChild(elementDonnees.cloneNode(true));
    }
zone.appendChild(elementTableau);
```

La seconde correspond à l'utilisation de l'attribut innerHTML afin de mettre en œuvre la même fonctionnalité :

```
var nbLigne = 3000;
var zone = document.getElementById("maZone");
var html = new Array();
html.push("<table><tbody>");
for( var cpt=0; cpt< nbLigne;cpt++ ){
    html.push("<tr>");
    html.push("<td>Mes données</td>");
    html.push("</tr>");
}
html.push("</tbody></table>");
zone.innerHTML = html.join("");
```

Les temps de réponse d'affichage du tableau sont nettement supérieurs avec l'attribut innerHTML.

Utilisation du DOM niveau 0

Comme indiqué précédemment, le DOM niveau 0 n'est pas normalisé par le W3C. Il correspond à la première implémentation par les navigateurs Web de l'accès aux objets d'un document HTML.

Ce DOM niveau 0 permet d'accéder à différents éléments d'un document HTML par l'intermédiaire de propriétés de l'objet `document`. Par exemple, la propriété `forms` permet de récupérer toutes les balises `form` contenues dans une page Web.

Le code suivant indique comment utiliser la propriété `forms` :

```
var mesFormulaires = document.forms;
for (var i=0 ; i < mesFormulaires.length ; i++){
    var formulaire = mesFormulaires[i];
}
```

De la même manière, toutes les images d'un document sont accessibles par le biais de la propriété `images` :

```
var mesImages = document.images;
for (var i=0 ; i < mesImages.length ; i++){
    var image = mesImages[i];
}
```

La propriété `links` permet de récupérer tous les liens (balise `a`) d'un document.

Bien que le DOM niveau 0 ne soit pas normalisé, les dernières versions des navigateurs implémentent en partie l'accès à ses propriétés. Il est cependant recommandé de ne pas les utiliser et de leur préférer la méthode `getElementsByTagName`.

Les propriétés `document.forms` et `documents.images` peuvent être remplacées par le code suivant :

```
var mesFormulaires = document.getElementsByTagName("form");
var mesImages = document.getElementsByTagName("img");
```

Modification de l'arbre DOM au chargement

Comme nous l'avons vu jusqu'à présent, le DOM permet de manipuler la structure d'une page HTML. Il faut toutefois garder à l'esprit que le DOM n'est accessible que lorsque la page est chargée dans sa globalité. Les traitements sur l'arbre DOM doivent donc être effectués après le déclenchement de l'événement `onload` du document afin de garantir la présence de tous les éléments.

Le DOM peut également être utilisé pour modifier le contenu d'une page HTML après son chargement. Cette fonctionnalité se révèle particulièrement pratique pour la construction de widgets à partir de leur description dans la page.

Pour mieux comprendre la modification de l'arbre DOM au chargement, nous allons l'illustrer par un exemple concret, dans lequel nous souhaitons remplacer les boutons standards définis par la balise input par une balise div afin d'améliorer l'esthétique des boutons.

L'exemple suivant indique comment remplacer des boutons au chargement de la page :

```
<html>
<head>
    <script language="text/javaScript">
        function remplaceBouton(){
            var oInputs = document.getElementsByTagName("input");
            for (var i=0; i < oInputs.length; i++){
                var oInput = oInputs.item(i);
                if (oInput.getAttribute("type") == "button"){
                    // construction du nouveau bouton
                    var oDiv = document.createElement("div");
                    oDiv.style.border = "1px solid blue";
                    var t = document.createTextNode(oInput.value);
                    oDiv.appendChild(t);
                    // modification d'une noeud existant
                    oInput.parentNode.replaceChild(oDiv, oInput);
                }
            }
        }
    </script>
</head>
<body onload="remplaceBouton()">
<h1>remplacement des boutons par des div</h1>
<input type="button" value="mon action"/>← ❶
</body>
</html>
```

Dans ce code, la méthode remplaceBouton est exécutée lorsque la page est complètement chargée. Elle récupère toutes les balises input de type button afin de les remplacer par une balise div.

Après le chargement de la page, la balise du repère ❶ devient :

```
<div style="border : 1px solid blue">mon action</div>
```

Cet exemple de modification du DOM au chargement est des plus simple. Des cas plus complexes peuvent être traités de la même manière. Il est notamment possible de décrire les éléments graphiques constituant l'interface homme machine (IHM) par des balises non interprétées par le navigateur Web. Elles sont ensuite prises en compte après le chargement complet de la page afin d'obtenir le rendu visuel des composants graphiques. C'est ce principe qu'utilise la bibliothèque dojo pour construire ses widgets.

L'exemple de code suivant construit un widget de type tableau au chargement de la page :

```
<div widgetType="grid">
    <column title="Nom" style="width:40%"/>
    <column title="Prénom" style="width:60%"/>
</div>
```

Dans les balises HTML ci-dessus, l'attribut `widgetType` permet de définir la balise `div` comme étant un élément à modifier au chargement. Les balises `column` permettent de définir les colonnes du tableau.

Le code suivant, lancé après chargement de la page, permet d'interpréter l'ensemble des balises avec un attribut `widgetType` :

```
function buildWidget(){
    var nodes = document.getElementsByTagName("*");
    for (var i=0; i < nodes.length; i++){
        var node = nodes[i];
        if (node.nodeType == 3){
            var widgetType = node.getAttribute("widgetType");
            if ("grid" == widgetType){
                constructGrid(node);
            } else if ("onglet" == widgetType){
                (...)
            }
            (...)
        }
    }
}
```

La fonction `buildWidget` parcourt toutes les balises de l'arbre DOM et déclenche un traitement spécifique lorsqu'une balise contient un attribut `widgetType`, en l'occurrence la fonction `constructGrid`, chargée de la construction du tableau :

```
function constructGrid(baseNode){
    // construction d'un fragment
    var grid = document.createDocumentFragment();
    var oTable = document.createElement("table");
    var oTbdy = document.createElement("tbody");
    oTable.appendChild(oTbdy);
    var oEntete = document.createElement("tr");
    oTbdy.appendChild(oEntete);
    // interprétation des balises column
    var columns = baseNode.getElementsByTagName("column");
    for (var i = 0 ; i < columns.length; i++){
        var column = columns[i];
        var titre = column.getAttribute("title");
        var oTd = document.createElement("td");
        oTd.style.cssText = column.style.cssText;
        var txt = document.createTextNode(titre);
        oTd.appendChild(txt) ;
        oEntete.appendChild(oTd);
        (...)
    }
    baseNode.appendChild(grid);
}
```

La fonction `constructGrid` interprète les balises `column` afin de créer les différentes colonnes du tableau. Le code de cet exemple n'est évidemment pas complet, mais il permet de se rendre compte du potentiel de la modification du DOM au chargement.

Conclusion

Le DOM normalise une API permettant de fournir une représentation objet de la structure d'un document hiérarchique, la plupart du temps fondé sur un langage de balises. Il offre également un support afin de le manipuler et de le parcourir.

Dans ce chapitre, nous avons décrit les différents objets de l'arbre logique DOM. Nous les avons mis en œuvre afin d'interagir avec l'arbre DOM d'une page HTML. L'API DOM offre la possibilité de parcourir cet arbre et de le modifier dynamiquement, même après le chargement des pages HTML.

Le DOM s'avère bien adapté pour mettre en œuvre des composants graphiques en travaillant directement sur l'arbre DOM.

Tous les navigateurs Web n'implémentent cependant pas encore l'ensemble des spécifications du DOM. Une couche d'abstraction (bibliothèque, framework, boîte à outils, etc.) est donc souvent nécessaire pour résoudre les problèmes d'implémentation.

5

Mise en œuvre d'Ajax

Véritable clé de voûte des applications Web riches, Ajax (Asynchronous JavaScript And XML) permet d'exécuter des requêtes HTTP sans pour autant avoir à recharger la page qui l'exécute.

Ajax se fonde essentiellement sur la classe XMLHttpRequest, en cours de normalisation auprès du W3C. Cette dernière fournit un cadre afin d'implémenter des requêtes Ajax de manière aussi bien synchrone qu'asynchrone. Nous détaillons dans ce chapitre la façon d'utiliser cette classe.

Nous verrons également que la classe XMLHttpRequest impose des limitations, notamment quant à l'appel de services d'un domaine autre que celui de la page qui désire les utiliser. Différents contournements peuvent être mis en œuvre afin d'adresser ces problématiques d'accès à des services externes.

Ajax et la classe *XMLHttpRequest*

Dans le chapitre introductif de cet ouvrage, nous avons abordé d'une manière générale les principaux mécanismes d'Ajax. Nous avons vu notamment que ce dernier offrait la possibilité d'exécuter des requêtes HTTP à partir de pages HTML sans avoir à les recharger.

La figure 5.1 (page suivante) illustre ce dernier mécanisme.

Nous allons à présent détailler la mise en œuvre d'Ajax en se fondant sur la classe XMLHttpRequest.

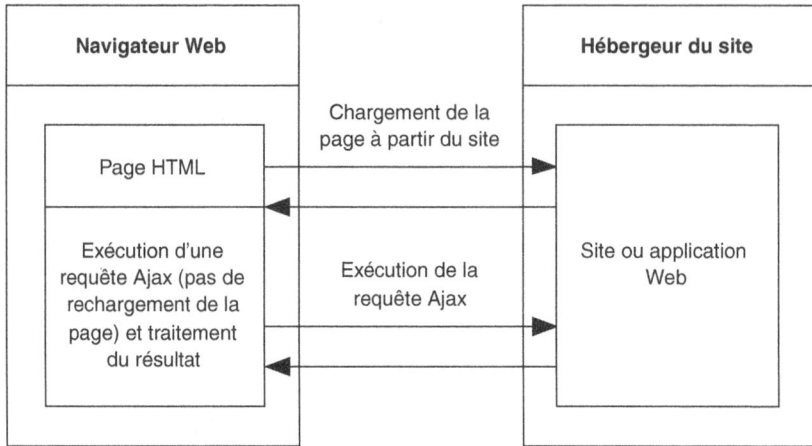

Figure 5.1
Fonctionnement général d'Ajax

La classe XMLHttpRequest

L'entité de base permettant de mettre en œuvre Ajax dans un navigateur Web est la classe JavaScript `XMLHttpRequest`.

Cette classe n'est pas récente, puisqu'elle a été développée initialement par Microsoft sous forme de contrôle ActiveX et intégrée à Internet Explorer 5.0 dès 1998. Par la suite, elle a été implémentée progressivement en tant qu'objet JavaScript natif dans les principaux navigateurs, comme le montre le tableau 5.1.

Tableau 5.1 Prise en compte de la classe *XMLHttpRequest*
par les principaux navigateurs Web

Date de prise en compte	Navigateur et version
1998	Internet Explorer 5.0
Mai 2002	Mozilla 1.0
Février 2004	Safari 1.2
Mars 2005	Konqueror 3.4
Avril 2005	Opera 8.0

Depuis 2006, la classe `XMLHttpRequest` fait l'objet d'un travail de spécification du consortium W3C, dont l'état d'avancement est disponible à l'adresse *http://www.w3.org/TR/XMLHttpRequest/*.

Comme cette classe est supportée de façon différente dans les navigateurs, et notamment dans Internet Explorer, une fonction doit être mise en œuvre afin de gérer sa création et sa configuration suivant le navigateur utilisé.

Le code suivant donne un exemple d'implémentation générique de cette fonction :

```
function getXMLHttpRequest() {
    if (window.XMLHttpRequest) {
        var xmlHttpReq = new XMLHttpRequest();
        // évite un bogue du navigateur Safari
        if (xmlHttpReq.overrideMimeType) {
            xmlHttpReq.overrideMimeType("text/xml");
        }
        return xmlHttpReq;
    } else if (window.ActiveXObject) {
        try {
            return new ActiveXObject("Msxml2.XMLHTTP");
        } catch (err) {}
        try {
            return new ActiveXObject("Microsoft.XMLHTTP");
        } catch (err) {}
    }
    throw new Error("Impossible de créer l'objet"
                    +"XMLHttpRequest pour le navigateur.");
}
```

Les bibliothèques JavaScript, notamment prototype et dojo, intègrent ce mécanisme dans leur support de la technologie Ajax.

Les tableaux 5.2 et 5.3 récapitulent respectivement les attributs et méthodes de cette classe.

Tableau 5.2 Attributs de la classe *XMLHttpRequest*

Attribut	Description
onreadystatechange	Permet de positionner une fonction de rappel, qui est appelée lorsque l'événement readystatechange se produit. Cet événement est supporté en mode asynchrone et correspond à un changement d'état dans le traitement de la requête.
readyState	Code correspondant à l'état dans lequel se trouve l'objet tout au long du traitement d'une requête et de sa réponse.
responseText	Réponse reçue sous forme de texte
responseXML	Réponse reçue sous forme XML
status	Correspond au code du statut de retour HTTP de la réponse. Il n'est disponible en lecture que lorsque la réponse à la requête a été reçue.
statusText	Correspond au texte du statut de retour HTTP de la réponse. Il n'est disponible en lecture que lorsque la réponse à la requête a été reçue.

Tableau 5.3 Méthodes de la classe *XMLHttpRequest*

Méthode	Paramètre	Description
abort	-	Annule la requête courante et réinitialise l'objet.
getAllResponseHeaders	-	Retourne tous les en-têtes HTTP contenus dans la réponse dans une chaîne de caractères. Cette méthode ne peut être utilisée que lorsque la valeur de la propriété readyState de l'objet équivaut à 3 ou 4 (état Receiving ou Loaded).

Tableau 5.3 Méthodes de la classe *XMLHttpRequest (suite)*

Méthode	Paramètre	Description
getResponseHeader	Le nom de l'en-tête	Retourne la valeur de l'en-tête dont le nom est spécifié en paramètre. Peut-être utilisée dans le même cas que la méthode précédente.
open	La méthode HTTP à utiliser et l'adresse de la ressource à accéder. De manière optionnelle, le type de fonctionnement ainsi que l'identifiant de l'utilisateur et son mot de passe.	Initialise l'objet XMLHttpRequest pour une requête particulière. Elle permet de spécifier le type de requête HTTP à utiliser (GET ou POST) et l'adresse de la ressource à accéder. Le type de fonctionnement détermine la manière dont est traitée la réponse à la requête (de manière synchrone ou asynchrone). S'il n'est pas spécifié, le mode asynchrone est utilisé. Enfin, des informations de sécurité (identifiant d'utilisateur ainsi que mot de passe) peuvent être spécifiées.
send	Une chaîne de caractères ou un document XML	Permet d'envoyer une requête à l'adresse spécifiée avec la méthode HTTP souhaitée et éventuellement des paramètres d'authentification. Si le mode de réception est synchrone, la méthode est bloquante jusqu'à ce moment. Cette méthode ne peut être utilisée que lorsque la valeur de la propriété readyState de l'objet équivaut à 1 (état Open).
setRequestHeader	Le nom de l'en-tête et sa valeur	Positionne un en-tête HTTP pour la requête. Cette méthode ne peut être utilisée que lorsque la valeur de la propriété readyState de l'objet équivaut à 1 (état Open).

Maintenant que nous avons abordé la classe de base de la technologie Ajax, nous allons détailler la manière de gérer les différents échanges de données en utilisant son support.

Gestion des échanges

Contrairement à ce que pourrait laisser penser son nom, Ajax ne gère pas nécessairement les réponses à des requêtes de manière asynchrone, puisque aussi bien les modes synchrone et asynchrone sont supportés.

La sélection du mode de gestion des requêtes, synchrone ou asynchrone, se réalise au moment de l'appel de la méthode open, par l'intermédiaire de son troisième paramètre.

Dans le cas d'une mise en œuvre synchrone, la réception de la réponse se réalise séquentiellement, comme dans le code suivant :

```
var transport = getXMLHttpRequest();
transport.open("get", "/ajax/data.js", false);
transport.send(null);
var texte = transport.responseText;
(...)
```

En cas de mise en œuvre asynchrone, la réception se réalise par l'intermédiaire d'une fonction de rappel. Cette dernière est spécifiée en utilisant l'attribut onreadystatechange de la classe XMLHttpRequest.

En mode asynchrone, l'instance de la classe XMLHttpRequest utilisée supporte les différents états récapitulés au tableau 5.4.

Tableau 5.4   États de l'instance de la classe *XMLHttpRequest* en mode asynchrone

Valeur	État	Description
0	Uninitialized	État initial
1	Open	La méthode open a été exécutée avec succès.
2	Sent	La requête a été correctement envoyée, mais aucune donnée n'a encore été reçue.
3	Receiving	Des données sont en cours de réception.
4	Loaded	Le traitement de la requête est fini.

Chaque fois que l'instance change d'état, la fonction de rappel enregistrée est appelée. Cette dernière peut se fonder sur l'attribut readyState de cette instance afin de déterminer son état courant.

Le code suivant décrit la mise en œuvre d'une requête asynchrone simple :

```
var transport = getXMLHttpRequest();
function changementEtat() {
    if( transport.readyState == 4 ) {
        var texte = transport.responseText;
        (...)
    }
}
transport.onreadystatechange = changementEtat;
transport.open("get", "/ajax/data.js", true);
transport.send(null);
```

Notons que les données de la réponse ne sont accessibles par l'objet transport que lorsque l'état de l'objet vaut 4 (Loaded).

Bien que le mode synchrone soit supporté par la classe XMLHttpRequest, le mode asynchrone doit être préféré puisque les traitements JavaScript ne restent pas bloqués en attente de la réponse à une requête.

Notons également que certaines bibliothèques, telles que dojo, se fondent sur des fonctions de rappel même dans le mode synchrone. Ces approches permettent d'homogénéiser l'utilisation des deux modes, leur sélection ne se réalisant plus que par des paramètres.

Échanges de données

La classe XMLHttpRequest offre d'intéressantes possibilités pour échanger divers types de données.

Nous allons voir dans cette section que le format des données échangées n'est pas forcément XML.

Données échangées

Il existe deux façons de spécifier des données lors de l'envoi d'une requête.

La première consiste à positionner des paramètres directement dans l'adresse de la ressource du serveur. Cette technique se fonde sur la méthode GET du protocole HTTP. Le code suivant décrit la mise en œuvre de cette approche :

```
var transport = getXMLHttpRequest();
var parametre1 = "valeur1";
var parametre2 = "valeur2";
var adresse = [ "donnees.js" ];
adresse.push("?parametre1=");
adresse.push(parametre1);
adresse.push("&parametre2=");
adresse.push(parametre2);
transport.open("get", adresse.join(""), true);
transport.send(null);
```

La seconde façon consiste à envoyer un bloc de données et n'est réalisable qu'avec la méthode POST du protocole HTTP. La méthode send de la classe XMLHttpRequest permet de spécifier ce bloc par l'intermédiaire de son paramètre. Le code suivant décrit la mise en œuvre de cette approche :

```
var transport = getXMLHttpRequest();
var parametre1 = "valeur1";
var parametre2 = "valeur2";
var parametres = [ ];
parametres.push("{ parametre1: \"");
parametres.push(parametre1);
parametres.push("\", parametre2: \"");
parametres.push(parametre2);
parametres.push("\" }");
transport.open("post", "/ajax/data.js", true);
transport.send(parametres.join("\n"));
(...)
```

Dans ce dernier cas, les données peuvent être fournies en tant que texte ou document XML, car la méthode send accepte ces deux types de format de données.

Structure de l'adresse d'une requête GET

Afin d'envoyer des paramètres, une requête GET doit être structurée de la manière suivante :

http://<HOTE>:<PORT>/ressource?parametre1=valeur1&parametre2=valeur2...

Les éléments <HOTE> et <PORT> doivent être remplacés respectivement par les valeurs de l'hôte et du port utilisés. Si le port est omis, le port 80 est spécifié par défaut. L'exemple suivant permet d'exécuter une requête fondée sur le moteur de recherche Google :

http://www.google.fr/search?hl=fr&q=javascript&btnG=Recherche+Google&meta=

Par contre, la récupération des données contenues dans la réponse de la requête se réalise d'une seule façon. Elle se fonde sur les attributs `responseText` et `responseXML` de l'instance de la classe `XMLHttpRequest`, pour une réponse respectivement au format texte et XML. Ces attributs sont positionnés lorsque la réponse a été reçue (état `Loaded`).

Le code suivant donne un exemple d'utilisation de ces attributs (repères ❶ et ❷) :

```
var transport = getXMLHttpRequest();
(...)
//Dans le cas où la réponse est au format texte
var reponse = transport.responseText; ← ❶
//Dans le cas où la réponse est au format XML
var reponseXML = transport.responseXML; ← ❷
```

Les données reçues dans la réponse peuvent donc être manipulées aussi bien sous forme de texte que de document XML.

Parallèlement aux données applicatives, des données peuvent être spécifiées au niveau de la couche de transport en tant qu'en-têtes HTTP. Le positionnement de ces données se fonde sur la méthode `setRequestHeader` et leur récupération sur les méthodes `getResponseHeader` et `getAllResponseHeaders`.

Le code suivant fournit un exemple d'utilisation de ces méthodes (repères ❶ et ❷) :

```
var transport = getXMLHttpRequest();
(...)
transport.open("post", "/ajax/data.js", true);
transport.setRequestHeader("Content-type",
                    "application/x-www-form-urlencoded"); ← ❶
transport.send(null);
(...)
var typeServeur = transport.getResponseHeader("Server"); ← ❷
```

Structure des données échangées

Différents formats de données peuvent être utilisés avec la technologie Ajax. Le format texte peut même être utilisé, mais, en ce cas, aucun support n'est disponible en JavaScript afin d'accéder aux informations contenues dans les données.

Format XML

La classe `XMLHttpRequest` offre nativement un support pour l'utilisation de XML par le biais de sa méthode `send` et de son attribut `responseXML`, qui prennent et renvoient respectivement des documents XML. Cette approche structure les données tout en les rendant lisibles par les utilisateurs.

De plus, ce format étant régulièrement utilisé dans les applications, il est maîtrisé par la plupart des développeurs. Son principal inconvénient vient de la lourdeur de l'écriture des traitements de parcours des données.

Dans le cadre de JavaScript, la technologie DOM doit être mise en œuvre afin de manipuler les requêtes et les réponses.

Le code suivant utilise le format XML avec la classe `XMLHttpRequest` aussi bien au niveau de l'envoi (repère ❷) que de la réception (repère ❶) :

```
var transport = getXMLHttpRequest();
function changementEtat() {
    if( transport.readyState == 4 ) {
        var donneesXML = transport.responseXML; ← ❶
        // donnees correspond à la balise de base de la reponse
        var donnees = donneesXML.childNodes[0];
        // Traitement des données XML reçues
        var differentesDonnees = donnees.childNodes;
        for(var cpt=0; cpt<differentesDonnees.length; cpt++) {
            var donnee = differentesDonnees[cpt];
            (...)
        }
    }
}
transport.onreadystatechange = changementEtat;
transport.open("get", "donnees.xml", true);
// Construction des données XML pour l'envoi
var parametres = document.createElement("parametres");
var parametre1 = document.createElement("parametre");
parametre1.setAttribute("nom","parametre1");
var texteParametre1 = document.createTextNode("valeur1");
parametre1.appendChild(texteParametre1);
parametres.appendChild(parametre1);
transport.send(parametres); ← ❷
```

Dans l'exemple ci-dessus, la structure XML envoyée est la suivante :

```
<parametres>
    <parametre nom="parametre1">valeur1</parametre>
</parametres>
```

La structure XML reçue peut être, par exemple, de la forme suivante :

```
<donnees>
    <donnee nom="donnee1">valeur1</donnee>
</donnees>
```

Format HTML

Il est possible de recevoir directement des blocs de code HTML, notamment pour rafraîchir une partie d'une page Web. Cette méthode peut toutefois s'avérer complexe d'utilisation lors de l'incorporation des blocs dans une page, notamment pour la gestion des styles.

Le code suivant donne un exemple de mise en œuvre de ce format pour les échanges dans une page HTML :

```html
<html>
    <head>
        <script type="text/javascript">
            function getXMLHttpRequest() {
                (...)
            }
            function changementEtat() {
                if( transport.readyState == 4 ) {
                    var html = transport.responseText;
                    var div = document.getElementById(
                                        "conteneurReponse");
                    div.innerHTML = html; ← ❶
                }
            }
            function executerRequete() { ← ❷
                var transport = getXMLHttpRequest();
                transport.onreadystatechange = changementEtat;
                transport.open("get", "donnees.html", true);
                transport.send(null);
            }
        </script>
    </head>
    <body>
        (...)
        <div id="conteneurReponse"></div> ← ❸
    </body>
</html>
```

Cet exemple offre la possibilité, par l'intermédiaire de la fonction `executerRequete` (repère ❷), d'ajouter (repère ❶) le contenu d'une réponse au format HTML dans la balise `div` d'identifiant `conteneurReponse` (repère ❸).

Les données HTML reçues sont alors les suivantes :

```html
<p>Un paragraphe d'exemple</p>
```

Format JSON

Le format JSON décrit au chapitre 3 permet de représenter des objets littéraux JavaScript. L'utilisation de ce format est particulièrement intéressante pour les réponses.

Des supports existent en JavaScript afin d'évaluer ces structures en objet JavaScript. Ils sont ensuite accédés par référence, comme n'importe quel objet JavaScript. Son principal inconvénient provient de sa non-lisibilité par les utilisateurs.

L'utilisation du format JSON avec la technologie Ajax nécessite une évaluation JavaScript ou un parcours des données texte reçues avec un parseur JSON.

Dans le code ci-dessous, la première approche se réalise par l'intermédiaire du mot-clé eval (repère ❶) :

```
var transport = getXMLHttpRequest();
function changementEtat() {
    if( transport.readyState == 4 ) {
        var contenuReponse = transport.reponseText;
        eval("var reponse = "+contenuReponse); ← ❶
        var differentesDonnees = reponse.donnees;
        for(var cpt=0; cpt<differentesDonnees.length; cpt++) {
            var donnee = differentesDonnees[cpt];
            (...)
        }
    }
}
transport.onreadystatechange = changementEtat;
transport.open("get", "/ajax/data.json", true);
transport.send(null);
```

Dans l'exemple ci-dessus, la structure JSON reçue est la suivante :

```
{ "donnees": [
    { nom: "donnee1", valeur: "valeur1" }
] }
```

En résumé

Contrairement à ce que son nom pourrait laisser penser, la technologie Ajax offre la possibilité d'utiliser plusieurs types de formats pour échanger des données. La classe XMLHttpRequest supporte nativement les formats texte et XML.

Au niveau de la réponse, les formats HTML, xHTML et JSON peuvent facilement être mis en œuvre en se fondant sur le format texte. L'application a alors la responsabilité de réaliser la conversion.

Contournement des restrictions

La principale restriction relative à l'utilisation de la classe XMLHttpRequest provient du fait qu'elle ne permet pas de réaliser des requêtes sur un autre domaine que celui de la page HTML qui l'utilise.

La figure 5.2 illustre le cas d'un site hébergé sur le domaine *sourceforge.net* qui essaie d'exécuter une requête Ajax fondée sur la classe XMLHttpRequest vers le domaine *yahoo.com*.

Si l'accès à des services externes en se fondant sur cette classe est impossible, divers contournements permettent d'utiliser des services d'un autre domaine.

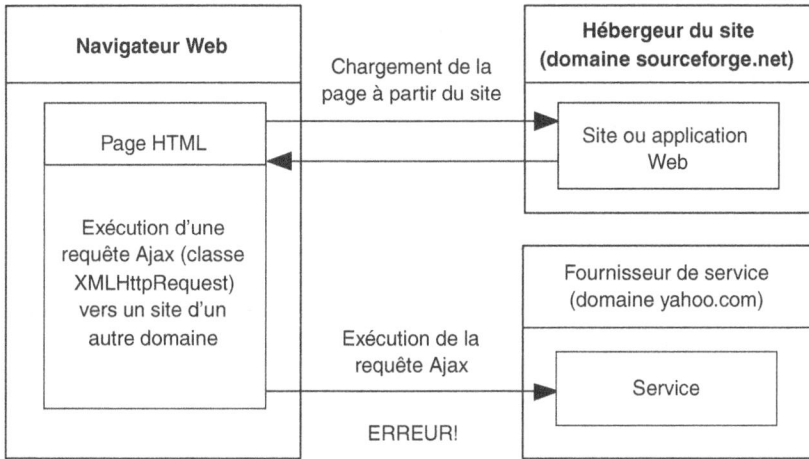

Figure 5.2
Exécution d'une requête Ajax sur un domaine différent

Proxy au niveau du serveur

Un proxy correspond dans ce cas d'utilisation à un composant logiciel servant de relais à une requête Ajax. Cette dernière ne cherche plus à atteindre le service directement mais passe par le proxy, dont l'adresse est désormais dans le même domaine. C'est le proxy qui appelle le service et renvoie la réponse à la page HTML.

Le proxy n'a pas les mêmes restrictions que la classe XMLHttpRequest, car il est exécuté au niveau d'un serveur. Il peut en outre être implémenté avec des langages tels que Java ou PHP.

La figure 5.3 illustre ce mécanisme.

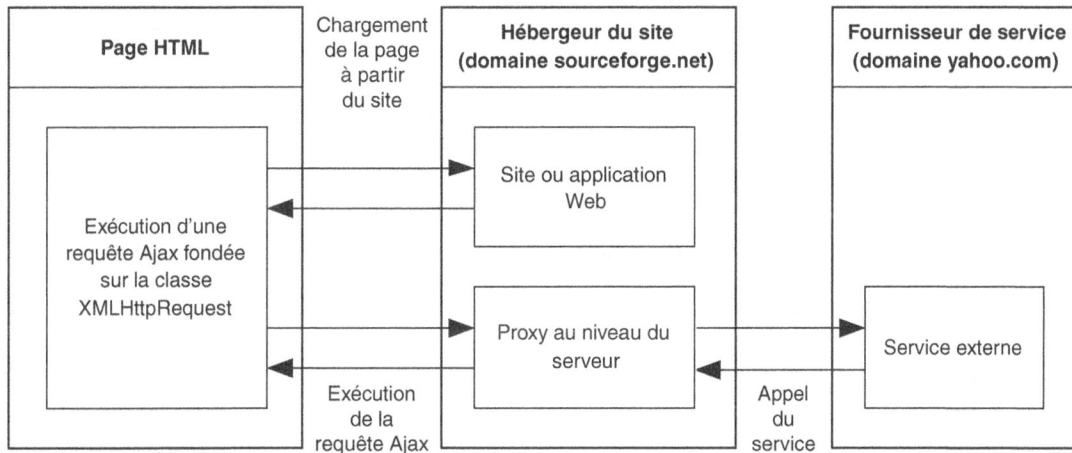

Figure 5.3
Fonctionnement du contournement fondé sur un proxy au niveau du serveur

Nous ne détaillons pas ici l'implémentation de ce type de composant logiciel.

iframe cachée

Une iframe correspond à une balise pouvant être incorporée dans une page HTML afin de charger une autre page dans son cadre. Aucune restriction n'est imposée quant au domaine des pages chargées.

Ce mécanisme permet de contourner les limitations de la classe XMLHttpRequest et peut être utilisé dans la plupart des navigateurs récents, qui supportent les iframes.

Une iframe consiste en une balise HTML dont le nom est iframe. Comme pour toute balise HTML, un style peut lui être associé. De plus, cet élément supporte l'événement onload, qui correspond au chargement d'une page dans son cadre.

Le code suivant donne un exemple d'utilisation d'une iframe cachée dans une page HTML :

```
<html>
    (...)
    <body>
        (...)
        <iframe id="iframeCachee"←❶
                name="iframeCachee"
                style="width:0px; height:0px; display: ''"←❷
                frameborder="0">←❸
        </iframe>
        (...)
    </body>
</html>
```

Afin de rendre invisible la balise iframe (repère ❶), un style CSS est utilisé (repère ❷), contenant les attributs width (largeur), height (longueur) et display (affichage). L'attribut frameborder doit également être spécifié avec la valeur 0 (repère ❸).

> **Style CSS**
>
> La technologie CSS (Cascading Style Sheets) permet de paramétrer l'apparence des balises par le biais de différents attributs. Chaque balise HTML supporte un ensemble de propriétés graphiques sur lesquelles un style CSS peut jouer afin de modifier son apparence. Nous verrons plus en détail le fonctionnement de cette technologie au chapitre 8.

Cette iframe peut être ajoutée et supprimée dynamiquement grâce au support du DOM. Il est alors possible de masquer complètement l'utilisation de cette technique.

Envoi d'informations

L'utilisation d'iframes offre la possibilité d'envoyer des requêtes HTTP de type GET et POST.

L'attribut src peut être utilisé afin de spécifier l'adresse de la page à charger. Cette technique permet d'envoyer une requête de type GET, et l'adresse utilisée peut intégrer directement des paramètres, comme dans le code ci-dessous, fondé sur l'iframe décrite précédemment :

```
function executerRequeteGet(adresse, parametres) {
    var requete = [];
    // Spécification de l'adresse de la requête
    requete.push("http://test.org/monAdresse");
    // Spécification des paramètres de la requête
    var premierParametre = true;
    for( parametre in parametres ) {
        if( premierParametre ) {
            requete.push("?");
        } else {
            requete.push("&");
        }
        requete.push(parametre);
        requete.push("=");
        requete.push(parametres[parametre]);
        premierParametre = false;
    }
    // Envoi de la requête
    var iframe = document.getElementById("iframeCachee");
    iframe.src = requete.join("");
}
```

Une requête POST peut également être mise en œuvre. Dans ce cas, un formulaire HTML doit être utilisé. Ce dernier peut être ajouté dynamiquement et doit être relié à l'iframe par le biais de son attribut `target`. Notons que la valeur de cet attribut fait référence à l'attribut `name` de l'iframe et non à son attribut `id`.

La méthode d'envoi du formulaire doit être POST afin de réaliser une requête de type POST. Ce mécanisme supporte également la méthode GET.

Le code suivant fournit un exemple de mise en œuvre de cette technique:

```
function executerRequetePost(adresse, parametres) {
    // Le formulaire « monFormulaire » existe déjà dans la page
    var formulaire = document.createElement("form");← ❶
    formulaire.setAttribute("id","monFormulaire");← ❷
    formulaire.setAttribute("name","monFormulaire");← ❷
    formulaire.setAttribute("action",adresse);← ❷
    formulaire.setAttribute("method","POST");← ❷
    formulaire.setAttribute("target", identifiantIframe);← ❸
    // Ajout du formulaire à la page
    document.body.appendChild(formulaire);← ❹
    // Ajout dynamique de champs dans le formulaire
    for( parametre in parametres ) {← ❺
        var champ = document.createElement("input");
        champ.setAttribute("type", "hidden");
        champ.setAttribute("name", parametre);
        champ.setAttribute("value", parametres[parametre]);
        formulaire.appendChild(champ);
    }

    // Envoi de la requête
    formulaire.submit();← ❻
    // Suppression du formulaire
    document.body.removeChild(formulaire);← ❼
}
```

La fonction `executerRequetePost` ci-dessus crée tout d'abord un formulaire en lui spécifiant divers paramètres (repères ❷) tels que ses nom et identifiant, l'adresse de soumission des données ainsi que la méthode HTTP utilisée. Le paramètre `target` (repère ❸) ne doit pas être omis puisqu'il permet de réaliser la soumission du formulaire en se fondant sur l'iframe.

Le formulaire créé est ensuite ajouté à la page (repère ❹) puis lui sont ajoutés des champs de type `input` pour les différents paramètres (repère ❺). Le formulaire peut alors être soumis (repère ❻) puis supprimé de la page (repère ❼).

Récupération d'informations

Plusieurs techniques peuvent être mises en œuvre afin de récupérer les informations renvoyées. Certaines d'entre elles peuvent toutefois impacter la structure de la réponse.

Une première technique impose que la réponse contienne du code JavaScript. Ce dernier a la responsabilité d'appeler une fonction de la page HTML contenant l'iframe afin d'utiliser le contenu de la réponse.

L'iframe a accès à la page qui la contient par le biais du mot-clé `parent`. Une bonne pratique consiste à appeler une des fonctions JavaScript de cette page en lui passant une référence de l'objet `document` relatif à l'iframe.

Le code suivant donne un exemple d'implémentation d'une fonction de rappel (repère ❶) de ce type :

```html
<html>
    <head>
        (...)
        <script type="text/javascript">
            function fonctionDeRappel(documentIFrame) { ← ❶
                var tableau =
                        documentIFrame.getElementById("donnees");
                (...)
            }
        </script>
    </head>
    <body>
        (...)
        <iframe id="iframeCachee"
                name="iframeCachee"
                style="width: 0px; height: 0px; display: ''"
                frameborder="0">
        </iframe>
        (...)
    </body>
</html>
```

Le code suivant donne un exemple d'utilisation d'une fonction de rappel (repère ❶) à partir du contenu de la réponse reçue par l'iframe :

```
<html>
    <head>(...)</head>
    <body>
        <table id="donnees">
            (...)
        </table>
        <script type="text/javascript">
            parent.fonctionDeRappel(document); ←❶
        </script>
    </body>
</html>
```

Notons que la réponse doit avoir connaissance du nom de la fonction JavaScript à appeler. Ce nom peut être spécifié en tant que paramètre de la requête correspondante.

La dernière technique consiste à associer une fonction JavaScript à l'événement de chargement de la page dans l'iframe, comme dans le code ci-dessous :

```
<html>
    <head>
        (...)
        <script type="text/javascript">
            function traiterPage() { ←❶
                var iframe =
                        document.getElementById("iframeCachee");
                var contenuRequete =
                        extraireDonneesIframe(iframe); ←❷
                (...)
            }
        </script>
    </head>
    <body>
        (...)
        <iframe id="iframeCachee"
                name="iframeCachee"
                style="width=0px;height=0px;display=''"
                onload="traiterPage();"> ←❶
        </iframe>
        (...)
    </body>
</html>
```

L'association est mise en œuvre par l'intermédiaire de l'attribut `onload` de la balise `iframe` (repère ❶).

La fonction `traiterPage` est appelée chaque fois qu'une page est chargée dans l'iframe. Comme nous le verrons au chapitre 8, il est recommandé d'externaliser des balises HTML par l'association entre des événements et des fonctions JavaScript.

La fonction `traiterPage` se fonde sur la technologie DOM afin d'avoir accès au contenu de la réponse. Dans le code ci-dessus, la fonction `extraireDonneesIframe` (repère ❷) permet d'extraire les données contenues dans la balise `body` de l'iframe.

Cette dernière intègre les spécificités des différents navigateurs, comme le montre le code suivant :

```
function extraireDonneesReponse(iframe) {
    if( iframe.contentDocument ) {
        return iframe.contentDocument.body.innerHTML;
    } else if( iframe.contentWindow ) {
        return iframe.contentWindow.document.body.innerHTML;
    } else if( iframe.contentWindow ) {
        return iframe.document.body.innerHTML;
    }
}
```

En résumé, cette technique constitue un intéressant contournement des limitations de la classe XMLHttpRequest pour les navigateurs supportant la balise iframe. Cette technique offre également la possibilité de gérer l'historique des différentes requêtes Ajax réalisées.

Utilisation dynamique de la balise script

Comme nous l'avons vu au chapitre 2, la balise script permet d'intégrer un script Java-Script dans une page HTML. Le code contenu directement dans la balise ou référencé est alors exécuté par la page.

La technique que nous allons décrire se fonde sur l'ajout dynamique de balises de ce type afin de mettre en œuvre la technologie Ajax. Une ressource distante est alors appelée et doit renvoyer un contenu par l'intermédiaire de code JavaScript. Aucun autre format de contenu ne peut être reçu directement.

Le code reçu a la responsabilité de déclencher les traitements. La plupart du temps, un nom de fonction de rappel est spécifié en tant que paramètre de requête afin que le code reçu l'appelle.

Le code suivant donne un exemple de mise en œuvre de cette technique :

```
function ajouterBaliseScript(adresse) { ← ❶
    var script = document.createElement("script"); ← ❷
    script.setAttribute("type","text/javascript"); ← ❸
    script.setAttribute("src",adresse);
    script.setAttribute("id","scriptId");

    var head = document.getElementsByTagName("head")[0];
    head.appendChild(script); ← ❹
}
function supprimerBaliseScript(adresse) { ← ❺
    var head = document.getElementsByTagName("head")[0];
    var script = document.getElementById("scriptId");
    head.removeChild(script);
}
function executerRequete(adresse,
                    parametres, fonctionDeRappel) { ← ❻
    var requete = [];
```

```
    // Spécification de l'adresse de la requête
    requete.push(adresse);
    // Spécification des paramètres de la requête
    var premierParametre = true;
    for( parametre in parametres ) {←❼
        if( premierParametre ) {
            requete.push("?");
        } else {
            requete.push("&");
        }
        requete.push(parametre);
        requete.push("=");
        requete.push(parametres[parametre]);
        premierParametre = false;
    }
    if( !premierParametre ) {
        requete.push("&");
    } else {
        requete.push("?");
    }
}
    // Spécification de la fonction de rappel
    requete.push("&callback="+fonctionDeRappel);←❽
    // Exécution de la requête
    ajouterBaliseScript(requete.join(""));
    // Suppression de la balise utilisée
    supprimerBaliseScript();
}
```

Dans le code ci-dessus, la fonction ajouterBaliseScript (repère ❶) offre la possibilité de créer (repère ❷), de configurer (repère ❸) et d'ajouter (repère ❹) dynamiquement une balise script à une page HTML. Elle implémente donc l'exécution de la requête pour l'adresse spécifiée.

La fonction supprimerBaliseScript (repère ❺) supprime la balise créée afin d'exécuter la requête. La fonction executerRequete (repère ❻) se fonde sur ces deux fonctions et a la responsabilité de construire l'adresse de la requête en utilisant différents paramètres (requête ❼). Un des paramètres correspond à la fonction de rappel (repère ❽) à utiliser par la réponse.

Le code reçu peut être de la forme suivante :

```
fonctionDeRappel({ donnees: [←❶
    { nom: "donnee1", valeur: "valeur1" }
    { nom: "donnee2", valeur: "valeur2" }
] });
```

Une fonction dont le nom est fonctionDeRappel doit être définie dans la page HTML. Cette fonction est appelée par la réponse avec en paramètre les données de la réponse (repère ❶).

Notons qu'une erreur se produit lorsque le contenu reçu ne peut être évalué en JavaScript. De plus, cette technique ne permet pas d'utiliser des requêtes de type POST.

En résumé

Nous avons vu que certaines limitations freinaient l'utilisation de la classe `XMLHttpRequest` afin de mettre en œuvre la technologie Ajax. Il existe néanmoins des contournements permettant d'accéder à des services d'un autre domaine en se fondant sur Ajax.

Bien que ces techniques permettent de résoudre les limitations de la classe `XMLHttpRequest`, elles ne supportent pas toutes les autres fonctionnalités de cette classe.

Le tableau 5.5 récapitule les fonctionnalités supportées par les différentes techniques abordées dans cette section.

Tableau 5.5   Fonctionnalités supportées par les contournements

Fonctionnalité	XMLHttpRequest	XMLHttpRequest avec proxy	iframe	Script
Support par les navigateurs	Seulement les récents	Seulement les récents	Seulement certains	Oui
Requêtes limitées au domaine de la page HTML	Oui	Non	Non	Non
Support des méthodes GET et POST	Oui	Oui	Oui	Non
Accès au statut HTTP	Oui	Oui	Non	Non
Accès aux en-têtes HTTP des requêtes et réponses	Oui	Oui	Non	Non
Format de données supporté	Format texte, XML JavaScript et JSON	Format texte, XML JavaScript et JSON	Format texte, XML, JavaScript et JSON	JavaScript
Traitement asynchrone des requêtes	Oui	Oui	Oui	Non

Certaines bibliothèques JavaScript telles que dojo intègrent ces différentes techniques directement dans leur support de la technologie Ajax.

Nous détaillons au chapitre 14 l'utilisation du contournement fondé sur la balise `script` afin d'accéder à des services d'Amazon et de Yahoo!.

Conclusion

Ajax ouvre des perspectives intéressantes puisqu'une page HTML peut désormais récupérer des données afin de mettre à jour certaines de ses parties. Il est donc désormais possible de réaliser des applications Internet beaucoup plus évoluées, aux interfaces graphiques plus interactives.

Bien que la classe `XMLHttpRequest` (ou un de ses équivalents) soit en cours de normalisation et supportée désormais par la plupart des navigateurs du marché, elle souffre de limitations, notamment pour l'appel de services d'autres domaines.

Des contournements peuvent être mis en œuvre afin de résoudre ces problèmes, mais ces solutions ne sont pas nécessairement supportées par tous les navigateurs. Ces contournements se fondent sur l'utilisation de balises HTML telles que `script` et `iframe`, mais également sur la mise en œuvre de composants logiciels au niveau des applications du serveur.

Partie II

Fondations des bibliothèques JavaScript

Cette partie introduit les bases de bibliothèques JavaScript telles que prototype et dojo. Ces bases consistent en des fonctionnalités permettant d'utiliser les éléments du langage, les types élémentaires et les collections. Elles offrent en outre des supports afin de mettre en œuvre la programmation orientée objet, la technologie DOM ainsi qu'Ajax.

Le **chapitre 6** présente les fonctionnalités non graphiques de la bibliothèque prototype, une bibliothèque JavaScript légère utilisée notamment dans le framework Ruby on Rails.

Le **chapitre 7** décrit le mode de fonctionnement ainsi que les supports de base de la bibliothèque dojo, une bibliothèque JavaScript très complète reposant sur un mécanisme élaboré de gestion de modules.

Les supports liés aux problématiques graphiques de ces bibliothèques sont abordés à la partie IV, dédiée aux bibliothèques JavaScript graphiques.

6

La bibliothèque prototype

La bibliothèque prototype offre de très intéressants mécanismes afin de faciliter l'utilisation de JavaScript. Développée par Sam Stephenson, elle sert de base à plusieurs frameworks JavaScript, notamment Ruby on Rails, écrit en Ruby, qui permet de mettre en œuvre simplement et en un minimum de lignes de code et de configuration des applications Web. Le site de prototype, accessible à l'adresse *http://prototype.conio.net/*, ne fournit malheureusement que très peu de documentation.

La bibliothèque prototype adresse différents aspects du langage JavaScript, allant des éléments de base du langage jusqu'au support des collections et d'Ajax. Nous détaillons dans ce chapitre les fonctionnalités de base de prototype. Nous verrons au chapitre 10 celles offertes pour les éléments graphiques d'une page HTML.

Signalons que le nom de cette bibliothèque n'a rien à voir avec la propriété `prototype` décrite au chapitre 3, dédié à la programmation objet en JavaScript.

Pour utiliser cette bibliothèque, il suffit d'importer le fichier JavaScript **prototype.js** (repère ❶) contenant l'implémentation de la bibliothèque pour une version souhaitée.

Le code suivant illustre cette mise en œuvre :

```
<html>
    <head>
        <script type="text/javascript" src="prototype-1.4.0.js"></script>←❶
        (...)
    </head>
    (...)
</html>
```

Support des éléments de base de JavaScript

La bibliothèque prototype facilite l'utilisation des mécanismes de base du langage JavaScript, rendant ainsi le code des applications plus structuré et robuste.

Support des classes

En premier lieu, elle offre un support intégré des concepts orientés objet, ce qui permet au développeur de se concentrer sur leur utilisation plutôt que sur leur implémentation *(voir le chapitre 3)*. Elle se fonde pour cela sur l'objet Class et sa méthode create afin de créer une classe. Cette dernière doit implémenter la méthode initialize, dont l'objectif est l'initialisation de la classe, comme le ferait un constructeur. Elle met également à disposition les paramètres passés lors de l'appel du constructeur.

Le code suivant illustre la mise en œuvre de la classe StringBuffer, décrite au chapitre 3, avec le support de la bibliothèque prototype :

```
var StringBuffer = Class.create();
StringBuffer.prototype = {
    initialize : function() {
        this.chainesInternes = [];
    },
    append : function(chaine) {
        this.chainesInternes.push(chaine);
    },
    clear : function() {
        this.chainesInternes.splice(0,
                    this.chainesInternes.length);
    },
    toString : function() {
        return this.chainesInternes.join("");
    }
}
var sb = new StringBuffer();
sb.append("première chaîne");
sb.append(" et ");
sb.append("deuxième chaîne ");
var resultat = sb.toString();
//resultat contient « première chaîne et deuxième chaine »
```

prototype ne simplifie pas réellement la mise en œuvre de classes en JavaScript, mais offre plutôt une autre façon de les implémenter. Nous pouvons remarquer par ailleurs dans le code ci-dessus que la propriété prototype reste encore utilisée.

prototype facilite également la mise en œuvre de l'héritage, par l'intermédiaire de sa méthode Object.extend. Cette dernière permet de recopier des propriétés et des méthodes d'une classe vers une autre sans avoir à implémenter la mécanique d'héritage présentée au chapitre 3.

Le code suivant illustre l'utilisation de cette méthode, en reprenant les classes StringBuffer et ExtendedStringBuffer abordées au chapitre 3 :

```
var StringBuffer = Class.create();
StringBuffer.prototype = {
    initialize : function() {
        this.chainesInternes = [];
    },
    this.append = function(chaine) {
        this.chainesInternes.push(chaine);
    },
    this.clear = function() {
        this.chainesInternes.splice(0,
                        this.chainesInternes.length);
    },
    this.toString = function() {
        return this.chainesInternes.join("");
    }
}
var ExtendedStringBuffer = Class.create();
ExtendedStringBuffer.prototype = {
    initialize : function() {
        StringBuffer.call(this);
    },
    uneMethode : function() {
        (...)
    }
}
Object.extend(ExtendedStringBuffer.prototype, StringBuffer.prototype);
```

prototype normalise également l'utilisation de la méthode inspect pour les classes. Cette méthode permet de récupérer une description lisible du contenu d'un objet sous forme de chaîne de caractères. Les classes doivent alors implémenter cette méthode. De plus, la méthode Object.inspect encapsule l'appel de cette dernière pour un objet passé en paramètre. Elle permet d'appeler la méthode toString sur l'objet si la méthode inspect n'existe pas, tout en gérant les objets non définis et nuls.

Le code suivant illustre son utilisation :

```
var sb = new StringBuffer();
var description = Object.inspect(sb);
// description contient « [object Object] »
```

Essai de fonctions

Puisque JavaScript est un langage interprété, les erreurs sont détectées lors de l'exécution des scripts. Lorsqu'une erreur est levée, elle est interceptée soit par l'application, soit par l'interpréteur JavaScript du navigateur.

prototype offre une fonction intéressante, Try.these, qui permet d'essayer plusieurs fonctions successivement jusqu'à ce que l'une d'elles fonctionne correctement. Cette fonction facilite notamment la mise en œuvre de fonctionnalités spécifiques à un navigateur.

Le code suivant illustre son utilisation :

```
function maFonction() {
    return Try.these(
        function() {
            alert("appel de la première méthode");
            return test1(); //Erreur car la méthode n'existe pas
        },
        function() {
            alert("appel de la seconde méthode");
            return test2(); //Erreur car la méthode n'existe pas
        },
        function() {
            alert("appel de la troisième méthode");
            return "par défaut"; //Elément effectivement retourné
        }
    );
}
```

Support des fonctions

La bibliothèque prototype enrichit la classe Function avec les deux méthodes bind ou bindAsEventListener. Ce mécanisme est très utile en cas d'affectation d'une méthode d'un objet à un autre objet. Dans ce cas, le contexte n'est plus le même au moment de l'exécution. Ainsi, le mot-clé this ne fait plus référence au même objet, ce qui peut engendrer des erreurs.

Le code suivant illustre ce problème :

```
var monInstance1 = new Object();
monInstance1.maVariable = "test";
monInstance1.maMethode = function() {
    alert("Valeur de maVariable : "+this.maVariable);
}
var monInstance2 = new Object();
monInstance2.uneAutreMethode = monInstance1.maMethode;
monInstance2.uneAutreMethode(); //Génère une erreur car il n'y a pas de champ
➡maVariable sur monInstance2
```

La méthode bind permet de préserver le contexte d'exécution de la méthode par rapport à l'objet original.

Le code suivant adapte l'exemple précédent afin de faire disparaître l'erreur :

```
var monInstance1 = new Object();
monInstance1.maVariable = "test";
monInstance1.maMethode = function() {
    alert("Valeur de maVariable : "+this.maVariable);
}
var monInstance2 = new Object();
```

```
monInstance2.uneAutreMethode
        = monInstance1.maMethode.bind(monInstance1);
monInstance2.uneAutreMethode(); //Affiche correctement la valeur de maVariable
```

La seconde méthode, `bindAsEventListener`, met en œuvre le même mécanisme pour les méthodes d'observation d'événements JavaScript d'une manière indépendante du navigateur. En effet, Internet Explorer impose l'utilisation de `window.event` afin d'avoir accès à l'événement, alors que les autres navigateurs le passent en paramètre.

L'utilisation de cette méthode se réalise de la manière suivante :

```
var observateur = new Object();
observateur.traiterEvenement = function(event) {
    alert("Evénement déclenché : "+event);
}
var monDiv = document.getElementById("monDiv");
monDiv.onclick
    = observateur.traiterEvenement.bindAsEventListener(observateur);
```

Grâce à la méthode `bindAsEventListener`, prototype passe automatiquement `window.event` en paramètre à la méthode `traiterEvenement` si le code s'exécute au sein d'Internet Explorer.

Déclencheur

La bibliothèque prototype offre un support afin de déclencher des traitements périodiques par l'intermédiaire de la classe `PeriodicalExecuter`.

La méthode `initialize` permet de spécifier la fonction à déclencher périodiquement ainsi qu'un intervalle de temps. Le code suivant illustre la configuration de cette classe afin d'appeler la fonction `declencherTraitements` toutes les dix secondes :

```
function declencherTraitements() {
    (...)
}
var pe = new PeriodicalExecuter();
pe.initialize(declencherTraitements, 10);
```

Nous verrons à la section relative à Ajax que prototype permet de rafraîchir régulièrement des éléments d'une page HTML, tels que des éléments de formulaires.

Support des classes de base

La bibliothèque prototype enrichit les classes de base `String` et `Number` en leur ajoutant des méthodes dans le but de faciliter leur utilisation.

Chaînes de caractères

prototype offre un support pour la gestion des chaînes de caractères par l'intermédiaire d'un enrichissement de la classe `String`, classe fournie avec le langage JavaScript.

Le tableau 6.1 récapitule les différentes méthodes ajoutées à la classe `String`.

Tableau 6.1 Méthodes d'extension de la classe *String*

Méthode	Description
camelize	Permet de convertir les blocs de texte séparés par des tirets de la manière suivante dans la chaîne de caractères : « une-chaine » est transformée en « uneChaine ».
escapeHTML	Permet d'encoder les caractères spéciaux HTML tels que < et >. Ces derniers deviennent respectivement < et >.
evalScripts	Permet d'évaluer tous les blocs script compris entre des balises <script> et </script> et présents dans la chaîne de caractères.
extractScripts	Permet de retourner un tableau contenant tous les blocs compris entre des balises <script> et </script> et présents dans la chaîne de caractères.
parseQuery	Identique à toQueryParams.
stripScripts	Permet de supprimer d'une chaîne de caractères tous les blocs compris entre des balises <script> et </script>.
stripTags	Permet de supprimer d'une chaîne de caractères tous les tags HTML ou XML.
toArray	Retourne un tableau contenant les différents caractères de la chaîne.
toQueryParams	Permet d'extraire les différents éléments d'une chaîne de caractères au format : param1=valeur1&param2=valeur2… dans un tableau associatif. Elle permet ainsi d'extraire des données des chaînes de paramètres HTTP.
unescapeHTML	Réalise l'opération inverse de la méthode escapeHTML.

Nous allons mettre en œuvre les principales méthodes récapitulées dans ce tableau.

La méthode stripTags permet de supprimer toutes les balises HTML ou XML d'une chaîne de caractères.

Le code suivant illustre l'utilisation de cette fonction :

```
var chaineInitiale = "<p>Ceci est un paragraphe.</p>"
                   + "<br/><p>Un autre.</p>";
var chaineFinale = chaineInitiale.stripTags();
//chaineFinale contient « Ceci est un paragraphe.Un autre. »
```

La méthode escapeHTML offre la possibilité d'encoder les signes spéciaux d'une chaîne de caractères en HTML, tandis que la méthode unescapeHTML réalise les traitements inverses.

Le code suivant illustre l'utilisation de cette fonction :

```
var chaineInitiale = "<p>Un paragraphe.</p>";
var chaineFinale = chaineInitiale.escapeHTML();
//chaineFinale contient « &lt;p&gt;Un paragraphe.&lt;/p&gt; »
```

La méthode parseQuery est particulièrement utile afin de décoder une chaîne de paramètres d'une requêtes HTTP et de la stocker dans un tableau associatif, tel que l'illustre le code suivant :

```
var chaineInitiale = "parametre1=valeur1&parametre2=valeur2";
var parametres = chaineInitiale.parseQuery();
/* la variable parametres est équivalente à
var parametres = { "parametre1": "valeur1", "parametre2": "valeur2" }; */
```

La méthode `camelize` permet de transformer des chaînes de caractères séparées par des tirets, comme dans le code suivant :

```
var chaineInitiale = "ma-variable et ma-méthode";
var chaineFinale = chaineInitiale.camelize();
//chaineFinale contient « maVariable et maMéthode »
```

Nombres

L'enrichissement de la classe `Number` est beaucoup moins important que celui de la classe `String`, décrite à la section précédente.

Le tableau 6.2 récapitule la liste des méthodes ajoutées à cette classe.

Tableau 6.2   Méthodes d'extension de la classe *Number*

Méthode	Description
succ	Retourne le nombre suivant. Est particulièrement utile dans les itérations.
times	Permet de réaliser une itération autant de fois que la valeur du nombre.
toColorPart	Retourne la représentation hexadécimale d'un nombre. Est particulièrement utile pour calculer une représentation RGB d'une couleur dans les pages HTML.

Nous allons donner un exemple d'utilisation de la méthode `times`.

Plutôt que de mettre en œuvre une boucle fondée sur le mot-clé `for`, comme dans le code suivant :

```
var maximum=10;
for(var cpt=0; cpt<maximum; cpt++) {
    (...)
}
```

la méthode `times` prend en paramètre une fonction de rappel, qui est appelée à chaque itération. Cette fonction de rappel doit prendre en paramètre un nombre correspondant au compteur courant.

Le code suivant illustre l'adaptation du code précédent avec le support de la méthode `times` :

```
var maximum=10;
maximum.times(function(cpt) {
    (...)
});
```

Gestion des collections

La bibliothèque prototype fournit un support afin de faciliter l'utilisation des collections en JavaScript par l'intermédiaire des classes `Enumerable` et `Hash` ainsi que des méthodes d'extension de la classe `Array`.

Classe *Enumerable*

prototype introduit tout d'abord la classe `Enumerable` afin de parcourir des structures de données. Puisqu'elle ne peut être utilisée directement, elle doit être utilisée afin d'enrichir une classe existante, telle que la classe `Array`, par exemple.

La méthode de base est `each`, qui, elle-même, s'appuie sur une méthode `_each`. Cette dernière peut être considérée comme abstraite. En effet, elle doit être définie non dans la classe elle-même, mais dans la classe qu'elle enrichit.

Le paramètre de la méthode `_each` est une closure permettant d'enrober une fonction de rappel et un compteur. Ce dernier est géré par la fonction de rappel, qui l'incrémente à chacun de ses appels.

Fonction de rappel

Les fonctions JavaScript peuvent être affectées dans des variables et ainsi passées en paramètres de méthodes d'un objet. Ces fonctions peuvent alors être appelées dans le corps de ces méthodes afin de paramétrer leurs traitements :

```
function testFonctionRappel(param) {
    for(var cpt=0;cpt<;cpt++) {
        param(cpt);
    }
}
testFonctionRappel(function(value) {
    alert("Valeur: "+value);
});
```

La fonction de rappel doit connaître à l'avance le nombre de paramètres avec lesquels elle est appelée.

Le tableau 6.3 récapitule les différentes méthodes de la classe `Enumerable`.

Tableau 6.3 Méthodes de la classe *Enumerable*

Méthode	Paramètre	Description
all	Fonction de rappel attendant en paramètres valeur et index	Permet de tester les éléments d'une collection par l'intermédiaire d'une fonction. Dès que cette fonction renvoie false, null ou rien, le parcours s'arrête. Dans ce cas, la méthode `all` renvoie false, et true dans le cas contraire.
any	Fonction de rappel attendant en paramètres valeur et index	Permet de tester les éléments d'une collection par l'intermédiaire d'une fonction. Dès que cette fonction renvoie true, le parcours s'arrête. Dans ce cas, la méthode `any` renvoie true, et false dans le cas contraire.
collect	Fonction de rappel attendant en paramètres valeur et index	Permet de se fonder sur le parcours d'une collection pour remplir un tableau qui est renvoyé par la méthode. Les éléments du tableau sont ceux renvoyés par la fonction de rappel et peuvent donc être différents de ceux de la collection initiale.
detect	Fonction de rappel attendant en paramètres valeur et index	Permet d'extraire un élément d'une collection en utilisant une fonction afin de tester ses valeurs. Dès que cette dernière fonction renvoie true, le parcours de la collection s'arrête, et la valeur est retournée par la méthode `collect`.
each	Fonction de rappel attendant en paramètres valeur et index	Réalise l'itération en se fondant sur la méthode `_each`.

Tableau 6.3   Méthodes de la classe *Enumerable (suite)*

Méthode	Paramètre	Description
find	Fonction de rappel attendant en paramètres valeur et index	Alias de la méthode `detect`
findAll	Fonction de rappel attendant en paramètres valeur et index	Permet d'ajouter des éléments d'une collection en utilisant une fonction afin de tester ses valeurs. Chaque fois que cette dernière fonction renvoie true, la valeur courante est ajoutée dans la nouvelle collection qui est retournée par la méthode `findAll`.
grep	Expression régulière et fonction attendant en paramètres valeur et index	Permet d'ajouter des éléments d'une collection qui correspondent à une expression régulière. Dans le cas d'une concordance, la valeur ajoutée à la collection est celle de l'élément de la collection ou celle retournée par la fonction de rappel.
include	Objet à ajouter à la collection	Permet de détecter si un élément est présent dans une collection.
inject	Fonction de rappel attendant en paramètres `memo`, valeur et index	Permet de calculer la valeur de retour à partir d'une valeur (paramètre `memo`) modifiée tout au long de l'itération pour la collection.
invoke	Nom de méthode correspondant à une propriété des objets de la liste	Permet d'appeler la méthode dont le nom est passé en paramètre sur tous les objets présents dans la collection. Les valeurs retournées lors des appels sont placées dans un tableau retourné par la méthode.
map	Fonction de rappel attendant en paramètres valeur et index	Alias de la méthode `collect`
max	Fonction de rappel attendant en paramètres valeur et index	Permet de déterminer la valeur maximale d'une collection en se fondant ou non sur une fonction de rappel.
member	Objet à ajouter à la collection	Alias de la méthode `include`
min	Fonction de rappel attendant en paramètres valeur et index	Permet de déterminer la valeur minimale d'une collection en se fondant ou non sur une fonction de rappel.
partition	Fonction de rappel attendant en paramètres valeur et index	Permet de séparer les éléments d'une collection dans deux collections en se fondant sur le retour de la fonction de rappel passée en paramètre.
pluck	Nom de propriété	Permet de retourner une collection contenant les valeurs des propriétés dont le nom est spécifié en paramètre, et ce pour tous les éléments de la collection initiale.
reject	Fonction de rappel attendant en paramètres valeur et index	Permet d'ajouter des éléments d'une collection en se fondant sur la fonction de rappel passée en paramètre. Cette dernière méthode spécifie les valeurs de la collection à ne pas ajouter.
select	Fonction de rappel attendant en paramètres valeur et index	Alias de la méthode `findAll`
sortBy	Aucun ou une fonction de rappel attendant en paramètres valeur et index	Permet de trier une collection en se fondant sur la méthode `sort` de la classe `Array`.
toArray	Aucun	Permet de convertir une collection en un tableau.
zip	Une ou plusieurs collections	Permet de combiner plusieurs collections en une seule contenant des sous-collections.

Nous allons illustrer la mise en œuvre des plus importantes de ces méthodes. Puisque la classe `Enumerable` ne peut être utilisée telle quelle mais par l'intermédiaire d'une sous-classe, nous utiliserons des tableaux en tant que collection.

La méthode each permet de parcourir une collection. Elle prend en paramètre une fonction de rappel qui est exécutée pour chaque élément. Cette méthode reçoit en paramètres la valeur et l'index dans la collection, comme l'illustre le code suivant :

```
var collection = [ "element1", "element2", "element3" ];
collection.each(function(value, index) {
    alert("Valeur pour l'index "+index+" : "+value);
});
```

La méthode collect permet de construire un tableau à partir d'une collection et d'une fonction de rappel. Pour chaque élément, un élément est ajouté, dont la valeur est déterminée par la fonction de rappel, comme dans le code suivant, qui incrémente toutes les valeurs d'une collection :

```
var collection = [ 1, 2, 3 ];
var resultat = collection.collect(function(value, index) {
    return value+1;
});
// resultat contient le tableau [ 2, 3, 4 ]
```

La méthode grep permet de construire une collection en se fondant sur les valeurs des données correspondant à une expression régulière. Les valeurs stockées sont celles de la collection initiale, à moins qu'une fonction de rappel ne soit spécifiée. Dans ce cas, les valeurs stockées sont celles retournées par cette méthode.

Le code suivant illustre la mise en œuvre de la méthode grep :

```
var collection = ["test de la méthode grep", "grep", "un test" ];
var resultat = collection.grep("^test");
/* Le résultat contient « test de la méthode grep » car les autres chaînes ne
  ➡commencent par le mot « test » */
```

La méthode invoke permet d'exécuter les méthodes des objets contenus dans une collection et de placer leur valeur de retour dans un tableau. Le premier paramètre correspond au nom de la méthode des objets à exécuter. Les paramètres suivants correspondent aux paramètres à passer aux différentes méthodes.

Le code suivant illustre la mise en œuvre de la méthode invoke :

```
var collection = [];
var objet1 = new Object();
objet1.methode = function(parametre) {
    return "Méthode 1:"+parametre;
};
collection[0] = objet1;
var objet2 = new Object();
objet2.methode = function(parametre) {
    return "Méthode 2:"+parametre;
};
collection[1] = objet2;
var resultat = collection.invoke("methode","Un paramètre");
/* Le résultat contient « Méthode 1:Un paramètre » et « Méthode 2:Un paramètre » */
```

La méthode `pluck` permet d'extraire des données d'objets d'une collection afin d'en construire une autre. Les données sont extraites à partir d'une propriété des objets dont le nom doit être passé en paramètre de la méthode.

Le code suivant donne un exemple d'utilisation de la méthode `pluck` :

```
var collection = [];
var objet1 = new Object();
objet1.propriete = "Propriété de l'objet 1";
collection[0] = objet1;
var objet2 = new Object();
objet2.propriete = "Propriété de l'objet 2";
collection[1] = objet2;
var resultat = collection.pluck("propriete");
/* Le résultat contient "Propriété de l'objet 1" et "Propriété de l'objet 2" */
```

La méthode `sortBy` permet de trier les éléments d'une collection en se fondant sur la méthode `sort` de la classe `Array`. Cette méthode prend en paramètre une fonction de rappel afin de spécifier les valeurs à trier et à ajouter dans la nouvelle collection.

Le code suivant illustre l'utilisation de la méthode `sortBy` :

```
var collection = [ "premier mot", "second mot",
                   "troisième mot", "quatrième mot" ];
var resultat = collection.sortBy(function(value,index) {
    return value;
});
/* Le résultat contient les éléments suivants dans cette ordre: « premier mot »,
➥« quatrième mot », « second mot » et « troisième mot »*/
```

La méthode `toArray` permet de convertir une collection en un tableau, comme l'illustre le code suivant :

```
var collection = (...);
var resultat = collection.toArray();
```

La méthode `zip` permet de combiner des collections. Le tableau résultat a le même nombre d'éléments que le tableau d'origine, mais chaque élément est un sous-tableau. Ces sous-tableaux contiennent tous les éléments des tableaux pour un indice donné.

Le code suivant donne un exemple d'utilisation de la méthode `zip` :

```
var resultat = [1,2,3].zip([4,5,6],[7,8,9]);
// Le résultat contient [ [1,4,7], [2,5,8], [3,6,9] ]
```

La classe `Enumerable` ne peut être utilisée telle quelle, mais sert à étendre les différentes classes de collections. La bibliothèque prototype étend les classes `Array` et `ObjectRange` ainsi que l'objet `$H`, que nous détaillons dans les sections suivantes.

Extension de la classe *Array*

La classe `Array` est un objet fourni par le langage JavaScript. La bibliothèque l'enrichit par l'intermédiaire de la classe `Enumerable` et des méthodes récapitulées au tableau 6.4.

Tableau 6.4 Méthodes d'extension de la classe *Array*

Méthode	Paramètre	Description
`_each`	Fonction de rappel prenant en paramètre un objet représentant la valeur d'un élément du tableau	Utilisée par les méthodes de la classe `Enumerable` avec lesquelles la classe `Array` a été enrichie. Elle parcourt le tableau séquentiellement de l'indice 0 à celui correspondant à la taille du tableau moins un.
`clear`	-	Permet de réinitialiser un tableau en le vidant.
`compact`	-	Retourne une liste dont tous les éléments de type `undefined` ou `null` ont été supprimés.
`first`	-	Retourne le premier élément du tableau.
`flatten`	-	Retourne un tableau à une dimension dont les éléments de type tableau ont été ajoutés au premier tableau cité.
`indexOf`	Objet à rechercher dans le tableau	Permet de déterminer la position d'un élément du tableau. S'il n'est pas présent, la méthode retourne -1.
`last`	-	Retourne le dernier élément du tableau.
`reverse`	Booléen spécifiant si l'ordre des éléments du tableau doit être inversé.	Retourne un tableau dont l'ordre des éléments a été inversé par rapport au tableau initial.
`shift`	-	Permet de retourner le premier élément du tableau. Cet élément est alors supprimé du tableau, et tous les éléments sont décalés vers la gauche. Le nombre d'éléments du tableau est également décrémenté de un.
`without`	Liste des éléments à exclure du tableau	Retourne tous les éléments de la liste non présents dans la liste de ses paramètres.

Nous allons illustrer la mise en œuvre des principales de ces méthodes.

Les méthodes `first` et `last` permettent d'accéder directement aux valeurs des premier et dernier éléments d'un tableau. Le code suivant illustre leur utilisation :

```
var collection = [ "element1","element2","element3","element4" ];
var premierElement = collection.first();
var dernierElement = collection.last();
// premierElement contient "element1" et dernierElement "element4"
```

La méthode `reverse` permet d'inverser l'ordre des éléments d'un tableau, comme dans le code suivant :

```
var collection = [ "element1","element2","element3","element4" ];
var resultat = collection.reverse();
/* Le résultat contient [ "element4","element3","element2","element1" ]*/
```

La méthode `shift` permet de récupérer le premier élément d'un tableau tout en le supprimant de celui-ci et en décalant tous ses éléments vers la gauche, comme dans le code suivant :

```
var collection = [ "element1","element2","element3","element4" ];
var resultat = collection.shift();
/* Le résultat contient "element1" et la collection [ "element2","element3","element4" ] */
```

Classe *Hash*

La classe Hash facilite la manipulation et le parcours des tables de hachage en JavaScript. Cette classe ne peut être utilisée qu'en enrichissant les collections de couples clé/valeur au format JSON. Cette fonctionnalité est réalisée par la méthode $H dont l'utilisation est décrite par la suite dans ce chapitre.

Le tableau 6.5 récapitule les méthodes de la classe Hash.

Tableau 6.5 Méthodes de la classe *Hash*

Méthode	Paramètre	Description
_each	Fonction de rappel prenant en paramètre un objet représentant la valeur d'un élément du tableau	Utilisée par les méthodes de la classe Enumerable ajoutée à la classe Hash. Elle parcourt les clés de la structure et construit un objet englobant la clé et la valeur.
keys	-	Retourne la collection des clés de la table de hachage.
merge	Table de hachage	Permet d'ajouter des couples clé/valeur à une table de hachage.
toQueryString	-	Permet de construire une chaîne de paramètres HTTP à partir d'une table de hachage. Le format de la chaîne de caractères est : parametre1=valeur1&parametre2=valeur2.
values	-	Retourne la collection des valeurs de la table de hachage.

Nous allons illustrer la mise en œuvre des principales de ces méthodes.

Les méthodes keys et values permettent de récupérer des collections contenant respectivement les clés et les valeurs d'une table de hachage, comme l'illustre le code suivant :

```
var hash = $H({ "cle1": "valeur1", "cle2": "valeur2" });
var cles = hash.keys();
var valeurs = hash.values();
/* la collection cles contient "cle1" et "cle2" alors que la collection valeurs
"valeur1" et "valeur2". */
```

La méthode merge ajoute les éléments d'une table de hachage à une autre, comme dans le code suivant :

```
var hash = $H({ "cle1": "valeur1", "cle2": "valeur2" });
hash.merge({ "cle3": "valeur3", "cle4": "valeur4" });
/* la table de hachage contient les éléments ayant pour clé "cle1", "cle2", "cle3"
et "cle4" */
```

La méthode toQueryString permet de construire facilement une chaîne de paramètres HTTP à partir d'une table de hachage, comme dans le code suivant :

```
var hash = $H( "cle1": "valeur1", "cle2": "valeur2" });
var queryString = hash.toQueryString();
// queryString contient la valeur cle1=valeur1&cle2=valeur2
```

Classe *ObjectRange*

La classe ObjectRange permet de boucler sur une plage de nombres spécifiée en paramètres (start pour l'indice de début et end pour celui de fin) de son constructeur. Ce dernier accepte également le paramètre `exclusive` afin de spécifier si l'indice de fin doit être inclus ou exclu.

Cette classe hérite de la classe `Enumerable`. Ainsi, toutes les méthodes de cette dernière peuvent être utilisées.

La seule méthode spécifique à la classe `ObjectRange` est `include`. Cette dernière permet de déterminer si une valeur est comprise dans une plage de valeurs, comme l'illustre le code suivant :

```
var value = (...);
var range = new ObjectRange(0, 10, true);
var resultat = range.include(value);
/* resultat est égale à true si la valeur est comprise dans l'intervalle, false sinon. */
```

La méthode peut aussi être utilisée afin de réaliser une boucle `each`, comme dans le code suivant :

```
var range = new ObjectRange(0, 10, true);
range.each(function(value) {
    (...)
});
```

Support du DOM

La bibliothèque prototype offre une fonction pour rechercher tous les éléments d'un arbre DOM correspondant à un style CSS donné.

Cette fonctionnalité est implémentée par le biais de la méthode `getElementsByClassName`. Cette dernière a été ajoutée en tant que méthode à l'objet `document`. Elle prend en paramètre un nom de classe CSS et éventuellement un nœud d'un arbre DOM. Ce dernier paramètre peut être omis. Dans ce cas, la méthode utilise le nœud `body` du document HTML comme élément de base pour la recherche.

Le code suivant illustre l'utilisation de cette méthode dans une page HTML :

```
<html>
    <head>
        (...)
        <script type="text/javascript">
            function executer() {
                var elements =
                    document.getElementsByClassName("maClasse"); ← ❶
                //elements contient les balises div et p ci-dessous
                (...)
            }
        </script>
    </head>

    <body onLoad="executer()">
        <div id="monDiv" class="maClasse"> ← ❷
            (...)
            <p class="maClasse">(...)</p> ← ❷
```

```
        </div>
    </body>

</html>
```

Le repère ❶ indique l'utilisation de la méthode afin de récupérer dans un tableau la liste des éléments correspondant à la classe `maClasse`. Les repères ❷ indiquent les balises correspondantes.

Support d'Ajax

La bibliothèque prototype offre un certain nombre de fonctionnalités afin de mettre en œuvre Ajax.

Elle permet notamment de communiquer de manière transparente avec un serveur *via* un canal HTTP, et ce de manière synchrone ou asynchrone. Pour cela, prototype utilise un objet d'envoi pour échanger des données.

Exécution de requêtes Ajax

L'envoi et la réception de données en utilisant le support Ajax de prototype se fondent sur la classe `Ajax.Request`.

Cette classe supporte les communications aussi bien synchrones qu'asynchrones. Elle détecte automatiquement l'objet à utiliser en fonction du navigateur pour le transport des requêtes et réponses. L'objet permettant cette communication est stocké dans la variable `transport` de l'instance de la classe `AjaxRequest`. Il est de type `XmlHttpRequest` ou équivalent, suivant le navigateur.

Objet de transport

L'objet de transport correspond à l'entité JavaScript utilisée pour envoyer des requêtes et recevoir leurs réponses. Bien que l'objet `XMLHttpRequest` soit en cours de normalisation par le W3C *(http://www.w3.org/TR/XMLHttpRequest/)*, il n'est pas supporté par tous les navigateurs. Ces derniers offrent cependant des objets similaires qui permettent de mettre en œuvre Ajax *(voir le chapitre 5 pour le détail des spécificités des navigateurs)*. Par l'intermédiaire de la méthode `getTransport` de l'objet `Ajax`, la bibliothèque prototype retourne l'objet correspondant utilisé par le navigateur.

La mise en œuvre de la classe `Ajax.Request` se réalise de la manière suivante :

```
var url = "http://localhost/testAjax.html";
var options = { (...) };
var ajaxRequest = new Ajax.Request(url, options);
```

Le constructeur de la classe permet de spécifier l'adresse ainsi que les options d'envoi. Il permet en outre d'initialiser l'objet de transport pour le navigateur. Une fois cet objet initialisé, dans le cas d'une requête asynchrone, le constructeur positionne les fonctions de rappel spécifiées et envoie la requête.

Le tableau 6.6 détaille la liste des options de la classe `Ajax.Request`.

Tableau 6.6   Options d'initialisation de la classe *Ajax.Request*

Option	Valeur	Description
`asynchronous`	`true` (par défaut) ou `false`	Permet de spécifier le mode d'exécution de la requête (synchrone ou asynchrone).
`method`	`get` ou `post` (par défaut)	Permet de spécifier la méthode avec laquelle est envoyée la requête Ajax.
`onException`	Fonction possédant deux paramètres, le premier de type `Ajax.Request` et le second de type `Object`	Permet de spécifier la fonction de rappel à utiliser lors de la levée d'une exception au cours du traitement d'une requête Ajax.
`onFailure`	Fonction possédant deux paramètres, le premier de type `XMLHttpRequest` et le second de type `Object`	Permet de spécifier la fonction de rappel à utiliser en cas d'échec de la requête. Sa détermination s'appuie sur la propriété `status` de l'objet de transport. Cette option n'est utilisable qu'en mode asynchrone.
`onSuccess`	Fonction possédant deux paramètres, le premier de type `XMLHttpRequest` et le second de type `Object`	Permet de spécifier la fonction de rappel à utiliser en cas de succès de la requête. Sa détermination s'appuie sur la propriété `status` de l'objet de transport. Cette option n'est utilisable qu'en mode asynchrone.
`onXXX`	Fonction possédant deux paramètres, le premier de type `XMLHttpRequest` et le second de type `Object`	Permet de spécifier des observateurs sur les différents événements du cycle de vie de la requête Ajax. Ce mécanisme n'est utilisable qu'en mode asynchrone. Les valeurs de XXX peuvent être `Uninitialized`, `Loading`, `Loaded`, `Interactive` et `Complete`.
`parameters`	« » par défaut	En cas d'utilisation de la méthode HTTP `get`, permet de spécifier les paramètres utilisés pour la requête. La chaîne doit être au format suivant `param1=valeur1&param2=valeur2`.
`postBody`	`undefined` (par défaut)	En cas d'utilisation de la méthode HTTP `post`, permet de spécifier la chaîne à utiliser pour le corps de la requête.
`requestHeaders`	`undefined` (par défaut)	Permet de spécifier les en-têtes de la requête dans un tableau.

Dans le cas d'un appel synchrone, l'option `asynchronous` doit être positionnée avec la valeur `false`. Les fonctions de rappel ne peuvent alors être utilisées, et la propriété `transport` doit être utilisée directement afin d'avoir accès au contenu de la réponse par l'intermédiaire de sa propriété `responseText` ou `responseXML`.

Le code suivant donne un exemple de mise en œuvre d'une requête Ajax synchrone :

```
var url = "http://localhost/testAjax.html";
var parametres = "id=10&langue=FR";
var ajaxRequest = new Ajax.Request(
                    url,
                    { "method": 'get',
                      "parameters": parametres,
                      "onComplete": afficherReponse,
                      "asynchronous": false,
                      "onSuccess": traiterSucces,
                      "onFailure": traiterEchec
                    }
);
var reponseText = ajaxRequest.transport.responseText;
```

Dans le cas d'un appel asynchrone, l'option asynchronous peut être omise puisque sa valeur par défaut est true. Il convient, par contre, de définir les événements du cycle de vie de la requête que l'application doit gérer. Ce mécanisme est configuré dans les options de la requête par l'intermédiaire de fonctions de rappel. Les événements supportés sont récapitulés au tableau 6.7.

Tableau 6.7 Événements du cycle de vie d'une requête Ajax asynchrone

Événement	Code	Clé de l'option	Description
Uninitialized	0	onUninitialized	Correspond à l'état initial de l'objet de transport.
Loading	1	onLoading	Est déclenché une fois que la méthode open a été appelée sur l'objet de transport.
Loaded	2	onLoaded	Est déclenché une fois que la requête a été correctement envoyée.
Interactive	3	onInteractive	Est déclenché lorsque des données sont en cours de réception par l'objet de transport.
Complete	4	onComplete	Est déclenché lorsque la requête a fini de s'exécuter, aussi bien en cas de succès que d'échec.
-		onSuccess	Est déclenché lorsque l'exécution de la requête a abouti et en cas de succès de la requête.
-		onFailure	Est déclenché lorsque l'exécution de la requête a abouti et en cas d'échec de la requête.
-	-	onException	Est déclenché lors de la levée d'une exception au cours de l'exécution de la requête.

Le code suivant illustre la façon de mettre en œuvre Ajax de manière asynchrone avec la bibliothèque prototype :

```
function traiterReponse(request,json) {
    var reponseText = request.responseText;
    (...)
}
var url = (...)
var parametres = (...)
var ajaxRequest = new Ajax.Request(
                url,
                { "method": 'get',
                  "parameters": parametres,
                  "onComplete": traiterReponse
                }
);
```

Le paramètre request de la fonction traiterReponse correspond à l'objet de transport utilisé afin d'exécuter la requête.

Dans le cas où un en-tête HTTP spécifie que les données reçues sont au format JSON, ces dernières sont évaluées et passées sous forme d'objet JavaScript à la fonction de rappel, par l'intermédiaire du paramètre json de la fonction traiterReponse ci-dessus.

Dans une utilisation d'Ajax asynchrone, la bibliothèque prototype offre la possibilité de définir des méthodes de rappel globales pour toutes les requêtes. Elle s'appuie pour cela sur l'objet Ajax.Responders et sa méthode register, comme dans le code suivant :

```
var rappelsGlobaux = { ←❶
    onCreate: function(){
        alert("onCreate global");
    },
    onComplete: function() {
        alert("onComplete global");
    }
};
Ajax.Responders.register(rappelsGlobaux); ←❷
function traiterReponse(request,json) {
    var reponseText = ajaxRequest.transport.responseText;
    (...)
}
var url = (...)
var parametres = (...)
var ajaxRequest = new Ajax.Request(
                    url,
                    { "method": 'get',
                      "parameters": parametres,
                      "onComplete": traiterReponse
                    }
);
```

Le repère ❶ indique la spécification des fonctions de rappel à utiliser. Le repère ❷ indique la façon de spécifier ces fonctions de manière globale pour les requêtes Ajax.

Bien que la bibliothèque prototype fournisse un support permettant d'envoyer des requêtes Ajax et de recevoir leur réponse, elle laisse le soin à l'application JavaScript de construire la structure de la requête et d'extraire les données de la réponse.

Mise à jour d'éléments HTML

La bibliothèque prototype fournit un support permettant de mettre à jour directement le contenu de blocs HTML avec la réponse d'une requête Ajax. Ce mécanisme est particulièrement pratique lorsque la réponse retourne un contenu HTML. La classe Ajax.Updater, qui suit les mêmes principes que la classe Ajax.Request, permet de mettre en œuvre ce mécanisme.

Le code suivant en donne un exemple d'utilisation :

```
var url = (...)
var parametres = (...)
var htmlDiv = "monDiv";
```

```
var ajaxUpdater = new Ajax.Updater(
                htmlDiv,
                url,
                { "method": 'get',
                  "parameters": parametres,
                  "onComplete": traiterReponse
                }
);
```

L'exemple ci-dessus ajoute le code HTML reçu dans la balise de la page Web dont l'identifiant est monDiv. Le code de la page Web contenant cette balise est le suivant :

```
<html>
    (...)
    <body>
        (...)
         <div id="monDiv"></div>
         (...)
    </body>
</html>
```

prototype étend la classe précédente afin de mettre à jour périodiquement un élément d'une page HTML. Ce mécanisme peut être mis en œuvre par l'intermédiaire de la classe Ajax.PeriodicalUpdater.

Le code suivant en donne un exemple d'utilisation :

```
var url = (...)
var parametres = (...)
var htmlDiv = "monDiv";
var ajaxUpdater = new Ajax.PeriodicalUpdater(
                htmlDiv,
                url,
                { "method": 'get',
                  "parameters": parametres,
                  "onComplete": traiterReponse,
                  "frequency": 2
                }
);
```

L'exemple ci-dessus ajoute le bloc HTML reçu dans la balise de la page ayant pour identifiant monDiv. Le contenu de cette balise est ensuite rafraîchi toutes les deux secondes.

Le code suivant décrit la nouvelle structure de la page HTML précédente avec un exemple de bloc HTML reçu (repère ❶) :

```
<html>
    (...)
    <body>
        (...)
         <div id="monDiv">
             <h1>Une réponse à une requête Ajax.</h1>← ❶
             <p>Contenu de la réponse.</p>
         </div>
         (...)
    </body>
</html>
```

Le tableau 6.8 récapitule les options additionnelles utilisables par les classes `Ajax.Updater` et `Ajax.PeriodicalUpdater`.

Tableau 6.8   Options additionnelles des classes *Ajax.Updater* et *Ajax.PeriodicalUpdater*

Option	Valeur	Description
decay	Nombre	Permet de spécifier le facteur de rallongement de la période de rafraîchissement lorsque la réponse reçue est identique à celle reçue précédemment.
evalScripts	Booléen	Permet de spécifier si les blocs JavaScript de la réponse Ajax doivent être évalués.
frequency	Nombre	Permet de spécifier la période de rafraîchissement.
insertion	Sous-classe de Insertion	Permet de spécifier l'endroit où insérer le contenu par rapport à un élément spécifié. Les valeurs possibles sont `Insertion.Before`, `Insertion.Top`, `Insertion.Bottom` et `Insertion.After`.

Raccourcis

L'écriture de scripts JavaScript est souvent fastidieuse, certaines expressions et syntaxes étant récurrentes et alourdissant le code. La bibliothèque prototype fournit des « raccourcis » pour les expressions les plus courantes.

La recherche d'éléments dans l'arbre DOM par identifiant est souvent nécessaire pour les scripts utilisant des éléments de l'arbre DOM de pages HTML. La fonction `$` permet de récupérer un élément dont l'identifiant correspond au paramètre de la fonction. Elle se fonde sur la méthode `getElementById` de l'objet `document` d'une page HTML. La fonction `$` peut prendre en paramètre un ou plusieurs identifiants. Le retour correspondant peut être respectivement un élément ou un tableau d'éléments.

Le code suivant illustre l'utilisation de ce raccourci :

```
//Recherche de l'élément dont l'identifiant est "monIdentifiant"
//Equivalent à document.getElementById("monIdentifiant") ;
var element = $("monIdentifiant");
//Recherche des éléments dont les identifiants sont //"monIdentifiant1",
  ➡"monIdentifiant2", "monIdentifiant3"
var elements = $("monIdentifiant1",
                  "monIdentifiant2","monIdentifiant3");
```

Dans sa version 1.5, la bibliothèque prototype supporte le même mécanisme pour la méthode `getElementsByClassName` par l'intermédiaire de la fonction `$$`. Elle prend en paramètre une syntaxe au format CSS, comme l'illustre le code suivant :

```
//Recherche des éléments ayant le style monStyle
var elements = $$("monStyle") ;
```

Pour la gestion des formulaires, la fonction `$F` permet de faire référence directement à un champ d'un formulaire ayant pour paramètre son identifiant. Le code suivant illustre son utilisation :

```
var element = $F("monIdentifiant") ;
```

La variable `element` fait référence au champ du formulaire décrit dans le code suivant et ayant pour identifiant `monIdentifiant` :

```
(...)
<html>
    <body>
        (...)
        <form (...)>
            <input type="text" id="monIdentifiant"
                                value="Ma valeur"/>
        </form>
        (...)
    </body>
</html>
(...)
```

Concernant les tableaux, prototype propose un intéressant raccourci avec la fonction `$A`, qui permet d'appliquer automatiquement à des tableaux simples les comportements de la classe `Enumerable`, comme dans le code suivant :

```
var tableau = $A($("monDiv").childNodes);
tableau.each(function(element) {
    alert("element : "+element);
});
```

Ce raccourci est particulièrement intéressant en cas de traitements fondés sur l'arbre DOM d'une page HTML. En effet, un nœud possède la plupart du temps plusieurs enfants dont le parcours est souvent nécessaire.

prototype offre également la possibilité de créer très facilement des tables de hachage par l'intermédiaire de la fonction `$H`, dont le code suivant illustre la mise en œuvre :

```
var hashTable = $H({
    "cle1", "valeur1",
    "cle2", "valeur2"
});
```

Puisque l'objet renvoyé hérite des classes `Enumerable` et `Hash`, il est possible de lister tous les éléments qu'il contient, comme dans le code suivant :

```
var hashtable = (...)
var cles = hashtable.keys();
var valeurs = hashtables.values();
```

Pour finir, la bibliothèque prototype fournit le raccourci `$R` permettant de définir une plage de valeurs. Il se fonde sur la classe `ObjectRange` décrite précédemment.

Le code suivant donne un exemple permettant de déterminer si une valeur est incluse dans une plage :

```
var value = (...);
var resultat = $R(0, 10, true).include(value);
/* resultat est égale à true si la valeur est comprise dans l'intervale, false sinon. */
```

Conclusion

La bibliothèque prototype offre d'intéressants mécanismes visant à faciliter et alléger l'écriture d'applications JavaScript. Le spectre des mécanismes mis en œuvre s'étend de l'extension de classes fournies par le langage, telles que Object, String ou Number, jusqu'au support d'Ajax et à la mise en œuvre de raccourcis par l'intermédiaire des méthodes préfixées par $.

Cette bibliothèque tire également parti des concepts avancés du langage JavaScript, tels que les objets littéraux, les fonctions de rappel et les closures, afin de permettre aux développeurs de développer un code JavaScript plus concis et plus lisible.

Nous verrons au chapitre 10 que prototype offre des fonctionnalités afin de mettre en œuvre la gestion des événements et de faciliter l'utilisation d'éléments dans les pages HTML.

La bibliothèque prototype est couramment utilisée dans les applications JavaScript et sert même de base à d'autres frameworks, tel Ruby on Rails.

7

Fondations
de la bibliothèque dojo

La bibliothèque dojo est une boîte à outils Open Source visant à faciliter l'utilisation des technologies JavaScript et DHTML. Créée à partir de projets tels que nWidgets, burstlib et f(m) sous l'impulsion d'Alex Russell et Dylan Schiemann, son principal objectif est de résoudre les problèmes du DHTML, qui freinaient son adoption en masse afin de développer des applications Web riches.

dojo ne regroupe pas uniquement une collection de bibliothèques JavaScript. Elle offre un gestionnaire évolué de modules ainsi qu'un cadre pour structurer les applications Web riches fondées sur la technologie JavaScript. Pour simplifier, nous la considérons dans le contexte de cet ouvrage comme une bibliothèque.

Les premières lignes de code de dojo ont été écrites en septembre 2004, et les premières contributions ont débuté en mars 2005. À ce jour, trois versions majeures en ont été publiées. dojo est supportée par la fondation dojo, créée en 2005, qui regroupe ses principaux développeurs.

Nous avons divisé la présentation de cette bibliothèque en deux chapitres distincts. Le présent chapitre aborde sa mise en œuvre, sa structuration en modules, son support des éléments de base du langage ainsi que son support des techniques Ajax. Nous détaillons au chapitre 11 toutes les fonctionnalités de dojo relatives à la programmation Web.

Mécanismes de base

La bibliothèque est structurée en modules adressant diverses problématiques. Elle met en œuvre un mécanisme de chargement à la demande de ces modules afin d'alléger le code JavaScript de la bibliothèque utilisé au niveau du navigateur.

La figure 7.1 illustre les principaux groupes de modules de cette bibliothèque.

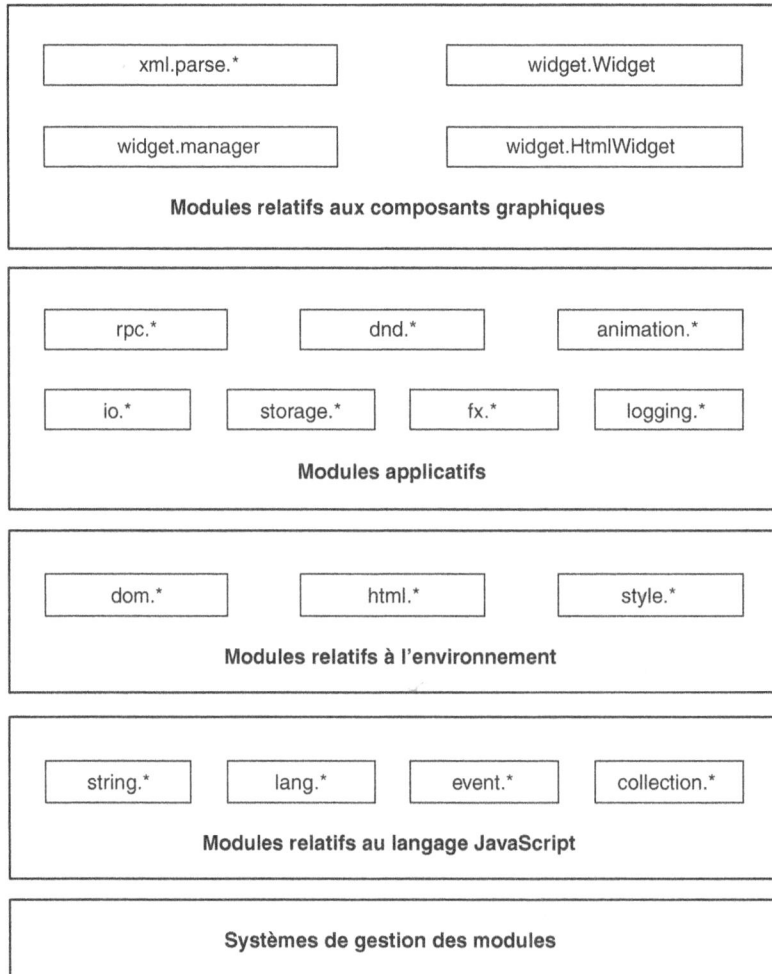

Figure 7.1
Architecture modulaire de la bibliothèque dojo

Ce mécanisme est récursif. Un module peut nécessiter le chargement d'autres modules et met en œuvre la correspondance entre les noms de modules et leurs fichiers source ainsi que le transfert de ces fichiers et le chargement du code JavaScript qu'ils contiennent.

Installation et configuration

La bibliothèque dojo propose différentes distributions selon l'utilisation souhaitée. L'objectif de ces distributions est d'incorporer différents modules directement dans le fichier **dojo.js,** le fichier pivot de la bibliothèque, plutôt que de les charger à la demande.

En effet, un chargement à la demande d'un grand nombre de fichiers peut engendrer un nombre trop important d'échanges réseau et pénaliser les performances.

Le tableau 7.1 récapitule les principales distributions disponibles ainsi que leur contenu.

Tableau 7.1   Distributions de la bibliothèque dojo

Nom	Description
ajax	Inclut dans le fichier **dojo.js** le noyau de dojo ainsi que tous les modules permettant de mettre en œuvre les techniques Ajax.
browserio	Inclut dans le fichier **dojo.js** le noyau de dojo ainsi que tous les modules relatifs à Ajax et fondés sur la classe `XMLHttpRequest`.
core	Inclut uniquement dans le fichier **dojo.js** le noyau de dojo.
editor	Inclut dans le fichier **dojo.js** le noyau de dojo ainsi que tous les composants graphiques nécessaires à l'éditeur Wysiwyg.
event	Inclut dans le fichier **dojo.js** le noyau de dojo ainsi que tous les modules relatifs au support des événements.
event_and_io	Inclut dans le fichier **dojo.js** le noyau de dojo ainsi que tous les modules relatifs au support des événements et d'Ajax.
kitchen_sink	Inclut dans le fichier **dojo.js** tous les modules de la bibliothèque.
minimal	Contient les modules minimaux permettant à la bibliothèque de fonctionner.
storage	Inclut dans le fichier **dojo.js** le noyau de dojo ainsi que tous les modules relatifs au stockage d'informations au niveau du client.
widget	Contient le noyau de dojo ainsi que tous les modules correspondant aux composants graphiques de la bibliothèque.

Le nom du fichier téléchargeable d'une distribution est structuré de la manière suivante : **dojo-<VERSION>-<NOM_DISTRIBUTION>.zip.** Dans chaque distribution, le fichier **build.txt** localisé à sa racine récapitule les différents modules contenus dans le fichier **dojo.js.** Ces différentes distributions sont téléchargeables à l'adresse *http://download.dojotoolkit.org/.*

Notons qu'il est possible de travailler avec une version non packagée récupérée directement à partir du gestionnaire de version.

L'installation de la bibliothèque consiste à copier les répertoires et fichiers de la distribution de dojo dans un répertoire accessible depuis le serveur Web du site. Ce répertoire doit pouvoir être accédé depuis un navigateur et comporter, au minimum, les éléments suivants :

```
src/
dojo.js
iframe_history.html
```

La configuration de la bibliothèque se réalise en deux étapes dans chaque page HTML. La première consiste à initialiser l'objet global djConfig (repère ❶), qui contient le paramétrage de la bibliothèque :

```html
<html>
    <head>
        (...)
        <script>
            djConfig = { isDebug: true }; ← ❶
        </script>
    </head>
    (...)
</html>
```

Le tableau 7.2 récapitule les principaux attributs de cet objet afin de paramétrer la bibliothèque dojo.

Tableau 7.2 Principaux attributs de configuration de l'objet *djConfig*

Attribut	Description
allowQueryConfig	Autorise l'utilisation des paramètres de requête afin de surcharger les attributs de configuration de l'objet djConfig. Sa valeur par défaut est false. Dans le cas où sa valeur vaut true, la chaîne de paramètres suivante dans l'adresse de la page permet de positionner la valeur de l'attribut isDebug avec la valeur true : */maPage.html?djConfig.isDebug=true.*
baseRelativePath	Doit être utilisé dans le cas où les sources de dojo et les pages qui l'utilisent ne sont pas fournies par la même adresse. Sa valeur par défaut est la chaîne de caractères vide.
debugAtAllCosts	Paramètre la bibliothèque afin de faciliter son débogage dans différents outils. Sa valeur par défaut est false.
isDebug	Permet d'activer les traces applicatives. Sa valeur par défaut est false.
parseWidgets	Spécifie si les balises correspondant aux composants graphiques de dojo doivent être évaluées. Sa valeur par défaut est true.
preventBackButtonFix	Permet d'activer ou non la gestion du bouton Précédent du navigateur. Si sa valeur est false, ce mécanisme est désactivé. Sa valeur par défaut est true.
searchIds	Si la valeur de l'attribut parseWidgets vaut false, permet de spécifier les identifiants des balises des composants graphiques de dojo à évaluer.

La seconde étape consiste à faire référence au fichier **dojo.js** de la distribution utilisée (repère ❶ dans le code suivant) au début des fichiers HTML :

```html
<html>
    <head>
        (...)
        <script>
            djConfig = { isDebug: true };
        </script>
        <script language="JavaScript" type="text/javascript"
                            src="../../dojo.js"></script> ← ❶
    </head>
    (...)
</html>
```

Les différentes distributions de dojo fournissent deux versions du fichier **dojo.js.** La première contient une version compressée des sources peu lisibles de la bibliothèque. La seconde, correspondant au fichier **dojo.js.uncompressed.js** et localisée au même endroit que le fichier précédent, n'est pas compressée et est donc facilement lisible.

Le chargement du premier fichier est plus rapide et doit donc être utilisé en production. Il peut cependant se révéler difficile à utiliser pour voir les traitements réalisés par dojo, ce qui n'est pas le cas du second.

À partir de ce moment, la bibliothèque dojo peut être utilisée dans la page HTML. Elle intègre la capacité de charger à la demande les modules nécessaires qui ne sont pas présents dans le fichier **dojo.js.**

Gestion des modules

Comme indiqué précédemment, la bibliothèque dojo est structurée en modules, lesquels rassemblent diverses entités JavaScript, telles que des fonctions ou des objets JavaScript.

Le package représente une unité de stockage d'un module et correspond donc à un fichier ou à une entité téléchargeable depuis un serveur Web. Par défaut, tous les packages se trouvent dans le répertoire **src/** situé sous le répertoire d'installation de la bibliothèque dojo.

Dans la mesure où le poids global du code de la bibliothèque est important, l'approche de dojo consiste à ne charger que les modules utilisés par l'application. La bibliothèque met pour cela en œuvre un mécanisme de chargement à la demande fondé sur les méthodes `dojo.require` et `dojo.provide`.

La première indique qu'un module ou un ensemble de modules est utilisé dans l'application. Elle correspond au mécanisme d'importation utilisé dans le langage Java et fondé sur le mot-clé `import`. Cette méthode est couramment utilisée dans les applications utilisant dojo.

La seconde spécifie le nom du module contenu dans un package. Ce concept est similaire à celui mis en œuvre dans le langage Java avec le mot-clé `package`. Cette méthode est utilisée uniquement dans les implémentations de modules de dojo ou de modules additionnels, tels que des composants graphiques.

Dans son application, le développeur doit donc spécifier les modules qu'il désire utiliser afin que la bibliothèque les charge automatiquement. Si le module est déjà présent, aucun chargement n'est effectué.

Le code suivant décrit l'importation du module `dojo.lang.declare` (repère ❶) :

```
<html>
    <head>
        <script language="JavaScript" type="text/javascript">
            djConfig = { isDebug: true }
        </script>
        <script language="JavaScript" type="text/javascript"
                                 src="../../dojo.js"></script>
```

```
        <script language="JavaScript" type="text/javascript">
            dojo.require("dojo.lang.declare"); ← ❶
            (...)
        </script>
    </head>
    (...)
</html>
```

La figure 7.2 illustre les mécanismes mis en œuvre dans cet exemple.

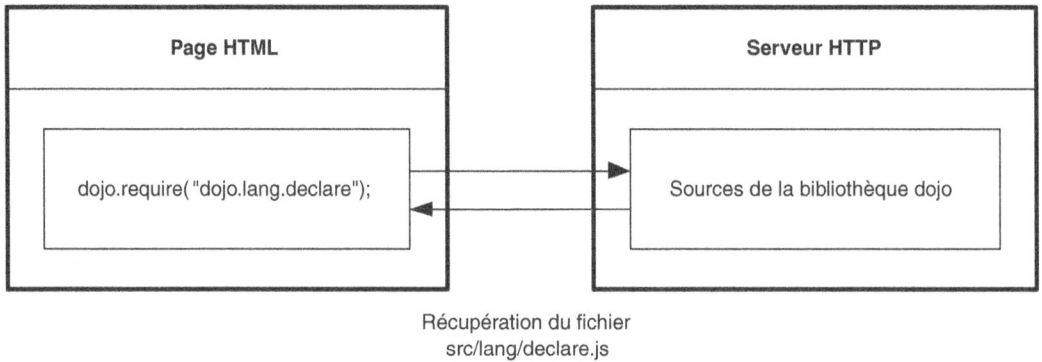

Figure 7.2

Mécanisme de chargement du module dojo.lang.declare

Dans le cas où tous les sous-modules d'un module doivent être importés, le caractère ✶ peut être utilisé. La bibliothèque se fonde alors sur le fichier spécial **__package__.js,** localisé dans le répertoire du package, afin de déterminer les modules à importer.

Le code suivant décrit l'importation du module dojo.lang.✶ (repère ❶), qui contient les sous-modules dojo.lang, dojo.lang.common, dojo.lang.assert, dojo.lang.array, dojo.lang.type, dojo.lang.func, dojo.lang.extras, dojo.lang.repr et dojo.lang.declare :

```
<html>
    <head>
        <script language="JavaScript" type="text/javascript">
            djConfig = { isDebug: true }
        </script>
        <script language="JavaScript" type="text/javascript"
                                    src="../../dojo.js"></script>
        <script language="JavaScript" type="text/javascript">
            dojo.require("dojo.lang.*"); ← ❶
            (...)
        </script>
    </head>
    (...)
</html>
```

La figure 7.3 illustre les mécanismes mis en œuvre dans cet exemple.

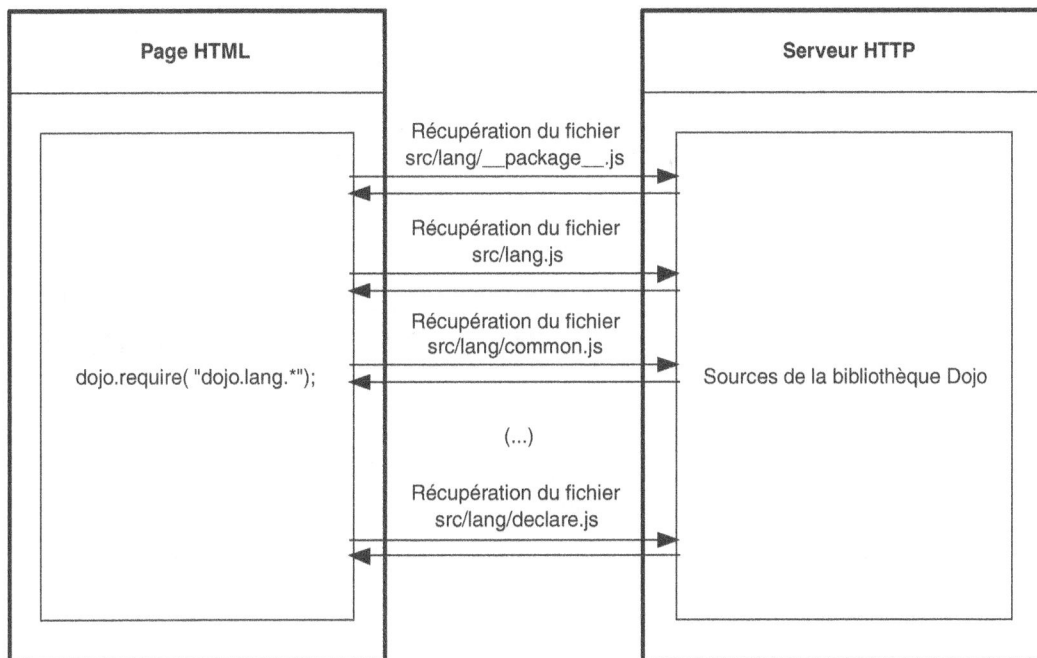

Figure 7.3
Mécanisme de chargement du module dojo.lang.*

Le tableau 7.3 récapitule les principaux modules disponibles dans la bibliothèque dojo.

Tableau 7.3   Principaux modules de la bibliothèque dojo

Module	Description
dojo.date	Fonctions de manipulation des dates
dojo.dnd	Support du glisser-déposer
dojo.dom	Fonctions facilitant l'utilisation de DOM
dojo.event	Support des événements DOM de dojo
dojo.html	Fonctions permettant de réaliser des traitements fondés sur des éléments HTML
dojo.io	Support relatif à la mise en œuvre de la technologie Ajax
dojo.lang	Fonctions de base facilitant l'utilisation de JavaScript
dojo.lfx	Fonctions permettant de réaliser des effets dans des pages HTML
dojo.logging	Support permettant de mettre en œuvre des traces applicatives
dojo.profile	Profileur JavaScript afin de mesurer les performances des traitements
dojo.reflect	Fonctions permettant l'accès à des informations sur les objets et les fonctions

Tableau 7.3 Principaux modules de la bibliothèque dojo *(suite)*

Module	Description
dojo.regexp	Fonctions de construction d'expressions régulières particulières
dojo.string	Fonctions relatives aux chaînes de caractères
dojo.style	Fonctions permettant de réaliser des traitements fondés sur des styles CSS
dojo.svg	Fonctions relatives à l'utilisation de la technologie SVG
dojo.widget	Composants graphiques de la bibliothèque
dojo.xml	Support pour parcourir des documents XML et mettre en œuvre la technologie XSLT

Nous n'abordons dans ce chapitre que les modules de base non graphiques de la bibliothèque. Les mécanismes de dojo relatifs au développement Web sont détaillés au chapitre 11.

Support de base

Cette famille de modules a pour objectif de faciliter l'utilisation du langage JavaScript. Elle correspond à tous les sous-modules de dojo.lang.

Ces derniers peuvent être importés en une seule instruction, comme dans le code suivant :

```
dojo.require("dojo.lang.*");
```

À l'instar de la bibliothèque prototype, dojo offre une fonction intéressante, dojo.lang.tryThese, qui permet d'essayer plusieurs fonctions successivement jusqu'à ce que l'une d'elles ne génère pas d'erreur. Cette fonction facilite notamment la mise en œuvre de fonctionnalités spécifiques à un navigateur.

Le code suivant décrit sa mise en œuvre :

```
function maFonction() {
    return dojo.lang.tryThese(
        function() {
            alert("appel de la première méthode");
            return test1(); //Erreur car la méthode n'existe pas
        },
        function() {
            alert("appel de la seconde méthode");
            return test2(); //Erreur car la méthode n'existe pas
        },
        function() {
            alert("appel de la troisième méthode");
            return "par défaut"; //Elément réellement retourné← ❶
        }
    );
}
```

La fonction maFonction renvoie la valeur retournée par la dernière fonction (repère ❶) puisqu'elle est la seule à s'exécuter correctement. Ce type de fonction est particulièrement adapté à la sélection de l'objet à utiliser lors de la mise en œuvre des techniques Ajax.

La fonction `dojo.delayThese` offre également un intéressant mécanisme pour exécuter des fonctions successivement à un intervalle de temps spécifié. Cette fonction se fonde sur la méthode `setTimeout` de JavaScript.

Elle offre également la possibilité de spécifier une fonction de rappel exécutée avant chaque appel de fonction ainsi qu'une autre fonction après toutes les fonctions spécifiées.

Le code suivant décrit sa mise en œuvre :

```
dojo.lang.delayThese([
    function() {
        alert("appel de la première méthode");
    },
    function() {
        alert("appel de la seconde méthode");
    },
    function() {
        alert("appel de la troisième méthode");
    }
], 10);
```

Les fonctions spécifiées dans cet exemple sont appelées successivement avec dix secondes d'intervalle.

Notons la présence des fonctions `dojo.lang.setTimeout` et `dojo.lang.clearTimeout`, qui permettent d'encapsuler l'utilisation de la fonction JavaScript `setTimeout`.

Le code suivant décrit la mise en œuvre de la fonction `dojo.lang.setTimeout` :

```
dojo.lang.setTimeout(function() {
    alert("Execution de la fonction de rappel après 10 secondes");
}, 10000);
```

Vérification de types

dojo fournit une encapsulation de différentes fonctions de base de JavaScript afin de déterminer le type de variables JavaScript. Ces implémentations se fondent sur les concepts décrits à l'adresse *http://www.crockford.com/javascript/recommend.html.*

Le tableau 7.4 récapitule ces différentes fonctions de vérification de types de dojo.

Tableau 7.4 Fonctions de vérification de types de dojo

Méthode	Paramètre	Description
`dojo.lang.isAlien`	Un élément	Détermine si l'élément en paramètre n'est pas une fonction fournie par le langage JavaScript.
`dojo.lang.isArray`	Un élément	Détermine si l'élément en paramètre est un tableau.
`dojo.lang.isArrayLike`	Un élément	Détermine si l'élément en paramètre est un objet qui ressemble à un tableau, c'est-à-dire qui possède une propriété `length` correspondant à un nombre entier fini.
`dojo.lang.isBoolean`	Un élément	Détermine si l'élément en paramètre est un booléen.

Tableau 7.4   Fonctions de vérification de types de dojo *(suite)*

Méthode	Paramètre	Description
`dojo.lang.isFunction`	Un élément	Détermine si l'élément en paramètre est une fonction.
`dojo.lang.isNumber`	Un élément	Détermine si l'élément en paramètre est un nombre.
`dojo.lang.isObject`	Un élément	Détermine si l'élément en paramètre est un objet.
`dojo.lang.isString`	Un élément	Détermine si l'élément en paramètre est une chaîne de caractères.
`dojo.lang.isUndefined`	Un élément	Détermine si l'élément en paramètre est non défini.

Le code suivant décrit la mise en œuvre de ces différentes méthodes afin de déterminer le type de variables JavaScript :

```
var nombre = 10;
alert(dojo.lang.isNumber(nombre)); // Affiche true
var tableau = [];
alert(dojo.lang.isArray(tableau)); // Affiche true
alert(dojo.lang.isFunction(tableau)); // Affiche false
var boolean = true;
alert(dojo.lang.isBoolean(boolean)); // Affiche true
var chaine = "Ceci est un test";
alert(dojo.lang.isString(chaine)); // Affiche true
```

Fonctions

À l'instar de la méthode `bind` de la bibliothèque prototype décrite au chapitre précédent, dojo offre une fonction `dojo.lang.hitch` permettant de résoudre la problématique du contexte d'exécution d'une fonction JavaScript.

Cette fonction prend en paramètres un objet ainsi qu'une fonction qui sera exécutée en se fondant sur l'objet précédent.

Le code suivant reprend l'exemple du chapitre précédent en l'adaptant à cette fonction :

```
var monInstance = new Object();
monInstance.maVariable = "test";
function maFonction() {
    alert("Valeur de maVariable : "+this.maVariable);
}
var nouvelleMaFonction = dojo.lang.hitch(monInstance, maFonction);
nouvelleMaFonction();
//Affiche correctement la valeur de maVariable
```

L'appel direct à la fonction `maFonction` génère une erreur puisque le mot-clé `this` ne peut être utilisé dans ce contexte d'exécution.

La fonction `dojo.lang.curry` offre la possibilité de créer une fonction en définissant certains de ses paramètres avec des valeurs particulières. La fonction créée peut alors être utilisée avec un nombre de paramètres moins important.

Le code suivant décrit la mise en œuvre de cette fonction :

```
function maFonction(parametre1, parametre2, parametre3) {
    return parametre1+","+parametre2+","+parametre3;
}
var nouvelleFonction = dojo.lang.curry(
                            null, maFonction, "valeur1");
var retour = nouvelleFonction("valeur2", "valeur3");
// retour contient la valeur « valeur1,valeur2,valeur3 »
```

Le premier paramètre, dont la valeur est nulle dans cet exemple, permet de spécifier le contexte d'exécution de la fonction.

Support de la programmation orientée objet

La bibliothèque dojo met à disposition dans ce module différentes fonctions utilitaires permettant de réaliser des opérations de base sur les objets JavaScript.

Le tableau 7.5 récapitule ces différentes fonctions.

Tableau 7.5   Fonctions de gestion des objets JavaScript

Fonction	Paramètre	Description
dojo.inherits	Deux fonctions de construction d'un objet	Permet de faire hériter une classe d'une autre en initialisant l'attribut prototype de la classe avec un objet correspondant à la classe mère.
dojo.lang.extend	Une fonction de construction d'un objet et un tableau associatif	Ajoute les éléments d'un tableau associatif à l'attribut prototype de la fonction de construction d'un objet. Cette fonction est équivalente à dojo.extend. Cette dernière doit désormais être utilisée.
dojo.lang.mixin	Un objet et un tableau associatif	Ajoute les éléments d'un tableau associatif à un objet. Cette fonction est équivalente à dojo.mixin. Cette dernière doit désormais être utilisée.
dojo.lang.shallowCopy	Un objet et un drapeau	Permet de cloner un objet. Le drapeau en paramètre détermine si le clonage est réalisé de manière récursive.

La fonction dojo.extend permet d'ajouter les méthodes contenues dans un tableau associatif à l'attribut prototype de la fonction de construction d'un objet. Ce mécanisme offre la possibilité d'enrichir une classe avec différentes méthodes.

Le code suivant décrit la mise en œuvre de la classe StringBuffer, décrite au chapitre 3, avec le support de cette fonction (repère ❶) :

```
function StringBuffer() {
    this.chainesInternes = [];
}
dojo.extend(StringBuffer, { ← ❶
    append : function(chaine) {
        this.chainesInternes.push(chaine);
    },
    clear : function() {
        this.chainesInternes.splice(0,
                    this.chainesInternes.length);
```

```
    },
    toString : function() {
        return this.chainesInternes.join("");
    }
});
var sb = new StringBuffer();
sb.append("première chaîne");
sb.append(" et ");
sb.append("deuxième chaîne ");
var resultat = sb.toString();
//resultat contient « première chaîne et deuxième chaine »
```

La fonction dojo.inherits permet de faire étendre une classe d'une autre. Elle initialise l'attribut prototype de la fonction de construction correspondant à la classe fille avec une instance de la classe mère. De par son implémentation, cette fonction ne permet pas de mettre en œuvre l'héritage multiple.

Le code suivant décrit l'utilisation de cette fonction (repère ❶) en reprenant les classes StringBuffer et ExtendedStringBuffer abordées au chapitre 3 :

```
function StringBuffer() {
    this.chainesInternes = [];
}
dojo.extend(StringBuffer, {
    this.append = function(chaine) {
        this.chainesInternes.push(chaine);
    },
    this.clear = function() {
        this.chainesInternes.splice(0,
                        this.chainesInternes.length);
    },
    this.toString = function() {
        return this.chainesInternes.join("");
    }
}
function ExtendedStringBuffer() {
}
dojo.extend(ExtendedStringBuffer, {
    uneMethode : function() {
        (...)
    }
}
dojo.inherits(ExtendedStringBuffer, StringBuffer); ← ❶
```

La bibliothèque dojo fournit également un support plus poussé de la programmation orientée objet par l'intermédiaire de la fonction dojo.lang.declare, qui est abordée plus en détail par la suite.

Tableaux

La bibliothèque dojo fournit différentes fonctions facilitant l'utilisation et la manipulation des tableaux JavaScript simples et associatifs.

Le tableau 7.6 récapitule ces différentes fonctions.

Tableau 7.6   Fonctions de manipulation des tableaux

Fonction	Paramètre	Description
`dojo.lang.every`	Un tableau, une fonction de rappel et un objet	Détermine si tous les éléments d'un tableau correspondent à un critère. La vérification de ce dernier se réalise par le biais d'une fonction de rappel passée en paramètre. L'exécution de la fonction de rappel est réalisée dans le contexte de l'objet correspondant au dernier paramètre.
`dojo.lang.filter`	Un tableau, une fonction de rappel et un objet	Permet de filtrer les éléments d'un tableau en se fondant sur une fonction de rappel. L'exécution de la fonction de rappel est réalisée dans le contexte de l'objet correspondant au dernier paramètre.
`dojo.lang.find`	Un tableau, un élément, un drapeau d'identité et un drapeau déterminant si le parcours du tableau se fait de sa fin vers son début.	Retourne l'indice du premier élément du tableau correspondant à l'élément passé en paramètre. Retourne -1 si aucun élément ne correspond.
`dojo.lang.findLast`	Un tableau, un élément, un drapeau d'identité	Retourne l'indice du dernier élément du tableau correspondant à l'élément passé en paramètre. Retourne -1 si aucun élément ne correspond.
`dojo.lang.forEach`	Un tableau et une fonction de rappel	Permet de parcourir un tableau en se fondant sur une fonction de rappel. Cette dernière reçoit en paramètre à chaque itération l'élément courant, son indice ainsi que le tableau parcouru.
`dojo.lang.has`	Un tableau associatif et un nom de propriété	Détermine si le tableau associatif possède la propriété dont le nom est passé en paramètre.
`dojo.lang.inArray`	Un tableau et un élément	Détermine si un élément est présent dans un tableau.
`dojo.lang.indexOf`	Un tableau, un élément, un drapeau d'identité et un drapeau déterminant si le parcours du tableau se fait de sa fin vers son début.	Équivalent de la fonction `dojo.lang.find`.
`dojo.lang.isEmpty`	Un tableau	Détermine si le tableau est vide. Cette fonction supporte aussi bien les tableaux simples que les tableaux associatifs.
`dojo.lang.lastIndexOf`	Un tableau, un élément et un drapeau d'identité	Équivalent de la fonction `dojo.lang.findLast`.
`dojo.lang.map`	Un tableau, un objet et une fonction de rappel	Permet de construire un tableau à partir d'un autre en se fondant sur une fonction de rappel. Cette dernière a la responsabilité de renvoyer l'objet à insérer dans le nouveau tableau. L'exécution de la fonction de rappel est réalisée dans le contexte de l'objet correspondant au dernier paramètre.
`dojo.lang.some`	Un tableau, une fonction de rappel et un objet	Détermine si au moins un élément d'un tableau correspond à un critère. La vérification de ce dernier se réalise par le biais d'une fonction de rappel passée en paramètre. L'exécution de la fonction de rappel est réalisée dans le contexte de l'objet correspondant au dernier paramètre.
`dojo.lang.toArray`	Un objet similaire à un tableau et un indice de début	Permet de convertir un objet similaire à un tableau en tableau.
`dojo.lang.unnest`	Des éléments simples ou des tableaux	Permet de construire un tableau simple à partir de tableaux imbriqués les uns dans les autres.

Puisque JavaScript considère les objets en tant que tableaux associatifs, les fonctions du tableau 7.6 qui s'appliquent à ces tableaux peuvent être utilisées avec des objets.

La fonction `dojo.lang.isEmpty` détermine si le tableau en paramètre contient des éléments, comme le montre le code suivant :

```
var monTableau1 = [ "élément1","élément2","élément3" ];
var monTableau2 = [];
var tableau1Vide = dojo.lang.isEmpty(monTableau1);
// tableau1Vide contient false
var tableau2Vide = dojo.lang.isEmpty(monTableau2);
// tableau2Vide contient true
```

Cette fonction peut être utilisée avec des tableaux associatifs, comme dans le code ci-dessous :

```
dojo.require("dojo.lang.*");
var monTableauAssociatif1 = { "clé1": "valeur1" };
var monTableauAssociatif2 = {};
var tableauAssociatif1Vide = dojo.lang.isEmpty(monTableauAssociatif1);
// tableauAssociatif1Vide contient false
var tableauAssociatif2Vide = dojo.lang.isEmpty(monTableauAssociatif2);
// tableauAssociatif2Vide contient true
```

La fonction `dojo.lang.forEach` permet de parcourir un tableau en se fondant sur une fonction de rappel. Cette dernière est appelée à chaque itération de la boucle avec l'élément courant, son indice ainsi que le tableau parcouru.

Le code suivant décrit la mise en œuvre de cette fonction :

```
var monTableau = [ "élément1","élément2","élément3" ];
dojo.lang.forEach(monTableau, function(element, indice, tableau) {
    alert(indice+" : "+element);
});
```

L'exemple ci-dessus affiche les différents éléments avec leur indice correspondant : 0 pour `"élément1"`, 1 pour `"élement2"` et 2 pour `"élément3"`.

Plusieurs fonctions sont également mises à disposition afin de tester la présence d'un élément dans un tableau. C'est le cas des fonctions similaires `dojo.lang.has`, décrite dans le code suivant, et `dojo.lang.inArray` :

```
var monTableau = [ "élément1","élément2","élément3" ];
var indiceElement = dojo.lang.has("élément2");
```

Les fonctions `dojo.lang.find` et `dojo.lang.findLast` recherchent l'indice du premier élément dans un tableau correspondant à la valeur spécifiée en paramètre. Ces deux fonctions parcourent respectivement le tableau du début à la fin et inversement.

Elles prennent en paramètres le tableau ainsi que l'élément à rechercher. Un troisième paramètre permet de spécifier si la comparaison des éléments doit être stricte (sans conversion de type) en se fondant sur l'opérateur `===`. Si aucun élément n'est trouvé, la valeur de retour est `-1`.

Le code suivant décrit la mise en œuvre de ces fonctions :

```
var monTableau = [ "élément","élément2","élément" ];
var indiceElement1 = dojo.lang.find("élément");
// indiceElement1 contient 0
var indiceElement2 = dojo.lang.findLast("élément");
// indiceElement2 contient 2
```

Les fonctions `dojo.lang.indexOf` et `dojo.lang.lastIndexOf` correspondent aux fonctions décrites ci-dessus.

Les fonctions `dojo.lang.some` et `dojo.lang.every` permettent de déterminer si les éléments d'un tableau correspondent à un critère. Ce dernier est implémenté au moyen d'une fonction de rappel passée en paramètre.

Le mécanisme de ces fonctions consiste à parcourir le tableau et, pour chaque élément, à appeler la fonction de rappel. Dans le cas de la fonction `dojo.lang.some`, la valeur `true` est renvoyée si au moins un des retours de la fonction de rappel pour un élément du tableau correspond à `true`. Ainsi, au moins un élément du tableau correspond au critère.

Le code suivant décrit la mise en œuvre de la fonction `dojo.lang.some` :

```
var monTableau = [ "élément","élément2","élément" ];
var retourSome = dojo.lang.some(monTableau, function(element, indice, tableau) {
    if( element=="élément" ) {
        return true;
    } else {
        return false;
    }
});
// retourSome contient la valeur true
```

La valeur de la variable `retourSome` correspond à `true`. Si le tableau ne contenait aucun élément ayant pour valeur `"élément"`, la valeur de cette variable serait `false`.

Dans le cas de la fonction `dojo.lang.every`, la valeur `true` est renvoyée si tous les retours de la fonction de rappel pour les éléments du tableau correspondent à `true`. Ainsi tous les éléments du tableau correspondent au critère.

Le code suivant décrit la mise en œuvre de la fonction `dojo.lang.every` :

```
var monTableau = [ "élément","élément","élément" ];
var retourEvery = dojo.lang.every(monTableau, function(element, indice, tableau) {
    if( element=="élément" ) {
        return true;
    } else {
        return false;
    }
});
// retourEvery contient la valeur true
```

La valeur de la variable `retourEvery` correspond à `true`. Si le tableau contenait un élément dont la valeur était différente de `"élément"`, la valeur de cette variable serait `false`.

Programmation orientée objet

Dans le package `dojo.lang.declare`, dojo fournit différents mécanismes visant à faciliter la mise en œuvre de la programmation orientée objet avec JavaScript. Tous ces mécanismes se fondent sur la fonction `dojo.lang.declare`.

Nous allons reprendre dans cette section les différentes classes abordées au chapitre 3.

Mise en œuvre des classes

La fonction `dojo.lang.declare` prend en paramètres le nom de la classe, le ou les classes, éventuellement une fonction d'initialisation ainsi qu'un tableau associatif contenant les différents attributs et méthodes de la classe.

Le code suivant décrit la mise en œuvre de la classe `StringBuffer` en se fondant sur cette méthode :

```
dojo.lang.declare("lang.StringBuffer", null, {
    initializer: function() {
        this.chainesInternes = [];
    },
    append: function(chaine) {
        this.chainesInternes.push(chaine);
    },
    clear: function() {
        this.chainesInternes.splice(0, this.chainesInternes.length);
    },
    toString: function() {
        this.chainesInternes.join("");
    }
});
```

Toutes les méthodes présentes dans le tableau associatif sont ajoutées au prototype de la classe et sont donc partagées par toutes ses instances.

Initialisation des classes

dojo supporte la notion de constructeur, qu'elle appelle *initialiseur,* dont l'objectif est d'initialiser les éléments spécifiques à l'instance. Un tel initialiseur peut être mis en œuvre par le biais de la fonction d'initialisation ou par celui d'une méthode de la classe nommée `initializer`.

L'objectif de ces méthodes est de permettre l'initialisation d'éléments spécifiques à une instance d'une classe, tels que les attributs.

Le tableau associatif décrit à la section précédente ne doit pas être utilisé pour initialiser les éléments spécifiques aux instances, tels que les attributs. Par contre, il peut être utilisé afin de mettre en œuvre des attributs statiques, c'est-à-dire partagés par toutes les instances, comme le montre le code suivant :

```
dojo.lang.declare("lang.StringBuffer", null, {
    attributStatique: "valeur"
});
var sb1 = new lang.StringBuffer();
var sb2 = new lang.StringBuffer();
sb1.attributStatique = "autre valeur";
/* sb1.attributStatique et sb2. attributStatique contiennent toutes les deux la valeur
➡« autre valeur » */
```

La première approche consiste simplement à spécifier les traitements d'initialisation dans une méthode nommée `initializer` (repère ❶), comme dans le code suivant :

```
dojo.lang.declare("lang.StringBuffer", null, {
    initializer: function(chaine) {←❶
        this.chainesInternes.push(chaine);
    },
    chainesInternes: [],
    append: function(chaine) {
        this.chainesInternes.push(chaine);
    },
    clear: function() {
        this.chainesInternes.splice(0, this.chainesInternes.length);
    },
    toString: function() {
        this.chainesInternes.join("");
    }
});
```

Le seconde approche, fondée sur la fonction d'initialisation (repère ❶), utilise le second paramètre de la méthode `dojo.declare`, comme dans le code suivant :

```
dojo.lang.declare("lang.StringBuffer", null, function(chaine) {←❶
        this.chainesInternes = [];
        this.chainesInternes.push(chaine);
}, {
    append: function(chaine) {
        this.chainesInternes.push(chaine);
    },
    clear: function() {
        this.chainesInternes.splice(0, this.chainesInternes.length);
    },
    toString: function() {
        this.chainesInternes.join("");
    }
});
```

Support de l'héritage

La méthode `dojo.declare` permet de mettre en œuvre l'héritage par l'intermédiaire de son second paramètre.

Le code suivant décrit la mise en œuvre de la classe `StringBuffer` (repère ❶) et de sa sous-classe `ExtendedStringBuffer` (repère ❷) en se fondant sur cette méthode :

```
dojo.lang.declare("lang.StringBuffer", null, {←❶
    initializer: function(args) {
        this.chainesInternes = [];
    },
    append: function(chaine) {
        this.chainesInternes.push(chaine);
    },

    clear: function() {
        this.chainesInternes.splice(0,
                        this.chainesInternes.length);
    },

    toString: function() {
        return this.chainesInternes.join("");
    }
});
dojo.lang.declare("lang.ExtendedStringBuffer",lang.StringBuffer, {←❷
    initializer: function() {
    },
    append: function(chaine) {
        this.chainesInternes.push(«tests: "+chaine);
    },
});
```

La méthode `dojo.declare` offre la possibilité de gérer séparément les méthodes de la classe courante ainsi que celles de la classe mère. Il est de la sorte possible d'appeler une méthode de la classe mère par l'intermédiaire de la méthode `this.inherited` (repère ❶), comme le montre le code suivant :

```
dojo.lang.declare("java.lang.ExtendedStringBuffer", java.lang.StringBuffer, {
    initializer: function() {
    },
    append: function(chaine) {
        this.inherited("append",chaine);←❶
    },
});
```

Lors de l'appel du constructeur de la classe `ExtendedStringBuffer`, les méthodes `initializer` des deux classes sont appelées successivement.

Chaînes de caractères et dérivés

dojo offre des supports permettant de gérer les chaînes de caractères ainsi que leurs dérivés.

Ces derniers incluent les chaînes de caractères elles-mêmes, avec le module `dojo.string`, les dates, avec le module `dojo.date`, et les expressions régulières, avec le module `dojo.regexp`.

Chaînes de caractères

Le module de dojo fournissant des fonctions de manipulation des chaînes de caractères est `dojo.string`. Dans ce module, les noms des fonctions sont préfixés par `dojo.string`.

Le tableau 7.7 récapitule ces différentes fonctions.

Tableau 7.7   Fonctions du module *dojo.string*

Fonction	Paramètre	Description
`dojo.string.capitalize`	Une chaîne de caractères	Met en majuscule la première lettre de chaque mot de la chaîne de caractères.
`dojo.string.endsWith`	Une chaîne de caractères, une chaîne de comparaison et éventuellement un drapeau	Détermine si la fin d'une chaîne de caractères correspond à celle spécifiée en paramètre. Un drapeau permet de spécifier si la comparaison doit être sensible à la casse.
`dojo.string.endsWithAny`	Une chaîne de caractères et une liste de chaînes de comparaison	Détermine si la fin d'une chaîne de caractères correspond à l'une de celles spécifiées en paramètre.
`dojo.string.escape`	Un type de contenu et une chaîne de caractères	Convertit et encode une chaîne de caractères pour un type de contenu spécifié en paramètre. Les types supportés sont `html` pour le langage HTML, `xhtml` pour le langage xHTML, `sql` pour le langage SQL, `regexp` pour les expressions régulières, `js` pour JavaScript et `ascii` pour l'encodage ASCII.
`dojo.string.has`	Une chaîne de caractères et un ensemble de chaînes	Détermine si une des chaînes de caractères passées en paramètre est contenue dans une chaîne.
`dojo.string.isBlank`	Une chaîne de caractères	Retourne la valeur `true` si la chaîne de caractères est uniquement composée d'espaces et `false` dans le cas contraire.
`dojo.string.normalize-Newlines`	Une chaîne de caractères et la chaîne correspondant à un retour à la ligne	Permet d'homogénéiser tous les retours à la ligne d'une chaîne de caractères en se fondant sur la chaîne représentant ces retours.
`dojo.string.pad`	Une chaîne de caractères, la longueur de la chaîne résultante et éventuellement un caractère ainsi qu'un sens d'ajout	Ajoute avant ou après une chaîne de caractères un nombre spécifié en paramètre du caractère désiré. Si le caractère n'est pas spécifié, le caractère 0 est utilisé. Le sens d'ajout peut prendre la valeur 1 pour un ajout en début de chaîne (par défaut) et -1 pour un ajout en fin de chaîne.
`dojo.string.padLeft`	Une chaîne de caractères, la longueur de la chaîne résultante et éventuellement un caractère	Ajoute avant une chaîne de caractères un nombre spécifié en paramètre du caractère désiré. Si le caractère n'est pas spécifié, le caractère 0 est utilisé.
`dojo.string.padRight`	Une chaîne de caractères, la longueur de la chaîne résultante et éventuellement un caractère	Ajoute après une chaîne de caractères un nombre spécifié en paramètre du caractère désiré. Si le caractère n'est pas spécifié, le caractère 0 est utilisé.
`dojo.string.repeat`	Une chaîne de caractères, un nombre et éventuellement un séparateur	Permet de construire une chaîne de caractères en répétant la chaîne en paramètre du nombre de fois spécifié. Un séparateur peut être utilisé afin de séparer les chaînes répétées.
`dojo.string.startsWith`	Une chaîne de caractères, une chaîne de comparaison et éventuellement un drapeau	Détermine si le début d'une chaîne de caractères correspond à celle spécifiée en paramètre. Un drapeau permet de spécifier si la comparaison doit être sensible à la casse.
`dojo.string.starts-WithAny`	Une chaîne de caractères et une liste de chaînes de comparaison	Détermine si le début d'une chaîne de caractères correspond à l'une de celles spécifiées en paramètre.

Tableau 7.7 Fonctions du module *dojo.string (suite)*

Fonction	Paramètre	Description
dojo.string.summary	Une chaîne de caractères et une longueur	Construit une sous-chaîne se finissant par « ... » si la chaîne en paramètre dépasse la longueur spécifiée. Dans le cas contraire, la chaîne elle-même est retournée.
dojo.string.trim	Une chaîne de caractères	Supprime les espaces autour de la chaîne spécifiée en paramètre.
dojo.string.trimEnd	Une chaîne de caractères	Supprime les espaces à la fin de la chaîne spécifiée en paramètre.
dojo.string.trimStart	Une chaîne de caractères	Supprime les espaces au début de la chaîne spécifiée en paramètre.

Un premier ensemble de fonctions offrent la possibilité de vérifier qu'une chaîne de caractères correspond à une condition. C'est le cas des fonctions dojo.string.startsWith, dojo.string.startsWithAny, dojo.string.endsWith et dojo.string.endsWithAny, qui permettent respectivement de déterminer si une chaîne de caractères commence ou finit par une autre.

Le code suivant décrit la mise en œuvre des deux premières, sachant que les deux restantes s'utilisent de la même manière :

```
var chaine1 = "Ceci est une chaîne de test";
var chaine2 = "Une autre chaîne de test";


var test1Chaine1 = dojo.string.startsWith(chaine1, "Ceci");
// test1Chaine1 contient la valeur true
var test2Chaine1 = dojo.string.startsWithAny(chaine1, "Test", "Ceci", "Un");
// test2Chaine1 contient la valeur true
var test1Chaine2 = dojo.string.startsWith(chaine2, "Ceci");
// test1Chaine2 contient la valeur false
var test2Chaine2 = dojo.string.startsWithAny(chaine2, "Test", "Ceci", "Un");
// test2Chaine2 contient la valeur true
```

La fonction dojo.string.has détermine si une chaîne de caractères d'ensemble est contenue dans une autre, comme dans le code suivant :

```
var chaine1 = "Ceci est une chaîne de test";
var chaine2 = "Une autre chaîne de test";
var testChaine1 = dojo.string.has(chaine1, "Ceci");
// testChaine1 contient la valeur true
var test1Chaine2 = dojo.string.has(chaine2, "test");
// test1Chaine2 contient la valeur true
var test2Chaine2 = dojo.string.has(chaine2, "Test");
// test2Chaine2 contient la valeur false
```

Un autre ensemble de fonctions offrent la possibilité de réaliser des opérations sur des chaînes de caractères. C'est le cas notamment de la fonction `dojo.string.trim` et de ses déclinaisons afin de supprimer des espaces « autour » d'une chaîne de caractères et de la fonction `dojo.string.pad` et de ses déclinaisons afin d'ajouter un nombre de caractères identiques avant ou après une chaîne de caractères.

Le code suivant décrit la mise en œuvre de la fonction `dojo.string.trim` afin de supprimer les espaces au début et à la fin d'une chaîne de caractères :

```
var chaine = "   Ceci est une chaîne de caractères   ";
var nouvelleChaine = dojo.string.trim(chaine);
/* nouvelleChaine contient la chaîne de caractères « Ceci est une chaîne de caractères » */
```

Le code suivant décrit la mise en œuvre de la fonction `dojo.string.pad` afin d'ajouter au début et à la fin d'une chaîne de caractères trois espaces :

```
var chaine = "Ceci est une chaîne de caractères";
var chainePad = dojo.string.pad(chaine, chaine.length+3, " ", 1);
chainePad = dojo.string.pad(chainePad, chainePad.length+3, " ", -1);
/* chainePad contient la chaîne de caractères «    Ceci est une chaîne de caractères    » */
```

La fonction `dojo.string.capitalize` permet de mettre en majuscules les premiers caractères des mots d'une chaîne de caractères, comme dans le code suivant :

```
var chaine = "Ceci est une chaîne de caractères";
var chaineCapitalisee = dojo.string.capitalize(chaine);
/* chaineCapitalisee contient la chaîne de caractères « Ceci Est Une Chaîne De
  ➡Caractères » */
```

dojo fournit en outre la classe `dojo.string.Builder` afin de construire des chaînes de caractères. Cette classe correspond à l'équivalent de la classe `StringBuffer` fournie par le langage Java.

Le code suivant décrit la mise en œuvre de cette classe :

```
var builder = new dojo.string.Builder();
builder.append("Ceci est");
builder.append(" une chaîne de test");

var chaine = builder.toString();
/* chaine contient la chaîne de caractères « Ceci est une chaîne de test » */
```

Dates

Le module de dojo fournissant des fonctions de manipulation des dates est `dojo.date`. Dans ce module, les noms des fonctions sont préfixés par `dojo.date`.

Le tableau 7.8 récapitule les principales fonctions de ce module.

Tableau 7.8   Principales fonctions du module *dojo.date*

Fonction	Paramètre	Description
dojo.date.add	Une date, une unité et un nombre	Ajoute une période à une date. L'unité choisie permet de spécifier si la période est exprimée en secondes, minutes, heures, jours ou mois.
dojo.date.compare	Deux dates et éventuellement une option de comparaison	Permet de comparer deux dates. L'option permet de spécifier si la comparaison porte uniquement sur la date, l'heure ou les deux.
dojo.date.format	Une date et un format	Convertit une date en une chaîne de caractères en se fondant sur un format.
dojo.date.getDayName	Une date	Retourne le nom du jour de la semaine de la date spécifiée.
dojo.date.getDayShortName	Une date	Retourne le nom abrégé du jour de la semaine de la date spécifiée.
dojo.date.getDaysInMonth	Une date	Retourne le nombre de jours pour le mois courant de la date spécifiée.
dojo.date.getMonthName	Une date	Retourne le nom du mois de la date spécifiée.
dojo.date.getMonthShortName	Une date	Retourne le nom abrégé du mois de la date spécifiée.
dojo.date.getTimezoneName	Une date	Retourne le nom du fuseau horaire de la date spécifiée.
dojo.date.getWeekOfYear	Une date et éventuellement le premier jour de l'année	Retourne le numéro de la semaine dans l'année pour la date spécifiée.
dojo.date.isLeapYear	Une date	Détermine si l'année de la date spécifiée est bissextile.
dojo.date.setDayOfYear et dojo.date.getDayOfYear	Une date et un numéro Une date	Positionne et retourne le numéro du jour dans l'année pour la date spécifiée.
dojo.date.toRelativeString	Une date	Détermine l'écart en la date courante et une date spécifiée.

Les principales fonctions du tableau 7.8 se décomposent en deux ensembles. Le premier permet de récupérer et de positionner des informations pour des dates. Le second correspond à des fonctions de manipulation, de test et de formatage de dates.

La fonction dojo.date.isLeapYear permet de déterminer si l'année d'une date est bissextile, comme le montre le code suivant :

```
var date1 = new Date();
date1.setFullYear(2006);
var date1Bissextile = dojo.date.isLeapYear(date1);
/* date1Bissextile contient false car l'année 2006 n'est pas bissextile */
var date2 = new Date();
date2.setFullYear(2007);
var date2Bissextile = dojo.date.isLeapYear(date2);
/* date2Bissextile contient false car l'année 2007 n'est pas bissextile */
var date3 = new Date();
date3.setFullYear(2008);
var date3Bissextile = dojo.date.isLeapYear(date3);
/* date3Bissextile contient true car l'année 2008 est bissextile */
```

La fonction `dojo.date.format` offre la possibilité de convertir une date en chaîne de caractères en se fondant sur un format. Ce dernier utilise différents éléments afin de préciser les positions des éléments d'une date dans une chaîne.

Le tableau 7.9 récapitule les principaux de ces éléments.

Tableau 7.9   Éléments du format de date de la fonction *dojo.date.format*

Élément	Description
%a et %A	Correspond aux noms abrégé et complet du jour pour le paramètre de localisation.
%b et %B	Correspond aux noms abrégé et complet du mois pour le paramètre de localisation.
%d	Correspond au jour dans le mois courant.
%H et %I	Correspond à l'heure courante, respectivement sur 24 heures et 12 heures.
%j	Correspond au numéro du jour de l'année courante.
%m	Correspond au numéro du mois de l'année courante.
%M	Correspond à la minute courante.
%S	Correspond à la seconde courante.
%y	Correspond à l'année sur quatre caractères.

Le code suivant décrit la mise en œuvre de cette fonction de formatage de dates :

```
// Définition de la date: 10/09/2006 à 12h30min30s
var date = new Date();
date.setFullYear(2006);
date.setMonth(08);
date.setDate(10);
date.setHours(12);
date.setMinutes(30);
date.setSeconds(30);
var format = "%d/%m/%y, %H:%M:%S";

var chaineDate = dojo.date.format(date,format);
// chaineDate contient la valeur « 10/09/2006, 12:30:30 »
```

La fonction `dojo.date.compare` permet de comparer deux dates. Elle renvoie la valeur 0 si les deux dates sont égales, 1 si la première est supérieure à la seconde et -1 dans le cas contraire. Elle offre en outre la possibilité d'utiliser une option de comparaison afin de spécifier le type de comparaison : comparaison des dates ou des heures uniquement ou des deux.

Le code suivant décrit la mise en œuvre de cette fonction :

```
/* date1 correspond à la date courante dont la valeur des heures est 0 */
var date1=new Date();
date1.setHours(0);
/* date2 correspond à la date courante dont les valeurs de l'année et des heures
➡sont respectivement 2005 et 12 */
var date2=new Date();
```

```
date2.setFullYear(2005);
date2.setHours(12);
var comparaison1 = dojo.date.compare(date1, date1);
/* comparaison1 contient 0 car les dates sont égales */
var comparaison2 = dojo.date.compare(date1, date2,
                        dojo.date.compareTypes.DATE);
/* comparaison2 contient 1 car la date de date1 est supérieure
   à celle de date2 */
var comparaison3 = dojo.date.compare(date2, date1,
                        dojo.date.compareTypes.DATE);
/* comparaison3 contient -1 (test inverse) */
var comparaison4 = dojo.date.compare(date1, date2,
                        dojo.date.compareTypes.TIME);
/* comparaison4 contient -1 car l'heure de date1 est inférieure à
   celle de date2 */
var comparaison5 = dojo.date.compare(date1, date2,
         dojo.date.compareTypes.DATE|dojo.date.compareTypes.TIME);
/* comparaison5 contient 1 (test inverse) */
```

La fonction `dojo.date.add` offre la possibilité d'ajouter une période à une date. Elle est très pratique pour déterminer la date obtenue après un nombre de jours, par exemple. Cette période peut être spécifiée en jours, comme dans le code suivant :

```
// Définition de la date: 29/09/2006 à 12h30min30s
var date = new Date();
date.setFullYear(2006);
date.setMonth(08);
date.setDate(29);
date.setHours(12);
date.setMinutes(30);
date.setSeconds(30);
var dateObtenue = dojo.date.add(date, dojo.date.dateParts.DAY, 5);
// dateObtenue correspond à la date: 04/10/2006 à 12h30min30s
```

La fonction `dojo.date.add` se fonde sur la structure `dojo.date.dateParts` afin de définir l'unité de temps de la période ajoutée. Cette structure inclut l'année, le mois, le jour, l'heure, la minute, la seconde et la milliseconde.

Expressions régulières

Le module `dojo.regexp` de dojo fournit des fonctions implémentant diverses expressions régulières afin de vérifier suivant des critères précis et de formater une chaîne de caractères passée en paramètre. Dans ce module, les noms des fonctions sont préfixés par `dojo.regexp`.

Le tableau 7.10 récapitule ces différentes fonctions.

Tableau 7.10 Fonctions du module *dojo.regexp*

Fonction	Paramètre	Description
currency	Un objet de configuration	Retourne une expression régulière afin de vérifier qu'une chaîne de caractères correspond à une valeur monétaire.
emailAddress	Un objet de configuration	Retourne une expression régulière afin de vérifier qu'une chaîne de caractères correspond à une adresse e-mail.
emailAddressList	Un objet de configuration	Retourne une expression régulière afin de vérifier qu'une chaîne de caractères correspond à une liste d'adresses e-mail.
host	Un objet de configuration	Retourne une expression régulière afin de vérifier qu'une chaîne de caractères correspond à un nom de domaine ou une adresse IP.
integer	Un objet de configuration	Retourne une expression régulière afin de vérifier qu'une chaîne de caractères correspond à un nombre entier.
ipaddress	Un objet de configuration	Retourne une expression régulière afin de vérifier qu'une chaîne de caractères correspond à une adresse IP.
numberFormat	Un objet de configuration	Retourne une expression régulière afin de vérifier qu'une chaîne de caractères contient bien des nombres à des positions spécifiées.
realNumber	Un objet de configuration	Retourne une expression régulière afin de vérifier qu'une chaîne de caractères correspond à un nombre réel.
time	Un objet de configuration	Retourne une expression régulière afin de vérifier qu'une chaîne de caractères correspond à un format de représentation d'un temps.
url	Un objet de configuration	Retourne une expression régulière afin de vérifier qu'une chaîne de caractères correspond à une URL valide.
us.state	Un objet de configuration	Retourne une expression régulière afin de vérifier qu'une chaîne de caractères correspond à l'abréviation d'un territoire ou d'un État d'Amérique du Nord.

Un premier ensemble de fonctions se fondent sur un objet de configuration spécifiant différentes options afin de créer les expressions régulières. C'est le cas des fonctions `dojo.regexp.emailAddress` et `dojo.regexp.emailAddressList`, qui vérifient la validité du format d'adresses e-mail.

Le code suivant décrit leur mise en œuvre :

```
// Vérification d'adresses email
var chaineEmail1 = "email@eyrolles.com";
var chaineEmail2 = "email_eyrolles.com"
var reAdresseEmail = new RegExp(dojo.regexp.emailAddress());
var chaineEmail1Correcte = reAdresseEmail.test(chaineEmail1);
// chaineEmail1Correcte contient la valeur true
var chaineEmail2Correcte = reAdresseEmail.test(chaineEmail2);
// chaineEmail2Correcte contient la valeur false
// Vérification de listes d'adresses email
var chaineListeEmail1 = "email@eyrolles.com,email1@eyrolles.com";
var chaineListeEmail2 = "email_eyrolles.com,email1_eyrollescom"
var reListeAdresseEmail = new RegExp(dojo.regexp.emailAddressList());
var chaineEmail1Correcte = reListeAdresseEmail.test(chaineListeEmail1);
// chaineEmail1Correcte contient la valeur true
var chaineEmail2Correcte = reListeAdresseEmail.test(chaineListeEmail2);
// chaineEmail2Correcte contient la valeur false
```

Un autre ensemble se fonde sur des formats afin de vérifier le bon format d'une chaîne de caractères. Les fonctions de ce type offrent la possibilité de vérifier le format de chaînes utilisant des nombres, telles que les heures et les numéros de téléphone.

La première vérification est mise en œuvre par la fonction `dojo.regexp.time`. Un format doit être spécifié en paramètre, format se fondant sur les éléments récapitulés au tableau 7.11.

Tableau 7.11   Éléments du format de la fonction *dojo.regexp.time*

Élément	Description
h	Correspond à la valeur des heures de 0 à 12. Cette valeur n'est pas précédée de zéro dans le cas d'une valeur inférieure à 10.
H	Correspond à la valeur des heures de 0 à 24. Cette valeur n'est pas précédée de zéro dans le cas d'une valeur inférieure à 10.
hh	Correspond à la valeur des heures de 0 à 12. Cette valeur doit être précédée de zéro dans le cas d'une valeur inférieure à 10.
HH	Correspond à la valeur des heures de 0 à 24. Cette valeur doit être précédée de zéro dans le cas d'une valeur inférieure à 10.
m	Correspond à la valeur des minutes. Cette valeur n'est pas précédée de zéro dans le cas d'une valeur inférieure à 10.
mm	Correspond à la valeur des minutes. Cette valeur doit être précédée de zéro dans le cas d'une valeur inférieure à 10.
s	Correspond à la valeur des secondes. Cette valeur n'est pas précédée de zéro dans le cas d'une valeur inférieure à 10.
ss	Correspond à la valeur des secondes. Cette valeur doit être précédée de zéro dans le cas d'une valeur inférieure à 10.
t	Correspond à la valeur « AM » ou « PM » en majuscules ou minuscules.

La seconde vérification se fonde sur la fonction `dojo.regexp.numberFormat`, dont le format passé en paramètre utilise le caractère # afin de spécifier la place des nombres dans la chaîne de caractères à vérifier. Le caractère ? peut également être mis en œuvre afin de spécifier des nombres optionnels. Ainsi, les formats peuvent être de la forme suivante :

```
var format1 = "(+####) ## ## ## ## ##";
// Pour un numéro de téléphone avec indicatif : (+033) 01 02 03 04 05
var format2 = "###-######";
// Pour une chaîne du type : 342-54303
var format3 = "### ##### ##???";
// Pour une chaine du type 435 58394 455 ou 435 58394 45532
```

Le code suivant décrit la mise en œuvre des fonctions `dojo.regexp.time` (repère ❶) et `dojo.regexp.numberFormat` (repère ❷) :

```
var chaineHeureCorrecte = "13:45:22";
var chaineHeureIncorrecte = "1:45:22 PM";
var reHeure = new RegExp(dojo.regexp.time({ ← ❶
    format: "HH:mm:ss"
}));
var heureCorrecte = reHeure.test(chaineHeureCorrecte);
// heureCorrecte contient la valeur true
var heureIncorrecte = reHeure.test(chaineHeureIncorrecte);
```

```
// heureIncorrecte contient la valeur false
var chaineNombre = "4353-756398";
var reChaineNombre = new RegExp(dojo.regexp.numberFormat({ ← ❷
    format: "####-######"
}));
var chaineNombreCorrecte = reChaineNombre.test(chaineNombre);
// chaineNombreCorrecte contient la valeur true
```

Support des collections

dojo implémente différents types de collections afin de permettre la mise en œuvre de structures de données évoluées, telles que les listes, les arbres, les queues, les piles et les tables de hachage.

Cette section détaille les principales collections mises à disposition par dojo ainsi que le support de dojo permettant de les parcourir.

Collections de base

La bibliothèque dojo met en œuvre différentes implémentations des listes et des tables de hachage par le biais de classes telles que `dojo.collections.ArrayList` et `dojo.collections.Dictionnary`.

La première implémente une liste non triée, à l'instar de la classe `ArrayList` fournie par Java. Elle fournit différentes méthodes afin d'insérer et de supprimer des éléments, de rechercher des éléments et de parcourir la liste.

Le tableau 7.12 récapitule les différentes méthodes de la classe `dojo.collections.ArrayList`.

Tableau 7.12 Méthodes de la classe *dojo.collections.ArrayList*

Méthode	Paramètre	Description
add	L'élément à ajouter	Ajoute un élément à la liste.
addRange	Le tableau contenant les éléments à ajouter	Ajoute une liste d'éléments à la liste.
clear	-	Supprime tous les éléments contenus dans la liste.
clone	-	Retourne une copie de la liste.
contains	Un élément à rechercher	Détermine si l'élément en paramètre est contenu dans la liste.
forEach	Une fonction de rappel ainsi qu'éventuellement son contexte d'exécution	Permet de parcourir la collection en se fondant sur une fonction de rappel. Cette dernière doit prendre en paramètre l'élément courant, son indice ainsi qu'un tableau représentant la liste.
getIterator	-	Retourne un itérateur afin de parcourir la liste.
indexOf	Un élément	Retourne la position de l'élément passé en paramètre dans la liste. S'il n'est pas présent, la valeur -1 est renvoyée.
insert	Un élément ainsi que l'index d'insertion	Insère un élément à une position donnée.
item	Un indice	Retourne l'élément correspondant à la position spécifiée en paramètre.

Tableau 7.12   Méthodes de la classe *dojo.collections.ArrayList (suite)*

Méthode	Paramètre	Description
remove	Un élément	Supprime de la liste l'élément passé en paramètre.
removeAt	Un indice	Supprime de la liste l'élément dont l'index est passé en paramètre.
reverse	-	Inverse l'ordre des éléments de la liste.
setByIndex	Un indice et un élément	Insère un élément à un indice spécifié dans la liste.
sort		Trie les éléments de la liste.
toArray	-	Convertit la liste en tableau.
toString	Rien ou un délimiteur	Retourne une représentation sous forme de chaîne de caractères de la liste.

Le code suivant décrit la façon d'utiliser cette classe afin de créer une liste, d'ajouter des éléments et de parcourir son contenu :

```
var liste = new dojo.collections.ArrayList();
liste.add("élément1");
liste.add("élément3");
liste.setByIndex(1, "élément2");
// Affiche les différents éléments de la liste, insérés ci-dessus
liste.forEach(function(element, indice, tableau) {
    alert(indice+": "+element);
});
```

Dans le code ci-dessus, element contient la valeur de l'élément courant de la liste lors du parcours de cette dernière et indice un nombre entier correspondant à sa position.

La seconde classe correspond à une table de hachage, c'est-à-dire une paire clé-valeur. Elle fournit différentes méthodes afin d'insérer et de supprimer des éléments, de rechercher des éléments et de parcourir la table.

Le tableau 7.13 récapitule les différentes méthodes de la classe dojo.collections.Dictionary.

Tableau 7.13   Méthodes de la classe *dojo.collections.Dictionary*

Méthode	Paramètre	Description
add	Une clé et une valeur	Ajoute dans la table de hachage une clé ainsi que sa valeur.
clear	-	Supprime tous les éléments contenus dans la table de hachage.
clone	-	Retourne une copie de la table de hachage.
contains	Une clé	Détermine si une clé est contenue dans la table pour la clé spécifiée.
containsValue	Une valeur	Détermine si un élément est contenu dans la table pour la valeur spécifiée.
entry	Une clé	Retourne l'entrée contenant une clé et une valeur et correspondant à la clé spécifiée en paramètre.
forEach	Une fonction de rappel ainsi que, éventuellement, son contexte d'exécution	Permet de parcourir la collection en se fondant sur une fonction de rappel. Cette dernière doit prendre en paramètre l'élément courant, son indice ainsi qu'un tableau représentant la liste.

Tableau 7.13 Méthodes de la classe *dojo.collections.Dictionary (suite)*

Méthode	Paramètre	Description
getIterator	-	Retourne l'itérateur permettant de parcourir la table de hachage.
getKeyList	-	Retourne la liste des clés de la table de hachage.
getValueList	-	Retourne la liste des valeurs de la table de hachage.
remove	Une clé	Supprime un élément de la table de hachage en se fondant sur sa clé.
item	Une clé	Retourne la valeur correspondant à une clé dans la table de hachage.

Le code suivant décrit la façon d'utiliser cette classe afin de créer une table de hachage, d'ajouter des éléments et de parcourir son contenu :

```
var tableHachage = new dojo.collections.Dictionary();
tableHachage.add("clé1", "élément1");
tableHachage.add("clé2", "élément2");
tableHachage.add("clé3", "élément3");
var listeCles = tableHachage.getKeyList();
/* listeCles correspond au tableau [ "clé1", "clé2", "clé2" ] */
var listeValeurs = tableHachage.getValueList();
/* listeValeurs correspond au tableau [ "élément1", " élément2", " élément3" ] */
// Affiche les différents éléments de la table, insérés ci-dessus
tableHachage.forEach(function(element, indice, tableau) {
    alert(indice+": "+element.key+", "+element.value);
});
```

Dans le code ci-dessus, element contient la paire clé-valeur (respectivement les attributs key et value) de l'élément courant de la table de hachage lors du parcours de cette dernière et indice un nombre entier correspondant à sa position.

Nous verrons plus loin dans ce chapitre que ces classes peuvent utiliser le support des classes d'itération afin d'être parcourues.

Structures de données avancées

Les structures de données avancées fournies par dojo correspondent aux queues, aux piles, aux graphes et aux arbres binaires. Nous ne détaillons dans cette section que la mise en œuvre des deux premières structures.

La première est implémentée par la classe dojo.collections.Queue. Cette structure correspond à une file d'attente, ou FIFO (First In First Out), dont le premier élément qui lui est ajouté est le premier à en sortir. Une mise en œuvre de cette structure a été abordée au chapitre 2 en se fondant sur les tableaux JavaScript.

Le tableau 7.14 récapitule les méthodes de la classe dojo.collections.Queue.

Tableau 7.14 Méthodes de la classe *dojo.collections.Queue*

Méthode	Paramètre	Description
clear	-	Supprime tous les éléments contenus dans la queue.
clone	-	Retourne une copie de la queue.
contains	Une valeur	Détermine si un élément est contenu dans la queue pour la clé spécifiée.
copyTo	Un tableau et un indice	Copie le contenu dans la queue du tableau passé en paramètre à partir de la position spécifiée.
dequeue	-	Retourne l'élément suivant de la queue et le supprime de celle-ci.
enqueue	Un élément	Ajoute un élément à la fin de la queue.
forEach	Une fonction de rappel ainsi qu'éventuellement son contexte d'exécution	Permet de parcourir la collection en se fondant sur une fonction de rappel. Cette dernière doit prendre en paramètre l'élément courant, son indice ainsi qu'un tableau représentant la liste.
getIterator	-	Retourne l'itérateur permettant de parcourir la queue.
peek	-	Retourne l'élément suivant de la queue sans en modifier son contenu.
toArray	-	Retourne une représentation sous forme de tableau de la liste.

Le code suivant décrit la mise en œuvre de cette classe afin de traiter des données en se fondant sur une queue :

```
var queue = new dojo.collections.Queue();
queue.enqueue("élément1");
queue.enqueue("élément2");
queue.enqueue("élément3");
var premierElementSansRetrait = queue.peek();
// premierElementSansRetrait contient la valeur "élément1"
var elementExtrait = queue.dequeue();
// elementExtrait contient la valeur "élément1"
elementExtrait = queue.dequeue();
// elementExtrait contient la valeur "élément2"
elementExtrait = queue.dequeue();
// elementExtrait contient la valeur "élément3"
```

La seconde structure est implémentée par la classe `dojo.collections.Stack`. Elle correspond à une pile, ou LIFO (Last In First Out), dans laquelle le dernier élément qui lui est ajouté est le premier à en sortir. Une mise en œuvre de cette structure a également été abordée au chapitre 2 en se fondant sur les tableaux JavaScript.

Le tableau 7.15 récapitule les méthodes de la classe `dojo.collections.Stack`.

Tableau 7.15 Méthodes de la classe *dojo.collections.Stack*

Méthode	Paramètre	Description
clear	-	Supprime tous les éléments contenus dans la pile.
clone	-	Retourne une copie de la pile.
contains	Une valeur	Détermine si un élément est contenu dans la pile pour la clé spécifiée.
copyTo	Un tableau et un indice	Copie le contenu dans la pile du tableau passé en paramètre à partir de la position spécifiée.

Tableau 7.15   Méthodes de la classe *dojo.collections.Stack (suite)*

Méthode	Paramètre	Description
forEach	Une fonction de rappel ainsi qu'éventuellement son contexte d'exécution	Permet de parcourir la collection en se fondant sur une fonction de rappel. Cette dernière doit prendre en paramètre l'élément courant, son indice ainsi qu'un tableau représentant la liste.
getIterator	-	Retourne l'itérateur permettant de parcourir la pile.
peek	-	Retourne l'élément suivant de la pile sans en modifier le contenu.
pop	-	Retourne l'élément suivant au sommet de la pile et le supprime de celle-ci.
push	Un élément	Ajoute un élément au sommet de la pile.
toArray	-	Retourne une représentation sous forme de tableau de la pile.

Le code suivant décrit la mise en œuvre de cette classe afin de traiter des données en se fondant sur une pile :

```
var pile = new dojo.collections.Stack();
pile.push("élément1");
pile.push("élément2");
pile.push("élément3");
var premierElementSansRetrait = pile.peek();
// premierElementSansRetrait contient la valeur "élément3"
var elementExtrait = pile.pop();
// elementExtrait contient la valeur "élément3"
elementExtrait = pile.pop();
// elementExtrait contient la valeur "élément2"
elementExtrait = pile.pop();
// elementExtrait contient la valeur "élément1"
```

Itérateurs

dojo fournit différentes classes pour parcourir les collections décrites aux sections précédentes. Ces classes correspondent à des itérateurs, entités permettant de se déplacer progressivement dans une collection.

Le premier, implémenté par le biais de la classe dojo.collections.Iterator, offre la possibilité de parcourir des listes telles que celles implémentées par les classes dojo.collections.ArrayList et dojo.collections.SortedList.

Le tableau 7.16 récapitule les méthodes disponibles pour cette classe.

Tableau 7.16   Méthodes de la classe *dojo.collections.Iterator*

Méthode	Paramètre	Description
atEnd	-	Détermine si l'itérateur se trouve à la fin du parcours de la collection.
get	-	Retourne l'élément courant de l'itération.
map	Une fonction de rappel ainsi qu'éventuellement son contexte d'exécution	Retourne un tableau rempli en se fondant sur la fonction de rappel et les éléments contenus dans l'itérateur d'une collection.
reset	-	Réinitialise l'itérateur au début du parcours de la collection.

Le code suivant décrit la mise en œuvre de cette classe afin de parcourir une liste fondée sur la classe `dojo.collections.ArrayList` :

```
var liste = new dojo.collections.ArrayList();
liste.add("élément1");
liste.add("élément2");
liste.add("élément3");
// Affiche les différents éléments de la liste, insérés ci-dessus
for(var iterateur = liste.getIterator(); !iterateur.atEnd(); ) {
    var element = iterateur.get();
    alert("Element: "+element);
}
```

dojo fournit également la classe `dojo.collections.DictionaryIterator` afin de parcourir des tables de hachage telles que celle implémentée par la classe `dojo.collections.Dictionary`. Elle met à disposition les mêmes méthodes que la classe `dojo.collections.Iterator`.

L'élément renvoyé par la méthode `get` de cette classe est désormais une structure contenant la clé et la valeur d'une entrée dans la table de hachage. Cette structure est implémentée par l'intermédiaire de la classe `dojo.collections.DictionaryEntry`.

Le code suivant décrit la mise en œuvre de cette classe afin de parcourir une liste fondée sur la classe `dojo.collections.Dictionary` :

```
var tableHachage = new dojo.collections.Dictionary();
tableHachage.add("clé1", "élément1");
tableHachage.add("clé2", "élément2");
tableHachage.add("clé3", "élément3");
// Affiche les différents éléments de la table, insérés ci-dessus
for(var i = tableHachage.getIterator(); !i.atEnd(); ) {
    var element = i.get();
    alert("Element: "+element.key+", "+element.value);
}
```

Support du DOM

La bibliothèque dojo fournit deux fonctions permettant d'accéder aux éléments de l'arbre DOM d'une page HTML. Aucun module ne doit être spécifié afin de les utiliser, car elles font partie des fonctions centrales de dojo.

La fonction `dojo.byId` retourne un élément DOM en se fondant sur son identifiant. Elle encapsule la méthode `getElementById` de l'objet `document` d'une page HTML.

La fonction `dojo.byTag` retourne un tableau d'éléments DOM en se fondant sur un nom de balise. Elle encapsule la méthode `getElementsByTagName` de l'objet `document` d'une page HTML.

Afin de détailler le support du DOM par dojo, nous allons reprendre dans cette section l'exemple utilisé au chapitre 4 :

```
<div id="maZone">
    <span id="monTexte"><b>Un texte</b></span>
    <div id="monAutreZone">
        <p>Un autre texte</p>
    </div>
</div>
```

L'exemple suivant décrit la mise en œuvre des fonctions `dojo.byId` et `dojo.byTag` en se fondant sur le fragment HTML ci-dessus :

```
var zone = dojo.byId("maZone");
// zone contient la référence à la première balise
var listeBalises = dojo.byTag("div");
// listeBalises contient les différentes balises dont le nom est div
```

En plus de ces deux fonctions, dojo offre un support permettant de manipuler l'arbre DOM d'une page Web par l'intermédiaire de son module `dojo.dom`. Ce module fournit un ensemble de constantes et de fonctions à cet effet.

Le tableau 7.17 récapitule les principales constantes relatives au type du nœud DOM.

Tableau 7.17   Principales constantes relatives au type du nœud DOM

Constante	Valeur	Description
dojo.dom.ELEMENT_NODE	1	Correspond à un nœud.
dojo.dom.ATTRIBUTE_NODE	2	Correspond à un attribut.
dojo.dom.TEXT_NODE	3	Correspond à un nœud de texte.
dojo.dom.CDATA_SECTION_NODE	4	Correspond à un nœud de type CDATA.
dojo.dom.ENTITY_NODE	6	Correspond à une entité XML.
dojo.dom.COMMENT_NODE	8	Correspond à un commentaire.
dojo.dom.DOCUMENT_NODE	9	Correspond à un nœud racine d'un document XML.

Ce module met également à disposition différentes fonctions utilitaires afin de faciliter la manipulation des éléments DOM. Le tableau 7.18 récapitule ces fonctions.

Tableau 7.18   Fonctions de manipulation d'éléments DOM

Fonction	Paramètre	Description
dojo.dom.copyChildren	Un nœud source, un nœud cible et un drapeau	Copie tous les éléments enfants d'une balise source vers une balise destination. Si la valeur du troisième paramètre vaut `true`, tous les éléments enfants de type texte sont supprimés.
dojo.dom.createDocument	-	Crée un nœud de type document.
dojo.dom.createDocument-FromText	-	Crée un nœud de type document et l'initialise en se fondant sur du code XML contenu dans une chaîne de caractères.
dojo.dom.firstElement	Un nœud et un nom de balise	Retourne le premier élément enfant de type : `dojo.dom.ELEMENT_NODE` d'un nœud. Si un nom de balise est spécifié, la fonction retourne le premier élément correspondant.

Tableau 7.18 Fonctions de manipulation d'éléments DOM *(suite)*

Fonction	Paramètre	Description
dojo.dom.getAncestors	Un nœud, une fonction de rappel et un drapeau	Retourne la liste des parents d'un nœud en appliquant éventuellement un filtrage. Ce dernier est implémenté par une fonction de rappel. Si elle n'est pas spécifiée, aucun filtrage n'est réalisé. Si la valeur du troisième élément vaut true, retourne uniquement le premier élément correspondant.
dojo.dom.getAncestorsByTag	Un nœud, un nom de balise et un drapeau	Retourne la liste des parents d'un nœud correspondant au nom de balise spécifié. Si la valeur du troisième élément vaut true, retourne uniquement le premier élément correspondant.
dojo.dom.getFirstAncestor-ByTag	Un nœud et un nom de balise	Retourne le premier parent d'un nœud correspondant au nom de balise spécifié.
dojo.dom.getUniqueId	-	Génère un identifiant unique.
dojo.dom.hasParent	Un nœud	Détermine si un nœud est un enfant d'un autre.
dojo.dom.innerXML	Un nœud	Correspond au contenu d'un nœud au format XML.
dojo.dom.insertAfter	Un nœud de référence, un nœud à insérer et un drapeau	Ajoute un nœud au même niveau et après un nœud de référence. Si les deux nœuds en paramètres sont égaux ou le nœud à insérer se trouve déjà avec le nœud de référence, le nœud n'est ajouté que si le drapeau vaut true.
dojo.dom.insertAtIndex	Un nœud à insérer, un nœud cible pour l'insertion et un indice	Ajoute un nœud dans la liste des enfants d'un nœud cible. Si la valeur de l'indice est supérieure au nombre des enfants du nœud, il est ajouté en dernière position.
dojo.dom.insertAtPosition	Un nœud de référence, un nœud à insérer et une position	Ajoute un nœud au même niveau qu'un nœud de référence. La position du nœud inséré dépend du paramètre de position, lequel peut prend les valeurs before, after, first ou last. Son omission correspond à la valeur last.
dojo.dom.insertBefore	Un nœud de référence, un nœud à insérer et un drapeau	Ajoute un nœud au même niveau et avant un nœud de référence. Si les deux nœuds en paramètres sont égaux ou le nœud à insérer se trouve déjà avec le nœud de référence, le nœud n'est ajouté que si le drapeau vaut true.
dojo.dom.isDescendantOf	Un nœud, un nœud parent potentiel et un drapeau	Détermine si un nœud correspond à un enfant d'un autre nœud. Si la valeur du troisième élément vaut true, réalise la fonctionnalité au sens strict.
dojo.dom.isNode	Un élément de l'arbre DOM	Détermine si le paramètre est un nœud.
dojo.dom.isTag	Un nœud et différents noms de balises	Détermine si un nœud correspond à un des noms de balise passés en paramètres. Si tel est le cas, le nom correspondant est retourné.
dojo.dom.lastElement	Un nœud et un nom de balise	Retourne le dernier élément enfant de type : dojo.dom.ELEMENT_NODE d'un nœud. Si un nom de balise est spécifié, la fonction retourne le dernier élément correspondant.
dojo.dom.moveChildren	Un nœud source, un nœud cible et un drapeau	Déplace tous les éléments enfants d'une balise source vers une balise destination. Si la valeur du troisième paramètre vaut vrai, tous les éléments enfant de type texte sont supprimés.
dojo.dom.nextElement	Un nœud et un nom de balise	Retourne l'élément suivant de type : dojo.dom.ELEMENT_NODE d'un nœud. Si un nom de balise est spécifié, la fonction retourne l'élément suivant correspondant.

Tableau 7.18   Fonctions de manipulation d'éléments DOM *(suite)*

Fonction	Paramètre	Description
dojo.dom.prependChild	Un nœud à insérer et un nœud sous lequel insérer	Ajoute un nœud en première position des enfants d'un autre nœud.
dojo.dom.prevElement	Un nœud et un nom de balise	Retourne l'élément précédant de type : dojo.dom.ELEMENT_NODE d'un nœud. Si un nom de balise est spécifié, la fonction retourne l'élément précédant correspondant.
dojo.dom.removeChildren	Un nœud	Supprime tous les éléments enfants d'un nœud.
dojo.dom.removeNode	Un nœud	Supprime le nœud spécifié de son nœud père.
dojo.dom.replaceChildren	Un nœud source et un nœud à ajouter	Supprime tous les éléments enfants d'un nœud et lui ajoute le nœud spécifié en second paramètre.
dojo.dom.setAttributeNS	Un nœud, un espace de nommage et un nom et une valeur d'attribut	Correspond à l'implémentation de la méthode setAttributNS du DOM niveau 2.
dojo.dom.textContent	Un nœud et éventuellement une chaîne de caractères	Correspond à l'implémentation de l'attribut textContent du DOM niveau 3.

La fonction dojo.dom.moveChildren permet de déplacer tous les nœuds enfants d'un nœud vers un autre. Le code suivant décrit la façon d'utiliser cette fonction afin de déplacer les enfants de la balise span d'identifiant monTexte dans la balise div d'identifiant monAutreZone :

```
var parentSource = dojo.byId("monTexte");
var parentCible = dojo.byId("monAutreZone");
dojo.dom.moveChildren(parentSource, parentCible, false);
```

Ce code permet de modifier l'arbre DOM en mémoire de la page afin d'obtenir le résultat suivant :

```
<div id="maZone">
    <span id="monTexte"></span>
    <div id="monAutreZone">
        <b>Un texte</b> ← ❶
        <p>Un autre texte</p>
    </div>
</div>
```

Le repère ❶ met en valeur le bloc déplacé par l'utilisation de la fonction dojo.dom.move-Children.

La fonction dojo.dom.removeChildren offre la possibilité de supprimer tous les nœuds enfants d'un nœud. Le code suivant permet de supprimer tout le contenu de la balise span d'identifiant monTexte :

```
var source = dojo.byId("monTexte");
dojo.dom.removeChildren(source);
```

Le code ci-dessus permet d'obtenir l'arbre DOM en mémoire de la page suivante :

```
<div id="maZone">
    <span id="monTexte"></span> ← ❶
    <div id="monAutreZone">
        <p>Un autre texte</p>
    </div>
</div>
```

Le repère ❶ met en valeur le bloc dans lequel les nœuds enfants ont été supprimés par l'utilisation de la fonction `dojo.dom.removeChildren`.

D'autres fonctions, telles que `dojo.dom.insertBefore` et `dojo.dom.insertAfter`, permettent d'insérer des éléments à différentes positions dans l'arbre DOM d'une page.

Ces fonctions ajoutent respectivement des nœuds avant et après un nœud de référence. Le code suivant implémente la façon d'ajouter un texte en italique (balise `i`) avant et après le texte en gras (balise `b`) :

```
var baliseItaliqueAvant = document.createElement("i");
var texteItalique = document.createTextNode("Italique");
baliseItaliqueAvant.appendChild(texteItalique);
var baliseItaliqueApres = baliseItaliqueAvant.clone(true);
var source = dojo.byId("monTexte");
var baliseGras = source.childNodes[0];
dojo.dom.insertBefore(baliseItaliqueAvant, baliseGras);
dojo.dom.insertAfter(baliseItaliqueApres, baliseGras);
```

Le code ci-dessus permet d'obtenir l'arbre DOM en mémoire de la page suivante :

```
<div id="maZone">
    <span id="monTexte">
        <i>Italique</i> ← ❶
        <b>Un texte</b> ← ❷
        <i>Italique</i> ← ❸
    </span>
    <div id="monAutreZone">
        <p>Un autre texte</p>
    </div>
</div>
```

Les repères ❶ et ❸ mettent respectivement en valeur les blocs ajoutés avant et après le bloc identifié par le repère ❷ par l'utilisation des fonctions `dojo.dom.insertBefore` et `dojo.dom.insertAfter`.

Dans le code JavaScript ci-dessus, les fonctions `dojo.createElement` et `createTextNode` du DOM sont utilisées afin de créer les nœuds à insérer. Ces fonctions ont été abordées au chapitre 4.

La fonction `dojo.dom.prependChild` peut être utilisée en complément des deux précédentes afin d'ajouter un enfant à un nœud, même s'il n'en possède pas.

Pour finir, différentes fonctions offrent la possibilité d'accéder à différents nœuds de l'arbre DOM de manière relative à un nœud. Ainsi, les fonctions `dojo.dom.firstElement`, `dojo.dom.lastElement`, `dojo.dom.prevElement` et `dojo.dom.nextElement` permettent respectivement d'avoir le premier et le dernier nœud d'un ensemble de nœuds ainsi que les nœuds précédant et suivant un nœud.

Le code suivant décrit la mise en œuvre de ces fonctions sur le fragment HTML utilisé dans cette section :

```
var element = dojo.byId("maZone");
var premierElement = dojo.dom.firstElement(element);
// premierElement correspond à l'élément d'identifiant "monTexte"
var dernierElement = dojo.dom.lastElement(element);
/* dernierElement correspond à l'élément d'identifiant
   "monAutreZone" */
var precedentElement = dojo.dom.prevElement(element);
/* precedentElement est null puisqu'il n'y a pas
   d'élément précédent */
var suivantElement = dojo.dom.nextElement(element);
/* dernierElement correspond à l'élément d'identifiant
   "monAutreZone" */
```

Support des techniques Ajax

La bibliothèque dojo offre un intéressant support afin de mettre en œuvre simplement les techniques Ajax ainsi que l'appel à des services distants.

Dans cette section, nous abordons les mécanismes fondés sur la fonction générique `dojo.io.bind`, dont l'objectif est d'abstraire des mécanismes sous-jacents et de permettre ainsi de s'adapter au mieux au contexte d'exécution de l'application qui utilise cette fonction.

Fonction dojo.io.bind

La fonction `dojo.io.bind` correspond à l'entité centrale du support d'Ajax par la bibliothèque dojo. Elle intègre tous les mécanismes permettant d'envoyer une requête à partir d'une page sans la recharger et de recevoir la réponse correspondante.

Elle prend en paramètre un tableau associatif, qui permet de spécifier les différents attributs de configuration ainsi que les fonctions de rappel de la requête.

Le code suivant décrit un exemple simple d'utilisation de la fonction `dojo.io.bind` :

```
var proprietes = {
    url: "monUrl",
    mimetype: "text/plain",
    load: function(type, data) {
        // traitement de données texte
        (...)
    }
};
dojo.io.bind(proprietes);
```

Le tableau 7.19 récapitule les principaux attributs supportés par la fonction `dojo.io.bind`.

Tableau 7.19   Principaux attributs supportées par la fonction *dojo.io.bind*

Attribut	Description
content	Contenu de la requête sous forme de tableau associatif
formNode	Élément correspondant au formulaire à soumettre.
method	Méthode HTTP à utiliser afin d'envoyer la requête
mimetype	Type de contenu renvoyé par la ressource. La fonction gère de façon différente les différents types de contenus.
multipart	Spécifie si la requête est *multipart*, c'est-à-dire si elle contient plusieurs parties, pour l'envoi d'un formulaire. Cette fonctionnalité n'est pas supportée par toutes les couches de transport.
sync	Spécifie si la requête est synchrone. Les valeurs possibles sont `true` ou `false`.
timeoutSeconds	Délai d'attente maximal durant lequel la réponse doit être reçue.
transport	Spécifie explicitement la couche de transport à utiliser.
url	URL de la ressource
useCache	Spécifie si un cache doit être mis en œuvre.

Le tableau 7.20 récapitule les fonctions de rappel gérées par la fonction `dojo.io.bind`.

Tableau 7.20   Fonctions de rappel supportées par la fonction *dojo.io.bind*

Fonction	Paramètre	Description
error	Le type d'événement et l'erreur survenue	Appelée en cas d'erreur lors de l'envoi de la requête.
handle	Le type d'événement, les données et éventuellement l'instance de transport utilisée	Fonction de rappel générique. Elle est appelée en cas de succès ou d'erreur de la requête dans le cas où les méthode `error` et `load` ne sont pas spécifiées.
load	Le type d'événement, les données et éventuellement l'instance de transport utilisée	Appelée en cas de succès de la requête lorsque les résultats de la réponse sont reçus.
timeout	-	Appelée lorsque la réponse n'a pas été reçue dans le délai d'attente maximal spécifié. Est utilisée conjointement avec l'attribut `timeoutSeconds`.

Traitement du résultat d'une requête

Les paramètres passés à la requête permettent de spécifier des fonctions de rappel afin de traiter les données renvoyées. En cas de succès de la requête, dojo offre la possibilité d'utiliser la fonction de rappel `handle` ou `load`.

La fonction `load` permet de traiter exclusivement une requête exécutée avec succès. Cette fonction prend en paramètre le cas dans lequel on se trouve, les données et éventuellement une instance correspondant à l'événement.

Le code suivant décrit la mise en œuvre de cette fonction de rappel afin de traiter les données reçues suite à une requête :

```
var proprietes = {
    url: "monUrl",
    mimetype: "text/plain",
    load: function(type, data) {
        /* type contient « load » et data les données reçues sous forme de texte */
    }
};
dojo.io.bind(proprietes);
```

La fonction `handle` ne peut être utilisée que lorsque la fonction `load` n'est pas définie. Elle est beaucoup plus générale puisqu'elle permet de traiter aussi bien le succès que l'échec d'une requête.

Le code suivant décrit la mise en œuvre de cette fonction de rappel :

```
var proprietes = {
    url: "monUrl",
    mimetype: "text/plain",
    handle: function(type, data) {
        if( type == "load" ) {
            // Tout s'est bien passé
        } else if( type == "error" ) {
            // Une erreur s'est produite
        } else {
            // Dans tous les autres cas
        }
    }
};
dojo.io.bind(proprietes);
```

Gestion des erreurs

Bien que la fonction de rappel `handle` permette de gérer les erreurs survenues lors d'une requête Ajax, la fonction de rappel `error` peut être mise en œuvre afin de les gérer de manière spécifique, à l'instar de la fonction `load`.

La fonction `error` prend en paramètre le cas dans lequel on se trouve ainsi que l'erreur qui s'est produite.

Le code suivant décrit la mise en œuvre de la fonction de rappel `error` pour gérer les erreurs survenues lors de la requête :

```
var proprietes = {
    url: "monUrl",
    mimetype: "text/plain",
    error: function(type, error) {
        (...)
    }
};
dojo.io.bind(proprietes);
```

Formats de réponse

dojo supporte nativement différents formats de réponse. Il peut ainsi réaliser un traitement avant de passer les données reçues aux fonctions de rappel.

La propriété `mimetype` offre la possibilité de spécifier à dojo le format de données attendu. La bibliothèque sait de la sorte comment traiter les données reçues dans la réponse de la requête Ajax.

Le tableau 7.21 récapitule les formats de réponse supportés.

Tableau 7.21   Formats de réponse supportés par la fonction *dojo.io.bind*

Format	Description
text/plain	Correspond à un format texte. Dans ce cas, dojo ne réalise aucun traitement avant de fournir le contenu aux fonctions de rappel.
text/javascript	Correspond à un format contenant du code JavaScript. dojo évalue ce dernier et fournit l'objet résultant aux fonctions de rappel.
text/xml	Correspond à un format XML. Dans ce cas, dojo fournit le contenu aux fonctions de rappel sous forme de document XML.
text/json	Correspond à un format JSON. Dans ce cas, dojo construit des objets JavaScript correspondant aux données reçues en se fondant sur ce format.

Le code suivant décrit la mise en œuvre du format `text/json` :

```
var proprietes = {
    url: "monUrl",
    mimetype: "text/json",
    load: function(type, donnees, transport) {
        for( var element in donnees ) {
            dojo.debug(element, ":", donnees[element]);
        }
    }
};
dojo.io.bind(proprietes);
```

Cet exemple affiche le résultat suivant en se fondant sur le contenu de la réponse décrit plus bas :

```
DEBUG: now : Wed Aug 23 2006 15:44:19 GMT+0200
DEBUG: element1 : Valeur de l'élément 1
DEBUG: element2 : Valeur de l'élément 2
```

Le contenu de la réponse reçue correspond au texte suivant :

```
{
    now: new Date(),
    element1: "Valeur de l'élément 1",
    element2: "Valeur de l'élément 2"
}
```

Classes de transport disponibles

Bien que la bibliothèque dojo offre une unique fonction, `dojo.io.bind`, elle implémente différents mécanismes internes afin de mettre en œuvre Ajax. Ces implémentations, qui ne sont pas toutes fondées sur la classe `XMLHttpRequest`, permettent de résoudre des problématiques particulières, telles que les contraintes de sécurités issues de cette classe, qui empêchent l'appel d'une adresse d'un autre domaine.

Le tableau 7.22 récapitule les principales couches de transport fournies par la bibliothèque.

Tableau 7.22   Principales couches de transport fournies par dojo

Couche de transport	Description
`IframeTransport`	Se fonde sur une iframe cachée utilisée afin d'exécuter des requêtes Ajax. Le principal intérêt de cette couche de transport réside dans sa capacité à mettre en œuvre l'envoi de fichier (upload) avec Ajax tout en offrant la possibilité de réaliser des requêtes Ajax sur un autre domaine.
`ScriptSrcTransport`	Se fonde sur un élément HTML `script` généré à la volée afin de mettre en œuvre Ajax. Le principal intérêt de cette approche réside dans la possibilité de réaliser des requêtes Ajax sur un autre domaine .
`XMLHTTPTransport`	Se fonde sur la classe `XMLHttpRequest` pour exécuter les requêtes Ajax.

dojo détecte automatiquement l'implémentation de transport la plus appropriée. Il est cependant possible d'en spécifier une explicitement par l'intermédiaire de l'attribut `transport` dans les paramètres de la fonction `dojo.io.bind`.

Le code suivant décrit l'utilisation de ce mécanisme afin d'utiliser une couche de transport fondée sur `XMLHttpRequest` (repère ❶) :

```
var proprietes = {
    url: "monUrl",
    (...)
    mimetype: "text/plain",
    transport: "XMLHTTPTransport" ← ❶
};
dojo.io.bind(proprietes);
```

Ces différentes couches de transport ne possèdent pas les mêmes caractéristiques et sont mises en œuvre de manière transparente suivant les fonctionnalités utilisées. C'est le cas, par exemple, de l'envoi de fichier et de la gestion des boutons Précédent et Suivant dans le cadre d'Ajax, qui se fondent sur la classe `IframeTransport`.

Support de RPC

dojo offre la possibilité d'appeler un service distant de manière normalisée. La bibliothèque supporte différents protocoles dont JSON-RPC et celui des services Yahoo!.

Ces différents supports se fondent sur la méthode `dojo.io.bind` décrite à la section précédente afin d'envoyer les requêtes et de recevoir leurs réponses.

Plutôt que d'implémenter chaque fois les mécanismes d'appel aux services, dojo offre la possibilité de décrire par l'intermédiaire d'un tableau associatif les caractéristiques des services. Le format de ce tableau est appelé SMD (Simple Method Description). Ce mécanisme permet de généraliser les traitements décrits dans le code suivant :

```
function traiterResultats(type, data, event) {
    (...)
}
var methodeService = function(parametre1, parametre2) {
    var parametresRequete = { parametre1: parametre1,
                              parametre2: parametre2 };

    dojo.io.bind({
        url: "monUrl",
        load: traiterResultats,
        mimetype: "text/plain",
        content: parametresRequete
    });
};
// Execution du service
methodeService("parametre1", "parametre2");
```

Avec la syntaxe SMD, le service ci-dessus est décrit de la manière suivante :

```
{
    "serviceType": "JSON-RPC",
    "serviceURL": "monUrl",
    "methods": [
        {
            "name": "methodeService",
            "parameters": [
                { "name": "parametre1" },
                { "name": "parametre2" }
            ]
        }
    ]
}
```

Afin de mettre en œuvre JSON-RPC, dojo fournit la classe `dojo.rpc.JsonService`, qui prend en compte la description précédente. Cette classe étend la classe générique `dojo.rpc.RpcService`, laquelle contient toute la logique d'interprétation du format de description des services.

Le code suivant décrit la mise en œuvre de la classe `dojo.rpc.JsonService` :

```
// le contenu de description correspond au code JSON ci-dessus
var description = "maDescriptionDeService.smd";
var monService = dojo.rpc.JsonService(description);
monService.methodeService("parametre1", "parametre2");
```

Afin de recevoir la réponse de la requête, l'appel des méthodes du service renvoie des objets sur lesquels des observateurs peuvent être enregistrés par l'intermédiaire de leur méthode `addCallback`. Ces derniers sont notifiés lorsque la réponse à la requête est reçue.

De plus, la méthode de l'observateur prend en paramètre le résultat contenu dans la réponse.

Le code suivant décrit la mise en œuvre de cette méthode :

```
function traiterResultats(resultat) {
    (...)
}
(...)
var reception = monService.methodeService("parametre1", "parametre2");
reception.addCallback(traiterResultats);
```

Nous détaillons au chapitre 14 l'utilisation de la classe `dojo.rpc.YahooService` afin d'accéder aux services offerts par Yahoo!.

Soumission de formulaire

La bibliothèque dojo offre la possibilité d'envoyer de manière transparente les données d'un formulaire en utilisant une requête Ajax.

La mise en œuvre de cette fonctionnalité est très simple, puisqu'elle se fonde sur l'option `formNode`, qui référence le nœud correspondant au formulaire. La bibliothèque se charge de déterminer les éléments du formulaire et de les utiliser afin de construire les données contenues dans la requête Ajax.

Le code suivant décrit la mise en œuvre de cette fonctionnalité :

```
var proprietes = {
    url: "monUrl",
    mimetype: "text/plain",
    formNode: dojo.byId("monFormulaire"),
    load: function(type, data) {
        // traitement de données texte
        (...)
    }
};
dojo.io.bind(proprietes);
```

Le code ci-dessus se fonde sur le formulaire d'une page HTML décrit ci-dessous :

```
<html>
    (...)
    <body>
        (...)
        <form id="monFormulaire">
            <input type="hidden" name="champ1" value="valeur1"/>
            <input type="text" name="champ2" value="valeur2"/>
        </form>
        (...)
    </body>
</html>
```

En résumé

La bibliothèque dojo met l'accent sur la simplicité d'utilisation pour son support des techniques Ajax. Ainsi, la fonction centrale du support, `dojo.io.bind`, masque toute la complexité de mise en œuvre d'Ajax et intègre des mécanismes de détermination automatique des algorithmes à utiliser en fonction du contexte.

Dans cette section, nous avons détaillé les fonctionnalités de base de la fonction `dojo.io.bind`, telles que l'envoi de requêtes Ajax, le traitement des réponses, la gestion des erreurs ou le support des différents types de données reçues.

Cette fonction offre la possibilité de gérer les boutons Précédent et Suivant du navigateur par l'intermédiaire de fonctions de rappel. Elle permet également de mettre à jour l'adresse d'une page HTML suite à une requête Ajax afin de permettre leur historisation.

Traces applicatives

La bibliothèque dojo met à disposition un outil générique permettant de gérer des traces applicatives. Il est défini dans le module `dojo.logging.Logger`, qui doit être inclus par l'intermédiaire de la méthode `dojo.require`.

L'inclusion du module crée un objet `dojo.log` qui permet d'écrire des traces pour un niveau donné.

Le tableau 7.23 récapitule les différentes méthodes utilisables de cet objet afin d'écrire des traces applicatives. Chacune de ces méthodes prend en paramètre un message sous forme de chaîne de caractères.

Tableau 7.23 Méthodes de mise en œuvre des traces applicatives

Méthode	Description
dojo.log.debug	Ajoute une trace applicative avec le niveau debug.
dojo.log.info	Ajoute une trace applicative avec le niveau info (information).
dojo.log.warn	Ajoute une trace applicative avec le niveau warn (avertissement).
dojo.log.err	Ajoute une trace applicative avec le niveau err (erreur).
dojo.log.crit	Ajoute une trace applicative avec le niveau crit (erreur critique).
dojo.log.exception	Ajoute une trace applicative pour la levée d'une exception.

L'activation du mode de débogage se réalise par le biais de l'objet `djConfig` et de sa propriété `isDebug`. Si la valeur de cette dernière est `true`, toutes les traces applicatives sont affichées. Dans le cas contraire, ne sont affichés que les messages à caractère fatal, tels ceux relatifs à des levées d'exception.

Le code suivant décrit la configuration des traces affichées :

```html
<html>
    <head>
        (...)
        <script>djConfig = { isDebug: true }</script>
        <script language="JavaScript" type="text/javascript" src="../../dojo.js">
        ➡</script>
        <script language="JavaScript" type="text/javascript">
            dojo.require("dojo.logging.Logger");
            (...)
        </script>
    </head>
    (...)
</body>
```

L'utilisation de ce support se réalise simplement par le biais des fonctions récapitulées au tableau 7.23, comme dans le code suivant :

```html
<html>
    <head>
        (...)
        <script>djConfig = { isDebug: true }</script>
        <script language="JavaScript" type="text/javascript"
                                 src="../../dojo.js"></script>
        <script language="JavaScript" type="text/javascript">
            dojo.require("dojo.logging.Logger");
            dojo.addOnLoad(function() {
                var message1 = "affichage avec dojo.log.debug()";
                dojo.log.debug(message1);
                var message2 = "affichage avec dojo.log.info()";
                dojo.log.info(message2);
                var message3 = "affichage avec dojo.log.warn()";
                dojo.log.warn(message3);
                var message4 = "affichage avec dojo.log.err()";
                dojo.log.err(message4);
                var message5 = "affichage avec dojo.log.crit()";
                dojo.log.crit(message5);
                var message6 = "affichage avec dojo.log.exception()";
                try{
                    dojo.raise("une exception");
                } catch(err) {
                    dojo.log.exception(message6, err, true);
                }
            });
        </script>
    </head>
    <body>
        <p>Page de tests de l'outil de traces de dojo...</p>
    </body>
</html>
```

dojo offre la possibilité de filtrer les traces en fonction de leur criticité. Le code suivant en donne un exemple de mise en œuvre :

```
// Positionnement du niveau souhaité
dojo.log.setLevel(dojo.log.getLevel("WARNING"));
// Ecriture des traces applicatives
dojo.log.info("Trace applicative d'informations.");
dojo.log.warn("Trace applicative d'avertissement.");
```

Dans le code ci-dessus, seul le second message est affiché.

La figure 7.4 illustre l'affichage des traces applicatives de la page HTML, lesquelles sont ajoutées à la fin des pages.

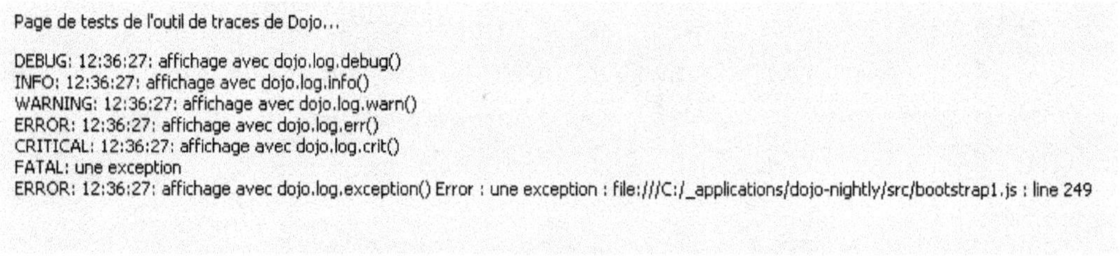

Page de tests de l'outil de traces de Dojo...

DEBUG: 12:36:27: affichage avec dojo.log.debug()
INFO: 12:36:27: affichage avec dojo.log.info()
WARNING: 12:36:27: affichage avec dojo.log.warn()
ERROR: 12:36:27: affichage avec dojo.log.err()
CRITICAL: 12:36:27: affichage avec dojo.log.crit()
FATAL: une exception
ERROR: 12:36:27: affichage avec dojo.log.exception() Error : une exception : file:///C:/_applications/dojo-nightly/src/bootstrap1.js : line 249

Figure 7.4
Affichage des traces applicatives dans une page HTML

Notons la présence du module dojo.debug.Firebug, qui permet d'écrire les traces dans la console de l'outil de débogage de Firefox.

Mesure des performances

La bibliothèque dojo fournit un intéressant module permettant de mesurer les temps d'exécution de fonctions ou de méthodes d'objets. Ce support est localisé dans le module dojo.profile.

Comme le montre le code suivant, avant son utilisation et son importation (repère ❷), l'application doit réinitialiser (repère ❶) les enregistrements des temps d'exécution existants :

```
delete dojo["profile"]; ← ❶
dojo.require("dojo.profile"); ← ❷
(...)
```

Par la suite, afin d'enregistrer les temps d'exécution des traitements, le code suivant indique comment le support met à disposition les méthodes start (repère ❶) et end (repère ❷) afin de délimiter respectivement le début et la fin de l'enregistrement tout en lui assignant un nom logique (repère ❶) :

```
function fonction1() { (...) }
dojo.profile.start("fonction1"); ← ❶
fonction1();
dojo.profile.end("fonction1"); ← ❷
```

Notons que l'objet dojo.profile a été automatiquement instancié lors de l'inclusion du module.

Dans le code suivant, l'objet dojo.profile met à disposition la méthode dump (repère ❶) afin d'afficher les résultats dans une page Web :

```
(...)
dojo.profile.start("fonction1");
fonction1();
dojo.profile.end("fonction1");
(...)
dojo.profile.dump(true); ← ❶
```

Notons que la méthode dump prend un paramètre permettant de spécifier si le tableau de résultat doit être automatiquement inséré dans la page Web (valeur true). Si la valeur du paramètre est false, le tableau retourné par la méthode doit être ajouté manuellement à la page.

Le code suivant fournit un exemple de mise en œuvre de ce module par l'intermédiaire d'un exemple complet :

```
// Réinitialisation des enregistrements
delete dojo["profile"];
// Importation du module
dojo.require("dojo.profile");

function fonction1() {
    var nombre = 0;
    for(var cpt=0;cpt<100;cpt++) {
        nombre = nombre % 5 + cpt;
    }
}


function fonction2() {
    var chaine = "";
    var motif = "element,";
    for(var cpt=0;cpt<1000;cpt++) {
        chaine = chaine + motif;
    }
}


// Mesure du temps d'exécution de la fonction fonction1
dojo.profile.start("fonction1");
fonction1();
dojo.profile.end("fonction1");
// Mesure du temps d'exécution de la fonction fonction1
dojo.profile.start("fonction2");
fonction2();
dojo.profile.end("fonction2");
// Affichage des temps d'exécution mesurés
dojo.profile.dump(true);
```

La figure 7.5 illustre l'affichage du tableau récapitulant les temps d'exécution mesurés.

Page de calcul de performances de Dojo...

Identifier	Calls	Total	Avg
fonction2	1	47	47
fonction1	1	0	0

Figure 7.5
Tableau récapitulatif des temps d'exécution

Conclusion

La bibliothèque dojo fournit d'intéressants mécanismes afin de mettre en œuvre des applications JavaScript évoluées. Intégrant un mécanisme de chargement à la demande des modules souhaités, elle permet d'alléger la quantité de code JavaScript chargé dans le navigateur.

La bibliothèque est structurée en modules adressant une fonctionnalité particulière. Les différentes fonctionnalités mises à disposition correspondent à des fonctions facilitant la mise en œuvre de JavaScript, les types de base et les collections ainsi que les technologies DOM et Ajax.

La bibliothèque dojo fournit un intéressant support afin de développer des applications Web. Ce support intègre des modules contenant des fonctions utilitaires relatives aux langages HTML et CSS. Il possède en outre des mécanismes permettant de gérer les événements et de structurer les composants graphiques.

La bibliothèque dojo contient enfin des implémentations prédéfinies de divers composants graphiques, tels que les arbres, les tableaux, les menus et les fenêtres flottantes.

Nous détaillons au chapitre 11 le support de cette bibliothèque pour le développement d'applications Web riches.

Partie III

Programmation graphique Web avec JavaScript

Cette partie se penche sur les différents langages, mécanismes et techniques à mettre en œuvre afin de développer des applications graphiques pour le Web avec JavaScript.

Le **chapitre 8** introduit l'utilisation conjointe des langages HTML (ou xHTML), CSS et JavaScript. Après avoir rappelé les différents concepts de ces langages, il décrit la façon dont ils peuvent interagir entre eux et la manière de structurer les applications Web qui les utilisent.

Le **chapitre 9** se penche sur les différentes techniques permettant de développer des composants graphiques en se fondant sur le langage JavaScript. La mise en œuvre de ces techniques permet de réaliser des applications Web plus maintenables et évolutives.

8

Fondements des interfaces graphiques Web

Une page Web peut contenir différents langages afin de résoudre diverses problématiques, telles que la définition de sa structure, de son affichage et de ses traitements. Ces langages peuvent être reliés les uns avec les autres et éventuellement interagir entre eux.

Le langage HTML et son successeur, le xHTML, permettent de définir la structure d'une page Web ainsi que, éventuellement, quelques fonctions graphiques.

Le langage CSS adresse exclusivement les aspects graphiques d'une page Web en se fondant sur la structure précédemment définie en HTML.

JavaScript offre la possibilité de mettre en œuvre des traitements internes à la page Web. Ces derniers peuvent interagir avec sa structure interne en mémoire afin de la modifier, mais peuvent également être déclenchés suite à des événements utilisateur ou internes.

La figure 8.1 illustre les différents langages utilisables dans une page Web ainsi que leurs interactions possibles.

L'utilisation conjointe des langages HTML (ou xHTML), CSS et JavaScript offre la possibilité de rendre une page Web plus interactive, modifiable par elle-même au cours du temps et plus riche graphiquement.

Les sections qui suivent détaillent la manière de mettre en œuvre les langages HTML et CSS ainsi que la façon dont JavaScript peut les manipuler et interagir avec eux.

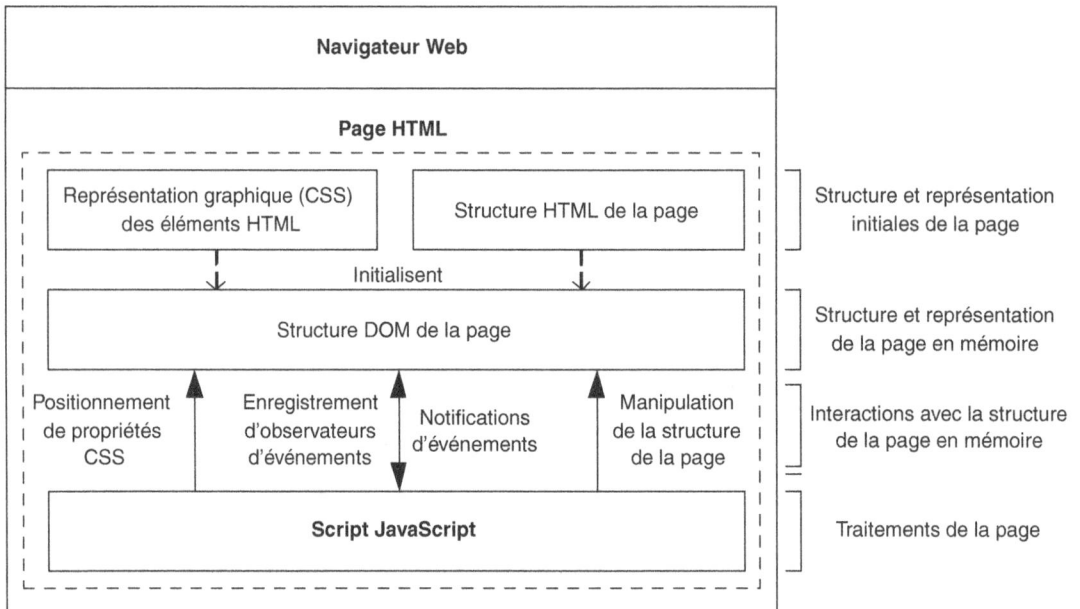

Figure 8.1
Langages constituant une page Web

HTML et xHTML

Les langages HTML et xHTML permettent de définir la structure d'une page Web sous la forme d'un squelette, lequel permet au navigateur d'initialiser sa représentation en mémoire de la page.

Ces langages se fondent sur les technologies de balisage, notamment XML, bien que le HTML ne supporte pas la totalité des concepts de ce langage.

XML (eXtensible Markup Language)

XML est un langage servant de fondement aux langages de balisage. Cela en fait un métalangage, qui standardise la manière d'utiliser des balises afin de définir des documents. Les langages fondés sur XML sont appelés grammaires XML.

Le HTML

Le langage HTML (HyperText Markup Language) est utilisé afin de mettre en œuvre des pages Web contenant des liens et des éléments graphiques. Ces pages sont conçues pour être affichées dans des applications appelées par un navigateur Web.

La première version de cette spécification a été publiée en juin 1993 en tant que document de travail par l'IETF (Internet Engineering Task Force) et ne correspondait donc pas véritablement à un standard.

IETF (Internet Engineering Task Force)

L'IEFT est un groupe informel et ouvert à tous dont l'objectif est de définir les standards d'Internet. Il est constitué de différents groupes de travail, dont l'objectif est de rédiger une ou plusieurs RFC (Request for Comments) correspondant aux diverses spécifications de description des technologies de base d'Internet. Des sites mettent à disposition le contenu des RFC de l'IETF, notamment les suivants : *http://www.rfc.net/* et *http://www.rfc-editor.org/*. Ce groupe a notamment spécifié les versions 1.0 et 1.1 du protocole HTTP avec les RFC 1945 et 2616.

Ce n'est qu'avec sa version 2.0 que le langage HTML a été véritablement normalisé sous forme de RFC auprès de l'IETF par petits lots entre novembre 1995 et janvier 1997. Ont suivi les versions 3.2 en janvier 1997, 4.0 en décembre 1997 et 4.0.1 en décembre 1999. Le HTML n'a été publié en tant que standard ISO/IEC qu'en mai 2000.

Le HTML décrit la structure des pages ainsi que la façon d'utiliser les feuilles de style CSS et d'importer des scripts extérieurs. Il définit en outre les différents types de balises permettant aussi bien de structurer une page que de mettre en œuvre des éléments graphiques et des liens hypertextes.

Le code suivant décrit un exemple de page HTML :

```
<!DOCTYPE HTML PUBLIC "-//W3C//DTD HTML 4.01 Transitional//EN"
                      "http://www.w3.org/TR/html4/loose.dtd">
<html>
    <head>
        (...)
    </head>
    <body>
        <p>Un exemple de page HTML</p>
    </body>
</html>
```

Le tableau 8.1 récapitule les principaux groupes de balises définies par la spécification HTML.

Tableau 8.1   Principaux groupes de balises du HTML

Groupe	Description
Conteneur	Permet de définir des conteneurs génériques de balises, correspondant notamment aux balises div et span.
Formulaire	Permet de définir des formulaires ainsi que leurs éléments par l'intermédiaire des balises form, input, textarea et select.
Hyperlien	Permet de définir des hyperliens par l'intermédiaire des balises a et map.
Image	Permet de spécifier une image par le biais de la balise img.
Liste	Permet de définir des listes ainsi que leurs éléments par l'intermédiaire des balises ul, ol, et li.
Script	Permet d'insérer des scripts dans une page HTML ou de leur faire référence par l'intermédiaire de la balise script.
Structure de la page	Permet de définir la structure générique de la page, correspondant notamment aux balises html, head, title et body.
Style	Permet d'insérer des styles dans une page HTML ou de leur faire référence par l'intermédiaire respectivement des balises style et link.

Tableau 8.1 Principaux groupes de balises du HTML *(suite)*

Groupe	Description
Tableau	Permet de définir des tableaux ainsi que leurs cellules par l'intermédiaire des balises `table`, `thead`, `tbody`, `th`, `tr` et `td`.
Texte	Permet de définir des éléments texte ainsi que leurs propriétés par le biais de balises telles que `p`. Notons qu'il n'est pas recommandé d'utiliser certaines balises de ce groupe et qu'il est préférable d'utiliser des CSS.

Le HTML distingue deux grands types de balises, les éléments en ligne et les éléments de type bloc. Les premiers sont conçus pour être appliqués au fil du texte afin de l'enrichir, par exemple, d'effets de renforcement (en gras dans les navigateurs) ou d'emphase (en italique dans les navigateurs). Ils ne servent en aucun cas à créer de nouveaux blocs, à la différence des seconds.

Ces derniers permettent de définir des éléments dont le rendu visuel forme un bloc, comme les paragraphes ou les titres. Ces éléments ont la particularité d'avoir des propriétés relatives à leurs dimensions et d'offrir la possibilité de les positionner dans le document HTML en relatif ou en absolu.

Les balises `a`, `em`, `img` et `span` sont des exemples de balises en ligne, tandis que les balises `div`, `form`, `h1`, `h2` et `table` sont de type bloc.

Le langage HTML définit aussi des balises sémantiques de texte, qui peuvent être utilisées afin de bien séparer la structure de l'affichage de la page. Ainsi, les balises `strong` et `em` permettent de spécifier des effets de renforcement et d'emphase pour des textes. Elles doivent être préférées aux balises non sémantiques correspondantes `b` et `i`, qui permettent respectivement de mettre du texte en gras ou en italique.

Ces balises ont par défaut le même comportement, lequel peut être modifié, dans le cas des balises `strong` et `em`, en fonction du type d'affichage souhaité en se fondant sur le langage CSS.

Certaines versions de la spécification, tel le HTML 4.0.1 *Strict*, vont dans ce sens et interdisent l'utilisation des balises décrivant un comportement graphique.

Cette utilisation du langage HTML favorise l'accessibilité des pages Web sur Internet en se focalisant sur leur structure logique et non directement sur leur aspect.

Le code suivant donne un exemple de mise en œuvre de quelques-unes des balises récapitulées au tableau 8.1 :

```html
<html>
    <head>
        <title>Le titre de ma page</title>
        <script type="text/javascript">
            (...)
        </script>
        <style type="text/style">
            (...)
        </style>
    </head>
```

```
    <body>
        <!-- Définition d'un tableau -->
        <table>
            <thead>
                <tr>
                    <td>Entête 1</td>
                    <td>Entête 2</td>
                </tr>
            </thead>
            <tbody>
                <tr>
                    <td>Colonne 1</td>
                    <td>Colonne 2</td>
                </tr>
            </tbody>
        </table>
        <!-- Définition d'un formulaire -->
        <form name="monFormulaire"
            action="/soumissionFormulaire.php"
            method="POST">
            <input type="hidden" name="champ1" value="valeur1"/>
            <input type="text" name="champ2" value="valeur2"/>
        </form>
        <!-- Définition d'une image -->
        <img src="/images/monImage.png" border="0"/>
    </body>
</html>
```

Notons que les balises HTML acceptent divers attributs permettant de leur spécifier différents paramètres.

Le xHTML

Le langage xHTML se positionne en tant que successeur du HTML. Il correspond en réalité à un langage distinct, qui reformule le HTML 4.0.1 en se fondant sur la version 1.0 de XML. De ce fait, les pages Web utilisant le xHTML doivent être bien formées au sens XML. Toutes les balises doivent être correctement fermées et les attributs délimités par le caractère " ou '.

Publiée en janvier 2000, la version 1.0 du xHTML a été suivie par la 1.1 en mars 2001. La version 2.0 est en cours de spécification auprès du W3C. Elle offrira les mêmes fonctionnalités que les versions 4.0 et 4.0.1 du HTML reformulées en XML.

Le xHTML 1.1 divise le langage en modules correspondant à différentes fonctionnalités. L'objectif est de permettre à divers types de matériels de ne prendre en charge que certaines parties de la technologie.

Ce découpage s'accompagne de l'abandon des fonctionnalités du HTML 4 susceptibles d'être prises en charge par des feuilles de style. L'objectif est d'accentuer la séparation entre la description de la structure des pages et leur représentation graphique. La mise en œuvre de cet aspect favorise la prise en compte de différents terminaux pour l'affichage des pages Web.

Validation de fichiers xHTML

Le consortium W3C offre un outil en ligne permettant de valider les fichiers xHTML. Cet outil est disponible à l'adresse *http://validator.w3.org/*.

Il existe deux versions principales du langage xHTML, comme le récapitule le tableau 8.2.

Tableau 8.2 Versions du langage xHTML

Version	Description
Strict	Cette version rigoureuse du langage interdit l'utilisation de balises obsolètes et dédiées à la mise en forme dans les pages HTML. Elle impose en outre l'utilisation du langage CSS pour la présentation des pages.
Transitional	Cette version du langage est conçue pour favoriser la transition vers la version stricte et est donc beaucoup plus permissive, autorisant notamment diverses balises obsolètes.

Nous recommandons d'utiliser la version *Strict* du langage xHTML, car elle interdit l'utilisation de balises de mise en œuvre et force les développeurs à utiliser le langage CSS pour définir la présentation des pages.

Le code suivant reprend l'exemple de la section précédente et l'adapte au langage xHTML en précisant la version du langage (repères ❶) ainsi que la langue (repère ❷) utilisées :

```
<!DOCTYPE html PUBLIC "-//W3C//DTD XHTML 1.0 Strict//EN"← ❶
        "http://www.w3.org/TR/xhtml1/DTD/xhtml1-strict.dtd">← ❶
<html xmlns="http://www.w3.org/1999/xhtml"
     xml:lang="fr" dir="ltr" lang="fr">← ❷
    <head>
        (...)
    </head>
    <body>
        (...)
    </body>
</html>
```

CSS

Le langage CCS (Cascading Style Sheets) adresse les problématiques d'affichage des pages HTML. Son objectif est de permettre la séparation claire entre la structure d'une page, par le biais du langage HTML, et sa présentation avec CSS. Fondé sur l'application en cascade de styles sur les éléments contenus dans les pages HTML, il permet d'appliquer des styles en fonction de la position des balises.

Apparu en 1994 sous l'impulsion de Håkon Wium Lie et Bert Bos, CSS a été normalisé en décembre 1996 par le W3C sous la dénomination CCS1. Publié en mai 1998, CSS2 adresse les problèmes non résolus par la version précédente.

Cette technologie rencontre encore de grandes difficultés à être complètement supportée par les différents navigateurs du marché. Ces derniers ont implémenté CSS1 peu après 2000, tout en commençant à intégrer des spécificités de CSS2. Bogues et implémentations incomplètes de CSS2 par les navigateurs entraînent de nombreuses difficultés pour rendre l'aspect des pages HTML identique dans tous les navigateurs.

En dépit de ces limitations, cette technologie présente bien des atouts, notamment l'adaptation de l'aspect des pages HTML en fonction des caractéristiques du récepteur, l'amélioration de leur accessibilité, la plus grande facilité à les structurer et la réduction de leur complexité.

Définition de styles

Un style CSS correspond à un ensemble de propriétés auxquelles diverses valeurs doivent être affectées. Ces propriétés varient suivant les balises auxquelles elles sont appliquées.

Un style peut être défini selon deux méthodes, soit en utilisant un bloc de définition, soit en définissant un style pour une balise spécifique.

La première méthode doit être mise en œuvre en priorité. Elle consiste à utiliser un bloc dédié de définition qui peut être intégré dans un fichier HTML par le biais de la balise style ou externalisé dans un fichier auquel le fichier HTML fera référence par l'intermédiaire de la balise link.

Le code suivant montre comment définir un styles CSS dans une balise style (repère ❶) et par l'intermédiaire d'un fichier indépendant (repère ❷) :

```
<html>
    <head>
        <style type="text/css"> ← ❶

        </style>
        <link rel="stylesheet" type="text/css"
                          href="mes_styles.css"/> ← ❷
    </head>
</html>
```

En cas d'utilisation des balises style ou link, il est recommandé de définir ces dernières dans l'en-tête des fichiers HTML.

Lors de sa définition, un style doit spécifier un sélecteur afin de décrire sur quel ensemble de balises il s'applique.

La définition d'un style est structurée de la manière suivante :

```
selecteur {
        cle1 : valeur1;
        cle2 : valeur2;
        (...)
}
```

Le code suivant fournit un exemple de mise en œuvre de cette approche :

```
div {
        background: yellow;
        font-family: cursive;
        width: 10em;
}
```

Validation de styles

Le consortium W3C offre un outil en ligne afin de valider les styles définis dans un fichier indépendant ou une page HTML. Cet outil est disponible à l'adresse *http://jigsaw.w3.org/css-validator/*.

La seconde méthode consiste à définir un style pour une balise spécifique par l'intermédiaire de son attribut `style`. Dans ce cas, elle lui est spécifique, et aucun sélecteur n'est précisé.

Le code suivant illustre la mise en œuvre de cette approche afin d'appliquer des propriétés CSS à une balise `div` (repère ❶) :

```
<html>
    (...)
    <body>
        (...)
        <div style="background: yellow; font-family: cursive; width: 10em">←❶
            (...)
        </div>
        (...)
    </body>
</html>
```

L'utilisation de cette méthode présente toutefois l'inconvénient de mélanger les responsabilités de structuration et de rendu des pages HTML.

Nous ne détaillons pas dans cet ouvrage les différentes propriétés CSS permettant d'appliquer des propriétés graphiques. Afin d'aller plus loin, nous recommandons la lecture de l'ouvrage *CSS 2. Pratique du design Web,* paru chez Eyrolles.

Application des styles

Lors de l'utilisation de la première méthode introduite à la section précédente, le sélecteur permet de relier les styles définis à des balises HTML. Ce sélecteur peut prendre plusieurs formes et se fonder sur plusieurs éléments des balises afin de réaliser cette liaison.

La liaison la plus simple consiste à se fonder sur le nom des balises. Ainsi, le style s'applique aux balises dont le nom est spécifié dans le sélecteur, comme dans le code suivant :

```
/* S'applique à toutes les balises div */
div {
        background: yellow;
        font-family: cursive;
        width: 10em;
```

```
        }
/* S'applique à toutes les balises p */
p {
        background: gray;
}
```

Il est également possible d'utiliser l'identifiant unique spécifié pour une balise par l'intermédiaire de son attribut id.

Le code suivant montre comment spécifier un style (repère ❶) pour la balise d'identifiant monIdentifiant (repère ❷) :

```
<html>
    <head>
        <style type="text/css">
            /* S'applique à la balise monIdentifiant */
            #monIdentifiant {  ← ❶
                    background: yellow;
                    font-family: cursive;
                    width: 10em;
            }
        </style>
    </head>
    <body>
        (...)
        <div id="monIdentifiant">← ❷
            (...)
        </div>
        (...)
    </body>
</html>
```

Il est enfin possible de se fonder sur la notion de classe pour découpler les styles des balises. La classe est ensuite spécifiée au niveau des balises par l'intermédiaire de leur attribut class.

Regroupement de styles

La technologie CSS offre la possibilité de regrouper plusieurs styles en un seul en se fondant sur le caractère virgule (,), comme dans le code suivant :

```
/* S'applique à toutes les balises div et span */
div, span {
        background: yellow;
        font-family: cursive;
        width: 10em;
}
```

Le code suivant indique comment spécifier un style (repère ❶) pour les balises de classe maClasse (repères ❷) :

```
<html>
    <head>
        <style type="text/css">
            /* S'applique aux balises de classe maClasse */
            .maClasse { ← ❶
                    background: yellow;
                    font-family: cursive;
                    width: 10em;
            }
        </style>
    </head>
    <body>
        (...)
        <div class="maClasse">(...)</div> ← ❷
        (...)
        <div> (...)</div>
        (...)
        <div class="maClasse">(...)</div> ← ❷
        (...)
    </body>
</html>
```

La sélection d'un type de balises possédant une classe particulière (repères ❷) par un style (repère ❶) peut être facilement mise en œuvre, comme le montre le code suivant :

```
<html>
    <head>
        <style type="text/css">
            /* S'applique aux balises div de classe maClasse */
            div.maClasse { ← ❶
                    background: yellow;
                    font-family: cursive;
                    width: 10em;
            }
        </style>
    </head>
    <body>
        (...)
        <div class="maClasse">(...)</div> ← ❷
        (...)
        <div> (...)</div>
        (...)
        <div class="maClasse">(...)</div> ← ❷
        (...)
    </body>
</html>
```

Un des grands atouts de CSS est qu'il permet d'utiliser des sélecteurs prenant en compte l'arborescence des pages HTML. Des styles peuvent de la sorte être appliqués en fonction de la position d'une balise dans la structure du document. Cela peut consister en une sous-balise d'une balise d'un type ou d'un nom donné.

Le code suivant permet d'appliquer un style (repère ❶) à la sous-balise de type a (repère ❷) de la balise de type `div` :

```
<html>
    <head>
        <style type="text/css">
            /* S'applique à la balise a sous la balise
               d'identifiant monIdentifant */
            div a {←❶
                    background: yellow;
                    font-family: cursive;
                    width: 10em;
            }
        </style>
    </head>
    <body>
        (...)
        <div>
            <a href="">Un lien</a>←❷
        </div>
        (...)
    </body>
</html>
```

La même approche (les repères sont les mêmes que précédemment) peut être mise en œuvre en se fondant sur les identifiants, comme dans le code suivant :

```
<html>
    <head>
        <style type="text/css">
            /* S'applique à la balise a sous la balise
               d'identifiant monIdentifant */
            #monIdentifant a {←❶
                    background: yellow;
                    font-family: cursive;
                    width: 10em;
            }
        </style>
    </head>
    <body>
        (...)
        <div id="monIdentifant">
            <a href="">Un lien</a>←❷
        </div>
        (...)
    </body>
</html>
```

Ces approches sont particulièrement intéressantes en ce qu'elles permettent de traiter un bloc HTML sans avoir à définir d'informations utilisables par la technologie CSS. Seul l'élément racine du bloc doit spécifier les informations sur lesquelles se fonde le sélecteur CSS.

Interactions avec JavaScript

Comme nous l'avons vu à la figure 8.1, JavaScript offre la possibilité d'interagir avec la structure DOM en mémoire d'une page HTML. Cette structure peut ainsi être modifiée afin d'ajouter, de modifier ou de supprimer des nœuds et des attributs de nœuds.

De plus, comme l'application des styles CSS se fonde sur des attributs de nœuds, JavaScript peut agir par ce biais sur les aspects graphiques de la page.

Avant toute chose, il est important de comprendre comment JavaScript a connaissance du navigateur Web dans lequel il s'exécute.

Détection du navigateur

La détection du navigateur peut être mise en œuvre afin de gérer ses spécificités. Cette détection est particulièrement utile pour mettre en œuvre des contournements spécifiques à certains navigateurs lors de l'implémentation de bibliothèques JavaScript.

Cette fonctionnalité peut être réalisée en se fondant sur l'attribut userAgent de l'objet JavaScript navigator, dont quelques valeurs sont récapitulées au tableau 8.3.

**Tableau 8.3   Quelques valeurs de l'attribut *userAgent*
de l'objet *navigator***

Valeur	Système d'exploitation	Navigateur
Mozilla/5.0 (Windows; U; Windows NT 5.1; fr; rv:1.8.0.7) Gecko/20060909 Firefox/1.5.0.7	Windows XP	Firefox version 1.5.0.7
Mozilla/4.0 (compatible; MSIE 6.0; Windows NT 5.1; SV1; .NET CLR 1.1.4322)	Windows XP	Internet Explorer 6.0
Mozilla/5.0 (X11; U; Linux i686; en-US; rv:1.8.0.7) Gecko/ 20060909 Firefox/1.5.0.7	Linux Debian	Firefox version 1.5.0.7
Mozilla/5.0 (compatible; Konqueror/3.5; Linux 2.6.15- 1.2054_FC5; X11; i686; en_US) KHTML/3.5.4 (like Gecko)	Linux Fedora	Konqueror 3.5
Mozilla/5.0 (Macintosh; U; Intel Mac OS X; en-US; rv:1.8.0.6) Gecko/20060728 Firefox/1.5.0.6	MacOS X Intel	Firefox version 1.5.0.6
Mozilla/4.0 (compatible; MSIE 5.23; Mac_PowerPC)	MacOS X	Internet Explorer 5.2.3

Nous ne détaillons pas dans cet ouvrage la mise en œuvre d'une fonction permettant de détecter le navigateur en se fondant sur le contenu de l'attribut userAgent. Pour plus d'informations, le lecteur peut se reporter à l'adresse *http://en.wikipedia.org/wiki/User_agent,* qui fournit la liste complète des valeurs de l'attribut userAgent en fonction du système d'exploitation et du navigateur.

Les expressions régulières, concept abordé au chapitre 2, peuvent être utilisées afin de détecter le navigateur en se fondant sur cet attribut.

Une détection peut également être mise en œuvre en se fondant sur la vérification de l'existence d'attributs ou de méthodes, approche permettant de détecter que le navigateur courant supporte ou non le mécanisme.

Le code suivant donne un exemple de mise en œuvre de cette approche tirée de la bibliothèque dojo :

```
dojo.dom.innerXML = function(node){
    if(node.innerXML){ ← ❶
        return node.innerXML;
    }else if (node.xml){ ← ❷
        return node.xml;
    }else if(typeof XMLSerializer != "undefined"){ ← ❸
        return (new XMLSerializer()).serializeToString(node);
    }
}
```

Ce code met en œuvre la fonctionnalité innerXML, qui donne accès au contenu d'une balise au format XML quel que soit le navigateur. Le repère ❶ vérifie l'existence de l'attribut innerXML pour un nœud et retourne la valeur de cet attribut. Si l'attribut n'est pas supporté, la fonction tente de se fonder de manière similaire sur l'attribut xml du nœud (repère ❷). Dans le cas contraire, elle tente d'utiliser la classe XMLSerializer si elle existe afin de convertir le nœud en XML (repère ❸).

Manipulation de l'arbre DOM

La manipulation de l'arbre DOM de la page se réalise en se fondant sur les fonctionnalités offertes par la technologie DOM *(voir le chapitre 4)*.

Ces fonctionnalités permettent notamment d'avoir accès à un ou un ensemble de nœuds en se fondant sur l'objet document de la page et de manipuler ses différents nœuds (ajout, modification et suppression d'attributs) ainsi que la structure de l'arbre DOM (ajout et suppression de nœuds).

Les traitements de manipulation de l'arbre DOM doivent être réalisés une fois que celui-ci a été chargé. Les traitements de ce type localisés dans la balise head se fondent alors sur l'événement load de la page Web.

Le code suivant montre comment mettre en œuvre ce principe en se fondant sur la fonction initialiser (repère ❶) appelée une fois que l'arbre DOM de la page a été initialisé (repère ❷) :

```
<html>
    <head>
        <script type="text/javascript">
            function initialiser() { ← ❶
                var monDiv = document.getElementById("monDiv");
```

```
                        /* La variable monDiv est bien renseigné avec le
                           noeud d'identifiant monDiv */
                        (...)
                }
        </script>
    </head>
    <body onload="initialiser();">← ❷
        <div id="monDiv">(...)</div>
    </body>
</html>
```

Notons que l'appel direct de la fonction initialiser à la fin du bloc délimité par la balise script et localisé dans l'en-tête de la page (balise head) génère une erreur, car la balise d'identifiant monDiv n'est pas encore initialisée.

Gestion des événements

Le langage JavaScript offre la possibilité d'avertir de la survenue d'événements sur la structure DOM d'une page Web. Ces événements peuvent aussi bien correspondre à des actions des utilisateurs qu'à des modifications de cette structure.

Fonctionnement

Afin de mieux comprendre la gestion des événements, il est important de connaître leur flot de prise en compte au sein d'une page Web, qui est généralement composée de balises agencées de façon hiérarchique.

Le déclenchement d'un événement sur un élément se répercute de proche en proche tout au long de la chaîne de ses ancêtres ou descendants.

Comme indiqué au tableau 8.4, il existe deux modes de propagation des événements.

Tableau 8.4   Modes de propagation des événements

Mode	Description
Ascendant	L'événement se propage de l'élément de plus bas niveau vers celui de plus haut niveau. Appelé *bubbling*, ce mode a été originellement mis en œuvre par le navigateur Internet Explorer.
Descendant	L'événement se propage de l'élément de plus haut niveau vers celui de plus bas niveau. Appelé *capturing*, ce mode a été originellement mis en œuvre par le navigateur Netscape.

Le consortium W3C a standardisé ce mécanisme en introduisant une propagation dans les deux sens. Comme l'illustre la figure 8.2, les événements sont déclenchés tout d'abord en descendant dans l'arborescence puis en remontant.

Notons que la phase de propagation ascendante est couramment utilisée afin de traiter les événements.

Les événements peuvent être associés à des balises HTML en se fondant sur certains de leurs attributs. Le nom de ces attributs est préfixé par on et suivi par le nom de l'événement.

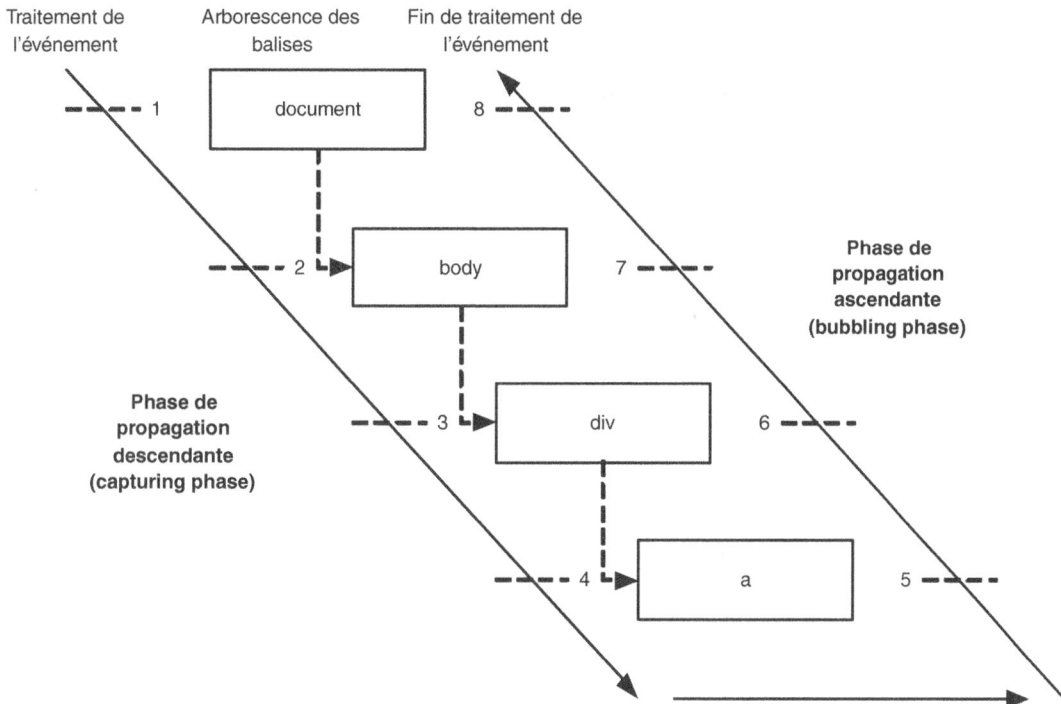

Figure 8.2
Mécanismes de propagation des événements

Leur valeur permet de spécifier les traitements JavaScript à réaliser lorsque l'événement survient.

Le code suivant donne un exemple de mise en œuvre de ce mécanisme en se fondant sur les événements load de la page (repères ❶) et click d'un bouton (repères ❷) :

```html
<html>
    <head>
        <script type="text/javascript">
            function traitementIntialisationPage() { ← ❶
                (...)
            }
            function traitementClicBouton() { ← ❷
                (...)
            }
        </script>
    </head>
    <body onload="traitementIntialisationPage();"> ← ❶
        (...)
        <input type="button" value="Cliquer sur le bouton"
               onclick="traitementClicBouton();"/> ← ❷
        (...)
    </body>
</html>
```

La fonction `traitementInitialisationPage` est appelée lorsque la page Web est chargée et la fonction `traitementClicBouton` en cas de clic sur le bouton.

Notons que cette technique pose le problème du mélange des codes relatifs aux langages de balise HTML ou xHTML et au langage de script JavaScript. Cet aspect nuit à la compréhension et à la maintenabilité des pages Web.

Heureusement, il existe une autre solution pour associer des observateurs d'événements à des balises HTML sans passer par les attributs de ces dernières. Cette solution utilise la technologie DOM, sauf pour le navigateur Internet Explorer, qui propose une approche spécifique.

Support du DOM niveau 2

La technologie DOM supporte divers événements classifiés en catégories en fonction de leur nom.

Le tableau 8.5 récapitule ces catégories.

Tableau 8.5   Catégories d'événements supportées par le DOM niveau 2

Catégorie	Type	Description
Événement	Events	Couvre l'ensemble des types d'événements.
Événement relatif au HTML	HTMLEvents	Correspond aux événements `abort`, `blur`, `change`, `focus`, `error`, `load`, `reset`, `scroll`, `select`, `submit`, `unload`, etc.
Événement relatif à l'interface utilisateur	UIEvents	Correspond aux événements liés à l'interface utilisateur (`DOMActivate`, `DOMFocusIn` et `DOMFocusOut`), ainsi qu'aux événements déclenchés par le clavier (`keydown`, `keypress` et `keyup`). Avec le niveau 3 du DOM, les événements clavier sont gérés dans le type `KeyboardEvents`.
Événement de la souris	MouseEvents	Correspond aux événements déclenchés par la souris, tels que `click`, `mousedown`, `mousemove`, `mouseout`, `mouseover` et `mouseup`.
Événement de mutation	MutationEvents	Définit les événements impactant la structure logique du modèle.

La technologie DOM met à disposition diverses méthodes afin de gérer les événements. Elles se fondent sur des observateurs pouvant être enregistrés et désenregistrés pour divers événements.

Observateur d'événements

Un observateur d'événements correspond à une fonction ou une méthode d'un objet qui est appelée lors du déclenchement d'un événement pour un élément d'une page HTML. À cet effet, il doit être enregistré pour un événement. Lorsque l'observateur n'est plus utilisé, il doit être désenregistré.

Les méthodes `addEventListener` et `removeEventListener` permettent de gérer l'enregistrement et le désenregistrement de ces observateurs. Elles s'appliquent sur un nœud DOM et prennent en paramètres le nom de l'événement, la fonction à appeler lorsque celui-ci survient et un drapeau définissant dans quelle phase de propagation l'événement doit être traité. La valeur `true` correspond à la phase descendante et `false` à la phase ascendante.

Le code suivant illustre la mise en œuvre de ces deux méthodes (repères ❷ et ❸) afin d'enregistrer et de désenregistrer une fonction (repère ❶) en tant qu'observateur :

```
// Definition de l'observateur
function traitementEvenement(evenement) {←❶
    (...)
}
var monNoeud = document.getElementById("monNoeud");
// Enregistrement d'un observateur
monNoeud.addEventListener("click", traitementEvenement, false);←❷
(...)
// Désenregistrement de l'observateur
monNoeud.removeEventListener("click", traitementEvenement, false);←❸
```

Le DOM fournit l'événement déclencheur en paramètre lors de l'appel de la fonction de l'observateur (repère ❶). Cette instance correspond à une instance de la classe Event, dont les attributs et méthodes sont respectivement récapitulés aux tableaux 8.6 et 8.7.

Tableau 8.6   Attributs de la classe *Event*

Attribut	Type	Description
bubbles	Booléen	Indique si l'événement est en phase de propagation ascendante.
cancelable	Booléen	Indique si l'événement peut être annulé.
currentTarget	EventTarget	Correspond au nœud auquel est affecté le gestionnaire d'événement.
eventPhase	Nombre entier	Correspond à un numérique indiquant la phase durant laquelle l'événement a été intercepté. Les valeurs possibles sont CAPTURING_PHASE (valeur 1), AT_TARGET (valeur 2) et BUBBLING_PHASE (valeur 3).
target	EventTarget	Correspond au nœud à partir duquel a été déclenché l'événement.
timeStamp	Nombre entier	Correspond à l'heure à laquelle l'événement est survenu.
type	Chaîne de caractères	Correspond au type de l'événement.

Notons que tous les attributs de la classe Event sont en lecture seule.

Tableau 8.7   Méthodes de la classe *Event*

Méthode	Paramètre	Description
initEvent	Le type de l'événement et deux drapeaux	Permet d'initialiser un événement déclenché manuellement par la programmation. Les drapeaux en paramètres permettent de spécifier respectivement si l'événement peut être remonté ou annulé.
preventDefault	-	Permet d'annuler l'événement. Les traitements par défaut associés à l'événement ne sont pas réalisés.
stopPropagation	-	Permet d'arrêter la propagation de l'événement au cours de la phase de capture ou de remontée.

Le code suivant illustre la mise en œuvre des principaux attributs et méthodes de la classe Event dans une fonction de traitement d'un événement :

```
// Définition de l'observateur
function traitementEvenement(evenement) {
    // Affichage du type de l'événement
    alert("Type: "+ evenement.type);
    // Annulation de l'événement
    evenement.preventDefault();
}
```

La classe `MouseEvent` étend la classe `Event` précédente afin de lui ajouter des informations relatives à un événement déclenché par la souris. Le tableau 8.8 récapitule les attributs supplémentaires de cette classe.

Tableau 8.8 Attributs supplémentaires de la classe *MouseEvent*

Attribut	Type	Description
`altKey`, `ctrlKey`, `metaKey`, `shiftKey`	Booléens	Indique respectivement si les touches Alt, Ctrl, Meta ou Shift ont été pressées lors du déclenchement de l'événement.
`button`	Nombre entier	Correspond au bouton de la souris qui a déclenché l'événement.
`clientX`, `clientY`	Nombres entiers	Correspond aux coordonnées de la souris dans la zone affichée par le navigateur (fenêtre ou cadre).
`relatedTarget`	Booléen	Permet de stocker un autre élément mis en œuvre par l'événement. Il est typiquement renseigné lors des événements de déplacement de la souris (`mouseover`, `mouseenter` et `mouseout`).
`screenX`, `screenY`	Nombres entiers	Correspond aux coordonnées de la souris à l'écran.

Le code suivant donne un exemple d'utilisation de cette classe par des observateurs d'événements déclenchés par la souris :

```
// Définition de l'observateur
fonction traitementEvenement(evenement) {
    // Affichage des coordonnées de l'événement
    alert("Coordonnées du pointeur de la souris: "
                    +evenement.clientX+","+evenement.clientY);
    alert("Coordonnées de l'offset de la souris: "
                    +evenement.screenX+","+evenement.screenY);
}
```

Support du navigateur Internet Explorer

Le navigateur Internet Explorer n'implémente pas le niveau 2 de la technologie DOM et possède une façon spécifique de gérer les événements. Bien que les concepts soient similaires à ceux des autres navigateurs, la mise en œuvre des observateurs diffère.

Ainsi, les méthodes `attachEvent` et `detachEvent` permettent de gérer l'enregistrement et le désenregistrement d'observateurs d'événements. Elles s'appliquent sur un nœud DOM et prennent en paramètres le nom de l'événement et la fonction à appeler lorsque celui-ci survient.

> **Noms des événements**
>
> Les noms des événements passés en paramètres des méthodes `attachEvent` et `detachEvent` ne correspondent pas exactement à ceux utilisés avec le DOM niveau 2. Internet Explorer impose de les préfixer par `on`. Ainsi, l'événement `onclick` correspond dans ce navigateur à l'événement `click` du DOM niveau 2.

Ces deux méthodes s'utilisent de la même manière que celles similaires de la section précédente, comme l'indique le code suivant :

```
// Définition de l'observateur
fonction traitementEvenement() { ←❶
    var evenement = window.event; ←❷
    (...)
}
var monNoeud = document.getElementById("monNoeud");
// Enregistrement d'un observateur
monNoeud.attachEvent("onclick", traitementEvenement); ←❸
(...)
// Désenregistrement de l'observateur
monNoeud.detachEvent("onclick", traitementEvenement); ←❹
```

Bien que l'enregistrement et le désenregistrement (respectivement repères ❸ et ❹) de l'observateur se réalisent de manière similaire qu'avec le DOM, la récupération de l'événement (repère ❷) dans la fonction de traitement (repère ❶) est spécifique au navigateur.

En effet, l'événement peut être accédé aussi bien par l'attribut `event` de l'objet `window` de la page HTML que par le paramètre de la fonction de l'observateur s'il est spécifié.

De plus, la classe représentant un événement dans Internet Explorer ne possède pas les mêmes attributs et méthodes qu'avec le DOM niveau 2. Cette classe contient des informations relatives aussi bien à la gestion de l'événement qu'au pointeur de la souris.

Ainsi, l'attribut `srcElement` correspond à l'attribut `target` de la classe `Event` DOM. Les attributs `pageX` et `pageY` ne sont plus présents, mais les valeurs qu'auraient eu ces attributs peuvent être simulées en se fondant sur les attributs `clientX` et `clientY` additionnés aux valeurs de scroll.

Les attributs `offsetX` et `offsetY` sont ajoutés et correspondent aux coordonnées du pointeur de la souris relativement à l'élément sur lequel l'événement est déclenché.

Le code suivant donne un exemple d'utilisation de cette classe par des observateurs d'événements déclenchés par la souris :

```
// Definition de l'observateur
fonction traitementEvenement(evenement) {
    // Affichage des coordonnées de l'événement
    alert("Coordonnées du pointeur de la souris: "
                    +evenement.clientX+","+evenement.clientY);
    alert("Coordonnées de l'offset de la souris: "
                    +evenement.offsetX+","+evenement.offsetY);
}
```

Pour finir, les méthodes preventDefault et stopPropagation ne sont pas supportées par la classe représentant un événement dans Internet Explorer. Les fonctionnalités de ces méthodes peuvent néanmoins être mises en œuvre dans ce navigateur en se fondant sur les propriétés respectives returnValue et cancelBubble.

Le code suivant montre comment mettre en œuvre ces mécanismes dans le navigateur Internet Explorer :

```
// Definition de l'observateur
fonction traitementEvenement(evenement) {
    // Arrêt de la propagation de l'événement
    evenement.cancelBubble = true;
    // Annulation de l'événement
    evenement.returnValue = false;
}
```

Types d'événements

Parmi les différents types d'événements utilisables dans les navigateurs, nous pouvons tout d'abord distinguer les événements relatifs à l'interface graphique. Ces derniers permettent de détecter ses changements d'état ainsi que ceux de ses composantes.

Le tableau 8.9 récapitule ces divers types d'événements.

Tableau 8.9   Événements relatifs à l'interface graphique

Type	Description
contextmenu	Se produit lorsque l'utilisateur tente d'ouvrir le menu contextuel de la page.
focus, blur	Se produisent respectivement lorsqu'un élément gagne et perd le focus.
load	Se produit lorsqu'une page Web a été chargée complètement.
resize	Se produit lorsque la fenêtre du navigateur est redimensionnée.
scroll	Se produit lorsque l'affichage d'une page Web est scrollée.
unload	Se produit lorsqu'une page Web est déchargée.

Les événements déclenchés par la souris peuvent réagir aussi bien à un déplacement de la souris qu'à l'utilisation de ses boutons. Le tableau 8.10 récapitule ces divers types d'événements.

Tableau 8.10   Événements déclenchés par la souris

Type	Description
click	Se produit sur un clic de la souris pour un élément.
dblclick	Se produit sur un double clic de la souris pour un élément.
mousedown, mouseup	Se produit respectivement lorsqu'un bouton de la souris est enfoncé et relâché.
mousemove	Se produit lorsque le pointeur de la souris est déplacé.
mouseover, mouseout	Se produit respectivement lorsque le pointeur de la souris entre et sort de la zone correspondant à un élément.

Divers événements peuvent se produire sur des éléments de formulaires afin de détecter des modifications dans les valeurs des champs ainsi que sur le formulaire lui-même lors de son envoi.

Le tableau 8.11 récapitule ces divers types d'événements.

Tableau 8.11   Événements déclenchés par les formulaires

Type	Description
change	Se produit lors d'un changement dans un élément d'un formulaire. Cet événement n'est la plupart du temps supporté que de manière partielle par les navigateurs.
reset	Se produit lorsque l'utilisateur réinitialise un formulaire.
select	Se produit lorsqu'un utilisateur sélectionne du texte dans un boîte de saisie.
submit	Se produit lorsqu'un utilisateur soumet un formulaire.

Des événements peuvent être déclenchés par le clavier lorsque l'utilisateur presse et relâche une ou plusieurs touches du clavier.

Le tableau 8.12 récapitule ces divers types d'événements.

Tableau 8.12   Événements déclenchés par le clavier

Type	Description
keydown, keyup	Se produisent respectivement lorsqu'une touche du clavier est enfoncée et relâchée.
keypress	Se produit lorsqu'une touche du clavier est pressée. Cet événement ne se produit pas pour toutes les touches, notamment pour les flèches et les touches Alt, Ctrl et Maj.

Les divers types d'événements déclenchés par le clavier s'enchaînent dans l'ordre suivant : keydown, keypress et keyup.

Afin d'avoir accès au code de la touche déclenchant l'événement, l'attribut keyCode peut être utilisé dans le cas des événements. Afin d'avoir accès au caractère de la touche, la méthode fromCharCode de la classe String peut être utilisée. Avec Firefox, l'attribut charCode doit être utilisé lors du traitement de l'événement keypress à la place de l'attribut keyCode.

Le code suivant fournit un exemple de mise en œuvre du traitement des événements déclenchés par le clavier :

```
<html>
    <head>
        <script type="text/javascript">
            function traiterEvenementsClavier(evenement) {
                // Affichage des coordonnées de l'événement
                alert("Touche (keyCode): "+evenement.keyCode);
                alert("Touche (charCode): "+evenement.charCode);
            }
            document.addEventListener("keydown",
                                      traiterEvenementsClavier, false);
```

```
            document.addEventListener("keypress",
                            traiterEvenementsClavier, false);
        </script>
    </head>
    <body>
        (...)
    </body>
</html>
```

Notons que, quand les événements keydown et keypress sont traités pour le même élément, l'événement keyup n'est pas déclenché. Il l'est par contre si aucun ou un seul des deux événements est traité.

Déclenchement manuel des événements

JavaScript offre la possibilité de simuler manuellement des événements utilisateur par programmation.

La technologie DOM niveau 2 permet de déclencher des événements de souris en se fondant sur les méthodes createEvent, initMouseEvent et dispatchEvent.

La première correspond à une méthode de l'objet document de la page Web et prend en paramètre le type de l'événement souhaité. Elle permet de créer une instance de l'événement à déclencher.

La seconde correspond à une méthode de l'événement créé qui permet d'initialiser ce dernier. Elle prend en paramètres les différentes caractéristiques de l'événement.

Le tableau 8.13 récapitule les paramètres de cette méthode dans l'ordre où ils apparaissent.

Tableau 8.13   Paramètres de la méthode *initMouseEvent*
de la classe *MouseEvent*

Paramètre	Type	Description
typeArg	Chaîne de caractères	Spécifie le type de l'événement.
canBubbleArg	Booléen	Spécifie si l'événement peut être remonté.
cancelableArg	Booléen	Spécifie si l'événement peut être annulé.
viewArg	AbstractView	Spécifie la vue associée à l'événement. Généralement, l'objet window est utilisé pour ce paramètre.
detailArg	Nombre entier	Spécifie le nombre de clics de souris pris en compte pour l'événement.
screenXArg	Nombre entier	Correspond à la valeur screenX de l'événement.
screenYArg	Nombre entier	Correspond à la valeur screenY de l'événement.
clientXArg	Nombre entier	Correspond à la valeur clientX de l'événement.
clientYArg	Nombre entier	Correspond à la valeur clientY de l'événement.
ctrlKeyArg	Booléen	Spécifie si la touche Ctrl est considérée comme pressée.
altKeyArg	Booléen	Spécifie si la touche Alt est considérée comme pressée.

Tableau 8.13 Paramètres de la méthode *initMouseEvent*
de la classe *MouseEvent (suite)*

Paramètre	Type	Description
shiftKeyArg	Booléen	Spécifie si la touche Maj est considérée comme pressée.
metaKeyArg	Booléen	Spécifie si la touche Meta est considérée comme pressée.
buttonArg	Nombre entier	Spécifie le bouton de la souris qui est considéré comme pressé.
relatedTargetArg	EventTarget	Correspond à l'attribut relatedTarget de l'événement.

Seule la méthode dispatchEvent déclenche réellement l'événement pour un nœud de l'arbre DOM d'une page Web. Elle prend en paramètre l'événement précédemment créé.

Le code suivant donne un exemple de mise en œuvre des méthodes createEvent (repère ❶), initMouseEvent (repère ❷) et dispatchEvent (repère ❸) afin de simuler un clic sur une case à cocher (repère ❹) :

```html
<html>
    <head>
        <script type="text/javaScript">
            function simulerClic(){
                var elt = document.getElementById("coche");
                // Création de l'événement
                var evt = document.createEvent("MouseEvents"); ← ❶
                // Initialisation de l'événement
                evt.initMouseEvent("click",true,true,window, ← ❷
                                   0,0,0,0,0,false,false,
                                   false,false,0,null);
                // Déclenchement de l'événement
                elt.dispatchEvent(evt); ← ❸
            }
        </script>
    </head>
    <body>
        (...)
        <input type="checkbox" id="coche"/> ← ❹
        (...)
    </body>
</html>
```

À l'instar des mécanismes décrits au cours des sections précédentes, cette fonctionnalité doit être mise en œuvre spécifiquement avec le navigateur Internet Explorer.

Elle se fonde dans ce navigateur sur les méthodes createEventObject et fireEvent.

La première offre la possibilité de récupérer une instance vierge d'événement. Cette dernière doit être ensuite initialisée en utilisant directement ses différents attributs.

La méthode fireEvent permet de préciser le type d'événement à déclencher en utilisant l'instance précédemment créée.

Le code suivant correspond à l'adaptation du code précédent avec les méthodes create-EventObject (repère ❶) et fireEvent (repère ❷) afin de le faire fonctionner avec le navigateur Internet Explorer :

```html
<html>
    <head>
        <script type="text/javaScript">
            function simulerClic(){
                var elt = document.getElementById("coche");
                // Création de l'événement
                var evt = document.createEventObject();←❶
                // Initialisation de l'événement
                evt.screenX = 0;
                evt.screenY = 0;
                evt.clientX = 0;
                evt.clientY = 0;
                // Déclenchement de l'événement
                elt.fireEvent("onclick", evt);←❷
            }
        </script>
    </head>
    <body>
        (...)
        <input type="checkbox" id="coche"/>
        (...)
    </body>
</html>
```

Manipulation des styles

Comme indiqué précédemment, les éléments de style sont rattachés à la structure de la page HTML par le biais d'éléments tels que le nom de la balise ou les attributs id, class et style.

En se fondant sur les facilités de manipulation du DOM, JavaScript offre la possibilité de modifier divers éléments relatifs aux styles CSS.

Changement de la classe d'une balise

En s'appuyant sur le support du DOM, le langage JavaScript offre la possibilité de modifier la valeur de l'attribut class d'une balise. Cette approche permet de modifier la classe associée à la balise et de modifier ainsi le style qui lui est appliqué.

Le code suivant donne un exemple de cette technique en se fondant sur le DOM niveau 2 :

```javascript
function modifierClasse(identifiantNoeud, nomClasse) {
    var balise = document.getElementById(identifiantNoeud);
    balise.setAttribute("class", nomClasse);
}
modifierClasse("monNoeud", "maNouvelleClasse");
```

Dans les navigateurs tels qu'Internet Explorer, qui ne supporte pas ce niveau, l'attribut className doit être utilisé sur l'objet représentant la balise, comme dans l'exemple de code suivant :

```
function modifierClasse(identifiantNoeud, nomClasse) {
    var balise = document.getElementById(identifiantNoeud);
    var chaineClasse = new String(nomClasse);
    if(typeof balise.className == "string"){
        balise.className = chaineClasse;
    }else if(node.setAttribute){
        balise.setAttribute("class", nomClasse);
        balise.className = chaineClasse;
    }
}
modifierClasse("monNoeud", "maNouvelleClasse");
```

> **Modification de la classe CSS d'une balise dans Firefox**
>
> Le navigateur Firefox permet de modifier la classe associée à une balise mais n'applique pas correctement les propriétés CSS de la nouvelle classe. Afin de contourner ce problème, l'utilisation des styles définis par l'intermédiaire de l'attribut style des balises est recommandée. Nous détaillons cette technique à la prochaine section.

Changement d'une propriété de style d'une balise

Lorsque le style est défini pour une balise par l'intermédiaire de l'attribut style, le langage JavaScript offre la possibilité d'accéder à sa valeur et éventuellement de la modifier par l'intermédiaire du support du DOM.

Il est alors possible d'offrir un traitement permettant de modifier uniquement une propriété du style, comme dans le code suivant, en se fondant sur l'attribut style (repère ❶) des nœuds de la page HTML :

```
function modifierProprieteStyle(
            identifiantNoeud, nomPropriete, valeurPropriete) {
    var balise = document.getElementById(identifiantNoeud);
    balise.style[nomPropriete] = valeurPropriete; ← ❶
}
modifierProprieteStyle("monNoeud", "background", "red");
```

Certaines bibliothèques telles que dojo offrent des fonctions de manipulation des styles intégrant la prise en compte des spécificités des navigateurs. Le module de dojo relatif à cet aspect est détaillé au chapitre 11 de cet ouvrage.

Concepts avancés

Maintenant que nous avons décrit les différentes techniques permettant de faire interagir avec JavaScript le HTML et CSS, nous allons aborder diverses bonnes pratiques de mise en œuvre ainsi que des concepts avancés relatifs à l'utilisation des technologies XML et XSLT dans des pages HTML.

Gestion des événements

Nous avons décrit précédemment la façon de gérer les événements avec JavaScript. Une bonne pratique de mise en œuvre de ce concept consiste à l'externaliser hors des balises HTML. Cette technique permet de minimiser le mélange des langages HTML et JavaScript.

À cet effet, une API générique d'enregistrement et de désenregistrement d'observateurs d'événements doit être mise en œuvre afin de gérer les spécificités des différents navigateurs.

API générique

Comme indiqué précédemment, les navigateurs ne permettent pas d'enregistrer et de désenregistrer des observateurs de manière uniforme. La plupart des bibliothèques JavaScript fournissent des API génériques afin d'intégrer et de masquer ces spécificités.

Le code suivant fournit un exemple d'implémentation de ce principe :

```
// Fonction générique d'enregistrement d'observateurs
function enregistrerObservateur(element, evenement,
                                fonction, capture) {
    capture = capture || false;
    if( element.addEventListener ) {
        element.addEventListener(evenement, fonction, capture);
    } else if( element.attachEvent ) {
        element.attachEvent("on"+evenement, fonction);
    }
}
// Fonction générique de désenregistrement d'observateurs
function desenregistrerObservateur(element, evenement,
                                   fonction, capture) {
    if( element.removeEventListener ) {
        element.removeEventListener(evenement, fonction, capture);
    } else if( element.detachEvent ) {
        element.detachEvent("on"+evenement, fonction);
    }
}
```

L'utilisation des fonctions `enregistrerObservateur` (repère ❶) et `desenregistrerObservateur` (repère ❷) se réalise de la manière suivante :

```
// Définition de l'observateur
function traitementEvenement(evenement) {
    (...)
}
```

```
var monNoeud = document.getElementById("monNoeud");
// Enregistrement d'un observateur
enregistrerObservateur(monNoeud, "click", traitementEvenement);←❶
(...)
// Désenregistrement de l'observateur
desenregistrerObservateur(monNoeud, "click", traitementEvenement);←❷
```

Méthodes d'objet en tant qu'observateurs

Les différentes techniques que nous avons décrites précédemment permettent uniquement l'enregistrement et le désenregistrement de fonctions. Les méthodes d'objets ne sont donc pas supportées directement.

Cette fonctionnalité peut toutefois être facilement mise en œuvre en se fondant sur les fonctions call et apply de la classe Function de JavaScript. Une fonction doit alors englober la méthode afin de l'exécuter dans le contexte de son objet associé. Cette fonction doit ensuite être utilisée lors des enregistrements et désenregistrements.

Le code suivant donne un exemple de mise en œuvre de cette fonctionnalité par le biais des fonctions enregistrerObservateurObjet (repère ❷) et desenregistrerObservateurObjet (repère ❸) fondées sur la fonction call (repère ❶) et les fonctions enregistrerObservateur et desenregistrerObservateur décrites précédemment :

```
function convertirMethode(objet, methode) {
    return function(evenement) {
        return methode.call(objet, evenement || window.event);←❶
    }
}
function enregistrerObservateurObjet(element, evenement,
                                    objet, methode, capture) {←❷
    var fonction = convertirMethode(objet, methode);
    enregistrerObservateur(element, evenement, fonction, capture);
}
function desenregistrerObservateurObjet(element, evenement,
                                       objet, methode, capture) {←❸
    var fonction = convertirMethode(objet, methode);
    desenregistrerObservateur(element, evenement, fonction, capture);
}
```

Utilisation des technologies XML et XSLT

Le langage JavaScript offre la possibilité de mettre en œuvre les technologies XML et XSLT au sein de pages Web. L'objectif est de créer des documents XML vierges et de réaliser des transformations de format sur des documents XML.

Création de documents XML

Le support de la technologie XML au sein des navigateurs n'est pas uniformisé, notamment quant à la création de documents XML en mémoire et à la conversion de texte en XML. Il convient donc de réaliser diverses fonctions afin d'intégrer ces spécificités.

La fonction suivante permet de créer un document XML vierge dans les navigateurs Firefox
(repère ❶) et Internet Explorer (repère ❷) :

```
function creerDocumentXML() {
    if( document.implementation
            && document.implementation.createDocument) {← ❶
        var documentXML =                                          '
            document.implementation.createDocument("","", null);
        documentXML.async = false;
        return documentXML;
    } else if( window.ActiveXObject ) {← ❷
        var documentXML = new ActiveXObject("Microsoft.XMLDOM");
        documentXML.async = false;
        return documentXML;
    }
}
```

Notons, dans le code ci-dessus, l'utilisation de l'attribut `async`, qui permet d'indiquer que
tout le document doit être chargé en mémoire de manière synchrone ou asynchrone. Dans
le second cas, un observateur sur l'événement `load` doit être enregistré afin de réaliser les
traitements sur le document une fois qu'il a été chargé.

Composants ActiveX du navigateur Internet Explorer relatifs au DOM

Différents composants ActiveX sont disponibles suivant la version du navigateur Internet Explorer utilisé.
Pour créer des documents XML, une bonne pratique consiste à détecter le composant ActiveX disponible
le plus récent.

La fonction suivante fournit un exemple de mise en œuvre d'une fonction de ce type issue de la bibliothèque dojo :

```
function getActiveXImpl(activeXArray) {
    for (var i=0; i < activeXArray.length; i++) {
        try {
            var testObj = new ActiveXObject(activeXArray[i]);
            if (testObj) {
                return activeXArray[i];
            }
        } catch (e) {}
    }
}
```

Les composants ActiveX relatifs au DOM sont les suivants (du plus récent au plus ancien) :
Msxml2.DOMDocument.5.0, Msxml2.DOMDocument.4.0, Msxml2.DOMDocument.3.0,
MSXML2.DOMDocument, MSXML.DOMDocument, Microsoft.XMLDOM.

Une fois le document de base créé, il est possible de l'initialiser par l'intermédiaire d'un
fichier XML en recourant à la méthode `load` (repère ❶), comme dans le code suivant :

```
var document = creerDocumentXML();
document.load("fichier.xml");← ❶
```

Dans le cas où l'attribut async a été positionné avec la valeur true avant le chargement du document, il est nécessaire d'enregistrer un observateur sur le chargement de l'événement (repère ❶).

Le code suivant fournit un exemple de mise en œuvre de ce principe dans Firefox :

```
var document = creerDocumentXML();
document.addEventListener("load", function() {←❶
    // Traitement des données du document XML
    (...)
}, false);
document.load("fichier.xml");
```

Pour faire fonctionner ce code dans Internet Explorer, la méthode addEventListener peut être remplacée par la méthode attachEvent, comme indiqué à la section relative à la mise en œuvre des événements.

La création de documents XML à partir d'une chaîne de caractères ne se réalise pas de la même manière dans les navigateurs Firefox et Internet Explorer, comme le montre le code suivant :

```
function parserChaine(chaineXML) {
    if( typeof DOMParser!="undefined" ) {
        var parser = new DOMParser();←❶
        return parser.parseFromString(chaineXML, "text/xml");
    } else {
        var document = creerDocumentXML();
        document.loadXML(chaineXML);←❷
        return document;
    }
}
var chaineXML
        = "<donnees><donnee id='1'>Valeur</donnee></donnees>";
var document = parserChaine(chaineXML);
```

Le premier traitement, utilisable dans Firefox, s'appuie sur un parseur DOM (repère ❶) tandis que le second, utilisable dans Internet Explorer, utilise la méthode loadXML (repère ❷) du document XML précédemment décrit.

Mise en œuvre de la technologie XSLT

JavaScript permet de mettre en œuvre la technologie XSLT afin de transformer un document XML en s'appuyant sur une feuille de style XSL.

À l'instar de XML, le support de la technologie XSLT n'est pas uniformisé au sein des navigateurs, notamment pour la création de l'entité de transformation et la transformation elle-même.

La mise en œuvre de XSLT s'appuie sur XML afin de créer les documents XML nécessaires.

XSLT (eXtended Stylesheet Language Transformation)

Décrit au sein de la recommandation XSL, XSLT correspond à un langage de transformation XML. Il permet de réaliser des transformations de n'importe quel document XML vers tout autre type de document. Le format obtenu est communément texte. La transformation est réalisée dans un fichier XML, qui décrit comment utiliser le document XML en entrée afin de produire le format en sortie. Ce fichier est passé en paramètre à un moteur XSLT, qui réalise la transformation. Des implémentations existent pour différents langages, dont JavaScript. La spécification est disponible à l'adresse *http://www.w3.org/TR/xslt*.

Dans cette section, nous utilisons la feuille de style XSL **feuille.xsl** décrite dans le code suivant :

```
<?xml version="1.0"?>
<xsl:stylesheet xmlns :xsl="http://www.w.org/TR/WD-xsl">
    <xsl:output method="xml"/>
    <xsl:template match="/">
        <valeur><xsl:value-of
                select="/donnees/donnee[@id='1']"/></valeur>
    </xsl:template<
</xsl:stylesheet>
```

Cette feuille de style utilise un fichier XML **fichier.xml** de la forme :

```
<donnees>
    <donnee id="1">Une valeur</donnee>
    <donnee id="2">Une autre valeur</donnee>
</donnees>
```

pour générer le format XML de sortie suivant :

```
<valeur>Une valeur</valeur>
```

Le navigateur Firefox se fonde sur le support de la technologie XML décrit à la section précédente et la classe XSLTProcessor. Comme le chargement des éléments relatifs à la transformation à partir de fichiers est effectué de manière asynchrone, la transformation doit être réalisée dans la fonction de rappel relative à leur chargement.

Le code suivant fournit un exemple de mise en œuvre de la technologie XSLT dans le navigateur Firefox :

```
function parserChaine(chaineXML) {
    if( typeof DOMParser!="undefined" ) {
        var parser = new DOMParser();
        return parser.parseFromString(chaineXML, "text/xml");
    }
}
var xsltDocument = creerDocumentXML();
var xsltProcessor = null;
xsltProcessor = new XSLTProcessor();←❶
xsltDocument.load(fichierXSLT);←❷
/* Spécification de la feuille de style à utiliser par
   le moteur XSLT */
```

```
xsltProcessor.importStylesheet(xsltDocument); ← ❸
// Chargement du document à transformer
var documentXML = parserChaine(
        "<donnees><donnee id='1'>Valeur</donnee></donnees>"); ← ❹
// Exécution de la transformation
var documentResultat =
            xsltProcessor.transformToDocument(documentXML); ← ❺
```

Ce code instancie (repère ❶) le moteur de transformation puis charge la feuille de style à utiliser (repère ❷). Le moteur est alors configuré avec la feuille précédente (repère ❸) puis réalise la transformation (repère ❺) en recourant à un document XML chargé précédemment (repère ❹).

La fonction `transformToFragment` peut être mise en œuvre à la place de la fonction `transformToDocument`. Cette dernière prend un second paramètre spécifiant le nœud sous lequel le document résultant de la transformation doit être ajouté.

Si les éléments relatifs à la transformation sont chargés à partir de chaînes de caractères, aucune mise en œuvre de fonctions de rappel n'est nécessaire.

Avec le navigateur Internet Explorer, divers contrôles ActiveX doivent être utilisés afin de mettre en œuvre les transformations XSLT. Dans ce cas, les contrôles ActiveX présentés à la section relative à XML ne conviennent pas, puisqu'ils sont multithreadés, et leurs correspondants non multithreadés doivent être utilisés.

Le code suivant adapte la fonction `creerDocumentXML` décrite précédemment afin de prendre en compte cet aspect dans le cas de la mise en œuvre de XSLT (repère ❶) :

```
function creerDocumentXML() {
    if( document.implementation
            && document.implementation.createDocument) {
        var documentXML =
            document.implementation.createDocument("","", null);
        documentXML.async = false;
        return documentXML;
    } else if( window.ActiveXObject ) {
        var documentXML = new ActiveXObject(
                        "MSXML2.FreeThreadedDOMDocument.3.0"); ← ❶
        documentXML.async = false;
        return documentXML;
    }
}
```

Pour réaliser la transformation, un moteur de transformation XSLT doit être initialisé à partir d'un composant ActiveX relatif à XSLT. Ce moteur est initialisé avec un document XML contenant la feuille de style à utiliser, comme dans le code suivant :

```
function creerXSLTProcessor(fichierXSLT) {
    // Chargement de la feuille de style XSLT
    var xsltDocument = creerDocumentXML();
    xsltDocument.async = false;
```

```
    xsltDocument.load(fichierXSLT);
    // Création et initialisation du moteur de transformation
    var xslt = creerDocumentXslt();
    xslt.stylesheet = xsltDocument;
    return xslt.createProcessor();
}
```

À partir de ce moteur, la transformation mise en œuvre dans le code suivant peut être réalisée (repère ❸) après avoir spécifié les documents XML en entrée (repère ❶) et en sortie (repère ❷) :

```
function realiserTransformation(xsltProcessor, documentXML) {
    if( window.ActiveXObject ) {
        xsltProcessor.input = documentXML; ← ❶
        var documentXMLTransforme = creerDocumentXML();
        documentXMLTransforme.async = false;
        xsltProcessor.output = documentXMLTransforme; ← ❷
        xsltProcessor.transform(); ← ❸
        return documentXMLTransforme;
    }
}
```

Composants ActiveX du navigateur Internet Explorer relatifs à XSLT

Différents composants ActiveX sont disponibles suivant la version du navigateur Internet Explorer utilisé. Pour créer des documents XML ou charger des feuilles de style afin de réaliser des transformations XSLT, une bonne pratique consiste à détecter le composant ActiveX disponible le plus récent. La fonction getActiveXImpl décrite précédemment peut à nouveau être utilisée à cet effet.

Les contrôles ActiveX non threadés relatifs au DOM sont les suivants (du plus récent au plus ancien) : Msxml2.FreeThreadedDOMDocument.5.0, MSXML2.FreeThreadedDOMDocument.4.0, MSXML2.FreeThreadedDOMDocument.3.0.

Les contrôles ActiveX permettant de charger des feuilles de styles XSL sont les suivants (du plus récent au plus ancien) : Msxml2.XSLTemplate.5.0, Msxml2.XSLTemplate.4.0, MSXML2.XSLTemplate.3.0.

Dans une page HTML, la technologie XSLT peut être mise en œuvre afin de transformer des données XML reçues par l'intermédiaire d'une requête Ajax en un format que les fonctions JavaScript de la page savent traiter.

La technologie peut également être mise en œuvre afin de modifier la structure de l'arbre DOM de la page et ainsi de modifier l'aspect de cette dernière.

Notons que des bibliothèques JavaScript telles que dojo intègrent la prise en compte de ces spécificités dans leurs supports du DOM et de XML. D'autres, telles que Sarissa ou xmljs, respectivement accessibles aux adresses *http://sarissa.sourceforge.net* et *http://xmljs.sourceforge.net*, sont dédiées à la mise en œuvre de XML et XSLT.

Conclusion

Nous avons décrit dans ce chapitre les différents langages utilisés dans une page Web ainsi que la manière dont ils peuvent interagir entre eux. Nous avons ainsi introduit les mécanismes relatifs aux langages HTML et CSS. Il convient d'être particulièrement attentif à bien séparer la mise en œuvre de ces langages.

L'utilisation conjointe des langages HTML (ou xHTML), CSS et JavaScript offre la possibilité de rendre une page Web plus interactive, modifiable par elle-même au cours du temps et plus riche graphiquement. Ce chapitre a posé les bases de ces mécanismes. Nous détaillons dans la suite de l'ouvrage leur mise en œuvre au moyen de bibliothèques JavaScript.

Tout en traitant de ces principes, nous avons décrit les bonnes pratiques de mise en œuvre des événements ainsi que la façon d'utiliser les technologies XML et XSLT dans des pages Web.

Comme les traitements JavaScript deviennent de plus en plus complexes, notamment au niveau graphique, dans les pages Web, les scripts JavaScript doivent nécessairement gagner en structuration afin de permettre leur maintenance et leur évolution. Le chapitre 9 décrit les techniques utilisables afin de structurer des composants graphiques avec JavaScript.

9

Mise en œuvre
de composants graphiques

Après avoir décrit les mécanismes de base des interfaces graphiques Web au chapitre précédent, nous abordons dans ce chapitre la manière de structurer les éléments graphiques des pages Web en nous fondant sur des composants graphiques.

Nous définirons tout d'abord le rôle des composants graphiques et décrirons leur structure et la manière de les concevoir. Différentes approches sont détaillées afin de les mettre en œuvre dans des pages Web.

Pour finir, nous fournirons plusieurs exemples concrets de mise en œuvre de fonctionnalités telles que les zones de texte et les listes de sélection.

Généralités sur les composants graphiques

Les composants graphiques permettent d'élaborer les interfaces graphiques des applications en fournissant des éléments avec lesquels les utilisateurs peuvent interagir. Les composants graphiques peuvent également être désignés sous le terme de contrôles, puisque ce sont eux qui ont la responsabilité de prendre en charge les actions des utilisateurs de l'interface.

Un composant graphique est défini par sa structure, qui permet de définir les différents éléments graphiques qu'il met en œuvre, son apparence, qui spécifie les propriétés graphiques des éléments définis dans sa structure, et ses comportements face aux actions des utilisateurs, comportements déclenchés en se fondant sur les événements supportés par le composant.

Le tableau 9.1 récapitule les composants graphiques les plus couramment rencontrés dans les applications.

Tableau 9.1   Composants graphiques couramment utilisés

Composant graphique	Description
Arbre	Permet de mettre en œuvre des arbres afin de définir des structures hiérarchiques.
Élément de formulaire	Permet de mettre en œuvre des formulaires tels que des boutons, des champs de saisie ou des listes de sélection.
Fenêtre	Fenêtre interne à la page Web apparaissant par-dessus les autres éléments de la page et pouvant être de deux types : fenêtre flottante pouvant être déplacée dans la page et fenêtre modale statique empêchant l'accès au contenu sous la fenêtre.
Gestionnaire de positionnement	Permet d'organiser le positionnement des composants graphiques en se fondant sur des zones redimensionnables ou des onglets.
Menu	Menu contextuel ou non et barre d'outils
Tableau	Permet de mettre en œuvre des tableaux complexes supportant des mécanismes de filtrage et de classement de données.

La figure 9.1 illustre un écran mettant en œuvre les principaux composants graphiques décrits ci-dessus. Nous y retrouvons une fenêtre interne à la page Web, fenêtre contenant un gestionnaire de menus, un formulaire de saisie ainsi qu'un gestionnaire d'onglets et un arbre de sélection.

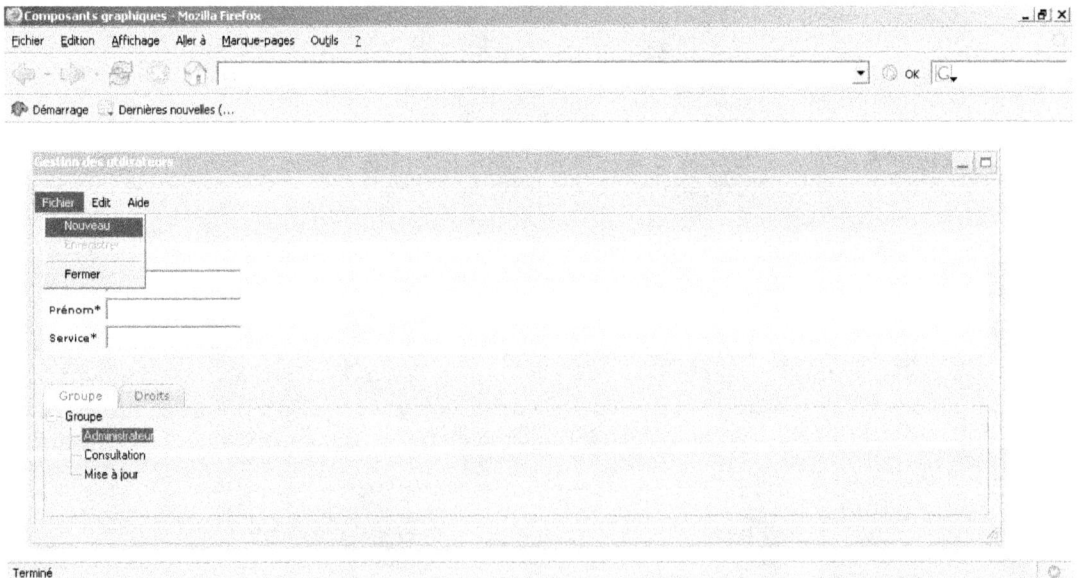

Figure 9.1

Exemples de composants graphiques dans une page Web

Cette figure illustre la possibilité de mettre en œuvre des composants graphiques évolués dans un environnement Web afin de réaliser des interfaces Web riches. Les composants graphiques jouent un rôle essentiel dans la construction de ces interfaces, de même que dans leur structuration et la prise en compte des spécificités des navigateurs.

Dans la suite de ce chapitre, nous décrivons les composants graphiques dans le contexte des applications Web.

Objectifs des composants graphiques

L'utilisation de composants graphiques simplifie l'implémentation des interfaces graphiques Web, les traitements qui leur sont associés étant modularisés dans une entité logicielle fondée sur le langage JavaScript.

Cette entité a également la responsabilité d'intégrer les spécificités des navigateurs aussi bien au niveau du langage JavaScript que du langage CSS. De ce fait, la mise en œuvre des composants graphiques est identique dans tous les navigateurs.

L'utilisation de composants graphiques permet également de produire une application homogène en terme d'ergonomie. Tous les éléments graphiques sont présentés visuellement sous la même forme et réagissent de la même manière aux actions des utilisateurs.

L'utilisation de composants graphiques fondés sur JavaScript permet ainsi de répondre à des besoins d'ergonomie élaborés, tels que celui d'avoir des applications client léger proches des applications client lourd en terme d'ergonomie afin de faciliter leur utilisation.

Relations entre composants graphiques

Pour utiliser de façon simple des composants graphiques écrits en JavaScript, il est primordial de bien les organiser.

À l'instar des balises HTML dans une page Web, les composants graphiques sont organisés de façon hiérarchique. La figure 9.2 illustre une vue hiérarchique de l'organisation des composants graphiques utilisés à la figure 9.1.

Nous pouvons distinguer deux types de composants graphiques : les composants correspondant à des conteneurs et pouvant contenir d'autres composants, tels les gestionnaires de menus et d'onglets de la figure 9.2, et les composants simples, qui ne peuvent pas en contenir d'autres, tels les boutons et zones de texte.

Dans le cas des composants de type conteneur, les relations peuvent être définies aussi bien en se fondant sur le langage HTML que sur des méthodes des composants.

```
┌─────────────────────┐
│ Fenêtre principale  │
└─────────────────────┘
```

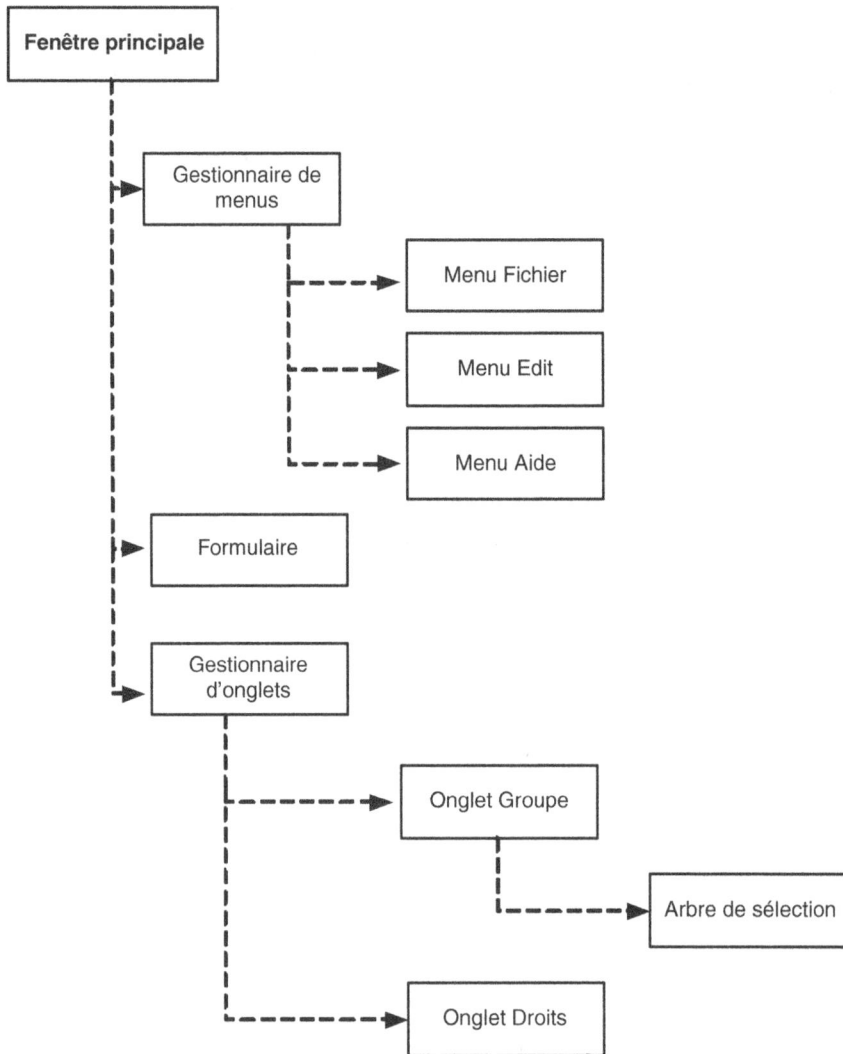

Figure 9.2

Organisation hiérarchique des composants graphiques

Structuration des composants graphiques

Pour structurer les composants graphiques, on utilise les mécanismes de JavaScript permettant de mettre en œuvre la programmation orientée objet.

Il est de la sorte possible de gérer leur apparence ainsi que les traitements génériques à leur appliquer et la manière de traiter leurs événements.

Conception orientée objet

Afin de rendre plus modulaire l'utilisation des composants graphiques, le recours aux mécanismes de la programmation orientée objet du langage JavaScript est essentiel.

Chaque type de composant graphique est défini par sa propre classe, laquelle implémente tous les traitements propres au composant graphique par le biais de méthodes. Certaines fonctionnalités, telles que la construction visuelle du contrôle, la gestion des événements ou les méthodes de contrôle, doivent être implémentées dans chaque composant.

Le code suivant fournit un exemple de mise en œuvre d'une classe d'un composant graphique :

```
function MonComposant(noeud) {
    this.noeudComposant = noeud;
}
MonComposant.prototype.construire = function() {
    var champ = document.createElement("input");
    (...)
    this.noeudComposant.appendChild(champ);
}
```

L'utilisation du composant graphique dans une page Web peut se réaliser de la manière suivante :

```
<html>
    <head>
        <script type="text/javaScript">
            function initialiser (){
                // création d'un composant de type MonComposant
                var monDiv = document.getElementById("monDiv");
                var monComposant = new MonComposant(monDiv); ← ❶
                monComposant.contruire();
            }
        </script>
    </head>
    <body onload="initialiser()">
        <div id="monDiv"> ← ❷
        </div>
    </body>
</html>
```

La classe `MonComposant` (repère ❶) est instanciée en utilisant en paramètre la balise d'identifiant `monDiv` (repère ❷), permettant ainsi de créer le composant dans cette balise.

Nous verrons que plusieurs approches peuvent être mises en œuvre afin d'utiliser des composants graphiques dans une page Web.

L'utilisation de classes JavaScript permet de bénéficier de la notion d'héritage. Le comportement commun des composants JavaScript peut ainsi être décrit dans une classe parente des contrôles graphiques.

La figure 9.3 illustre l'organisation possible de quelques composants graphiques.

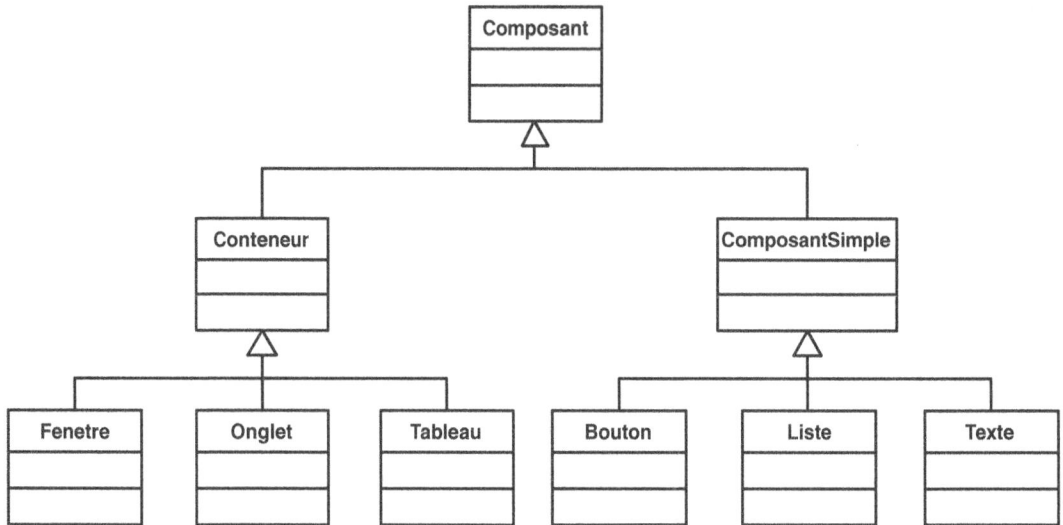

Figure 9.3
Découpage en objets des composants graphiques

Dans l'exemple de cette figure, les composants graphiques sont répartis en deux familles, les contrôles de type conteneur et les autres. Au final, tous les contrôles héritent de la classe Composant. Cette dernière prend en charge tous les traitements génériques.

Afin de pouvoir s'inscrire dans un cadre d'utilisation normalisé, les composants graphiques doivent implémenter certaines règles décrites dans les sections suivantes.

Apparence

Le rendu visuel des composants graphiques doit pouvoir être paramétrable et modifiable afin de s'adapter aux préférences de chacun des utilisateurs. La technologie CSS doit être mise en œuvre au sein des composants afin d'adresser cette problématique.

Pour rendre modifiables les éléments de style d'un composant graphique, ce dernier peut se fonder sur une feuille de style contenant tous les styles qu'il utilise. Cette dernière est ajoutée dynamiquement par le composant à la page Web.

Cette méthode offre la possibilité de bien séparer le code JavaScript du composant de ses styles.

Le code suivant donne un exemple de méthode permettant à un composant d'ajouter une feuille de style à la page Web :

```
function MonComposant(noeud) {
    this.noeudComposant = noeud;
    (...)
}
```

```
MonComposant.prototype.ajouterFichierCSS = function(fichierCSS){← ❶
    if( !fichierCSS ) {
        return;
    }
    var feuillesStyles = document.styleSheets;
    for(var i = 0; i<feuillesStyles.length; i++){← ❷
        // vérifie si la feuille de style n'existe pas déjà
        if ( fichierCSS == feuillesStyles[i].href.toString()){
            return;
        }
    }
    var link = document.createElement("link");← ❸
    link.setAttribute("type", "text/css");
    link.setAttribute("rel", "stylesheet");
    link.setAttribute("href", fichierCSS);
    var head = doc.getElementsByTagName("head")[0];
    head.appendChild(link);← ❹
}
```

La méthode ajouterFichierCSS (repère ❶) de la classe MonComposant vérifie tout d'abord que le fichier CSS n'est pas déjà spécifié (repère ❷) pour la page Web. Si tel n'est pas le cas, elle crée un nouvel élément de type link (repère ❸) puis l'ajoute à la page (repère ❹).

Ce traitement a pour effet de rendre les styles du fichier disponibles pour la page Web et donc utilisables par le composant graphique.

Comme indiqué dans le code suivant, le composant graphique peut par la suite spécifier des propriétés relatives aux styles (repère ❶) définis dans la feuille de style CSS relative au composant :

```
function MonComposant(noeud) {
    this.noeudComposant = noeud;
    (...)
}
MonComposant.prototype.construire = function(){
    var conteneur = document.createElement("div");
    conteneur.className = "monComposantConteneur";← ❶
    (...)
    this.noeudComposant.appendChild(conteneur);
}
```

Afin de simplifier l'utilisation des feuilles de styles CSS pour les composants graphiques, il est souhaitable d'associer une feuille de style par composant graphique. Ce découpage nécessite de la rigueur dans le nommage des règles de style afin d'éviter tout conflit de nom. Une bonne pratique consiste à préfixer l'ensemble des règles par le nom du composant graphique.

La feuille de style associée au composant graphique de type liste de sélection peut être nommée, par exemple, listeSelection.css et contenir les règles suivantes avec des noms préfixés par listeSelection :

```
.listeSelectionConteneur {
    position: relative;
    vertical-align: middle;
    z-index: 2;
}
.listeSelectionBordure {
    height: 50%;
    border-bottom: 1px solid ThreeDShadow;
    margin: 0px 2px;
    font-size: 1px;
}
```

De manière similaire, la feuille de style pour un composant de type bouton peut être nommée `bouton.css` et contenir des règles dont les noms sont préfixés par `bouton`.

Notons qu'il est toujours possible de spécifier des propriétés de style pour les éléments du composant graphique en se fondant sur les mécanismes décrits à la section « Manipulation des styles » du chapitre 8.

Comportement générique

Les comportements communs à tous les composants graphiques doivent être implémentés par tout composant graphique.

Affichage

Chaque composant graphique comporte ainsi une représentation graphique. Toute la logique de construction de sa représentation est contenue dans une méthode, laquelle utilise tous les mécanismes du DOM décrits au chapitre 4.

Cette méthode doit prendre au moins en paramètre un nœud DOM ou son identifiant afin de pouvoir rattacher le composant dans la page Web. Différents paramètres peuvent également être utilisés afin de configurer le composant aussi bien au niveau de ses données que de son apparence ou de ses traitements.

Le code suivant fournit un exemple de mise en œuvre d'une méthode de construction (repère ❶) d'un composant graphique :

```
function MonComposant(nœud, parametres) {
    this.noeudComposant = noeud;
    this.parametres = parametres;
}
MonComposant.prototype.construire = function() {  ← ❶
    var champ = document.createElement("input");  ← ❷
    var champCache = this.parametres["champCache"];
    if( champCache ) {
        champ.setAttribute("type", "hidden");  ← ❸
    }
```

```
    var valeurParDefaut = this.parametres["defaut"];
    champ.setAttribute("value", valeurParDefaut);←❸
    (...)
    this.noeudComposant.appendChild(champ);←❹
}
```

L'élément graphique du composant, à savoir une zone de saisie sous forme de balise `input`, est tout d'abord créé (repère ❷) puis initialisé (repères ❸) en se fondant sur les paramètres du composant.

Le composant graphique est finalement ajouté à la balise spécifiée (repère ❹) en se fondant sur l'attribut `noeudComposant` de la classe.

Nous verrons par la suite que plusieurs approches peuvent être mises en œuvre afin d'appeler la méthode de construction du composant graphique.

Redimensionnent

Pour s'adapter à la taille de la fenêtre du navigateur, chaque composant graphique doit être en mesure de modifier ses dimensions. Le dimensionnement doit être une fonctionnalité disponible pour l'ensemble des composants graphiques.

Dans l'exemple de diagramme de classes précédent, les méthodes permettant la gestion du redimensionnent doivent être implémentées dans la classe `Composant`. Le dimensionnement des composants graphiques peut être déclenché par l'événement `onresize` sur l'objet `window`.

Le déclenchement de l'événement `resize` doit parcourir l'ensemble des composants graphiques présents dans la page et appeler la méthode de dimensionnement de chacun d'eux.

Le code suivant montre comment mettre en œuvre cette approche dans une page Web :

```
<html>
    <head>
        <script type="text/javascript">
            var composants = [];←❶
            window.onresize = function(evenement) {←❷
                for(var i=0;i<composants.length;i++) {
                    var composant = composants[i];
                    composant.redimensionner(evenement);←❸
                }
            }

            function MonComposant(noeud) {
                this.noeudComposant = noeud;
            }

            MonComposant.prototype.redimensionner
                                    = function(evenement) {←❸
                alert("redimensionnement de MonComposant");
            }
```

```
              MonComposant.prototype.construire = function() {
                  var champ = document.createElement("input");
                  this.noeudComposant.appendChild(champ);
              }

              function initialiser() {
                  var monDiv = document.getElementById("monDiv");
                  var monComposant = new MonComposant(monDiv);
                  monComposant.construire();
                  composants.push(monComposant); ← ❶
              }
          </script>
      </head>
      <body onload="initialiser()">
          <div id="monDiv"></div>
      </body>
  </html>
```

Un observateur est enregistré (repère ❷) dans la page Web afin de gérer les événements relatifs au redimensionnement de la fenêtre du navigateur. Cet observateur permet de notifier tous les composants de la page de cet événement en se fondant sur leur méthode `redimensionner` (repères ❸).

Tous les composants utilisés dans la page Web doivent être stockés dans le tableau nommé `composants` (repères ❶) dans le code ci-dessus.

Gestion des événements

Toute action réalisée par un utilisateur sur un composant graphique se traduit par le déclenchement d'événements. Ces événements permettent de prendre en charge les traitements demandés par l'utilisateur.

Comme indiqué précédemment, les composants graphiques sont mis en œuvre sous forme de classes JavaScript, lesquelles ont la responsabilité de mettre en œuvre leurs comportements. Ainsi, les événements doivent être reliés à des méthodes de leur classe afin que le déclenchement d'un événement entraîne l'exécution d'une de leurs méthodes.

Nous avons décrit au chapitre 8 la manière d'enregistrer des observateurs d'événements en se fondant sur le langage JavaScript. En utilisant cette approche, les composants graphiques peuvent enregistrer eux-mêmes certaines de leurs méthodes en tant qu'observateur d'événements.

Le code suivant donne un exemple d'enregistrement de la méthode `methodeObservation` (repère ❶) en se fondant sur la fonction `enregistrerObservateurObjet` (repère ❷) du chapitre 8 :

```
function MonComposant(noeud){
    this.noeudComposant = noeud;
    (...)
}
```

```
MonComposant.prototype.methodeObservation = function(evenement) {← ❶
    (...)
}
MonComposant.prototype.initialiser = function() {
    (...)
    enregistrerObservateurObjet(this.noeudComposant, "click",← ❷
                                this, this.methodeObservation);
}
```

Utilisation d'Ajax

L'utilisation d'Ajax dans l'implémentation des composants graphiques joue un rôle essentiel en permettant de bien séparer la partie présentation de la partie gestion des données des composants graphiques. Dans la mesure où ce principe permet d'afficher de nouvelles données sans avoir à recharger la page, les composants graphiques ont la possibilité de gérer les données qu'ils manipulent de manière autonome, sans avoir à recharger la page Web entièrement.

Afin d'intégrer les techniques Ajax, les composants graphiques doivent disposer d'un module permettant de réaliser des requêtes Ajax. La fonction permettant de réaliser une requête Ajax prend en paramètre l'adresse de la requête, différents paramètres ainsi qu'une fonction de rappel pour traiter la réponse, comme dans le code suivant :

```
function executerRequeteAjax(adresse,
                            parametres, fonctionDeRappel) {
    (...)
}
```

Ajax étant le plus souvent mis en œuvre de manière asynchrone, le résultat d'une requête de ce type ne peut être accédé dans la méthode qui a réalisé la requête. Une méthode de traitement des données de la réponse doit donc être mise en œuvre dans la classe du composant graphique.

Le code suivant fournit un exemple de mise en œuvre de ce mécanisme dans un composant graphique :

```
function MonComposant(noeud) {
    this.noeudComposant = noeud;
}
MonComposant.prototype.traiterDonneesChargees(donnees) {← ❶
    (...)
}
MonComposant.prototype.chargerDonnees() {
    var adresse = "http://localhost/ajax/donnees.js";
    var parametres = { parametre1: "valeur1" };
    executerRequeteAjax(adresse, parametres,
                        this.traiterDonneesChargees);← ❷
}
MonComposant.prototype.construire = function() {
    (...)
}
```

La méthode `chargerDonnees` se fonde sur la fonction `executerRequeteAjax` (repère ❶) afin de réaliser une requête Ajax. L'utilisation de cette fonction permet de spécifier la méthode `traiterDonneesChargees` de la classe afin de traiter les réponses (repère ❷) de la requête.

Approches de construction

La création de composants graphiques dans une page Web peut se fonder sur le langage HTML pour définir les propriétés des composants graphiques et réaliser leur construction ou n'utiliser que le langage JavaScript. Dans ce dernier cas, les composants sont créés et configurés directement en se fondant sur ce langage.

Parmi les bibliothèques JavaScript, rialto offre une approche fondée uniquement sur JavaScript tandis que dojo met à disposition les deux approches.

Construction fondée sur le HTML

Cette méthode de construction de composants graphiques consiste à utiliser les balises HTML afin de leur spécifier des propriétés particulières.

Les balises standards du langage sont utilisées conjointement avec des attributs spécifiques pour les propriétés du composant.

Cette approche nécessite un parcours de l'arbre DOM de la page une fois que celle-ci a été chargée. Ce parcours permet de traiter les attributs spécifiques afin de créer et de paramétrer automatiquement les composants graphiques sans avoir à recourir au langage JavaScript.

Nous avons vu au chapitre 4 comment modifier l'arbre DOM de la page juste après son chargement.

Dans l'exemple suivant, la construction d'un tableau consiste uniquement en la description de ce dernier :

```
<html>
    <head>
        <script type="text/javaScript">
            function initialiser(){
                // appel de l'analyse des objest DOM
                GestionComposant.analyse();← ❶
            }
        </script>
    </head>
    <body onload="initialiser()">← ❷
        <div id="monTableau" typeComposant="tableau">← ❸
            <titre libelle="Numéro"/>← ❹
            <titre libelle="Isbn"/>← ❹
            <titre libelle="Titre"/>← ❹
            <titre libelle="Auteurs"/>← ❹
        </div>
    </body>
</html>
```

Afin de construire le tableau, les traitements de l'arbre DOM sont déclenchés juste après le chargement de la page Web en se fondant sur son événement `load` (repère ❷). Lorsque cet événement se produit, les traitements d'analyse de l'arbre DOM sont réalisés (repère ❶).

La balise `div` (repère ❸) est utilisée afin de définir un composant graphique de type tableau. Cet aspect est spécifié par l'intermédiaire de l'attribut `typeComposant`.

Les colonnes du tableau sont définies dans la balise `div` en se fondant sur les valeurs contenues dans les balises `titre` (repères ❹), balises mises en œuvre spécifiquement pour ce composant graphique et non interprétées par les navigateurs Web.

Sans traitement JavaScript, les balises HTML ne seraient pas prises en compte par la page Web, et le tableau ne serait pas affiché. C'est pourquoi la méthode `analyse` de l'objet `GestionComposants` doit être mise en œuvre dès que la page est complètement chargée.

La méthode `analyse` de l'objet `GestionComposants` prend en charge le parcours de l'arbre DOM dans sa globalité afin de détecter les nœuds possédant un attribut `typeComposant`. Ces nœuds sont alors utilisés afin de créer les composants graphiques correspondants, comme l'indique le code suivant :

```
var GestionComposants = {};
GestionComposants.analyse = function(){
    var noeuds = document.getElementsByTagName("*");
    for (var i=0; i<noeuds.length; i++){
        var noeud = noeuds.item(i);
        var typeComposant = noeud .getAttribute("typeComposant");
        if (typeComposant != null){
            var composant = null;
            if (typeComposant == "tableau"){← ❶
                /* construction du tableau par l'intermédiaire
                   d'une classe JavaScript */
                composant = new Tableau(noeud);← ❷
            } else if (typeCtrl == (...)){
                // construction d'un composant d'un autre type
                (...)
            }
            // ajout des propriétés du composant
            composant.construire();← ❸
            // ajout de l'objet javaScript au DOM
            noeud.composant = composant; ← ❹
        }
    }
}
```

La méthode `analyse` instancie les composants graphiques appropriés (repère ❷ pour l'instanciation de la classe `Tableau`) en fonction de la valeur de l'attribut `typeComposant` (repère ❶). Tous les composants graphiques doivent posséder une structure commune, à savoir un constructeur possédant un paramètre `noeud` et une méthode `construire`.

Cette dernière est appelée (repère ❸) afin de créer le composant graphique dans la page Web.

Pour finir, le traitement réalisé au repère ❹ permet de garder le lien entre l'instance de l'objet JavaScript représentant le composant graphique et les nœuds de l'arbre DOM. De cette manière, il est à tout moment possible de récupérer l'instance JavaScript correspondant au composant, comme le montre le code suivant :

```
var nodeTableau = document.getElementById("monTableau");
var monTableau = nodeTableau.composant;
```

Le code suivant décrit la classe JavaScript Tableau utilisée afin de mettre en œuvre un composant graphique de type tableau dans une page Web :

```
function Tableau(noeud){
    this.baseNoeud = noeud;
}
Tableau.prototype.construire = function(){
    // construction en DOM du tableau sur le noeud this.baseNoeud.
    var frag = document.createDocumentFragment();
    var tableau = document.createElement("table"); ← ❶
    var thead = document.createElement("thead");
    tableau.appendChild(thead);
    var tr = document.createElement("tr");
    thead.appendChild(tr);
    frag.appendChild(tableau);
    // construction des colonnes
    var colonnes = this.baseNoeud.getElementsByTagName("titre"); ← ❷
    for(var i=0; i<colonnes.length; i++){
        var td = document.createElement("td"); ← ❸
        tr.appendChild(td);
        var titre = document.createElement("label")
        var libelle = colonnes[i].getAttribute("libelle");
        var texte = document.createTextNode(libelle);
        titre.appendChild(texte);
        td.appendChild(titre);
    }
    this.baseNoeud.appendChild(frag);
}
```

La construction du composant se réalise par l'intermédiaire de la méthode createElement (repère ❶), qui crée la structure du tableau puis les différentes colonnes (repère ❸) en se fondant sur l'attribut baseNoeud (repère ❷).

Construction fondée sur JavaScript

Cette méthode consiste à créer les composants graphiques en instanciant directement leur classe JavaScript. Au moment de l'instanciation de la classe JavaScript, l'ensemble des éléments définissant les propriétés du composant doivent être passés en paramètre.

L'identifiant du nœud DOM auquel est ajouté le composant graphique doit également être spécifié.

Dans le code suivant, la classe Tableau de la section précédente a été adaptée afin de mettre en œuvre cette approche :

```
function Tableau(idContainer) { ← ❶
    this.idContainer = idContainer;
    this.titreColonnes = new Array();
    this.nbColonne = 0;
}
// ajout d'un titre de colonne
Tableau.prototype.addColonne = function(titre){ ← ❷
    this.titreColonnes[this.nbColonne] = titre;
    this.nbColonne++;
}
// construction du tableau
Tableau.prototype.construire = function(){
    // construction en DOM du tableau sur le noeud this.baseNoeud.
    var frag = document.createDocumentFragment();
    var tableau = document.createElement("table");
    var thead = document.createElement("thead");
    tableau.appendChild(thead);
    var tr = document.createElement("tr");
    tableau.appendChild(tr);
    frag.appendChild(tableau);

    // construction des colonnes
    for(var i=0; i<this.titreColonnes.length; i++){ ← ❸
        var td = document.createElement("td"); ← ❹
        tr.appendChild(td);
        var titre = document.createElement("label")
        var libelle = this.titreColonnes[i];
        var texte = document.createTextNode(libelle);
        titre.appendChild(texte);
        td.appendChild(titre);
    }
    this.idConteneur.appendChild(frag);
}
```

Le constructeur de la classe prend en paramètre le nœud DOM (repère ❶) auquel est ajouté le composant graphique. La classe contient désormais une méthode addColonne (repère ❷), qui permet de spécifier les libellés des colonnes du tableau. La méthode construire se fonde désormais sur l'attribut titreColonnes (repère ❸) afin de construire les colonnes (repère ❹).

La mise en œuvre de la classe Tableau peut être réalisée juste après le chargement de la page Web, comme le montre le code suivant :

```
<html>
    <head>
        <script type="text/javaScript">
            function initialiser(){ ← ❶
                // création d'un objet tableau
                var monTableau =
                        document.getElementById("monTableau");
```

```
                    var tableau = new Tableau(monTableau);←❷
                    tableau.addColonne("nom");←❷
                    tableau.addColonne("prénom");←❷
                    tableau.addColonne("téléphone");←❷
                    tableau.construire();←❷
                }
        </script>
    </head>
    <body onload="initialiser()">←❸
        <div id="monTableau"></div>
    </body>
</html>
```

Le composant graphique est créé en utilisant la classe Tableau et ses méthodes addColonne et construire (repères ❷) à partir d'une fonction nommée initialiser (repère ❶), fonction exécutée lorsque l'événement load (repère ❸) de la page Web survient.

Bien que cette approche de construction paraisse au premier abord plus simple que la précédente, elle nuit à la lisibilité des traitements lorsqu'un nombre important de composants graphiques est mis en œuvre.

En résumé

Les deux approches de construction des composants graphiques comportent chacune des avantages et des inconvénients. Leur utilisation dépend de la manière dont l'interface Web est conçue et des choix techniques.

La méthode par description HTML simplifie l'utilisation des composants graphiques en permettant de définir leurs propriétés par le biais d'attributs de balises HTML. Elle favorise ainsi l'homogénéisation des langages utilisés dans la construction de l'interface Web en masquant l'instanciation et la gestion des classes JavaScript correspondantes.

Cette approche nécessite cependant la définition de tous les composants utilisés au chargement de la page Web, même si certains d'entre eux doivent être masqués dans un premier temps et ne sont utilisés que par la suite. Elle est en outre coûteuse en ressources puisqu'un parcours complet de l'arbre DOM de la page est nécessaire afin de créer les composants graphiques définis.

La méthode de construction par instanciation des classes JavaScript des composants graphiques impose la connaissance de ces classes ainsi que l'utilisation de ce langage afin de créer l'interface graphique.

Elle offre néanmoins la possibilité de créer les composants à la volée au moment où ces derniers doivent être utilisés.

Exemples d'implémentation de composants graphiques

Cette section donne des exemples d'implémentation de composants graphiques usuels mettant en œuvre les concepts décrits dans ce chapitre.

Nous utilisons notamment la fonction enregistrerObservateurObjet décrite au chapitre 8 afin de permettre aux composants graphiques d'enregistrer des observateurs d'événements.

Zone de texte et complétion automatique

Le composant graphique zone de texte est évidemment fondamental dans toute application Web puisqu'il offre la possibilité à l'utilisateur de saisir des informations dans une zone.

Le composant présenté dans cette section permet d'ajouter une fonctionnalité supplémentaire très intéressante à ce type de composant, à savoir la complétion automatique lors de la saisie.

Cette fonctionnalité permet de compléter automatiquement la saisie dans une zone de texte lorsque le début de la saisie correspond à une valeur unique. Ce cas d'utilisation convient parfaitement à la mise en œuvre d'une aide à la saisie d'adresses e-mail contenues dans un carnet d'adresses.

La valeur du champ de saisie est complétée automatiquement dès que les éléments saisis permettent d'identifier une adresse e-mail unique.

En reprenant l'approche de construction des composants graphiques fondée sur le langage HTML, le composant graphique peut être défini par le biais de la balise HTML suivante :

```
<input type="text" typeComposant="completion"
    adresseCompletion="http://localhost/ajax/completion"/>← ❶
```

L'attribut `adresseCompletion` (repère ❶) permet de spécifier l'adresse à utiliser afin de récupérer la valeur complétée en se fondant sur une requête Ajax.

Afin de prendre en compte ce nouveau composant graphique, la méthode `analyse` de l'objet `GestionComposants` précédemment décrite doit être amendée afin de gérer les composants graphiques de type `completion` (repère ❶), comme le détaille le code suivant :

```
GestionComposants.analyse = function(){
    var noeuds = document.getElementsByTagName("*");
    for (var i=0; i<noeuds.length; i++){
        var noeud = noeuds.item(i);
        var typeComposant = noeud .getAttribute("typeComposant");
        if (typeComposant != null){
            var composant = null;
            if (typeComposant == "tableau"){
                composant = new Tableau(noeud);
            } else if (typeComposant == "completion"){← ❶
                composant = new Completion(noeud);
            }
            // ajout des propriétés du composant
            composant.construire();
            // ajout de l'objet javaScript au DOM
            noeud.composant = composant;
        }
    }
}
```

La mise en œuvre du composant graphique se fonde sur la classe Completion, dont le code est le suivant :

```
function Completion(noeud){
    this.baseNoeud = noeud;
    this.adresseRecherche = null;
}
Completion.prototype.construire = function(){
    // lecture de l'url pour la complétion
    this.adresseRecherche = this.baseNoeud.getAttribute("adresseCompletion"); ← ❶
    // ajout de l'événement keyup pour la complétion
    enregistrerObservateurObjet(this.baseNoeud ,
                        "keyup", this, this.complete); ← ❷
}
Completion.prototype.complete = function(){ ← ❸
    var texteSaisie = this.baseNoeud.value;
    // envoie d'une requête Ajax avec le paramètre texteSaisie
    this.executerRequeteAjax(this.adresseRecherche,texteSaisie);
}
Completion.prototype.executerRequeteAjax = function( ← ❹
                            adresseRecherche,texteSaisie){
    (...)
}
Completion.prototype.traiterReponseAjax = function(valeur){ ← ❺
    if (valeur != null){
        // affectation de la nouvelle valeur
        this.baseNoeud.value = valeur;
    }
}
```

L'adresse utilisée afin de déterminer le texte complété est initialisée en se fondant sur l'attribut adresseCompletion (repère ❶) de la balise HTML du champ. Cette adresse est utilisée afin de mettre en œuvre une requête Ajax lors d'une saisie de caractères dans la zone. La saisie est détectée en se fondant sur l'événement keyup (repère ❷) du champ texte. La méthode complete (repère ❸) est enregistrée en tant qu'observateur de cet événement et implémente ces traitements.

Cette méthode a la responsabilité de déclencher une requête Ajax asynchrone en se fondant sur la méthode executerRequeteAjax (repère ❹). Comme nous utilisons Ajax en mode asynchrone, la méthode de rappel traiterReponseAjax (repère ❺) est définie dans la classe Completion afin de recevoir la réponse de cette requête et de mettre à jour la zone de saisie.

La mise en œuvre de ce composant montre comment modulariser dans une classe JavaScript ses différents comportements. La mise en œuvre dans la page Web de ce composant est très simple et uniquement fondée sur le langage HTML.

Liste de sélection

Une liste de sélection est un composant graphique permettant de sélectionner une valeur dans une liste déroulante. La balise select du langage HTML fournit une liste de sélection simple mais n'offre pas de fonctionnalités de filtrage afin de restreindre le nombre de valeurs présentées à l'utilisateur.

Nous allons voir comment mettre en œuvre un composant de ce type offrant des fonctionnalités de filtrage des données de la liste.

La balise `select` étant peu paramétrable, nous ne l'utilisons pas pour construire la structure de notre composant graphique et préférons nous appuyer sur des balises HTML, comme dans le code suivant :

```
<table width="200px" border="0" cellpadding="0" cellmargin="0"/>
    <tr valign="top">
        <td width=100%>
            <input type="text" style="width: 100%;"/>← ❶
        </td>
        <td>
            <img border="0" src="combo.png"/>← ❷
        </td>
    </tr>
</table>
<div style="position:relative;">
    <div style="display:none;"></div>← ❸
</div>
```

Le composant comporte une zone de saisie (repère ❶) permettant à l'utilisateur de filtrer les valeurs contenues dans la liste déroulante. Cette dernière est mise en œuvre par le biais d'une balise `div` (repère ❸) présentant uniquement les valeurs filtrées par rapport au texte saisi.

La balise `img` (repère ❷) permet d'afficher ou de masquer la liste de sélection mise en œuvre avec la balise `div`.

La figure 9.4 illustre l'apparence des balises HTML mises en œuvre dans le code ci-dessus.

Figure 9.4

*Apparence des éléments
de la liste de sélection*

Maintenant que nous avons construit la structure graphique du composant, nous pouvons nous attacher au développement de sa classe JavaScript. Cette dernière crée les balises HTML en se fondant sur le DOM tout en gérant les événements du composant.

Le composant graphique est implémenté par l'intermédiaire de la classe `ListeSelection`, comme l'indique le code suivant :

```
function ListeSelection(noeudContenu){
    this.noeudContenu = null;
    this.nodeTexte = null;
    this.url = null;
    this.conteneurListe = null;
    this.listeAffichee = false;
}
ComboBox.prototype.construire = function(){
    // Création de la structure graphique du composant
    var combo = document.createDocumentFragment();
    var tableau = document.createElement("table");
    combo.appendChild(tableau);
    var tbody = document.createElement("tbody");
    tableau.appendChild(tbody);
    var tr = document.createElement("tr");
    tbody.appendChild(tr);
    var td1 = document.createElement("td");
    tr.appendChild(td1);
    // Zone de saisie de la combo
    var texte = document.createElement("input");
    texte.className = "comboTexte";
    td1.appendChild(texte);
    this.nodeTexte = texte;
    // Image
    var td2 = document.createElement("td");
    tr.appendChild(td2);
    var img = document.createElement("img");
    td2.appendChild(img);
    img.src = "combo.png";
    /* Enregistrement d'un observateur pour l'événement click
       de l'image pour ouvrir ou fermer la liste de valeur */
    enregistrerObservateurObjet(img, "click",
                          this, this.gererAffichage);← ❶
    // Ajout de la structure au nœud de base
    this.noeudContenu.appendChild(combo);
    // Création du div contenant la liste de valeurs
    var div = document.createElement("div");
    div.style.display = "none";
    div.className = "comboListe";
    this.conteneurListe = div;
    this.noeudContenu.appendChild(div);

    /* Enregistrement d'un observateur pour l'événement keydown
       pour filtrer les valeurs affichées */
    enregistrerObservateurObjet(this.nodeTexte , "keydown",
                          this, this.filtrer);← ❷
}
```

La méthode construire a la responsabilité de construire la structure du composant graphique en se fondant sur le DOM. Elle permet également d'enregistrer des observateurs afin de traiter les clics (repère ❶) sur l'image ainsi que la saisie de texte (repère ❷) dans la zone. Ces deux observateurs sont implémentés respectivement par les méthodes gererAffichage et filtrer.

La méthode gererAffichage permet d'afficher et de masquer les valeurs de la liste, comme dans le code suivant :

```
ListeSelection.prototype.gererAffichage = function(evenement){
    if (this.isListOpen){
        this.listeAffichee = false;
        this.conteneurListe.style.display = "none";
    }else{
        this.listeAffichee = true;
        this.conteneurListe.style.display = "block";
    }
}
```

La fonctionnalité de filtrage des valeurs de la liste en fonction de la saisie de l'utilisateur est implémentée par la méthode filtrer. Cette méthode est déclenchée chaque fois qu'une touche est saisie dans la zone. L'ajout de l'événement keydown situé au repère ❷ permet d'invoquer la méthode filtrer.

Le code suivant détaille l'implémentation des méthodes filtrer et gererAffichage de la classe permettant de filtrer les données affichées dans la liste :

```
ListeSelection.prototype.filtrer = function(e){
    // Utilisation de la méthode resetContenu pour vider la liste
    this.reset();
    var filtreValeur = this.nodeTexte.value;
    /* Exécution d'une requête AJAX pour filtrer les valeurs
       de la boîte de sélection */
    (...)
}
// ajoute des valeurs dans la liste
ListeSelection.prototype.ajouteValeurs = function(valeurs){
    // Affichage de la liste
    this.listeAffichee = true;
    this.conteneurListe.style.display = "block";

    // ajout de ligne dans la liste de valeurs
    (...)
}
// Supprime les valeurs de la liste
ListeSelection.prototype.reset = function(){
    this.conteneurListe.innerHTML = "";
}
```

La méthode `filtrer` exécute une requête Ajax en spécifiant la méthode `ajouteValeurs` en tant que méthode de traitement de sa réponse. Cette dernière méthode affiche le résultat dans la liste de valeurs contenue dans la balise `div`.

Notons que le mode asynchrone des requêtes Ajax prend ici tout son sens en ce qu'il permet de ne pas bloquer l'utilisateur pendant que la requête est transmise au serveur.

Conclusion

Ce chapitre a détaillé des solutions permettant d'organiser les composants graphiques d'une page Web en se fondant sur le langage JavaScript, ces composants formant les briques de base pour la construction des interfaces Web.

L'implémentation de composants graphiques met en œuvre divers aspects techniques, tels que la programmation orientée objet, afin de définir leur structure, la technologie DOM, afin de créer leur structure graphique et leur apparence en se fondant sur des styles CSS, et la gestion des événements.

L'utilisation des techniques Ajax offre la possibilité de gérer les données des composants graphiques de manière autonome et sans impacter le reste de la page Web.

Lors de la mise en œuvre d'interfaces graphiques Web riches, l'utilisation de composants graphiques est primordiale puisqu'elle permet de structurer et de simplifier leur mise en œuvre. Ces composants permettent de modulariser les traitements tout en favorisant leur réutilisation et l'intégration des spécificités des navigateurs.

Partie IV

Bibliothèques JavaScript graphiques

Nous avons détaillé jusqu'à présent les différents concepts fondés sur les technologies JavaScript, HTML/xHTML et CSS afin de mettre en œuvre des applications Internet riches.

Plutôt que d'implémenter ces différents concepts, une bonne pratique consiste à utiliser des bibliothèques éprouvées. Ces dernières permettent de mettre en œuvre ces mécanismes aussi bien globalement que pour une fonctionnalité bien précise ainsi que d'intégrer les spécificités des navigateurs au niveau de leurs supports, et non plus dans le code des applications JavaScript.

Le **chapitre 10** introduit les différentes bibliothèques JavaScript graphiques légères qui implémentent un ensemble de fonctionnalités, telles que la gestion des événements et des effets.

Le **chapitre 11** est dédié à la bibliothèque dojo, et le **chapitre 12** à la bibliothèque graphique rialto.

Les bibliothèques graphiques légères

Avant d'étudier des bibliothèques JavaScript complètes, telles que dojo et rialto, nous allons évoquer l'utilisation de bibliothèques légères se focalisant sur des préoccupations spécifiques des développements Web, tels que les événements et les effets.

Ces bibliothèques offrent la possibilité d'implémenter des comportements graphiques évolués sans avoir à mettre en œuvre des mécanismes complexes.

Nous décrirons d'abord la partie graphique de la bibliothèque prototype, dont les bases ont été abordées au chapitre 6, puis nous détaillerons deux bibliothèques intéressantes, behaviour et script.aculo.us, qui permettent de gérer respectivement les événements et les effets dans les pages Web.

La bibliothèque prototype

Comme indiqué brièvement au chapitre 6, relatif aux fonctionnalités non graphiques de prototype, cette bibliothèque offre des fonctionnalités permettant d'interagir avec des pages Web. Celles-ci peuvent être regroupées en trois catégories : la modification du contenu et du rendu de pages HTML, la gestion des événements et le support des formulaires HTML.

Nous détaillons dans le présent chapitre la mise en œuvre de ces fonctionnalités.

Manipulation d'éléments de l'arbre DOM

La bibliothèque prototype fournit l'objet Element afin de manipuler facilement les éléments de l'arbre DOM d'une page HTML.

Le tableau 10.1 récapitule les différentes méthodes de cet objet.

Tableau 10.1 Méthodes de l'objet *Element*

Méthode	Paramètre	Description
addClassName	L'identifiant de l'élément et nom de la classe	Positionne la classe pour l'élément.
cleanWhitespace	L'identifiant de l'élément	Supprime tous les nœuds de texte vides dans la liste des sous-nœuds de l'élément.
classNames	L'identifiant de l'élément	Retourne le nom de la classe CSS associée à l'élément, ou une chaîne vide si aucune ne lui ait associée.
empty	L'identifiant de l'élément	Retourne true si l'attribut innerHTML de l'élément ne contient rien ou des espaces, et false dans le cas contraire.
getDimensions	L'identifiant de l'élément	Renvoie une structure contenant la largeur, son attribut width, et la longueur, son attribut height.
getHeight	L'identifiant de l'élément	Retourne la hauteur de la représentation graphique d'un élément.
getStyle	Identifiant de l'élément et la propriété de style	Retourne la valeur de la propriété de style pour l'élément. La valeur de retour est la valeur de la propriété dans la chaîne de caractères correspondant à son attribut style. Si cet attribut n'est pas présent, la valeur null est renvoyée.
hasClassName	L'identifiant de l'élément	Retourne true si une classe est associée à l'élément, et false dans le cas contraire.
hide	L'identifiant de l'élément	Permet de positionner la valeur de l'attribut display de l'élément à none pour le masquer.
makeClipping	L'identifiant de l'élément	Applique les paramètres de positionnement.
makePositioned	L'identifiant de l'élément	Applique les paramètres de positionnement s'ils ne sont pas spécifiés dans l'attribut style de l'élément. Spécifie également que l'élément est positionné.
remove	L'identifiant de l'élément	Permet de supprimer l'élément de l'arbre DOM dans lequel il se trouve.
removeClassName	L'identifiant de l'élément et nom de la classe	Supprime la classe pour l'élément.
scrollTo	L'identifiant de l'élément	Déplace la barre de défilement pour que l'élément soit visible.
setStyle	L'identifiant de l'élément et le tableau associatif contenant la liste des éléments de style	Positionne les différentes propriétés de style pour l'élément.
show	L'identifiant de l'élément	Permet de positionner la valeur de l'attribut display de l'élément avec la chaîne vide pour le rendre visible.
toggle	L'identifiant de l'élément	Permet d'inverser la valeur de l'attribut display de l'élément rendant visible l'élément s'il est caché, et inversement.
undoClipping	L'identifiant de l'élément	Réinitialise les paramètres de positionnement avec ceux spécifiés dans l'attribut style de l'élément.
undoPositioned	L'identifiant de l'élément	Réinitialise les paramètres de positionnement et spécifie que l'élément n'est pas positionné.
update	L'identifiant de l'élément	Permet de mettre à jour le contenu de la balise avec un fragment HTML contenu dans une chaîne de caractères.
visible	L'identifiant de l'élément	Retourne la valeur false si la valeur de l'attribut display de l'élément vaut none, et true dans le cas contraire.

Nous allons détailler les principales de ces méthodes de manipulation des éléments.

La méthode `toggle` offre la possibilité de rendre visible ou non un élément en inversant le mode d'affichage : si l'élément est visible, elle le masque, et inversement.

Le code suivant illustre la mise en oeuvre de cette méthode (repère ❶) afin d'afficher et de masquer le paragraphe d'identifiant `monParagraphe` (repère ❷) :

```
<html>
    <head>
        (...)
        <script type="text/javascript">
            function toggleParagraphe() {←❶
                Element.toggle("monParagraphe");
            }
        </script>
    </head>
    <body>
        <p id="monParagraphe">Un paragraphe</p>←❷
        (...)
    </body>
</html>
```

La méthode `update` permet de mettre à jour facilement le contenu d'une balise. Elle prend en paramètre l'identifiant de l'élément à mettre à jour ainsi que son nouveau contenu sous forme de chaîne de caractères, cette dernière pouvant contenir du code HTML.

Le code suivant illustre la mise en œuvre de cette méthode (repère ❶) pour mettre en gras le texte contenu dans le paragraphe d'identifiant `monParagraphe` repère ❷) :

```
<html>
    <head>
        (...)
        <script type="text/javascript">
            function mettreEnGrasParagraphe() {←❶
                var element = $("monParagraphe");
                var texte = element.innerHTML;
                Element.update("monParagraphe", "<b>"+texte+"</b>");
            }
        </script>
    </head>
    <body>
        <p id="monParagraphe">Un paragraphe</p>←❷
        (...)
    </body>
</html>
```

La méthode `getStyle` donne accès à la valeur d'une propriété du style d'un élément. Si cette valeur doit être modifiée, la méthode `setStyle` peut être mise en œuvre.

Le code suivant permet de récupérer la valeur de la propriété `text-align` du style (repère ❶) du paragraphe d'identifiant `monParagraphe` (repère ❷) :

```
<html>
    <head>
        (...)
        <script type="text/javascript">
            function mettreEnGrasParagraphe() {←❶
                var alignement = Element.getStyle("monParagraphe", "text-align");
                // alignement contient la valeur « center »
                (...)
            }
        </script>
    </head>
    <body>
        <p id="monParagraphe" style="text-align:center">Un paragraphe</p>←❷
        (...)
    </body>
</html>
```

Les méthodes `classNames`, `hasClassName`, `addClassName` et `removeClassName` permettent de manipuler le nom de classe d'un élément.

Le code suivant illustre la façon d'ajouter un nom de classe (repère ❶) pour le paragraphe d'identifiant `monParagraphe` (repère ❷), s'il n'en possède pas déjà un :

```
<html>
    <head>
        (...)
        <script type="text/javascript">
            function ajouterClasseParagraphe() {←❶
                if( !Element.hasClassName("monParagraphe") ) {
                    Element.addClassName("monParagraphe", "maClasse");
                }
            }
        </script>
    </head>
    <body>
        <p id="monParagraphe">Un paragraphe</p>←❷
        (...)
    </body>
</html>
```

Ajout de blocs HTML

La bibliothèque prototype propose un ensemble de classes, dont le nom est préfixé par `Insertion`, qui permettent d'ajouter des éléments dans l'arbre DOM d'une page HTML.

La classe `Insertion.Before` insère un élément avant un nœud. Le constructeur de cette classe prend en paramètre l'identifiant du nœud ainsi que le contenu à ajouter sous forme de texte, texte contenant au moins une balise racine.

Cette classe est particulièrement adaptée pour ajouter un paragraphe de texte avant un autre.

Par exemple, dans le code suivant, la fonction `ajouterParagraphe` (repère ❶) implémente l'utilisation de la classe `Insertion.Before` afin d'ajouter un paragraphe avant le paragraphe d'identifiant `monParagraphe` (repère ❷) :

```
<html>
    <head>
        (...)
        <script type="text/javascript">
            function ajouterParagraphe() {←❶
                new Insertion.Before("monParagraphe", "<p>Nouveau paragraphe</li>");
            }
        </script>
    </head>
    <body>
        <p id="monParagraphe">Un paragraphe</p>←❷
        (...)
    </body>
</html>
```

L'arbre DOM en mémoire des paragraphes est modifié de la manière suivante :

```
<p>Nouveau paragraphe</p>
<p id="monParagraphe">Un paragraphe</p>
```

La classe `Insertion.After` ajoute un élément après et au même niveau qu'un nœud. Le constructeur de cette classe se fonde sur les mêmes paramètres que précédemment.

Cette classe s'utilise de la même manière que la classe `Insertion.Before`. Avec l'utilisation de cette classe, l'arbre DOM en mémoire des paragraphes est modifié de la manière suivante :

```
<p id="monParagraphe">Un paragraphe</p>
<p>Nouveau paragraphe</p>
```

La classe `Insertion.Top` ajoute un élément à un nœud, cet élément se trouvant alors en première position dans la liste des enfants du nœud. Le constructeur de cette classe prend les mêmes paramètres que précédemment.

Cette classe est particulièrement adaptée à l'ajout d'un élément en première position dans une liste HTML.

Dans le code suivant, la fonction `ajouterElementListe` (repère ❶) implémente l'utilisation de la classe `Insertion.Bottom` pour insérer un élément dans la liste d'identifiant `maListe` (repère ❷) :

```
<html>
    <head>
        (...)
        <script type="text/javascript">
            function ajouterElementListe() {←❶
                new Insertion.Top("maListe", "<li>Nouvel élément</li>");
            }
        </script>
```

```
        </head>
        <body>
            <ul id="maListe">←❷
                <li>Un élément</li>
            </ul>
            (...)
        </body>
    </html>
```

L'arbre DOM en mémoire de la liste a été modifié de la manière suivante :

```
<ul id="maListe">
    <li>Nouvel élément</li>
    <li>Un élément</li>
</ul>
```

La classe Insertion.Bottom ajoute également un élément à un nœud, l'élément ajouté se trouvant en dernière position dans la liste des enfants du nœud. Le constructeur de cette classe prend les mêmes paramètres que précédemment.

Cette classe est mise en œuvre de la même manière que la classe Insertion.Top. Avec l'utilisation de cette classe, l'arbre DOM en mémoire de la liste est modifié de la manière suivante :

```
<ul id="maListe">
    <li>Un élément</li>
    <li>Nouvel élément</li>
</ul>
```

Gestion des événements

La bibliothèque prototype fournit un mécanisme indépendant des navigateurs permettant d'enregistrer et de désenregistrer des observateurs pour des événements.

Cette bibliothèque intègre également un mécanisme automatique de libération des observateurs d'événements lorsque la page HTML est détruite. Ce mécanisme est particulièrement intéressant dans Internet Explorer ou dans les navigateurs fondés sur Gecko en ce qu'il prévient les fuites mémoire.

Le tableau 10.2 récapitule les différentes méthodes ajoutées à la classe Event, classe de base du support des événements.

Tableau 10.2   Méthodes de l'objet *Event*

Méthode	Paramètre	Description
element	L'événement	Retourne l'élément qui a généré l'événement.
findElement	L'événement et un nom de tag	Retourne un premier élément situé sous l'élément déclencheur de l'événement et dont le nom correspond à celui passé en paramètre.
isLeftClick	L'événement et un nom de tag	Retourne true si l'événement a été déclenché à partir d'un clic sur le bouton gauche de la souris.
observe	L'identifiant de l'élément, le nom de l'événement, la fonction correspondant à l'observateur et éventuellement un booléen précisant si l'événement doit être capturé.	Enregistre une fonction d'observation sur un élément pour un événement donné. Le dernier paramètre est optionnel et spécifie si l'événement doit être capturé par l'observateur et ne doit ainsi pas être remonté dans l'arbre DOM. L'utilisation des fonctions anonyme n'est pas recommandée, car elle ne permet pas de désenregistrer les observateurs par l'intermédiaire de la méthode stopObserving.
pointerX	L'événement	Retourne la position horizontale du pointeur de la souris dans la fenêtre du navigateur.
pointerY	L'événement	Retourne la position verticale du pointeur de la souris dans la fenêtre du navigateur.
stop	L'événement	Arrête l'exécution du comportement par défaut de l'événement et suspend sa propagation. Cette méthode est équivalente à la méthode preventDefault.
stopObserving	L'identifiant de l'élément, le nom de l'événement, la fonction correspondant à l'observateur et éventuellement un booléen précisant si l'événement doit être capturé.	Désenregistre une fonction d'observation sur un élément pour un événement donné. Les paramètres avec lesquels la méthode est appelée doivent être les mêmes que ceux utilisés pour la méthode observe lors de l'enregistrement.

Les deux méthodes principales de la classe Event sont observe et stopObserving. Elles permettent respectivement d'enregistrer un observateur pour un événement et de le désenregistrer.

Le code suivant illustre la manière d'enregistrer un observateur pour une balise d'identifiant monBouton représentant un bouton :

```
function monObservateur(event) {
    (...)
}
Event.observe("monBouton","click",monObservateur);
```

Pour désenregistrer un observateur, la méthode stopObserving doit être appelée avec les mêmes paramètres que lors de l'enregistrement de l'observateur. Le code suivant illustre la mise en œuvre de cette méthode :

```
Event.stopObserving("monBouton","click",monObservateur);
```

Aucune méthode n'est fournie pour enregistrer en tant qu'observateur une méthode d'un objet. Seul l'enregistrement de fonctions est supporté.

La classe Event fournit des constantes correspondant à des codes pour des événements issus du clavier. Ces dernières sont récapitulées au tableau 10.3.

Tableau 10.3   Constantes de la classe *Event*

Constante	Code de l'événement	Description
KEY_BACKSPACE	8	Touche d'effacement arrière
KEY_TAB	9	Touche tabulation
KEY_RETURN	13	Touche entrée
KEY_ESC	27	Touche d'échappement
KEY_LEFT	37	Touche flèche gauche
KEY_UP	38	Touche flèche haut
KEY_RIGHT	39	Touche flèche droite
KEY_DOWN	40	Touche flèche bas
KEY_DELETE	46	Touche d'effacement

En plus de la classe Event, prototype fournit un ensemble d'observateurs prédéfinis pour divers types d'éléments. Le tableau 10.4 récapitule les différentes classes correspondantes.

Tableau 10.4   Classes d'observateurs fournies par la bibliothèque prototype

Classe	Description
Form.Element.Observer	Utilisée pour détecter la modification de la valeur d'un élément de formulaire
Form.Observer	Utilisée pour détecter la modification des valeurs des éléments de formulaire
Form.Element.EventObserver	Utilisée pour traiter différents événements d'un élément de formulaire
Form.EventObserver	Utilisée pour traiter différents événements d'éléments de formulaire

Les deux premiers observateurs du tableau héritent de la classe abstraite Abstract.TimedObserver, qui, comme son nom l'indique, scrute les valeurs d'un élément ou d'un formulaire à intervalle régulier. Cet intervalle est spécifié par l'intermédiaire du second paramètre des constructeurs des classes Form.Element.Observer et Form.Observer. Si une modification se trouve détectée, la fonction de l'observateur est appelée.

Cette dernière utilise deux paramètres, dont le premier correspond à l'élément déclenchant l'événement. Le second renvoie soit à la valeur de l'élément (Form.Element.Observer), soit à la sérialisation du formulaire sous forme de chaîne de caractères (Form.Observer).

Le code suivant illustre la mise en œuvre de deux observateurs de types Form.Element.Observer (repères ❶) et Form.Observer (repères ❷) afin de détecter les modifications survenues dans le formulaire d'identifiant monFormulaire (repère ❸) :

```
<html>
    <head>
        (...)
        <script type="text/javascript">
            function observateurChamp2(element, valeur) { ← ❶
                (...)
            }
```

```
                function observateurMonFormulaire(element, valeur) {←❷
                    (...)
                }
                function enregistrerObservateurs() {
                    new Form.Element.Observer("champ2", 1, observateurChamp2);←❶
                    new Form.Observer("monFormulaire", 1, observateurMonFormulaire);←❷
                }
        </script>
    </head>
    <body onload="enregistrerObservateurs();">
        <form id="monFormulaire">←❸
            <input type="hidden" id="champ1" name="champ1" value="valeur1"/>
            <input type="text" id="champ2" name="champ2" value="valeur2"/>
            <input type="text" name="champ3" value="valeur3"/>
        </form>
        (...)
    </body>
</html>
```

Lors de la modification du champ d'identifiant `champ2`, la fonction `observateurChamp2` est appelée. De même, lorsqu'une modification se produit au sein du formulaire d'identifiant `monFormulaire` par le biais des champs d'identifiant `champ2` ou `champ3`, la fonction `observateurMonFormulaire` est exécutée.

Les deux derniers observateurs du tableau 10.4 héritent de la classe abstraite `Abstract.EventObserver`, qui, comme son nom l'indique, se fonde sur les événements. Ils permettent d'observer différents événements d'éléments d'un formulaire.

Les deux événements supportés dans la version actuelle sont les suivants :

• clic sur une case d'option *(radio button)* ;

• changement de la sélection d'un élément dans une liste à sélection multiple.

Si l'élément passé en paramètre du constructeur de ces observateurs est un formulaire, les observateurs sont enregistrés pour tous les éléments de ce formulaire. Si un élément de formulaire est spécifié, les observateurs s'appliquent uniquement à cet élément.

Les observateurs fonctionnent de la même manière que précédemment.

Le code suivant illustre la mise en œuvre de deux observateurs de types `Form.Element.EventObserver` (repères ❶) et `Form.EventObserver` (repères ❷) afin de détecter les modifications survenues dans le formulaire d'identifiant `monFormulaire` (repère ❸) :

```
<html>
    <head>
        (...)
        <script type="text/javascript">
            function observateurChamp2(element, valeur) {←❶
                (...)
            }
            function observateurMonFormulaire(element, valeur) {←❷
                (...)
            }
```

```
                    function enregistrerObservateurs() {
                        new Form.Element.EventObserver("champ2",
                                                observateurChamp2); ← ❶
                        new Form.EventObserver("monFormulaire",
                                            observateurMonFormulaire); ← ❷
                    }
                </script>
            </head>
            <body onload="enregistrerObservateurs();">
                <form id="monFormulaire"> ← ❸
                    <input type="hidden" id="champ1"
                            name="champ1" value="valeur1"/>
                    <input type="radio" id="champ2"
                            name="champ2" value="valeur radio 1"/>
                    <input type="radio" id="champ2"
                            name="champ2" value="valeur radio 2"/>
                    <input type="text" name="champ4" value="valeur4"/>
                </form>
                (...)
            </body>
        </html>
```

Dès lors que l'utilisateur change la sélection pour les cases d'option (champ d'identifiant champ2), les fonctions observateurChamp2 et observateurMonFormulaire sont exécutées.

Si les événements fournis en standard sont insuffisants, la modification de la méthode registerCallback de la classe abstraite Abstract.EventObserver peut toujours être envisagée pour supporter d'autres types d'éléments.

Support des formulaires HTML

prototype met en œuvre l'objet Form pour gérer les informations et l'apparence des formulaires HTML. Le tableau 10.5 récapitule ses différentes méthodes.

Tableau 10.5 Méthodes de l'objet Form

Méthode	Paramètre	Description
disable	L'identifiant du formulaire	Permet de désactiver tous les éléments d'un formulaire. La méthode spécifie la valeur true pour leur attribut disabled.
enable	L'identifiant du formulaire	Permet d'activer tous les éléments d'un formulaire. La méthode spécifie la valeur « », correspondant à la chaîne de caractères vide, pour leur attribut disabled.
findFirstElement	L'identifiant du formulaire	Retourne le premier élément du formulaire non caché, actif et dont la balise est input, select ou textarea.
focusFirstElement	L'identifiant du formulaire	Positionne le curseur sur le premier élément du formulaire, élément déterminé par l'intermédiaire de la méthode findFirstElement.
getElements	L'identifiant du formulaire	Permet de récupérer sous forme de tableau tous les éléments du formulaire. Les éléments du tableau correspondent à des éléments de l'arbre DOM.

Tableau 10.5 Méthodes de l'objet *Form (suite)*

Méthode	Paramètre	Description
getInputs	L'identifiant du formulaire, le type de champ de saisie et son nom	Retourne un tableau contenant les champs de saisie du formulaire correspondant au type et au nom spécifiés en paramètres.
reset	L'identifiant du formulaire	Réinitialise toutes les valeurs des éléments du formulaire.
serialize	L'identifiant du formulaire	Permet de construire une chaîne de caractères à partir des différents éléments du formulaire. Les valeurs des éléments sont séparées par le caractère &.

La méthode getElements offre la possibilité d'avoir accès rapidement à tous les éléments d'un formulaire, cette méthode renvoyant les éléments DOM correspondants.

Dans le code suivant, la fonction traiterValeursFormulaire (repère ❶) est mise en œuvre pour récupérer les différentes valeurs des champs du formulaire d'identifiant monFormulaire (repère ❷) :

```
<html>
    <head>
        (...)
        <script type="text/javascript">
            (...)
            function traiterValeursFormulaire () {←❶
                var elements = Form.getElements("monFormulaire");
                var valeurs = {};
                for( int cpt=0; cpt<elements.length; cpt++) {
                    var element = elements[cpt];
                    valeurs[element.name] = element.value;
                }
                /* valeurs est équivalent au tableau associatif
                   suivant:
                   { "champ1": "valeur1",
                     "champ2": "valeur2",
                     "champ3": "valeur3" }*/
                (...)
            }
        </script>
    </head>
    <body>
        <form id="monFormulaire">←❷
            <input type="hidden" name="champ1" value="valeur1"/>
            <input type="text" name="champ2" value="valeur2"/>
            <input type="text" name="champ3" value="valeur3"/>
            (...)
        </form>
        (...)
    </body>
</html>
```

La méthode `getInputs` offre un accès rapide à des éléments d'un formulaire dont le nom de la balise est `input`. Cette méthode prend en paramètre le nom du formulaire, le type de la balise ainsi que son nom.

Le code suivant illustre la mise en œuvre de cette méthode afin de récupérer le champ caché du formulaire d'identifiant `monFormulaire` de l'exemple précédent :

```
var listeChamps = Form.getInputs("monFormulaire",
                                 "hidden", "champ1");
var champCache = listeChamps[0];
var valeurChampCache = champCache.value;
// valeurChampCache contient « valeur1 »
```

La méthode `serialize` construit une chaîne de caractères avec les diverses valeurs des éléments du formulaire. Cette chaîne contient les différents couples clé-valeur séparés par le caractère `&`.

Le code suivant se fonde sur le formulaire utilisé dans l'exemple relatif à la méthode `getElements` et décrit l'utilisation de la méthode `serialize` :

```
var chaineValeurs = Form.serialize("monFormulaire");
/* chaineValeurs contient « champ1=valeur1&champ2=valeur2&champ3=valeur3 » */
```

L'objet `Form` se fonde sur l'objet `FormElement`, mais il est également possible d'utiliser ce dernier directement. Il met pour cela à disposition les méthodes `serialize` et `getValue`, qui permettent respectivement d'encoder et de récupérer la valeur d'un champ de formulaire.

Le code suivant illustre l'utilisation de la méthode `getValue` :

```
var valeurChamp1 = Form.Element.getValue("champ1");
// valeurChamp1 contient la valeur « valeur1 »
```

En résumé

La bibliothèque prototype propose d'intéressantes fonctionnalités afin de développer des pages comprenant des traitements graphiques JavaScript évolués.

Ces mécanismes s'ajoutent à ceux décrits au chapitre 6 afin d'offrir des solutions aux principales problématiques du développement d'applications Web 2.0.

L'utilisation de cette bibliothèque est également recommandée pour les applications Web classiques désirant enrichir leur interface graphique en se fondant sur des technologies DHTML et Ajax.

La bibliothèque behaviour

Une bonne pratique de développement Web consiste à bien séparer le code JavaScript du code HTML des pages Web. Le fait que le HTML permette de définir les événements associés à des balises HTML directement dans leur définition par le biais d'attributs particuliers nuit grandement à la lisibilité des pages, puisque cela revient à mélanger diverses préoccupations.

La bibliothèque behaviour offre un mécanisme intéressant afin de rattacher des événements JavaScript à des balises par l'intermédiaire de styles CSS. De la sorte, aucun code JavaScript n'est défini au niveau des balises HTML.

La bibliothèque offre ainsi une solution de rechange au code HTML suivant, solution spécifiant les événements directement dans les attributs des balises (repère ❶) :

```
<html>
    <head>
        <script type="text/javascript">
            function traiterEvenement(evenement) {
                (...)
            }
        </script>
    </head>
    <body>
        (...)
        <input type="button" onclick="traiterEvenement();" value="Un bouton"/ >←❶
        (...)
    </body>
</html>
```

Installation et mise en œuvre de la bibliothèque behaviour

La bibliothèque consiste en un unique fichier JavaScript, nommé **behaviour.js.** Ce dernier doit être ajouté dans la page Web désirant utiliser la bibliothèque, comme dans le code suivant :

```
<html>
    <head>
        (...)
        <script type="text/javascript" src="behaviour.js"></script>
        (...)
    </head>
    (...)
</html>
```

L'étape suivante consiste à définir un tableau associatif permettant de mettre en relation des sélecteurs CSS avec des fonctions. Les fonctions doivent comporter un paramètre correspondant à un élément de l'arbre DOM de la page.

Le code suivant montre comment mettre en œuvre ce tableau :

```
var regles = {
    'div.maClasse': function(element) {
                (...)
            },
    '#monIdentifiant b': function(element) {
                (...)
            }
};
```

Les clés du tableau associatif correspondent à des sélecteurs CSS permettant d'identifier les balises impactées.

Dans la page HTML suivante, les règles div.maClasse et #monIdentifiant b décrites dans le code ci-dessus permettent d'impacter respectivement les balises div (repère ❶) et b (repère ❷) :

```
<html>
    (...)
    <body>
        <div class="maClasse">(...)</div>← ❶
        <p id="monIdentifiant">
            <b>Un texte en gras.</b>← ❷
        </p>
    </body>
</html>
```

Une fois le tableau précédent appliqué à la page, la bibliothèque appelle les fonctions pour les éléments correspondant aux sélecteurs CSS au chargement de la page. Dans l'exemple ci-dessus, la première fonction est appelée avec l'élément correspondant à la balise div et la seconde avec celui de la balise b.

Des événements peuvent dès lors être associés aux éléments par l'intermédiaire du DOM.

Le code suivant décrit la façon d'ajouter l'événement mouseover à la balise div (repère ❶) et click à la balise b (repère ❷) :

```
var regles = {
    'div.maClasse': function(element) {
                element.onmouseover= function() {← ❶
                    alert("La souris est sur la balise div ");
                }
            },
    '#monIdentifiant b': function(element) {
                element.onclick = function() {← ❷
                    alert("L'utilisateur a cliqué sur le texte");
                }
            }
};
```

La façon d'enregistrer les observateurs d'événements n'est pas imposée par behaviour. Il est ainsi parfaitement possible d'utiliser l'approche précédemment décrite pour la bibliothèque prototype.

Les règles définies ci-dessus se doivent d'être désormais appliquées à la page HTML. Pour gérer l'application de ces règles, la bibliothèque fournit l'objet Behaviour.

Cet objet contient une méthode register, qui permet d'appliquer des règles lors de l'initialisation d'une page Web.

Le code suivant illustre la mise en œuvre de cette méthode (repère ❶) :

```
<html>
    <head>
        (...)
        <script type="text/javascript">
            var regles = (...)
            Behaviour.register(regles); ← ❶
        </script>
        (...)
    </head>
</html>
```

Ajoutons que si les règles doivent être modifiées de manière à prendre en compte des éléments de l'arbre DOM ajoutés après le chargement de la page, la méthode apply suivante (repère ❶) de l'objet Behaviour est utilisée :

```
<script type="text/javascript">
function appliquerRegles() {
    var regles = {
    };
    Behaviour.register(regles);
    Behaviour.apply(); ← ❶
}
</script>
```

En résumé

La bibliothèque behaviour offre une solution intéressante et élégante afin de mettre en œuvre la gestion des événements en se fondant sur la technologie CSS.

Cette bibliothèque de petite taille permet de bien structurer et séparer les différents traitements JavaScript des éléments HTML d'une page. L'initialisation de traitements relatifs à ces éléments, tels que les enregistrements d'observateurs d'événements, peut être réalisée simplement par le biais d'un tableau associatif.

La bibliothèque script.aculo.us

script.aculo.us offre également d'intéressants mécanismes afin de mettre en œuvre des effets spéciaux, le mécanisme de glisser-déposer et des champs de saisie élaborés.

Le site de cette bibliothèque, accessible à l'adresse *http://script.aculo.us/,* fournit des documentations ainsi que des démonstrations des différentes fonctionnalités disponibles.

La bibliothèque est fondée sur prototype, cette dernière bibliothèque devant être incluse dans les pages Web utilisant script.aculo.us.

Pour mettre en œuvre script.aculo.us, le fichier **scriptaculous.js** doit être utilisé en spécifiant les différents modules souhaités après le nom de ce fichier. Chaque module est contenu dans un fichier JavaScript dédié, ce qui permet de réduire la taille des fichiers chargés.

Le code suivant illustre l'installation de la bibliothèque :

```
<html>
    <head>
        (...)
        <script type="text/javascript" src="prototype.js"></script>
        <script type="text/javascript" src="scriptaculous.js?load=effects,dragdrop">
        ➡</script>
    </head>
    (...)
</html>
```

Effets

Tous les effets de script.aculo.us se fondent sur cinq effets de base, dont les classes sont récapitulées au tableau 10.6.

Tableau 10.6 Classes des effets de base de la bibliothèque script.aculo.us

Classe	Description
Effect.Highlight	Surligne un élément.
Effect.MoveBy	Permet de déplacer un élément.
Effect.Opacity	Permet de modifier l'opacité d'un élément.
Effect.Parallel	Permet de combiner plusieurs effets afin de les réaliser en parallèle.
Effect.Scale	Permet de modifier la taille d'un élément.

L'instanciation de ces différentes classes produit l'effet sur l'élément spécifié en paramètre. L'utilisation de leurs constructeurs se réalise toujours de la même manière, comme décrit ci-dessous :

```
new Effect.EffectName(element, parametres-obligatoires, [options]);
```

Le premier paramètre détermine l'élément d'un arbre DOM sur lequel l'effet porte en le référençant directement ou en spécifiant son identifiant. Le suivant correspond aux paramètres de configuration de l'effet.

Les cinq effets principaux supportent les paramètres de configuration récapitulés au tableau 10.7.

Tableau 10.7 Paramètres de configuration des effets de base

Effet	Paramètre
Effect.Highlight	Aucun
Effect.MoveBy	Les nouvelles positions x et y
Effet.Opacity	Aucun
Effect.Parallel	Le constructeur de cet effet ne suit pas exactement les autres constructeurs. Sa forme est la suivante : new Effect.Parallel(tableau d'effets, options).
Effect.Scale	Le pourcentage de modification de la taille. Des options spécifiques sont également utilisables.

Le dernier paramètre des constructeurs n'est pas obligatoire et peut être utilisé pour spécifier des options ou enregistrer des observateurs sur le déroulement de l'effet par l'intermédiaire de fonctions de rappel.

Les différentes options ainsi que les observateurs des effets de base sont récapitulés respectivement aux tableaux 10.8 et 10.9.

Tableau 10.8   Principales options de configuration des effets de base

Paramètre	Valeur par défaut	Description
direction	center	Direction de la transition. Les valeurs suivantes sont utilisables : top-left, top-right, bottom-left, bottom-right, center.
duration	1.0	Durée de l'effet en secondes
fps	25	Nombre d'images par seconde
from	0.0	Valeur de début de la propriété sur laquelle joue l'effet, comme la valeur de l'opacité d'un élément.
to	1.0	Valeur de fin de la propriété sur laquelle joue l'effet.
transition	Effect.Transitions.sinoidal	Type de transition utilisé. Cinq types sont utilisables : Effect.Transitions.sinoidal, Effect.Transitions.linear, Effect.Transitions.reverse, Effect.Transitions.wobble et Effect.Transitions.flicker.

Tableau 10.9   Fonctions de rappel des effets de base

Fonction	Paramètre	Description
afterFinish	L'instance de l'effet réalisé	Est appelée après le dernier rafraîchissement de l'affichage réalisé par l'effet.
afterUpdate	L'instance de l'effet réalisé	Est appelée après chaque rafraîchissement de l'affichage réalisé par l'effet.
beforeStart	L'instance de l'effet réalisé	Est appelée avant le premier rafraîchissement de l'affichage réalisé par l'effet.
beforeUpdate	L'instance de l'effet réalisé	Est appelée avant chaque rafraîchissement de l'affichage réalisé par l'effet.

Le code suivant décrit la mise en œuvre de l'effet Effect.Opacity (repère ❶), qui fait progressivement disparaître un texte (repère ❷) :

```
<html>
    <head>
        (...)
        <script type="text/javascript">
            function jouerEffet() { ← ❶
                var element = document.getElementById("monParagraphe");
                new Effect.Opacity(element,{
                        duration: 2.0,
                        transition: Effect.Transitions.linear,
                        from: 1.0,
                        to: 0});
            }
            (...)
        </script>
    </head>
```

```
    <body>
        <p id="monParagraphe">Une texte.</p> ← ❷
    </body>
</html>
```

Tous ces effets de base peuvent être combinés afin de réaliser des effets beaucoup plus élaborés. Les classes de ces effets élaborés sont récapitulées au tableau 10.10.

Tableau 10.10   Classes des effets élaborés de la bibliothèque script.aculo.us

Classe	Description
Effect.Apear, Effect.Fade	Fait apparaître ou disparaître un élément.
Effect.BlindDown, Effect.BlindUp	Déroule ou enroule un élément pour le faire respectivement apparaître ou disparaître.
Effect.DropOut	Fait disparaître un élément en le déplaçant tout en modifiant son opacité.
Effect.Fold	Réduit un élément vers le haut puis vers la gauche.
Effect.Grow	Fait apparaître un élément du bas en le grossissant.
Effect.Pulsate	Fait apparaître et disparaître un élément avec l'effet d'un battement de cœur.
Effect.Puff	Fait disparaître un élément comme un nuage de fumée.
Effect.Shake	Permet de « secouer » un élément.
Effect.Shrink	Effet inverse du précédent
Effect.SlideDown, Effect.SlideUp	Déroule ou enroule un élément pour le faire respectivement apparaître ou disparaître.
Effect.Squish	Réduit un élément vers le coin haut et gauche.
Effect.SwitchOff	Donne l'illusion de faire disparaître un élément comme avec un interrupteur de télévision.
Effect.toggle	Permet d'inverser un effet. Il est utilisable uniquement avec les couples d'effets Effect.Apear/Effect.Fade, Effect.BlindDown/Effect.BlindUp et Effect.SlideDown/Effect.SlideUp. Il peut prendre en paramètre respectivement appear, slide et blind.

La liste de ces effets peut évidemment être enrichie en utilisant les cinq effets de base.

Plutôt que de détailler un par un les différents éléments ci-dessus, nous allons décrire un exemple simple de mise en œuvre d'un champ de saisie, issu des exemples fournis sur le site de script.aculo.us. En cachant et faisant apparaître différents éléments div avec des effets, nous remarquons que l'interface graphique devient beaucoup plus facile à utiliser.

L'exemple doit permettre de saisir une phrase afin de réaliser une recherche. Cette phrase doit contenir au moins trois caractères. Si tel n'est pas le cas, une alerte est remontée à l'utilisateur. Le résultat de la recherche apparaît par-dessus la page courante et sous la zone de recherche afin de gagner de la place sur l'interface graphique.

L'exemple est structuré en quatre zones :

- La première correspond à la zone de saisie et de déclenchement de la recherche. Elle permet d'afficher la zone de configuration avancée de la recherche.

- La seconde, masquée au début, offre l'affichage d'un message d'erreur lorsque le nombre de caractères de recherche n'est pas suffisant.

- La troisième, masquée au début, permet d'afficher un paramètre de configuration avancée de la recherche.

- La quatrième, masquée au début, correspond au résultat de la recherche.

Le code suivant illustre l'implémentation de ces quatre zones, correspondant à des blocs div d'identifiants respectifs panelPrincipal (repère ❶), panelAvertissement (repère ❷), panel-Options (repère ❸) et panelResultats (repère ❹). Nous avons retravaillé le code afin de bien séparer le code HTML et le code JavaScript, notamment au niveau de la gestion des événements :

```
<form id="monFormulaire" method="get" action="">
    <div id="panelPrincipal"> ← ❶
        <label for="champRecherche">Recherche:</label>
        <input class="box" name="champRecherche" id="champRecherche" type="text" />
        <input type="submit" size="10" value=" Go! " />
        <a href="#" id="optionsAvancees">Options avancées</a>
        <div id="panelAvertissement" style="display:none;"> ← ❷
            Utiliser au minimum trois caractères.
        </div>
    </div>
    <div id="panelOptions" style="display:none;"><div> ← ❸
        <a href="#" id="fermerOptions">Fermer</a>
        <input type="checkbox" name="details" id="optionDetail" checked="checked" />
        Afficher le detail des résultats (toujours actif)
    </div></div>
    <div id="conteneurPanelResultats"><div id="panelResultats"
➥style="display:none;"><div> ← ❹
        <ul>
            <li>
                <a href="http://prototype.conio.net/" target="_new">Bibliothèque
                ➥Prototype</a><br/>
                Bibliothèque JavaScript orientée object
            </li>
        </ul>
        <a href="#" id="fermerResultats">Fermer les résultats</a>
    </div></div></div>
</form>
```

La figure 10.1 illustre l'apparence de la zone de recherche ainsi que de la zone des résultats.

Figure 10.1

Exemple de mise en œuvre des effets de script.aculo.us

Divers événements sont attachés au formulaire et aux différents liens du code ci-dessus afin de déclencher toutes sortes d'effets. L'initialisation des observateurs se fait par l'intermédiaire de la méthode initialiser, exécutée lors du chargement de la page.

Le code suivant décrit la mise en œuvre des observateurs (les repères ❶ à ❺ placés dans le code sont commentés au tableau 10.11) :

```
function executerRecherche(evt) { ← ❶
    if(Form.Element.getValue("champRecherche").length<3) {
        Effect.Shake("panelPrincipal");
        Effect.Appear("panelAvertissement",
                {duration:2.0,
                 transition:Effect.Transitions.wobble});
    } else {
        if($("panelOptions").style.display=="")
            Effect.SlideUp("edsubpanel");
        if($("panelAvertissement").style.display=="")
            Effect.Fade("panelAvertissement");
        Effect.SlideDown("panelResultats");
    }
    evt.preventDefault();
}
function ouvrirOption(evt) { ← ❷
    new Effect.SlideDown("panelOptions");
    evt.preventDefault();
}
function detailsChange(evt) { ← ❸
    new Effect.SlideUp("panelOptions");
    evt.preventDefault();
}
function fermerOptions() { ← ❹
    new Effect.SlideUp("panelOptions");
    evt.preventDefault();
}
function fermerResultats() { ← ❺
    new Effect.SlideUp('panelResultats');
    evt.preventDefault();
}
function initialiser() { ← ❻
    Event.observe($("monFormulaire"),"submit",executerRecherche);
    Event.observe($("optionsAvancees"),"click",ouvrirOption);
    Event.observe($("optionDetail"),"change",detailsChange);
    Event.observe($("fermerOptions"),"click",fermerOptions);
    Event.observe($("panelResultats"),"click",fermerResultats);
}
Event.observe(window,"load",initialiser);
```

La fonction initialiser (repère ❻) est rattachée à l'événement survenant lors du chargement de la page. Elle permet de configurer différents observateurs d'événements.

Le tableau 10.11 récapitule les fonctions des effets et traitements réalisés par ces observateurs.

Tableau 10.11 Traitements et effets des observateurs

Fonction	Élément observé	Description
detailsChange (repère ❸)	optionDetail	Permet d'afficher la zone des options avancées. Utilise l'effet `Effect.SlideUp`, qui enroule vers le bas cette zone.
executerRecherche (repère ❶)	monFormulaire	Aucune recherche n'est vraiment implémentée. Permet de vérifier si la longueur de la chaîne de recherche est supérieure à deux caractères. Si tel n'est pas le cas, une zone d'avertissement est affichée par l'intermédiaire de l'effet `Effect.Appear`, et la boîte de recherche est secouée par le biais de l'effet `Effect.Shake`. Dans le cas contraire, la zone de résultats de la recherche est affichée par l'intermédiaire de l'effet `Effect.SlideDown`, qui déroule vers le bas cette zone.
fermerOptions (repère ❹)	fermerOptions	Permet de masquer la zone des options avancées. Utilise l'effet `Effect.SlideUp`, qui enroule vers le haut cette zone.
fermerResultats (repère ❺)	panelResultats	Permet de masquer la zone des résultats de la recherche. Utilise l'effet `Effect.SlideUp`, qui enroule vers le haut cette zone.
ouvrirOption (repère ❷)	optionsAvancees	Permet d'afficher la zone des options avancées. Utilise l'effet `Effect.SlideDown`, qui déroule vers le bas cette zone.

Glisser-déposer

Pour mettre en œuvre la fonctionnalité de glisser-déposer *(Drag-and-Drop)*, script.aculo.us fournit la classe `Draggable` et l'objet `Droppables`.

La classe `Draggable` permet de spécifier qu'un élément peut être déplacé vers un élément cible dans le cadre d'un glisser-déposer. Elle fournit pour cela un constructeur, qui prend en paramètres l'élément impacté ainsi qu'un tableau associatif contenant différentes options et fonctions de rappel.

Les tableaux 10.12 et 10.13 récapitulent respectivement les différentes options et fonctions de rappel disponibles pour ce constructeur.

Tableau 10.12 Options du constructeur de la classe *Draggable*

Option	Valeur par défaut	Description
handle	-	Spécifie que l'élément ne peut être glissé-déposé qu'à l'intérieur d'une zone dont la propriété correspond à l'identifiant.
revert	-	Si la valeur est `true`, l'élément retourne à sa position initiale à la fin du glisser-déposer.
zindex	false	Correspond à la propriété CSS `zindex` de l'élément impacté par le glisser-déposer.
constraint	-	Si cette propriété peut prendre la valeur `horizontal` ou `vertical`, le glisser-déposer est restreint à la direction spécifiée.
ghosting	false	Permet le déplacement d'un élément cloné lors du glisser-déposer. L'élément cloné reste en place jusqu'à ce que le clone ait été déposé.

Tableau 10.13   Fonctions de rappel du constructeur de la classe *Draggable*

Méthode	Paramètre	Description
change	L'élément déplacé	Appelée lorsque l'élément est déplacé dans un glisser-déposer.
endeffect	Opacity	Définit l'effet utilisé au début du glisser-déposer.
reverteffect	Move	Définit l'effet utilisé lorsque l'élément impacté par le glisser-déposer retourne à sa position d'origine.
starteffect	Opacity	Définit l'effet utilisé à la fin du glisser-déposer.

L'objet Droppables permet de définir un élément en tant que cible d'un glisser-déposer. Les méthodes de cet objet sont récapitulées au tableau 10.14.

Tableau 10.14   Méthodes de l'objet *Droppables*

Méthode	Paramètre	Description
add	L'identifiant de l'élément et le tableau associatif des options et méthodes de rappel	Ajoute un comportement de cible d'un glisser-déposer pour l'élément spécifié. Cette méthode permet de spécifier différentes options ainsi que des fonctions de rappel sur les différents événements du cycle de traitement du glisser-déplacer.
remove	L'identifiant de l'élément	Supprime le comportement de cible d'un glisser-déplacer pour l'élément spécifié.

Comme décrit précédemment, la méthode add prend comme second paramètre un tableau associatif contenant les différentes options et fonctions de rappel récapitulées aux tableaux 10.15 et 10.16.

Tableau 10.15   Options de la méthode *add* de l'objet *Droppables*

Option	Valeur par défaut	Description
accept	-	Spécifie une liste de classes CSS sous forme de chaîne de caractères ou de tableau. L'élément spécifié dans la méthode add accepte tous les éléments possédant une ou plusieurs de ces classes afin de réaliser un glisser-déposer.
containment	-	L'élément de la méthode add accepte un élément pour un glisser-déposer uniquement si ce dernier est contenu dans les éléments spécifiés par cette option.
hoverclass	-	Si elle est positionnée, l'élément spécifié dans la méthode add prend ce style quand un élément déplacé est au-dessus de lui lors d'un glisser-déposer.
overlap	-	Prend la valeur horizontal ou vertical. Si elle est positionnée, la cible ne réagit au glisser-déposer que si le chevauchement est de plus de 50 %.
greedy	true	Si la valeur est true, arrête le déplacement et ne traite pas les autres cibles sous l'élément déplacé.

Tableau 10.16   Fonctions de rappel de la méthode *add* de l'objet *Droppables*

Fonction de rappel	Paramètre	Description
onHover	L'élément déplacé, l'élément cible et le pourcentage de chevauchement des éléments	Appelée lors du déplacement d'un élément au-dessus d'un autre qui l'accepte.
onDrop	L'élément déplacé et l'élément cible	Appelée lorsque l'élément déplacé est relâché sur un élément qui l'accepte.

Nous allons détailler l'exemple proposé par le site de script.aculo.us afin de glisser-déposer des images sur une autre.

La zone est constituée de deux éléments, les images d'une tasse (repère ❶) et d'un t-shirt (repère ❷), ainsi que de l'image d'une flèche (repère ❸), comme l'indique le code suivant :

```
<img id="produit1" class="produits" src="images/product-1" alt="tasse" />← ❶
<img id="produit2" class="produits" src="images/product-2" alt="t-shirt" />← ❷
<div id="caddy" class="caddy">
    <img src="images/deposer-here" alt="" />← ❸
    <div id="texte_caddy">Déposer les éléments désirés ici.</div>
</div>
```

La figure 10.2 illustre l'aspect de cet exemple.

Figure 10.2
Exemple de mise en œuvre du glisser-déposer avec script.aculo.us

Différents comportements sont alors appliqués aux images, comme dans le code suivant :

```
function initialiser()
    new Draggable("produit1",{revert:true});← ❶
    new Draggable("produit2"',{revert:true});← ❶
    Droppables.add("caddy", {← ❷
                accept: "produits",
                hoverclass: "drophover",
                onDrop: function(element) {
                   $("texte_caddy").innerHTML =
                    "L'élément " + element.alt + " est relaché. ";
                }
    });
}
Event.observe(window,"load",initialiser);
```

Par l'intermédiaire du constructeur de la classe Draggable (repères ❶), les deux premières images deviennent des éléments pouvant être déplacés. La méthode add de l'objet Droppables (repère ❷) définit qu'ils peuvent être déposés dans la zone d'identifiant caddy, zone identifiée par la flèche.

Autocomplétion

La bibliothèque script.aculo.us fournit un support pour mettre en œuvre l'autocomplétion. Ce mécanisme donne à un champ de saisie la possibilité d'offrir des choix en se fondant sur les caractères déjà saisis. Ce type de fonctionnement est communément utilisé dans les interfaces Web de messagerie pour faciliter la saisie des adresses e-mail.

La figure 10.3 illustre un exemple de champ supportant l'autocomplétion.

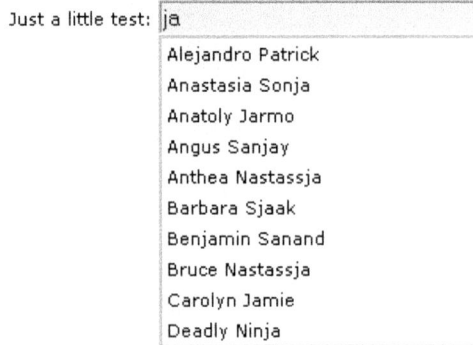

Figure 10.3
Exemple de champ utilisant l'autocomplétion

Deux approches sont possibles pour déterminer la liste des éléments à afficher. La première consiste à construire cette liste localement en se fondant sur un tableau JavaScript contenu dans la page. La seconde est fondée sur la technologie Ajax.

La première approche utilise la classe Autocompleter.Local, dont le constructeur prend quatre paramètres :

• l'identifiant du champ de saisie ;

• l'identifiant de la zone permettant d'afficher les résultats de l'autocomplétion ;

• le tableau contenant les données utilisées pour la complétion ;

• les options.

Les options supportées par cette approche sont récapitulées au tableau 10.17.

Tableau 10.17   Options du constructeur de la classe *Autocompleter.Local*

Option	Valeur par défaut	Description
choices	-	Spécifie le nombre de choix à afficher dans la liste d'auto complétion.
fullSearch	false	La recherche s'effectue à n'importe quel endroit du tableau de chaînes de caractères.
ignoreCase	true	La recherche ignore la casse.
partialChars	2	Le nombre de caractères à saisir avant que l'auto complétion ne fonctionne.
partialSearch	true	La recherche s'effectue uniquement sur le début des chaînes de caractères du tableau.

Le code suivant décrit une zone de saisie prête à utiliser l'autocomplétion de script.aculo.us. Elle comprend un libellé de la zone (repère ❶), un champ de saisie d'identifiant (repère ❷) et une zone initialement masquée permettant d'afficher les résultats de l'auto-complétion (repère ❸) :

```
<p>
  <label for="recherche">Champ de recherche:</label>←❶
  <br />
  <input id="recherche" autocomplete="off" size="40" type="text" value="" />←❷
</p>
<div class="recherche_auto_complete" id="liste_recherche" style="display:none">
➡</div>←❸
```

Le code JavaScript suivant permet d'appliquer le mécanisme d'autocomplétion à la zone de saisie d'identifiant recherche :

```
function initialiser()
    var donnees = [ "un texte", "un autre texte" ];
    var options = { partialChars : 3};
    new Autocompleter.Local("recherche",
                      "liste_recherche", donnees, options);
}
Event.observe(window,"load",initialiser);
```

Fondée sur la technologie Ajax, la seconde approche est implémentée par l'intermédiaire de la classe Ajax.Autocompleter. Le constructeur de cette classe prend les mêmes paramètres que la classe Autocompleter.Local, si ce n'est que le troisième correspond désormais à une adresse, laquelle a la responsabilité de retourner le résultat de la complétion.

Lors d'une saisie dans un champ, une requête HTTP de type POST est exécutée vers l'adresse spécifiée. Elle contient un paramètre correspondant à l'identifiant du champ de saisie, dont la valeur est le texte saisi. La réponse de la requête contient le contenu HTML de la complétion à afficher dans une zone qui apparaît alors. Elle doit correspondre à une liste formatée de la manière suivante :

```
<ul>
    <li>Premier résultat</li>
    <li>Second résultat</li>
</ul>
```

Avec cette approche, les options et fonctions de rappel récapitulées aux tableaux 10.18 et 10.19 peuvent être utilisées.

Tableau 10.18   Options du constructeur de la classe *Ajax.Autocompleter*

Option	Valeur par défaut	Description
frequency	0.4	Fréquence d'envoi de requêtes Ajax
indicator	null	Élément à afficher lors de l'exécution de la requête Ajax. L'élément est affiché avec l'effet `Effect.show` et masqué avec `Effect.hide`.
minChars	2	Nombre de caractères à saisir avant que l'autocomplétion ne fonctionne.
paramName	-	Identifiant utilisé lors de l'envoi de la requête Ajax
tokens	[]	Liste de caractères permettant de sélectionner avec le clavier un élément de la liste de complétion

Tableau 10.19   Fonctions de rappel du constructeur de la classe *Ajax.Autocompleter*

Fonction de rappel	Paramètre	Description
afterUpdateElement	La chaîne saisie et l'élément sélectionné dans la liste de complétion	Cette méthode est appelée après la méthode de mise à jour du champ de saisie à partir de l'élément sélectionné dans la liste de complétion.
updateElement	L'élément sélectionné dans la liste de complétion	Cette méthode est appelée en lieu et place de celle fournie en natif, dont la responsabilité est de mettre à jour le champ de saisie à partir de l'élément sélectionné dans la liste de complétion.

Si nous reprenons l'exemple précédent, la structure de la zone de saisie est équivalente. Par contre, la configuration se fait désormais par l'intermédiaire de la classe `Ajax.Autocompleter` :

```
function initialiser()
    var options = {paramName: "value", minChars: 2};
    new Ajax.Autocompleter("recherche",
                "liste_recherche", "/autocomplete", options);
}
Event.observe(window,"load",initialiser);
```

En résumé

La bibliothèque script.aculo.us propose différentes fonctionnalités, dont la plus intéressante consiste à ajouter des effets visuels dans une application Web. Ceux-ci confèrent une plus grande convivialité à l'application par l'intermédiaire de notifications graphiques et d'affichages progressifs de zones et de résultats.

script.aculo.us met en outre à disposition un cadre afin de mettre en œuvre le glisser-déposer et des zones de saisie supportant l'autocomplétion.

Signalons que, de concert avec la bibliothèque prototype, script.aculo.us correspond à la fondation de la brique JavaScript du framework Ruby on Rails.

Conclusion

Les bibliothèques décrites dans ce chapitre sont intéressantes en ce qu'elles sont légères et implémentent des fonctionnalités restreintes. Cette simplicité n'empêche pas qu'elles offrent une valeur ajoutée certaine aux applications Web en leur faisant profiter des fonctionnalités du Web 2.0.

Les objectifs de ces bibliothèques sont de faciliter les développements JavaScript en masquant certaines complexités du langage, d'améliorer la structuration des applications en séparant clairement les différentes préoccupations et d'offrir des composants et des effets graphiques élaborés.

Nous n'avons volontairement abordé que les principales bibliothèques JavaScript de ce type. Internet en fournit une multitude d'autres, intéressantes à divers titres.

Toutes ces bibliothèques légères sont aussi adaptées aux applications Web classiques désirant enrichir leurs interfaces par des comportements du Web 2.0.

11

Support graphique
de la bibliothèque dojo

Nous avons vu à la partie II de l'ouvrage que la bibliothèque dojo offrait un cadre pour développer des applications JavaScript évoluées. Ce cadre permet de structurer et charger à la demande des modules. La bibliothèque se fonde sur ce mécanisme pour mettre à disposition des supports variés allant des collections aux techniques Ajax.

Au-delà des modules décrits au chapitre 7, la bibliothèque dojo offre des fonctionnalités permettant de développer des applications graphiques. Ces fonctionnalités consistent en un ensemble de modules utilitaires facilitant la manipulation aussi bien de la structure des pages HTML à l'aide de la technologie DOM que de son aspect en se fondant sur CSS.

La bibliothèque dojo intègre en outre d'intéressantes fonctionnalités afin de mettre en œuvre de manière optimale la gestion des événements dans les pages Web. Ces événements correspondent à ceux du DOM ainsi qu'à ceux déclenchés par des méthodes d'objet.

La bibliothèque dojo offre une couche d'abstraction au-dessus des spécificités du navigateur ainsi qu'un cadre permettant de mettre en œuvre et d'utiliser des composants graphiques. L'approche de la bibliothèque est mixte : elle permet de faire interagir finement les pages HTML avec les classes JavaScript des composants graphiques ainsi que leurs codes HTML et CSS tout en offrant la possibilité de manipuler ces composants par programmation.

Modules HTML de base

La bibliothèque dojo met à disposition des modules de base afin de permettre notamment la manipulation des styles et la gestion des effets tout en intégrant les spécificités des différents navigateurs.

Ces modules, qui sont en réalité des sous-modules du module `dojo.html`, sont récapitulés au tableau 11.1

Tableau 11.1   Principaux modules relatifs au support HTML de dojo

Module	Description
dojo.html.color	Permet de gérer les couleurs.
dojo.html.common	Contient les fonctions HTML de base de dojo.
dojo.html.display	Contient les fonctions relatives à l'affichage
dojo.html.iframe	Permet de gérer une iframe interne à une page HTML.
dojo.html.layout	Adresse le positionnement d'éléments de pages HTML.
dojo.html.selection	Contient les fonctions relatives à la sélection d'éléments HTML.
dojo.html.style	Permet de gérer les styles d'éléments HTML.
dojo.html.util	Contient des fonctions utilitaires.

Les principaux modules, à savoir `dojo.html.common`, `dojo.html.style` et `dojo.html.display`, sont détaillés dans les sections suivantes.

Fonctions de base

dojo met à disposition diverses fonctions de base relatives à la technologie HTML par l'intermédiaire du module `dojo.html.common`. Afin de les utiliser, ce module doit être importé par l'intermédiaire de la fonction `dojo.require`.

Le tableau 11.2 récapitule les différentes fonctions de ce module.

Tableau 11.2   Fonctions de gestion des styles du module *dojo.html.common*

Fonction	Paramètre	Description
dojo.html.getAttribute	Un nœud et un nom d'attri-but	Retourne la valeur d'un attribut d'un nœud.
dojo.html.getCursorPosition	Un événement DOM	Retourne la position du pointeur de la souris dans la page Web sans tenir compte du scroll.
dojo.html.getEventTarget	Un événement DOM	Détermine le nœud à partir duquel a été déclenché un événement.
dojo.html.getParentByType	Un nœud et un type de nœud	Retourne le premier parent d'un nœud correspondant à un type donné.
dojo.html.getScroll	-	Retourne la position du scroll de la page Web dans le navigateur.

Tableau 11.2 Fonctions de gestion des styles du module *dojo.html.common (suite)*

Fonction	Paramètre	Description
`dojo.html.getViewport`	-	Retourne les dimensions de la zone visible dans le navigateur.
`dojo.html.hasAttribute`	Un nœud et un nom d'attribut	Détermine si un attribut est présent pour un nœud.
`dojo.html.isTag`	Un nœud et une liste de noms de balises	Détermine si un nœud correspond à un nom de balise d'une liste.

Les fonctions `dojo.html.getAttribute` et `dojo.html.hasAttribute` donnent accès à des informations relatives aux attributs des nœuds DOM, la fonction `dojo.html.isTag` étant relative au type des balises.

Nous allons détailler la mise en œuvre de ces fonctions en nous fondant sur une balise `div` décrite dans le code ci-dessous :

```
<div id="monDiv" unAttribut="Une valeur">
    (...)
</div>
```

Les deux premières fonctions permettent respectivement de retourner la valeur associée à un attribut et de déterminer si un attribut est présent pour un nœud. La fonction `dojo.html.isTag` détermine si un nœud correspond à un type contenu dans une liste passée en paramètre.

Le code suivant illustre la mise en œuvre de ces différentes méthodes :

```
var noeud = dojo.byId("monDiv");
var unAttribut = "";
if( dojo.html.hasAttribut(noeud, "unAttribut") ) {
    unAttribut = dojo.html.getAttribut(noeud, "unAttribut");
}
var unAutreAttribut = "";
if( dojo.html.hasAttribut(noeud, "unAutreAttribut") ) {
    unAutreAttribut = dojo.html.getAttribut(noeud,
                            "unAutreAttribut");
}
/* La variable unAttribut contient le contenu de
   l'attribut unAttribut de la balise div tandis que la
   variable unAutreAttribut contient la chaîne de caractères
   vide */
var retour = dojo.html.isTag(noeud, "span", "div", "p");
/* La variable retour contient la valeur div puisqu'elle est de
   type div */
```

Notons que l'utilisation des fonctions `dojo.html.hasAttribute` et `dojo.html.getAttribute` pour des attributs relatifs à CSS n'est pas conseillée et que le module `dojo.html.style` doit être mis en œuvre à cet effet.

Les fonctions `dojo.html.getScroll` et `dojo.html.getViewPort` permettent de déterminer respectivement l'origine du scroll et la taille de la zone affichée par le navigateur.

Le code suivant fournit un exemple de mise en œuvre de ces fonctions :

```
// Calcul de l'origine du scroll (en haut et à gauche)
var scroll = dojo.html.getScroll();
var scrollHaut = scroll.top;
var scrollGauche = scroll.left;
/* Les variables scrollHaut et scrollgauche correspondent aux
   coordonnées de l'origine du scroll */
// Calcul des dimensions de la zone affichée par le navigateur
var viewport = dojo.html.getViewport();
var largeurAffichage = viewport.width;
var hauteurAffichage = viewport.height;
/* Les variables largeurAffichage et hauteurAffichage correspondent
   aux largeur et hauteur de la zone affichée */
```

La fonction `dojo.html.getCursorPosition` détermine les coordonnées du pointeur de la souris lors d'un événement DOM, événement passé en paramètre de la fonction. Cette dernière est donc à utiliser dans l'implémentation des observateurs d'événements, comme l'indique le code suivant :

```
function fonctionObservateur(evenement) {
    var pointeur = dojo.html.getCursorPosition(evenement);
    var pointeurX = pointeur.x;
    var pointeurY = pointeur.y;
    (...)
}
```

Gestion des styles

dojo met à disposition diverses fonctions de gestion et de manipulation des styles CSS par l'intermédiaire du module `dojo.html.style`. Afin de les utiliser, ce module doit être importé par l'intermédiaire de la fonction `dojo.require`.

Le tableau 11.3 récapitule les différentes fonctions de ce module.

Un ensemble de fonctions de ce module est relatif à l'association de classes CSS avec des nœuds DOM. Ces fonctions se fondent sur les valeurs contenues dans leur attribut `class`. Notons que cet attribut ne peut pas être manipulé avec les fonctionnalités standards de dojo relatives au DOM.

Le code suivant donne un exemple de mise en œuvre des fonctions `dojo.html.getClass` et `dojo.html.hasClass` afin de récupérer la valeur de l'attribut `class` d'un nœud DOM (repère ❶) et de vérifier si un nom de classe est contenu dans cette valeur (repère ❷) :

```
Var monDiv = dojo.byId("monDiv");
/* Récupération de la valeur de l'attribut class du nœud
   d'identifiant monDiv */
var classe = dojo.html.getClass(monDiv); ← ❶
/* Détermination de la présence du nom de classe maClasse dans la
   valeur de l'attribut class du nœud d'identifiant monDiv */
if( dojo.html.hasClass(monDiv, "maClasse") ) { ← ❷
    (...)
}
```

Tableau 11.3 Fonctions de gestion des styles du module *dojo.html.style*

Fonction	Paramètre	Description
dojo.html.addClass	Un nœud et une classe CSS	Permet d'ajouter une classe CSS à la fin de la liste des classes du nœud passé en paramètre.
dojo.html.copyStyle	Un nœud d'origine et un nœud cible	Copie le style d'un nœud dans un autre.
dojo.html.getClass	Un nœud	Retourne la valeur correspondant à l'attribut class du nœud passé en paramètre.
dojo.html.getClasses	Un nœud	Retourne les classes CSS contenues dans l'attribut class du nœud passé en paramètre.
dojo.html.getElementsByClass	Une classe CSS, un nœud, un type de nœud, un type de correspondance et un drapeau	Retourne une liste de nœuds correspondant aux critères passés en paramètres. Ces critères peuvent être une classe CSS, un nœud parent de recherche, un type de correspondance ou un drapeau indiquant que XPath ne doit pas être utilisé. Les types de correspondances sont listés dans la structure dojo.html.class-MatchType : – ContainsAll : toutes les classes CSS sont associées au nœud. – ContainsAny : au moins une classe CSS est associée au nœud. – IsOnly : toutes les classes CSS sont associées au nœud et ce dernier n'en possède pas d'autres.
dojo.html.getElementsByClass-Name	Une classe CSS, un nœud, un type de nœud, un type de correspondance et un drapeau	Correspond à un synonyme de la fonction dojo.html.getElementsByClass.
dojo.html.getStyle	Un nœud et un sélecteur CSS	Retourne la propriété d'un style pour un nœud.
dojo.html.getStyleProperty	Un nœud et un sélecteur CSS	Retourne la valeur d'une propriété d'un style d'un nœud.
dojo.html.hasClass	Un nœud et une classe CSS	Détermine si la valeur de l'attribut class du nœud passé en paramètre contient une classe CSS.
dojo.html.prependClass	Un nœud et une classe CSS	Permet d'ajouter une classe CSS au début de la liste des classes du nœud passé en paramètre.
dojo.html.removeClass	Un nœud, une classe CSS et un drapeau	Supprime une classe CSS de la liste des classes CSS du nœud passé en paramètre. Le drapeau spécifie si le nom doit correspondre au nom exact d'une classe.
dojo.html.replaceClass	Un nœud, une classe CSS à remplacer et la nouvelle classe	Remplace une classe CSS par une autre pour le nœud passé en paramètre.
dojo.html.setClass	Un nœud et une chaîne de caractères	Positionne une chaîne de caractères en tant que valeur de l'attribut class du nœud passé en paramètre.
dojo.html.setStyle	Un nœud, un sélecteur CSS et une valeur	Positionne la propriété d'un style pour un nœud.

Les navigateurs Web ne prenant pas toujours bien en compte la modification des classes d'une balise, nous recommandons d'utiliser l'attribut style afin de modifier les propriétés du style d'un nœud DOM.

Comme le montre le code suivant, la fonction `dojo.html.getElementsByClassName` offre la possibilité d'accéder à tous les éléments de la page Web d'une classe CSS donnée :

```
// Récupération des balises associées à la classe CSS maClasse
var balises = dojo.html.getElementsByClassName("maClasse");
(...)
```

Un autre ensemble de fonctions correspond à la spécification de propriétés de styles pour des nœuds DOM. Ces fonctions se fondent sur les valeurs contenues dans leur attribut `style`.

Le code suivant indique comment modifier la valeur d'une propriété d'un style (repère ❶) et copier le style d'un nœud dans un autre (repère ❷) :

```
var maBalise = dojo.byId("maBalise");
var backgroundMaBalise = dojo.html.getStyle(maBalise, "background");
/* La variable backgroundMaBalise contient la valeur de la
   propriété background du style de la balise */
// Modification de la valeur de la propriété background du style
dojo.html.setStyle(maBalise, "background", "red"); ← ❶
/* Copie du style de la balise d'identifiant monAutreBalise dans la
   balise d'identifiant maBalise */
var monAutreBalise = dojo.byId("monAutreBalise");
dojo.html.copyStyle(maBalise, monAutreBalise); ← ❷
```

Gestion de l'affichage

dojo met à disposition diverses fonctions de gestion de l'affichage des éléments d'une page Web par l'intermédiaire du module `dojo.html.display`. Afin de les utiliser, ce module doit être importé par l'intermédiaire de la fonction `dojo.require`.

Le tableau 11.4 récapitule les différentes fonctions de ce module.

Tableau 11.4 Fonctions de gestion des styles du module *dojo.html.display*

Fonction	Paramètre	Description
dojo.html.clearOpacity	Un nœud	Réinitialise l'opacité d'un nœud afin de le rendre opaque.
dojo.html.getOpacity	Un nœud	Retourne la valeur d'opacité pour un nœud.
dojo.html.hide	Un nœud	Masque un nœud dans la page Web.
dojo.html.isDisplayed	Un nœud	Retourne `true` si la valeur de la propriété `display` du style du nœud est différente de `none`. Dans le cas contraire, la valeur `false` est renvoyée.
dojo.html.isShowing	Un nœud	Détermine si un nœud est affiché dans la page Web.
dojo.html.isVisible	Un nœud	Retourne `true` si la valeur de la propriété `visible` du style du nœud est différente de `hidden`. Dans le cas contraire, la valeur `false` est renvoyée.
dojo.html.setDisplay	Un nœud et une chaîne de caractères ou un booléen	Positionne la valeur de la propriété `display` du style du nœud. Notons que la fonction accepte en paramètre aussi bien une chaîne de caractères qu'un booléen. Dans le cas d'une chaîne de caractères, le paramètre est positionné en tant que valeur. Dans le cas du booléen `true`, la fonction détermine la valeur à utiliser pour le nœud. Si la valeur est omise, la valeur `none` est positionnée.

Tableau 11.4 Fonctions de gestion des styles du module *dojo.html.display (suite)*

Fonction	Paramètre	Description
dojo.html.setOpacity	Un nœud et un nombre	Positionne une valeur d'opacité pour un nœud. Les valeurs possibles sont comprises entre 0.0 et 1.0, qui correspondent respectivement à un affichage transparent et à un affichage opaque.
dojo.html.setShowing	Un nœud et un drapeau	Appelle la fonction dojo.html.show ou dojo.html.hide en se fondant sur un drapeau.
dojo.html.setVisibility	Un nœud et une chaîne de caractères ou un booléen	Positionne la valeur de la propriété display du style du nœud. La fonction accepte en paramètre aussi bien une chaîne de caractères qu'un booléen. Dans le cas d'une chaîne de caractères, le paramètre est positionné en tant que valeur. Dans le cas d'un booléen, la fonction utilise la valeur visible pour la valeur true et hidden pour la valeur false.
dojo.html.show	Un nœud	Affiche un nœud dans la page Web.
dojo.html.toggleDisplay	Un nœud	Inverse la valeur d'affichage du nœud en se fondant sur la propriété display du style du nœud.
dojo.html.toggleShowing	Un nœud	Inverse le mode d'affichage d'un nœud dans la page Web. S'il est affiché, il est masqué, et inversement.
dojo.html.toggleVisibility	Un nœud	Inverse la valeur d'affichage du nœud en se fondant sur la propriété visibility du style du nœud.

Les fonctions dojo.html.show et dojo.html.hide permettent respectivement d'afficher (repère ❶) et de masquer (repère ❷) un nœud DOM dans une page Web, comme dans le code suivant :

```
function afficherNoeud(identifiantNoeud) {
    var noeud = document.getElementById(identifiantNoeud);
    dojo.html.show(noeud); ← ❶
}
function masquerNoeud(identifiantNoeud) {
    var noeud = document.getElementById(identifiantNoeud);
    dojo.html.hide(noeud); ← ❷
}
```

Ce module offre la possibilité de modifier l'opacité de l'affichage d'un nœud en se fondant sur les fonctions dojo.html.setOpacity et dojo.html.clearOpacity, qui permettent respectivement de changer de niveau d'opacité et de rétablir le niveau d'opacité par défaut.

La mise en œuvre des fonctions dojo.html.setOpacity (repère ❶) et dojo.html.clearOpacity (repère ❷) se réalise de la manière suivante :

```
function modifierOpacite(identifiantNoeud, opacite) {
    var noeud = document.getElementById(identifiantNoeud);
    dojo.html.setOpacity(noeud, opacite); ← ❶
}
function retablirOpacite(identifiantNoeud) {
    var noeud = document.getElementById(identifiantNoeud);
    dojo.html.clearOpacity(noeud); ← ❷
}
```

Notons que les niveaux d'opacité vont de la valeur 1.0 pour un affichage opaque à la valeur 0.0 pour un affichage transparent.

dojo offre la possibilité d'inverser l'état d'affichage d'un nœud en se fondant sur les fonctions dont le nom débute par `toggle`. Le code suivant met en œuvre la fonction `dojo.html.toggleShowing` afin de masquer un nœud affiché et inversement :

```
function inverserAffichage(identifiantNoeud) {
    var noeud = document.getElementById(identifiantNoeud);
    dojo.html.toggleShowing(noeud);
}
```

Gestion des événements

À l'instar de la bibliothèque prototype, dojo fournit d'intéressants mécanismes afin d'enregistrer et de désenregistrer des observateurs d'événements et de les gérer.

La bibliothèque dojo fournit cependant un support plus générique, car elle permet d'intercepter n'importe quel appel de méthodes afin de déclencher des traitements. Nous verrons par la suite que ce mécanisme est très intéressant pour traiter les événements des composants graphiques de dojo, événements n'étant pas nécessairement fondés sur le DOM.

La mise en œuvre des événements est communément réalisée après l'initialisation de la page. Comme nous le verrons par la suite, la bibliothèque ne permet pas d'enregistrer des observateurs sur l'événement `load` de la page. Ainsi, ces traitements doivent être réalisés par l'intermédiaire de la fonction `dojo.addOnLoad`.

> **Traitements d'initialisation de la page**
>
> Afin d'initialiser les composants graphiques, dojo ajoute automatiquement des traitements au chargement de la page (événement `load`). De ce fait, la spécification d'un observateur pour cet événement ne peut être utilisée puisqu'un seul observateur peut être spécifié pour l'événement. dojo offre alors la possibilité d'ajouter des traitements au chargement de la page par le biais de la fonction `dojo.addOnLoad`. De manière similaire, la fonction `dojo.addOnUnload` peut être mise en œuvre pour le déchargement de la page.

Fonctions de base

Les méthodes de base du support des événements sont localisées dans les modules identifiés par la chaîne `dojo.event.*`, dont les différents éléments doivent être importés.

Le support se fonde sur l'objet `dojo.event`, objet automatiquement instancié lorsque les modules relatifs aux événements sont importés et offrant plusieurs méthodes dont les principales sont `connect` et `disconnect` afin d'enregistrer et de désenregistrer des observateurs d'événements.

Ce support prend en charge aussi bien les événements DOM que les événements déclenchés suite à l'exécution d'une méthode d'un objet JavaScript.

Enregistrement d'observateurs d'événements

La méthode de base `connect` permet d'enregistrer des observateurs d'événements. Dans le support des événements de dojo, un événement ne correspond pas forcément à une action d'un utilisateur, c'est-à-dire à un événement DOM. La bibliothèque permet également de voir l'appel d'une méthode d'un objet comme un événement, autorisant ainsi la définition des observateurs à ce niveau.

Pour mettre en œuvre un observateur permettant de détecter l'appel d'une méthode d'un objet, la méthode `connect` doit être utilisée avec les paramètres récapitulés au tableau 11.5.

Tableau 11.5 Paramètres de la méthode *connect*
dans le cas de l'observation d'une méthode d'un objet

Paramètre	Type	Description
srcFunc	Une chaîne de caractères	Correspond au nom de la méthode de l'objet précédent qui déclenche l'événement.
srcObj	Un objet	Correspond à l'objet contenant la méthode sur laquelle un observateur est enregistré.
adviceFunc	Une chaîne de caractères	Correspond au nom de la méthode de l'observateur qui traite l'événement.
adviceObjet	Un objet	Correspond à l'objet contenant la méthode d'observation.

L'utilisation de cette méthode n'a aucun impact sur la mise en œuvre des objets observés ni sur le nom de leurs méthodes.

Le code suivant fournit un exemple de mise en œuvre de la méthode `connect` afin d'enregistrer (repère ❸) un observateur (repère ❷) pour une méthode d'un objet (repère ❶) :

```
// Objet dont une méthode est observée
var monObjet = { ← ❶
    maMethode: function() {
        (...)
    }
};
// Objet d'observation
var monObservateur = { ← ❷
    traiterEvenement: function() {
        (...)
    }
};
/* Enregistrement de l'observateur monObservateur sur
   l'objet monObjet */
dojo.event.connect(monObjet, "maMethode", ← ❸
                   monObservateur, "traiterEvenement");
monInstance.maMethode();
/* Après l'appel de cette méthode, la méthode traiterEvenement
   de l'objet monObservateur est appelée */
```

Ce mécanisme peut également être mis en œuvre pour une fonction d'observation qui n'est rattachée à aucun objet. Dans ce cas, la méthode connect ne prend que les trois paramètres récapitulés au tableau 11.6.

Tableau 11.6 Paramètres de la méthode *connect* dans le cas d'une fonction d'observation

Paramètre	Type	Description
srcFunc	Une chaîne de caractères	Correspond au nom de la méthode de l'objet précédent qui déclenche l'événement.
srcObj	Un objet	Correspond à l'objet contenant la méthode sur laquelle un observateur est enregistré.
adviceFunc	Une chaîne de caractères	Correspond au nom de la fonction d'observation qui traite l'événement.

Dans le code suivant, la méthode connect permet d'enregistrer (repère ❸) une fonction d'observation (repère ❷) pour une méthode d'un objet (repère ❶) :

```
var monObjet = { ← ❶
    maMethode: function() {
        (...)
    }
};
function traiterEvenement() { ← ❷
    (...)
}
dojo.event.connect(monInstance, "maMethode",
                   "traiterEvenement"); ← ❸
monInstance.maMethode();
/* Après l'appel de cette méthode, la fonction traiterEvenement
   est appelée */
```

L'enregistrement d'observateurs pour des événements DOM de nœuds se réalise de la même manière que précédemment. Les premier et second paramètres de la fonction dojo.event.connect correspondent désormais respectivement au nœud et au nom de l'événement observé.

Notons cependant qu'avec cette fonction, le nom de l'événement doit être préfixé par on.

Le code suivant donne un exemple de mise en œuvre d'un observateur sur l'événement onclick d'un nœud DOM d'identifiant monNoeud :

```
var monObservateur = {
    traiterEvenement: function() {
        (...)
    }
};
function traiterEvenement() {
    (...)
}
var monNoeud = dojo.byId("monNoeud");
dojo.event.connect(monNoeud, "onclick",
                   monObservateur, "traiterEvenement");
dojo.event.connect(monNoeud, "onclick", "traiterEvenement");
```

Notons que la méthode `connect` offre un support afin de contrôler les enregistrements multiples de mêmes observateurs. Ces derniers ne sont enregistrés qu'une seule fois par le biais de cette fonction.

La bibliothèque dojo met également à disposition la méthode `kwConnect`, qui se fonde sur un tableau associatif en tant que paramètre.

Le code suivant adapte les exemples précédents afin d'utiliser cette fonction (repère ❶) :

```
// Objet dont une méthode est observée
var monInstance = {
    maMethode: function() {
        (...)
    }
};
// Objet d'observation
var monObservateur = {
    traiterEvenement: function() {
        (...)
    }
};
/* Enregistrement de l'observateur monObservateur sur
   l'objet monObjet */
dojo.event.kwConnect({ ← ❶
    srcObj: monInstance,
    srcFunc: "maMethode",
    adviceObj: monObservateur,
    adviceFunc: "traiterEvenement"
});
monInstance.maMethode();
/* Après l'appel de cette méthode, la méthode traiterEvenement
   de l'objet monObservateur est appelée */
```

Désenregistrement d'observateurs d'événements

La bibliothèque dojo propose une manière élégante pour supprimer les observateurs enregistrés pour un événement DOM ou une méthode en se fondant sur la méthode `disconnect`.

Afin de désenregistrer un observateur, cette méthode doit être appelée avec les mêmes paramètres que ceux utilisés lors de son enregistrement avec la méthode `connect`.

Le code suivant donne un exemple de désenregistrement (repère ❹) d'un observateur (repère ❷) d'une méthode d'un objet (repère ❶), observateur précédemment enregistré en se fondant sur la méthode `connect` (repère ❸) :

```
var monInstance = { ← ❶
    maMethode: function() {
        (...)
    }
};
```

```
var monObservateur = { ←❷
    traiterEvenement: function() {
        (...)
    }
};
dojo.event.connect(monInstance, "maMethode", ←❸
                    monObservateur, "traiterEvenement");
monInstance.maMethode();
/* Après l'appel de cette méthode, la méthode traiterEvenement
   de l'objet monObservateur est appelée */
dojo.event.disconnect(monInstance, "maMethode", ←❹
                    monObservateur, "traiterEvenement");
monInstance.maMethode();
/* Après l'appel de cette méthode, la méthode traiterEvenement
   de l'objet monObservateur n'est plus appelée */
```

Le désenregistrement d'événements DOM se réalise de la même manière en se fondant toujours sur la fonction `dojo.event.disconnect`.

Découplage

La mise en œuvre de la gestion des événements dans une application JavaScript est un véritable défi si l'on désire bien séparer les différents éléments (HTML, CSS et JavaScript) contenus dans une page Web.

La bibliothèque dojo met en œuvre un mécanisme fondé sur les sujets *(topics),* qui permet de découpler les déclencheurs des observateurs d'événements. La bibliothèque implémente à cet effet des canaux d'échanges d'informations, auxquels les observateurs s'enregistrent afin d'être notifiés lorsqu'un événement est envoyé sur un canal donné.

La gestion et l'utilisation de ces canaux recourent à l'objet `dojo.event.topic` instancié par dojo lors de l'inclusion des modules relatifs aux événements (modules identifiés par la chaîne `dojo.event.*`).

Le tableau 11.7 récapitule les méthodes de cette instance.

Tableau 11.7   Méthodes de l'objet *dojo.event.topic*

Méthode	Paramètre	Description
destroy	Le nom du sujet	Détruit un sujet à partir de son nom.
getTopic	Le nom du sujet	Retourne l'objet représentant un sujet à partir de son nom. L'objet retourné est de type `dojo.event.topic.TopicImpl`.
publish	Le nom du sujet	Envoie un message pour le sujet.
registerPublisher	Le nom du sujet, l'objet et le nom de la méthode déclencheur	Définit une méthode d'un objet en tant que déclencheur pour un sujet. Lorsque cette méthode est appelée, un message est envoyé pour le sujet.
subscribe	Le nom du sujet, l'objet et le nom de la méthode de l'observateur	Enregistre un observateur pour un sujet donné.
unsubscribe	Le nom du sujet, l'objet et le nom de la méthode de l'observateur	Désenregistre un observateur pour un sujet donné.

La bibliothèque dojo gère en interne les sujets en se fondant sur la classe `dojo.event.topic.TopicImpl`.

Enregistrement d'observateurs à un sujet

L'enregistrement d'observateurs se réalise par l'intermédiaire de la méthode `subscribe` de l'objet `dojo.event.topic`. La méthode des observateurs relative au traitement des événements doit posséder un paramètre afin de recevoir le message associé à l'événement. Le type de ce paramètre varie suivant l'événement déclenché.

À l'instar de la méthode `connect` de l'objet `dojo.event`, la méthode `subscribe` supporte l'utilisation d'observateurs aussi bien sous forme de fonction que de méthode d'objet.

Le code suivant fournit un exemple de mise en œuvre de cette méthode (repères ❸) avec des observateurs implémentés par une méthode d'objet (repère ❶) et une fonction (repère ❷) :

```
var monObservateur = { ←❶
    traiterEvenement: function(message) {
        (...)
    }
};
function traiterEvenement(message) { ←❷
    (...)
}
dojo.event.topic.subscribe("monSujet", ←❸
                monObservateur, "traiterEvenement");
dojo.event.topic.subscribe("monSujet", "traiterEvenement"); ←❸
```

Publication de messages sur un sujet

La publication de messages peut être mise en œuvre de deux manières. La première se fonde directement sur l'objet représentant le sujet et sa méthode `sendMessage`, tandis que la seconde consiste à configurer une méthode d'un objet comme déclencheur d'événements.

Le code suivant donne un exemple de mise en œuvre de la première manière d'envoyer un message sur le sujet `monSujet` :

```
var monSujet = dojo.event.topic.getTopic("monSujet");
monSujet.sendMessage("mon message");
```

Dans ce cas, le message reçu par les observateurs enregistrés est une chaîne de caractères contenant « mon message ». Cette approche est intrusive, car elle impose une utilisation directe d'un objet de la bibliothèque dojo.

Avec la seconde manière, la méthode `registerPublisher` de l'objet `dojo.event.topic` doit être utilisée, comme le montre le code suivant :

```
var monDeclencheur = {
    declencher: function() {
        (...)
    }
};
dojo.event.topic.registerPublisher("monSujet",
                monDeclencheur, "declencher");
```

Un événement est envoyé pour le sujet monSujet lorsque la méthode declencher de l'objet monDeclencheur est appelée. Avec cette approche, le message reçu par les observateurs enregistrés pour le sujet est vide.

À l'instar de la méthode connect de l'objet dojo.event précédemment décrite, la méthode registerPublisher peut être mise en œuvre afin d'utiliser des événements DOM en tant que déclencheur.

Le code suivant envoie un message sur le sujet monSujet lorsque l'événement onclick se produit sur un bouton :

```
var monBouton = dojo.byId("monBouton");
dojo.event.topic.registerPublisher("monSujet",
                                    monBouton, "onclick");
```

Dans ce cas, le message reçu par les observateurs enregistrés correspond à l'événement DOM qui se produit.

Gestion des effets

La bibliothèque dojo met à disposition le module dojo.lfx afin de mettre en œuvre des effets visuels. Les effets supportés sont similaires à ceux fournis par la bibliothèque script.aculo.us *(voir le chapitre 10)*. Leur nombre est cependant plus restreint.

Le tableau 11.8 récapitule les différentes fonctions contenues dans ce module.

Tableau 11.8   Fonctions de gestion des effets du package *dojo.lfx*

Fonction	Paramètre	Description
dojo.lfx.chain	Les effets à chaîner	Permet de réaliser à la chaîne divers effets.
dojo.lfx.html.explode	Le nœud de départ, le nœud à afficher et la durée de l'effet	Permet d'afficher un élément avec un effet d'explosion en partant d'un nœud.
dojo.lfx.html.fade	Un tableau d'éléments, les valeurs de l'opacité au début et à la fin et la durée de l'effet	Permet de modifier progressivement l'opacité afin de rendre transparent ou opaque un ou plusieurs éléments.
dojo.lfx.html.fadeHide	Un tableau d'éléments et la durée de l'effet	Permet de masquer un élément en modifiant progressivement son opacité.
dojo.lfx.html.fadeIn	Un tableau d'éléments et la durée de l'effet	Permet de modifier progressivement l'opacité afin d'afficher un élément.
dojo.lfx.html.fadeOut	Un tableau d'éléments et la durée de l'effet	Permet de modifier progressivement l'opacité afin de masquer un élément.
dojo.lfx.html.fadeShow	Un tableau d'éléments et la durée de l'effet	Permet d'afficher un élément en modifiant progressivement son opacité.
dojo.lfx.html.highlight	Un tableau d'éléments, une couleur au format RVB et la durée de l'effet	Permet de modifier le surlignement d'un élément. Cette fonction permet de spécifier la couleur de surlignement au début de l'effet.
dojo.lfx.html.implode	Le nœud à masquer, le nœud d'arrivée et la durée de l'effet	Correspond à l'inverse de l'effet dojo.lfx.html.explode.

Tableau 11.8 Fonctions de gestion des effets du package *dojo.lfx (suite)*

Fonction	Paramètre	Description
dojo.lfx.html.slideBy	Un tableau d'éléments, les coordonnées d'un déplacement et la durée de l'effet	Permet de déplacer un nœud à une position relative à la position courante. Le déplacement est spécifié en paramètre.
dojo.lfx.html.slideTo	Un tableau d'éléments, les coordonnées d'une position et la durée de l'effet	Permet de déplacer un nœud à une position dont les coordonnées sont spécifiées.
dojo.lfx.html.unhighlight	Un tableau d'éléments, une couleur au format RVB et la durée de l'effet	Permet de modifier le surlignement d'un élément. Cette fonction permet de spécifier la couleur de surlignement à la fin de l'effet.
dojo.lfx.html.wipeIn	Un tableau d'éléments et la durée de l'effet	Permet de dérouler un élément afin de l'afficher.
dojo.lfx.html.wipeOut	Un tableau d'éléments et la durée de l'effet	Permet d'enrouler un élément afin de le masquer.

Les fonctions décrites au tableau 11.8 permettent de créer l'effet mais ne l'exécutent pas. Afin de jouer les effets, il faut recourir à la méthode play.

La fonction dojo.lfx.html.fade permet de réaliser un effet modifiant l'opacité d'un élément d'une valeur initiale à une valeur finale.

Le code suivant se fonde sur cette fonction (repère ❶) pour faire disparaître le texte :

```html
<html>
    <head>
        (...)
        <script type="text/javascript">
            dojo.require("dojo.lfx.*");
        </script>
        <script type="text/javascript">
            function executerEffet() {
                var monTexte = dojo.byId("monTexte");
                dojo.lfx.html.fade([monTexte], ← ❶
                        {start: 1.0, end: 0.0}, 1500).play();
            }
        </script>
    </head>
    <body>
        <p id="monTexte">Un exemple de texte</p>

        <a href="javascript:executerEffet()">
                                Réalisation de l'effet.</a>
    </body>
</html>
```

Les fonctions dojo.lfx.html.highlight et dojo.lfx.html.unhighlight permettent de gérer la mise en surbrillance d'éléments.

Le code suivant donne un exemple de mise en œuvre de cette dernière fonction (repère ❶) afin de réaliser un effet de mise en surbrillance du texte avec la couleur de code (230, 230, 180) :

```
<html>
    <head>
        (...)
        <script type="text/javascript">
            dojo.require("dojo.lfx.*");
        </script>
        <script type="text/javascript">
            function executerEffet() {
                var monTexte = dojo.byId("monTexte");
                dojo.lfx.html.unhighlight(monTexte, ← ❶
                                [230, 230, 180], 1500).play();
            }
        </script>
    </head>
    <body>
        <p id="monTexte">Un exemple de texte</p>

        <a href="javascript:executerEffet()">
                                Réalisation de l'effet.</a>
    </body>
</html>
```

Les fonctions dojo.lfx.html.wipeIn et dojo.lfx.html.wipeOut permettent respectivement de dérouler et d'enrouler des éléments.

Le code suivant utilise cette dernière (repère ❶) afin de masquer le texte en se fondant sur un effet d'enroulement :

```
<html>
    <head>
        (...)
        <script type="text/javascript">
            dojo.require("dojo.lfx.*");
        </script>
        <script type="text/javascript">
            function executerEffet() {
                var monTexte = dojo.byId("monTexte");
                dojo.lfx.html.wipeOut(monTexte, 1500).play(); ← ❶
            }
        </script>
    </head>
    <body>
        <p id="monTexte">Un exemple de texte</p>

        <a href="javascript:realiserEffet()">
                                Réalisation de l'effet.</a>
    </body>
</html>
```

Gestion du glisser-déposer

Pour mettre en œuvre la fonctionnalité de glisser-déposer, ou *drag-and-drop,* la bibliothèque dojo fournit les classes dojo.dnd.HtmlDragSource et dojo.dnd.HtmlDropTarget.

Ces classes permettent respectivement de définir les éléments graphiques pouvant être déplacés et ceux correspondant aux cibles de cette opération.

Nous allons reprendre l'exemple de mise en œuvre de ce mécanisme détaillé au chapitre 10 afin de l'adapter à ces deux classes. Le code HTML suivant rappelle les différents éléments mis en œuvre par le glisser-déposer :

```
<img id="produit1" class="produits"
     src="images/product-1" alt="tasse" />←❶
<img id="produit2" class="produits"
     src="images/product-2" alt="t-shirt" />←❷
<div id="caddy" class="caddy">
    <img src="images/deposer-ici" alt="" />←❸
    <div id="texte_caddy">Déposer les éléments désirés ici.</div>
</div>
```

Les repères décrivent respectivement les images d'une tasse (❶), d'un t-shirt (❷) et d'une flèche (❸). Différents comportements sont appliqués aux images précédentes par l'intermédiaire du code suivant :

```
function initialiser()
    var imageTasse = dojo.byId("produit1");
    new dojo.dnd.HtmlDragSource(imageTasse, "groupe");←❶
    var imageTshirt = dojo.byId("produit2");
    new dojo.dnd.HtmlDragSource(imageTshirt, "groupe");←❷
    var imageFleche = dojo.byId("caddy");
    new dojo.dnd.HtmlDragTarget(imageFleche, [ "groupe" ]);←❷
}
dojo.addOnLoad(initialiser);
```

Tout d'abord, par l'intermédiaire du constructeur de la classe dojo.dnd.HtmlDragSource (repères ❶), les deux premières images deviennent des éléments pouvant être déplacés. En outre, le constructeur de la classe dojo.dnd.HtmlDragTarget (repère ❷) définit qu'ils peuvent être déposés dans la zone d'identifiant caddy, identifiée par la flèche.

Les deux types d'éléments sont reliés par l'identifiant groupe. Ce dernier est spécifié au niveau des constructeurs des classes dojo.dnd.HtmlDragSource et dojo.dnd.HtmlDragTarget. Notons que le constructeur de cette dernière peut prendre en paramètre plusieurs identifiants.

Implémentation des composants graphiques

La plupart des bibliothèques adressant les problématiques graphiques des applications offrent un cadre permettant de structurer les composants graphiques. Nous avons détaillé cet aspect au chapitre 9, dédié à la mise en œuvre de composants graphiques.

La bibliothèque dojo offre d'intéressants mécanismes afin de structurer, d'implémenter et d'utiliser des composants graphiques.

Structuration des composants graphiques

Les composants graphiques de dojo sont implémentés en se fondant sur le concept de module décrit au chapitre 7. Chaque composant graphique correspond donc à un module, ce dernier mettant à disposition une ou plusieurs classes JavaScript.

Un composant graphique se compose, dans la bibliothèque dojo, de trois éléments, comme illustré à la figure 11.1.

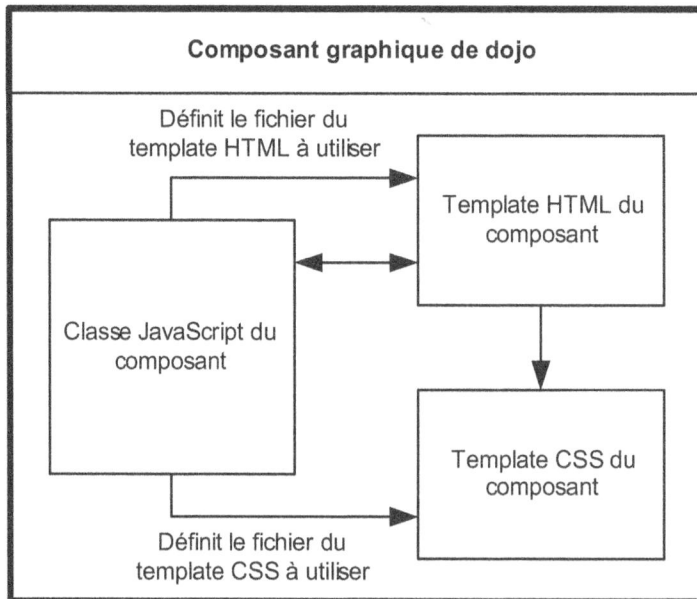

Figure 11.1
Éléments constitutifs d'un composant graphique dans dojo

Détaillons maintenant les différentes spécificités de ces éléments.

Classe JavaScript

La classe JavaScript du composant graphique correspond à sa partie centrale. Elle permet de définir les traitements relatifs à sa construction et à son fonctionnement. Elle contient également diverses propriétés du composant.

Comme dojo met en œuvre la programmation orientée objet afin de définir les composants graphiques, un composant est implémenté par une classe qui se fonde sur diverses classes génériques de base.

Le tableau 11.9 récapitule ces différentes classes de base ainsi que leurs fonctionnalités.

La figure 11.2 illustre les relations d'héritage entre les classes décrites ci-dessus ainsi que leurs différentes propriétés et méthodes.

Tableau 11.9   Classes de base des composants graphiques de dojo

Classe	Description
dojo.widget.DomWidget	Correspond à la spécialisation de la classe dojo.widget.Widget afin de prendre en compte les mécanismes de la technologie DOM.
dojo.widget.HtmlWidget	Correspond à la spécialisation de la classe dojo.widget.HtmlWidget afin de prendre en compte les aspects des composants fondés sur le HTML, tels que l'affichage, le redimensionnement et les liaisons aux templates HTML et CSS.
dojo.widget.Widget	Correspond à la classe de base de tous les composants. Classe la plus générique, elle met en œuvre les différents traitements du cycle de construction et de destruction des composants. Elle met également à disposition diverses méthodes afin de manipuler des propriétés des composants ainsi que de gérer leur redimensionnement et leur relation avec les autres composants.

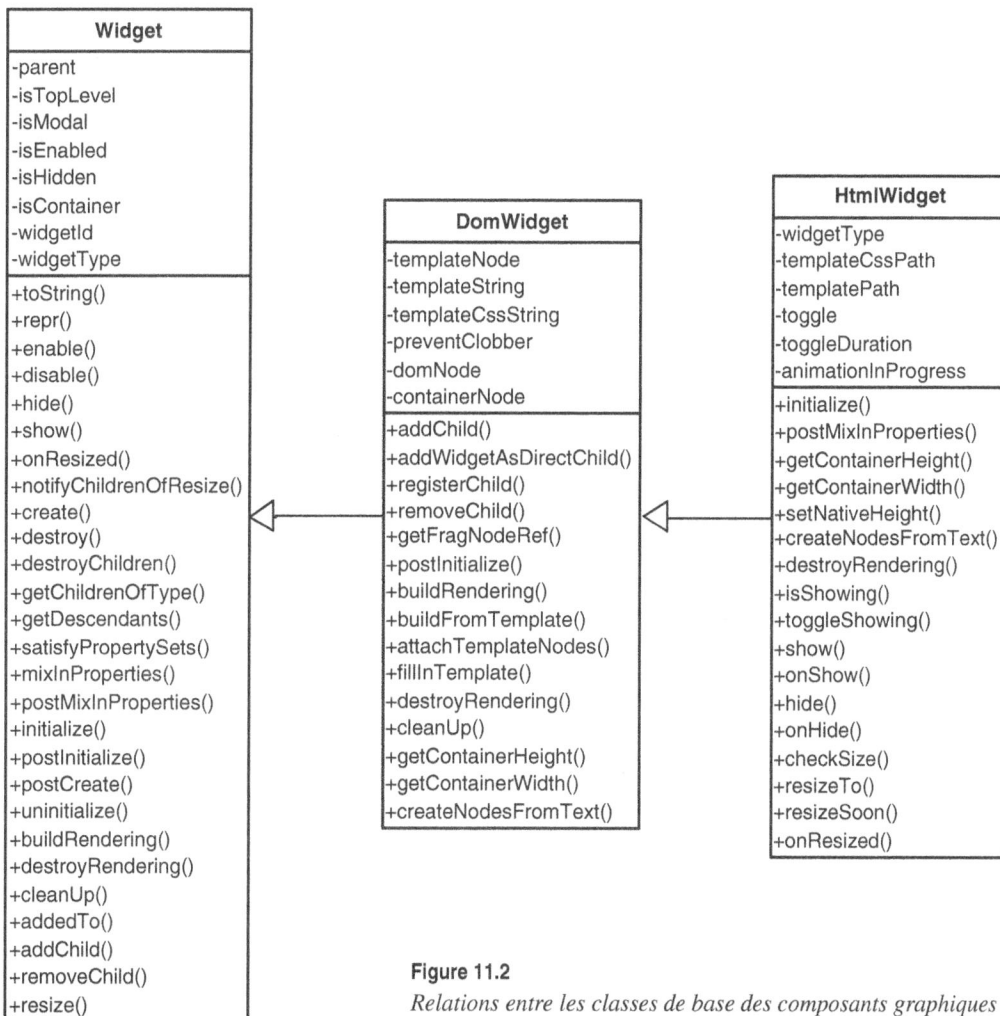

Widget

-parent
-isTopLevel
-isModal
-isEnabled
-isHidden
-isContainer
-widgetId
-widgetType

+toString()
+repr()
+enable()
+disable()
+hide()
+show()
+onResized()
+notifyChildrenOfResize()
+create()
+destroy()
+destroyChildren()
+getChildrenOfType()
+getDescendants()
+satisfyPropertySets()
+mixInProperties()
+postMixInProperties()
+initialize()
+postInitialize()
+postCreate()
+uninitialize()
+buildRendering()
+destroyRendering()
+cleanUp()
+addedTo()
+addChild()
+removeChild()
+resize()

DomWidget

-templateNode
-templateString
-templateCssString
-preventClobber
-domNode
-containerNode

+addChild()
+addWidgetAsDirectChild()
+registerChild()
+removeChild()
+getFragNodeRef()
+postInitialize()
+buildRendering()
+buildFromTemplate()
+attachTemplateNodes()
+fillInTemplate()
+destroyRendering()
+cleanUp()
+getContainerHeight()
+getContainerWidth()
+createNodesFromText()

HtmlWidget

-widgetType
-templateCssPath
-templatePath
-toggle
-toggleDuration
-animationInProgress

+initialize()
+postMixInProperties()
+getContainerHeight()
+getContainerWidth()
+setNativeHeight()
+createNodesFromText()
+destroyRendering()
+isShowing()
+toggleShowing()
+show()
+onShow()
+hide()
+onHide()
+checkSize()
+resizeTo()
+resizeSoon()
+onResized()

Figure 11.2

Relations entre les classes de base des composants graphiques

Notons que cette figure a été allégée en omettant les méthodes de récupération et de positionnement des propriétés graphiques.

En se fondant sur ces classes, la bibliothèque dojo met en œuvre un cycle de traitements afin d'initialiser, de construire et d'afficher un composant graphique.

La figure 11.3 illustre les appels successifs des différentes méthodes des classes de base des composants.

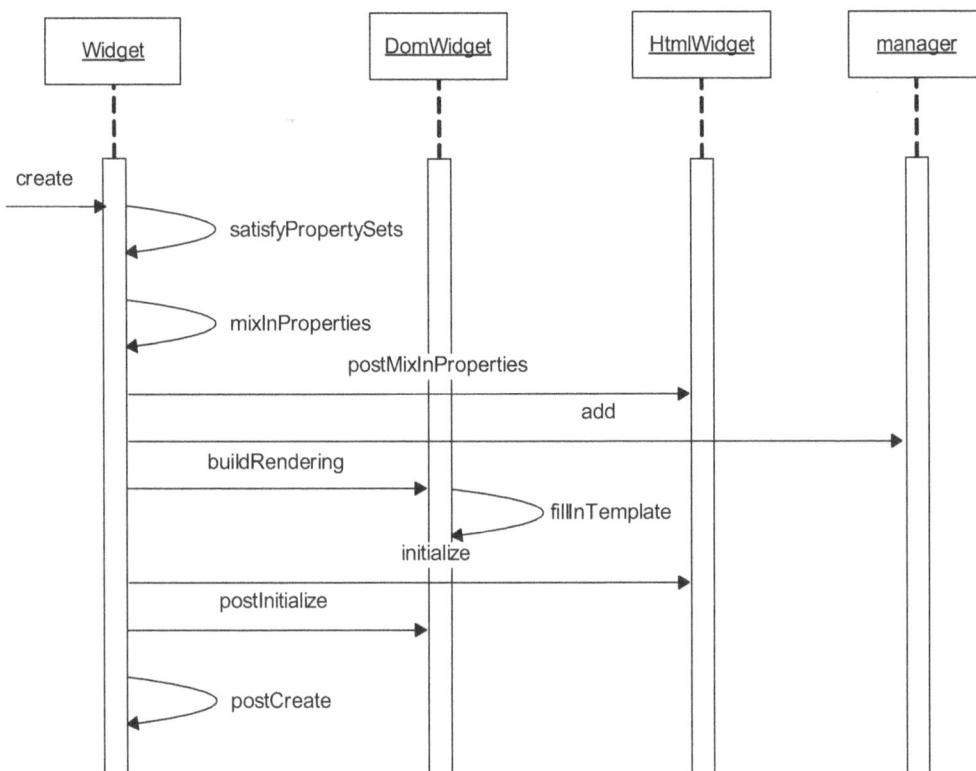

Figure 11.3

Traitements d'initialisation des composants graphiques de dojo

Le tableau 11.10 détaille les différents traitements réalisés par les méthodes du cycle de gestion de la construction d'un composant. Certaines de ces méthodes peuvent être surchargées dans les implémentations des composants graphiques afin de réaliser des traitements d'initialisation et de construction spécifiques.

Tableau 11.10   Méthodes mises en œuvre dans la création d'un composant graphique

Méthode	Description
buildRendering	Construit l'affichage du composant graphique. Méthode de base de ces traitements, elle peut éventuellement se fonder sur la méthode fillInTemplate que les implémentations des composants peuvent éventuellement surcharger.
fillInTemplate	Permet de spécifier des traitements à réaliser en se fondant sur le template spécifié. Cette méthode peut être surchargée lors de l'implémentation d'un composant.
initialize	Peut être surchargée lors de l'implémentation d'un composant afin de réaliser ses traitements d'initialisation.
mixInProperties	Permet de combiner les propriétés existantes du composant avec celles spécifiées lors de sa création.
postCreate	Permet de réaliser des traitements après la création du composant graphique. Cette méthode peut notamment être surchargée lors de l'implémentation d'un composant afin notamment d'enregistrer des observateurs pour des événements.
postInitialize	Permet de mettre en œuvre des traitements spécifiques à un composant après son initialisation générale.
postMixInProperties	Peut être surchargée lors de l'implémentation d'un composant afin de réaliser ses traitements suite à la méthode mixInProperties.
satisfyPropertySets	Permet d'initialiser les propriétés par défaut du composant.

Comme pour la création, la bibliothèque dojo met en œuvre un cycle de traitements afin de détruire un composant graphique.

La figure 11.4 illustre les appels successifs des différentes méthodes des classes de base des composants.

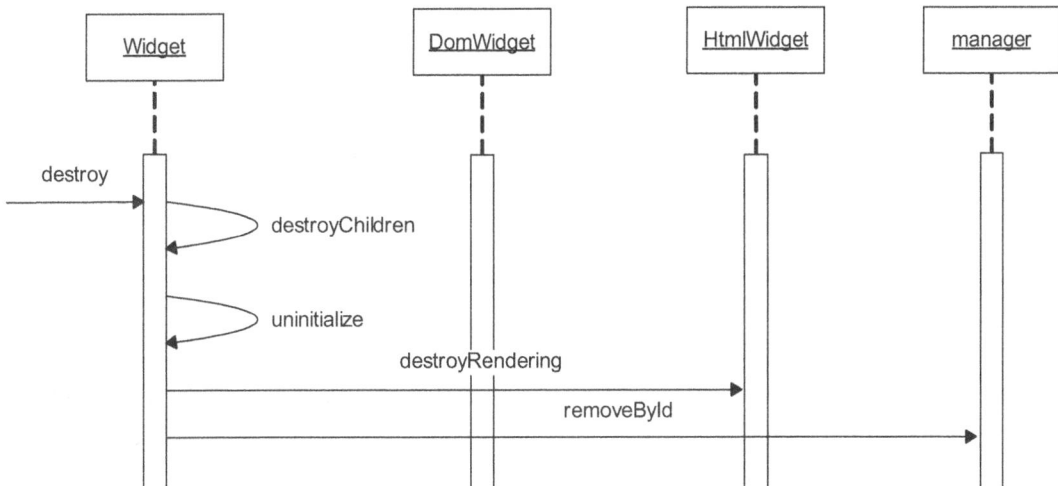

Figure 11.4

Traitements de destruction des composants graphiques de dojo

Le tableau 11.11 détaille les différents traitements réalisés par les méthodes du cycle de gestion de la destruction d'un composant.

Tableau 11.11   Méthodes mises en œuvre dans la destruction d'un composant graphique

Méthode	Paramètre	Description
destroyChildren	-	Permet de détruire tous les sous-composants du composant graphique.
destroyRendering	Un booléen	Permet de détruire l'affichage du composant graphique si le paramètre spécifie que les ressources correspondant à l'affichage doivent être libérées.
uninitialize	-	Permet de réaliser les traitements de finalisation du composant graphique.

Notons, pour finir, qu'afin de faciliter l'implémentation de la classe JavaScript des composants JavaScript, la bibliothèque met à disposition la fonction dojo.widget.define-Widget. Le principal objectif de cette fonction est de masquer l'utilisation du support de la programmation objet ainsi que l'enregistrement du composant graphique dans le gestionnaire de composants de dojo.

Le code suivant fournit un exemple d'utilisation de cette fonction afin d'implémenter le composant graphique dojo.widget.html.Button :

```
dojo.widget.defineWidget(
        "dojo.widget.html.Button", ← ❶
        dojo.widget.HtmlWidget, ← ❷
        { ← ❸
            isContainer: true,
            caption: "",
            disabled: false,

            templatePath: dojo.uri.dojoUri(
                "src/widget/templates/HtmlButtonTemplate.html"),
            templateCssPath: dojo.uri.dojoUri(
                "src/widget/templates/HtmlButtonTemplate.css"),
            (...)
            fillInTemplate: function(args, frag){
                (...)
            },
            (...)
        });
```

La fonction dojo.widget.defineWidget permet de spécifier le nom de la classe du composant (repère ❶), sa classe mère (repère ❷) ainsi que ses divers attributs et méthodes (repère ❸).

Template HTML

La classe JavaScript du composant graphique doit être combinée avec un fichier de représentation graphique, ce dernier permettant de définir la structure HTML du composant.

Ce fichier doit être relié à la classe JavaScript par l'intermédiaire de sa propriété templatePath.

Le code suivant donne un exemple de mise en œuvre de ce mécanisme en se fondant sur la fonction `dojo.uri.dojoUri` (repère ❶) afin de spécifier le chemin du fichier :

```
dojo.widget.defineWidget(
        "dojo.widget.MonComposant",
        dojo.widget.HtmlWidget, {
            (...)
            this.templatePath = dojo.uri.dojoUri(←❶
                        "src/widget/templates/monTemplate.html");
            (...)
        });
```

dojo offre la possibilité de faire interagir la classe avec ce template de manière simple par le biais d'attributs spéciaux dans les balises HTML.

Tout d'abord, l'attribut `dojoAttachPoint` permet de relier automatiquement le nœud DOM d'une balise HTML à une propriété de la classe JavaScript du composant.

Le code suivant montre comment mettre en œuvre cet attribut (repère ❶) dans le template :

```
(...)
<div dojoAttachPoint="monAttribut">←❶
    (...)
</div>
(...)
```

La propriété `monAttribut` de la classe du composant correspondant au template ci-dessus contient alors une instance du nœud DOM de la balise `div`.

L'attribut `dojoAttachEvent` permet de spécifier des méthodes de la classe JavaScript du composant en tant qu'observateurs d'événements DOM de balises du template. La spécification d'observateurs de plusieurs événements se réalise simplement en se fondant sur un seul attribut de ce type.

Le code suivant montre comment mettre en œuvre l'attribut `dojoAttachEvent` (repères ❶) dans le template HTML :

```
(...)
<div dojoAttachEvent="onclick: traiterEvenement1">←❶
    (...)
</div>
(...)
<div dojoAttachEvent="onclick, onmouseover: traiterEvenement2">←❶
    (...)
</div>
 (...)
```

La bibliothèque dojo offre également la possibilité d'utiliser les propriétés de la classe JavaScript du composant dans le template correspondant.

Le code suivant décrit le template de la classe `dojo.widget.html.HtmlCheckBox`, template utilisant les propriétés `tabIndex` (repère ❶), `disabledStr` (repère ❷), `name` (repère ❸) et `checked` (repère ❹) de cette classe :

```
<a class='dojoHtmlCheckbox'
              tabIndex="${this.tabIndex}" ← ❶
              href="#" ${this.disabledStr} ← ❷
              dojoAttachEvent="onClick;keyPress"
              waiRole="checkbox">
    <input type="checkbox"
              name="${this.name}" ← ❸
              checked="${this.checked}" ← ❹
              style="display: none"
              dojoAttachPoint="inputNode">
     
</a>
```

Les valeurs utilisées correspondent à celles des propriétés au moment de la construction du composant graphique.

Fichier CSS

Différents styles permettent de définir l'apparence du composant graphique. Ces styles doivent être définis dans un fichier CSS spécifique au composant.

Ce fichier doit être relié à la classe JavaScript par l'intermédiaire de sa propriété templateCssPath.

Le code suivant donne un exemple de mise en œuvre de ce mécanisme en se fondant sur la fonction dojo.uri.dojoUri (repère ❶) afin de spécifier le chemin du fichier :

```
dojo.widget.defineWidget(
        "dojo.widget.MonComposant",
        dojo.widget.HtmlWidget, {
            (...)
            this.templateCssPath = dojo.uri.dojoUri( ← ❶
                       "src/widget/templates/monTemplate.html");
            (...)
        });
```

Tous les mécanismes du langage CSS peuvent être utilisés afin de définir l'apparence du composant.

Implémentation d'un composant personnalisé

À la section précédente, nous avons décrit les classes de base des composants graphiques ainsi que leurs mécanismes génériques. Nous allons maintenant montrer comment se fonder sur ces classes pour mettre en œuvre un composant graphique personnalisé.

Nous détaillons l'implémentation d'un composant graphique permettant de mettre en œuvre des mémos dans une page Web. Un mémo correspond à une zone d'affichage de texte qui peut être masquée.

La figure 11.5 illustre l'aspect du composant que nous allons développer.

Figure 11.5

*Aspect du composant graphique
représentant un mémo*

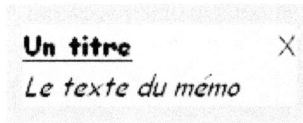

Templates

Avant de nous lancer dans le développement du composant JavaScript, il nous faut concevoir l'aspect de notre composant graphique en nous fondant sur les langages HTML et CSS.

Dans le code suivant décrivant la structure HTML du composant, le composant graphique comporte trois éléments : le titre du mémo (repère ❶), le bouton (repère ❷) permettant de le fermer ainsi que son texte (repère ❸) :

```
<div class="memo">
    <div class="titre">Un titre</div> ← ❶
    <div class="fermeture">X</div> ← ❷
    <div class="corps">Le texte du mémo</div> ← ❸
</div>
```

Le code ci-dessus se fonde sur les classes CSS titre pour la zone de titre, fermeture pour le bouton de fermeture et corps pour le texte du mémo. La classe memo adresse l'aspect global du mémo.

Le code suivant décrit les différentes classes CSS utilisées :

```
.memo {
    background: yellow;
    font-family: cursive;
    width: 10em;
}

.titre {
    font-weight: bold;
    text-decoration: underline;
    float: left;
}

.fermeture {
    float: right;
    background: yellow;
    color: black;
    font-size: x-small;
    cursor:pointer;
}

.corps {
    clear:both;
    font-style: italic;
}
```

Maintenant que nous avons mis en œuvre la structure du composant, nous pouvons créer sa classe JavaScript et l'associer aux templates HTML et CSS.

Classe JavaScript

La fonction `dojo.widget.defineWidget` doit être mise en œuvre afin de définir la classe JavaScript du composant graphique. Elle prend en paramètres le nom de la classe, sa classe mère ainsi que ses attributs et méthodes.

Les attributs `templatePath` et `templateCssPath` permettent de relier les templates créés à la section précédente avec la classe JavaScript. Notons que nous stockons ces fichiers dans le répertoire **src/widget/templates** de la distribution de dojo et que ces fichiers sont respectivement nommés **Memo.html** et **Memo.css.**

Le code suivant donne un exemple de mise en œuvre du squelette de la classe JavaScript du composant graphique :

```
dojo.provide("dojo.widget.Memo");
dojo.require("dojo.widget.*");
dojo.require("dojo.event.*");
dojo.widget.defineWidget(
            "dojo.widget.Memo",
            dojo.widget.HtmlWidget,
            {
                isContainer: true,
                templatePath: dojo.uri.dojoUri(
                        "src/widget/templates/Memo.html"),
                templateCssPath: dojo.uri.dojoUri(
                        "src/widget/templates/Memo.css")
            }
);
```

Notons que cette classe doit être définie dans le fichier **Memo.js,** localisé dans le répertoire **src/widget** de la distribution de dojo. Le fichier doit spécifier la classe mise à disposition par l'intermédiaire de la fonction `dojo.provide` ainsi que les modules à importer par le biais de la fonction `dojo.require`.

Comme le corps du mémo peut contenir divers éléments HTML, la propriété `isContainer` doit être positionnée avec la valeur `true`.

La bibliothèque dojo offre la possibilité de faire interagir le template HTML avec la classe JavaScript en attachant des éléments et des événements par l'intermédiaire des attributs respectifs `dojoAttachPoint` et `dojoAttachEvent`.

Comme les balises contenues dans la déclaration doivent être automatiquement ajoutées dans le corps du mémo, la balise `div` contenant le corps du mémo doit être reliée à l'attribut `containerNode` (repère ❶) de la classe, comme dans le code suivant :

```
<div class="memo">
    <div class="titre">Un titre</div>
    <div class="fermeture">X</div>
    <div class="corps"dojoAttachPoint="containerNode"></div>← ❶
</div>
```

Le nom `containerNode` correspond à un attribut de la classe JavaScript de notre composant graphique, attribut hérité de la classe `dojo.widget.HtmlWidget`. Cet attribut correspond au contenu du composant graphique lors de sa mise en œuvre.

Un événement doit également être ajouté afin de gérer le clic sur le bouton de fermeture. La méthode `fermerMemo` de la classe JavaScript du composant doit être reliée à l'événement `click` de la balise `div` (repère ❶) correspondant à ce bouton, comme dans le code suivant :

```
<div class="memo">
    <div class="titre">Un titre</div>
    <div class="fermeture"
        dojoAttachEvent="onClick: fermerMemo">X</div>← ❶
    <div class="corps"dojoAttachPoint="containerNode"></div>
</div>
```

Dans le code suivant, la méthode `fermerMemo` (repère ❷) doit être ajoutée à la classe Java-Script afin de détruire le composant, ainsi qu'un attribut `titre` (repère ❶) afin de stocker le titre spécifié pour le mémo :

```
dojo.widget.defineWidget(
                "dojo.widget.Memo",
                dojo.widget.HtmlWidget,
                {
                    isContainer: true,
                    templatePath: dojo.uri.dojoUri(
                            "src/widget/templates/Memo.html"),
                    templateCssPath: dojo.uri.dojoUri(
                            "src/widget/templates/Memo.css"),
                    titre: "Titre par défaut",← ❶
                    fermerMemo: function(evenement) {← ❷
                        this.destroy();
                    }
                }
);
```

Les attributs de la classe sont automatiquement initialisés avec les attributs utilisés lors de la mise en œuvre du composant.

La bibliothèque dojo offre également la possibilité de paramétrer le template HTML du composant avec les valeurs d'attributs de la classe. Ainsi, la valeur du titre du mémo peut facilement être utilisée (repère ❶) dans son template HTML, comme dans le code suivant :

```
<div class="memo">
    <div class="titre">${this.titre}</div>← ❶
    <div class="fermeture"
        dojoAttachEvent="onClick: fermerMemo">X</div>
    <div class="corps»dojoAttachPoint="containerNode"></div>
</div>
```

Utilisation du composant

Ce composant peut être mis en œuvre dans une page HTML par l'intermédiaire des fonctionnalités de la bibliothèque dojo, notamment en se fondant sur une balise HTML div conjointement utilisée avec l'attribut dojoType (repère ❷), comme dans le code suivant :

```
<html>
    <head>
        <title>Tests du composant graphique Memo</title>
        <script type="text/javascript">
            djConfig = { isDebug: true };
        </script>
        <script type="text/javascript"
                src="../../dojo.js"></script>
        <script type="text/javascript">
            dojo.require("dojo.widget.Memo"); ← ❶
        </script>
    </head>
    <body>
        <div dojoType="memo" titre="Un titre"> ← ❷
            Un texte de memo
        </div>
    </body>
</html>
```

La classe JavaScript du composant doit être importée (repère ❶) avant de pouvoir être utilisée.

Nous allons maintenant détailler les mécanismes mis à disposition par dojo afin d'utiliser les composants graphiques dans une page HTML.

Mise en œuvre des composants

dojo offre deux approches afin de mettre en œuvre des composants graphiques dans une page Web, qui nécessitent toutes deux l'importation du module (repère ❶) contenant le composant au début de la page HTML, comme le montre le code suivant :

```
<html>
    <head>
        (...)
        <script type="text/javascript">
            var djConfig = { isDebug: true };
        </script>
        <script type="text/javascript"
                src="../../dojo.js"></script>
        <script type="text/javascript">
            dojo.require("dojo.widget.MonComposantGraphique"); ← ❶
            (...)
        </script>
        (...)
    </head>
    (...)
</html>
```

Les deux approches que nous allons étudier dans cette section se fondent implicitement sur la méthode `create` des composants graphiques afin de les créer. Cette méthode a été décrite précédemment à la section « Structuration des composants graphiques ».

Approche fondée sur le HTML

La bibliothèque dojo offre la possibilité de spécifier et charger des composants graphiques en se fondant sur la structure HTML de la page Web.

Elle utilise pour cela l'attribut `dojoType`. Ce dernier n'a aucun sens au niveau du langage HTML mais est utilisé par dojo lors de son parcours de l'arbre DOM de la page afin de créer les composants graphiques. Notons que la valeur de l'attribut `dojoType` peut omettre le terme `dojo.widget` dans les noms des composants graphiques utilisés.

Le code suivant donne une exemple de mise en œuvre du composant graphique `dojo.widget.Dialog` en se fondant sur ce principe :

```
<div dojoType="Dialog" id="fenetreSaisie" bgColor="white"
    bgOpacity="0.9" toggle="fade" toggleDuration="250">
    (...)
</div>
```

dojo offre la possibilité de spécifier des paramètres d'initialisation aux composants graphiques en s'appuyant sur leurs attributs et un identifiant pour le composant avec l'attribut `widgetId`.

Par défaut, dojo parcourt toutes les balises de la page afin de détecter et d'instancier les composants graphiques. Ce comportement peut néanmoins être désactivé par l'intermédiaire de la propriété `parseWidgets` de l'objet de configuration `djConfig`. Dans ce cas, sa valeur est `false`.

La propriété `searchIds` peut conjointement être utilisée afin de spécifier les identifiants des nœuds des balises à prendre en compte en tant que composants graphiques de dojo.

Le code suivant illustre ce principe :

```
<html>
    <head>
        (...)
        <script type="text/javascript">
            var djConfig = {
                parseWidgets: false, ← ❶
                searchIds: [ "conteneurComposants", "monComposant"] ← ❷
            };
        </script>
        (...)
    </head>
    <body>
        (...)
        <div id="conteneurComposants"> ← ❸
            <div dojoType="(...)">(...)</div> ← ❹
```

```
        </div>
        <div id="monComposant"dojoType="(...)">(...)</div>← ❹
        (...)
    </body>
</html>
```

Dans ce code, l'objet de configuration désactive la construction automatique des composants graphiques fondée sur le HTML (repère ❶) tout en spécifiant les identifiants de nœuds (repère ❷) correspondant à des composants graphiques (repères ❹) et à des nœuds pouvant en contenir (repère ❸).

Notons que cette désactivation peut améliorer dans certains cas le temps de chargement des pages Web.

Approche fondée sur la programmation

La bibliothèque dojo offre la possibilité de spécifier et charger des composants graphiques par programmation en se fondant sur la fonction `dojo.widget.createWidget`.

Cette dernière prend en paramètre le type du composant graphique, un tableau associatif contenant ses différentes propriétés et éventuellement un nœud auquel le composant doit être lié.

Le code suivant donne un exemple d'utilisation de la fonction `dojo.widget.createWidget` (repère ❶) :

```
// Récupération de la balise div de rattachement
var monDiv = dojo.byId("monDiv");
// Création du composant graphique
var proprietes = {
    title: "Le titre de ma fenêtre"
};
var monComposant = dojo.widget.createWidget(← ❶
                        "FloatingPane", proprietes, monDiv);
```

Les composants peuvent ensuite être reliés entre eux par l'intermédiaire de la méthode `addChild`. Cette dernière prend en paramètre un composant graphique et permet ainsi de gérer les composants imbriqués en offrant la possibilité d'ajouter des sous-composants.

Le code suivant décrit la façon d'utiliser la méthode `addChild` (repère ❶) afin de relier les composants entre eux :

```
// Récupération de la balise div de rattachement
var monDiv = dojo.byId("monDiv");
// Création du composant graphique racine
var composantRacine = dojo.widget.createWidget(
                            "LayoutContainer", {}, monDiv);
// Création du composant graphique enfant
var proprietes = {
    layoutAlign: "left"
};
var composantEnfant = dojo.widget.createWidget(
                            "ContentPane", proprietes);
// Ajout du composant au composant racine
composantRacine.addChild(composantEnfant);← ❶
```

Manipulation de composants graphiques

Maintenant que nous avons indiqué la façon de définir des composants graphiques, nous pouvons détailler la manière de les référencer afin de les manipuler et de leur associer des traitements.

Utilisation du gestionnaire de composants

La bibliothèque dojo se fonde sur l'objet `dojo.widget.manager` afin de stocker les composants graphiques. Cet objet est automatiquement instancié par le module `dojo.widget.Manager`.

Le tableau 11.12 récapitule les principales méthodes disponibles pour cet objet.

Tableau 11.12   Principales méthodes de l'objet *dojo.widget.manager*

Méthode	Paramètre	Description
add	Une instance de composant	Ajoute le composant graphique à la liste des composants du gestionnaire.
destroyAll	-	Détruit tous les composants du gestionnaire.
getAllWidgets	-	Retourne un tableau contenant tous les composants graphiques du gestionnaire.
getImplementation	Un nom de composant, un objet à passer au constructeur, un tableau associatif de propriétés et méthodes ainsi qu'un espace de nommage	Instancie un composant graphique après avoir récupéré son constructeur en se fondant sur la méthode `getImplementationName`.
getImplementationName	Un nom de composant et un espace de nommage	Retourne le constructeur d'un composant graphique à partir de son nom pour un espace de nommage.
getWidgetById et byId	Un identifiant du composant	Retournent l'instance d'un composant graphique pour un identifiant.
getWidgetByNode et byNode	Un nœud DOM	Retournent le composant graphique du gestionnaire correspondant au nœud passé en paramètre.
getWidgetPackageList	-	Retourne la liste des packages de composants graphiques enregistrés.
getWidgetsByFilter et byFilter	Une fonction de filtrage et un drapeau	Retournent un sous-ensemble de composants graphiques du gestionnaire en se fondant sur une fonction de filtrage. Si le drapeau contient la valeur `true`, seul le premier composant correspondant est retourné.
getWidgetsByType et byType	Un type de composant	Retournent tous les composants graphiques d'un gestionnaire pour un type spécifié.
registerWidgetPackage	Un nom de package	Enregistre un nom en tant que package de composants graphiques. Le package `dojo.widget` est enregistré par défaut.
remove	Un indice	Détruit un composant graphique en se fondant sur son indice dans le tableau des composants du gestionnaire.
removeById	Un identifiant du composant	Détruit un composant graphique en se fondant sur son identifiant.

Ces méthodes se fondent sur les propriétés `widgets` et `widgetIds` afin de stocker les composants graphiques, propriétés correspondant toutes deux à des tableaux. Notons également la présence de la propriété `topWidgets` correspondant à un tableau associatif et stockant les composants graphiques de plus haut niveau, c'est-à-dire sans parent.

La plupart des méthodes décrites au tableau 11.12 sont accessibles directement par le biais de méthodes de l'objet `dojo.widget`. Ces méthodes sont automatiquement exécutées dans le contexte du gestionnaire de composants, gestionnaire accessible par l'intermédiaire de l'objet `dojo.widget.manager`.

Le tableau 11.13 les récapitule en décrivant leur correspondance avec les méthodes du gestionnaire de composants.

Tableau 11.13 Principales méthodes de l'objet *dojo.widget* relatives au gestionnaire de composants

Fonction	Description
`addWidget`	Correspond à la méthode `add` de l'objet `dojo.widget.manager`.
`all`	Correspond à la méthode `getAllWidgets` de l'objet `dojo.widget.manager`.
`destroyAllWidgets`	Correspond à la méthode `destroyAll` de l'objet `dojo.widget.manager`.
`getImplementation`	Correspond à la méthode `getWidgetImplementation` de l'objet `dojo.widget.manager`.
`getImplementationName`	Correspond à la méthode `getWidgetImplementationName` de l'objet `dojo.widget.manager`.
`getWidgetById et byId`	Correspondent à la méthode `getWidgetById` de l'objet `dojo.widget.manager`.
`getWidgetsByFilter et byFilter`	Correspondent à la méthode `getWidgetsByType` de l'objet `dojo.widget.manager`.
`getWidgetsByType et byType`	Correspondent à la méthode `getWidgetsByType` de l'objet `dojo.widget.manager`.
`registerWidgetPackage`	Correspond à la méthode `registerWidgetPackage` de l'objet `dojo.widget.manager`.
`removeWidget`	Correspond à la méthode `remove` de l'objet `dojo.widget.manager`.
`removeWidgetById`	Correspond à la méthode `removeById` de l'objet `dojo.widget.manager`.

Dans le code suivant, la méthode `addWidget` (repère ❶) permet d'ajouter un composant au gestionnaire de composants :

```
// Récupération de la balise div de rattachement
var monDiv = dojo.byId("monDiv");
// Création du composant graphique
var proprietes = {
    title: "Le titre de ma fenêtre"
};
var monComposant = dojo.widget.createWidget(
                        "FloatingPane", proprietes, monDiv);
dojo.widget.addWidget(monComposant); ← ❶
```

Notons que l'utilisation explicite de cette fonction n'est pas nécessaire puisque le composant graphique a la responsabilité de s'enregistrer lui-même auprès du gestionnaire de composants lors de sa création. Inversement, il se désenregistre lors de sa suppression.

Dans le code suivant, la méthode byId (repère **❶**) permet de référencer un composant en se fondant sur son identifiant :

```
// Référence le composant graphique d'identifiant « monComposant »
var monComposant = dojo.widget.byId("monComposant");← ❶
```

Notons que cette fonction peut être utilisée quelle que soit la manière dont un composant a été créé.

D'autres méthodes, telles que byType et byFilter, permettent de récupérer un ensemble de composants.

La première offre la possibilité d'avoir accès à la liste des composants pour un type donné, comme dans le code suivant :

```
var typeComposant = "ContentPane";
var composants = dojo.widget.byType(typeComposant);
```

La seconde fonction retourne un élément ou une liste d'éléments en se fondant sur une fonction de filtrage passée en paramètre. Le code suivant donne un exemple de la façon d'accéder au composant graphique relatif à un nœud DOM :

```
// Un nœud de l'arbre DOM
var nœud = (...)
// Définition de la fonction de filtrage
var fonctionFiltrage = function(composant) {
    if( composant.domNode == nœud ) {
        return true;
    }
};
// Appel de la fonction utilisant la fonction de filtrage
var composantRelatif = dojo.widget.byFilter(fonctionFiltrage,true);
```

Méthodes et propriétés des composants

Chaque composant offre deux propriétés en lecture seule afin d'accéder respectivement à la racine de l'arbre DOM du composant, propriété domNode, ainsi qu'au nœud le contenant, propriété containerNode.

Chaque composant dispose de diverses méthodes permettant de contrôler son affichage, méthodes récapitulées au tableau 11.14.

Tableau 11.14 Méthodes de gestion de l'affichage d'un composant graphique

Méthode	Description
hide	Permet de masquer un composant graphique.
isShowing	Détermine si un composant graphique est affiché.
show	Permet d'afficher un composant graphique.
toggle	Inverse le mode d'affichage d'un composant graphique. Si le composant est affiché, il est masqué, et inversement.

Le code suivant donne un exemple d'utilisation des méthodes show (repère ❶), hide (repère ❷) et isShowing (repères ❸) pour un composant :

```
// Récupération de la balise div de rattachement
var monDiv = dojo.byId("monDiv");
// Création du composant graphique
var proprietes = {
    title: "Le titre de ma fenêtre"
};
var monComposant = dojo.widget.createWidget(
                          "FloatingPane", proprietes, monDiv);
// Affiche le composant
monComposant.show(); ← ❶
var estAffiche = monComposant.isShowing(); ← ❸
// estAffiche contient true
// Masque le composant
monComposant.hide(); ← ❷
estAffiche = monComposant.isShowing(); ← ❸
// estAffiche contient false
```

Chaque composant met à disposition la méthode destroy afin de se détruire ainsi que ses sous-composants de manière récursive. Cette dernière désenregistre également le composant ainsi que ses sous-composants du gestionnaire de composants de la page Web.

Le code suivant fournit un exemple de mise en œuvre de cette méthode (repère ❶) :

```
// Récupération de la balise div de rattachement
var monDiv = dojo.byId("monDiv");
// Création du composant graphique racine
var composantRacine = dojo.widget.createWidget(
                            "LayoutContainer", {}, monDiv);
// Création du composant graphique enfant
var proprietes = {
    layoutAlign: "left"
};
var composantEnfant = dojo.widget.createWidget(
                            "ContentPane", proprietes);
// Ajout du composant au composant racine
composantRacine.addChild(composantEnfant);
/* Destruction de composantRacine et de son sous-composant (composantEnfant) */
composantRacine.destroy(); ← ❶
```

Gestion des événements

Comme le support des événements de la bibliothèque offre la possibilité d'enregistrer des observateurs sur l'exécution de méthodes d'objets, la fonction dojo.event.connect peut être mise en œuvre afin d'enregistrer des observateurs sur les événements supportés par les composants graphiques.

Les événements DOM des différents constituants du composant graphique doivent être traités uniquement en interne au composant, ce dernier ayant la responsabilité de le traiter.

L'utilisateur peut enregistrer néanmoins des observateurs sur les méthodes appelées lors du traitement de l'événement.

Les méthodes des composants graphiques sur lesquelles peuvent être enregistrés des observateurs sont communément préfixées par on. Les noms de ces méthodes peuvent être, par exemple, onShow, onHide ou onResized, méthodes correspondant respectivement aux moments où le composant est affiché, masqué et redimensionné.

Le code suivant détaille l'enregistrement d'un observateur (repère ❶) sur la sélection d'un onglet en se fondant sur la méthode onShow du composant :

```
function traiterSelectionOnglet() {
    // Traitement de l'événement
    (...)
}
var monOnglet = dojo.widget.byId("monOnglet");
dojo.event.connect(monOnglet, "onShow", ← ❶
                        "traiterSelectionOnglet");
```

En résumé

La bibliothèque dojo offre d'intéressants mécanismes afin de structurer et de mettre en œuvre des composants graphiques dans des pages Web. Ces mécanismes tirent parti de la programmation orientée objet et utilisent les divers modules utilitaires graphiques mis à disposition par la bibliothèque.

Un effort particulier a été effectué afin de séparer les différents constituants d'un composant graphique. Les traitements sont rassemblés dans une classe JavaScript tandis que la structure graphique est définie dans un fichier template HTML et l'apparence dans un fichier template CSS.

dojo fournit également diverses fonctions afin de référencer et de manipuler des composants graphiques. Cet aspect permet notamment de faire interagir leurs attributs et méthodes ainsi que d'enregistrer des observateurs d'événements.

dojo permet enfin de définir des composants graphiques personnalisés en utilisant les mécanismes présentés dans les sections précédentes. Il met néanmoins à disposition un ensemble varié de composants graphiques, dont nous allons maintenant détailler les principaux.

Composants prédéfinis

Nous avons décrit à la section précédente le cadre offert par la bibliothèque dojo afin de structurer et mettre en œuvre des composants graphiques.

La bibliothèque met à disposition diverses implémentations de la plupart des composants couramment utilisés dans les applications Web.

L'objectif des sections suivantes est de décrire ces principaux composants graphiques, composants que nous avons regroupés par type.

Composants simples

La bibliothèque dojo fournit divers composants élémentaires afin de construire des écrans et des formulaires de saisie.

Le tableau 11.15 récapitule les principaux composants simples mis à disposition par dojo.

Tableau 11.15   Composants graphiques simples

Composant	Description
dojo.widget.Button	Correspond à un bouton.
dojo.widget.CheckBox	Correspond à une case à cocher.
dojo.widget.ComboBox	Correspond à une liste de sélection supportant l'autocomplétion.
dojo.widget.DatePicker	Correspond à un calendrier évolué.
dojo.widget.DropdownDatePicker	Correspond au même type de composant que DatePicker mais peut être déplié suite à une action de l'utilisateur.
dojo.widget.DropdownTimePicker	Correspond au même type de composant que DropdownDatePicker mais pour les heures et minutes.
dojo.widget.Select	Correspond à une liste de sélection.

Le code suivant fournit un exemple de mise en œuvre des composants dojo.widget.Button (repère ❸), dojo.widget.ComboBox (repère ❶) et dojo.widget.DropdownDatePicker (repère ❷) dans une page Web :

```
<table border="0">
    <tr>
        <td valign="center">Editeur:</td>
        <td valign="center">
            <select name="editeur"dojoType="combobox"←❶
                                  style="width: 300px;">
                <option value="Eyrolles">Eyrolles</option>
                (...)
            </select>
        </td>
    </tr>
    <tr>
        <td valign="center">Date de parution:</td>
        <td valign="center">
            <div dojoType="dropdowndatepicker"←❷
                 containerToggle="fade"></div>
        </td>
    </tr>
    <tr>
        <td valign="center" colspan="2">
            <button dojoType="Button">Rechercher</button>←❸
        </td>
    </tr>
</table>
```

Le composant `dojo.widget.ComboBox` est beaucoup plus élaboré que le composant `dojo.widget.Select` puisqu'il intègre les mécanismes relatifs à l'autocomplétion, aussi bien locale que distante.

La figure 11.6 illustre l'apparence des différents composants élémentaires définis dans le code précédent.

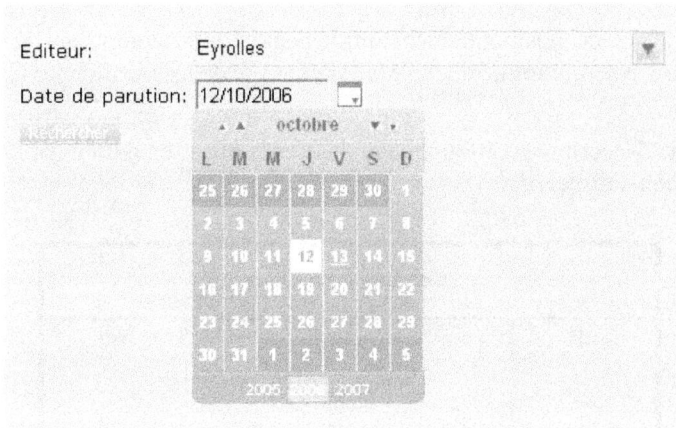

Figure 11.6

Apparence des composants élémentaires

Afin de gérer les données d'un formulaire à l'aide des techniques Ajax, la classe `dojo.io.FormBind` peut être mise en œuvre. Elle permet d'envoyer simplement les données d'un formulaire par l'intermédiaire d'une requête Ajax en se fondant sur le support de la fonction `dojo.io.bind` de la bibliothèque dojo. Cet envoi est réalisé lors d'un clic sur le bouton de soumission du formulaire.

Les informations du formulaire sont utilisées en tant que paramètres de la requête HTTP envoyée en se fondant sur les techniques Ajax.

Le constructeur de cette classe prend en paramètre un tableau associatif contenant le nœud correspondant au formulaire ainsi qu'une méthode de rappel permettant de réaliser des traitements suite à la réception de la réponse de l'envoi.

Le code suivant indique comment mettre en œuvre cette classe pour un formulaire d'identifiant `monFormulaire` :

```
var sauvegardeFormulaire = new dojo.io.FormBind({
    formNode: dojo.byId("monFormulaire"),
    load: function(load, donnees, evenement) {
        /* Traitements à réaliser suite à la réception de la
            réponse correspondant à l'envoi des données
            du formulaire */
        (...)
    }
});
```

Positionnement

La bibliothèque dojo offre divers composants graphiques afin de positionner des éléments dans une page Web. Ces composants correspondant à des conteneurs pouvant contenir aussi bien des composants graphiques de dojo que du code HTML classique.

Gestionnaire de positionnement

Le gestionnaire de positionnement implémenté par le composant `dojo.widget.Layout-Container` offre la possibilité de définir des zones et de les positionner les unes par rapport aux autres.

La figure 11.7 décrit le positionnement des zones mises en œuvre par ce composant ainsi que leurs noms respectifs.

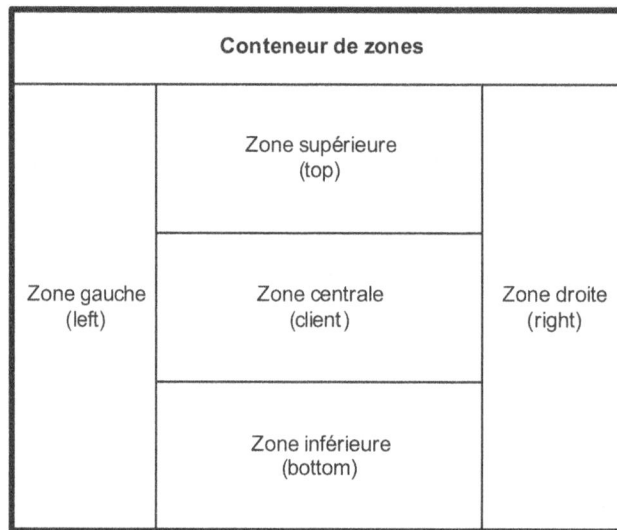

Figure 11.7

Positionnement et noms respectifs des zones du gestionnaire

L'entité élémentaire représentant une zone correspond au composant `dojo.widget.Content-Pane`. Ce dernier peut être utilisé avec ce gestionnaire de positionnement ou être mis en œuvre avec les composants décrits aux deux sections suivantes.

Comme le montre le code suivant, le contenu de ce composant peut être défini dans sa balise (repère ❶) ou faire référence à une page Web (repère ❷) :

```
(...)
<div dojoType="ContentPane">←❶
    Le contenu de ma zone
</div>
<div dojoType="ContentPane" href="contenuZone.html"></div>←❷
(...)
```

Les zones définies dans le gestionnaire de positionnement se fondent sur l'attribut layoutAlign afin de définir leur position dans le gestionnaire.

Le code suivant fournit un exemple de mise en œuvre de ce gestionnaire de positionnement (repère ❶) ainsi que de ses différentes zones (repères ❷) :

```
<div dojoType="LayoutContainer"← ❶
    layoutChildPriority='left-right'
    style="border: 2px solid black; width: 100%; height: 300px; padding: 0px;">
    <div dojoType="ContentPane" layoutAlign="top"← ❷
                        style="background-color: #b39b86; ">
        Zone du haut
    </div>
    <div dojoType="ContentPane" layoutAlign="bottom"← ❷
                        style="background-color: #b39b86;">
        Zone en bas
    </div>
    <div dojoType="ContentPane" layoutAlign="left"← ❷
            style="background-color: #acb386; width: 100px;">
        Zone à gauche
    </div>
    <div dojoType="ContentPane" layoutAlign="right"← ❷
                        style="background-color: #acb386;">
        Zone à droite
    </div>
    <div dojoType="ContentPane" layoutAlign="client"← ❷
            style="background-color: #f5ffbf; padding: 10px;">
        Zone centrale
    </div>
</div>
```

Notons qu'il est possible d'associer des styles aux différentes zones en se fondant sur la technologie CSS et leur balise style.

Gestionnaire de positionnement redimensionnable

Le composant dojo.widget.SplitContainer correspond à un autre type de gestionnaire de positionnement permettant de définir des zones redimensionnables. Il peut être mis en œuvre en parallèle du composant dojo.widget.LayoutContainer et se fonde sur le composant dojo.widget.ContentPane afin de définir ses zones.

La séparation peut aussi bien être verticale qu'horizontale. Cet aspect est configuré par l'intermédiaire de l'attribut orientation du composant.

Le code suivant implémente un composant SplitContainer (repère ❶) contenant deux zones redimensionnables (repères ❸) juxtaposées horizontalement (repère ❷) :

```
<div dojoType="SplitContainer"← ❶
    orientation="horizontal"← ❷
    sizerWidth="5" activeSizing="true"
    style="border: 2px solid black; float: left; width: 100%; height: 300px;">
    <div dojoType="ContentPane" sizeMin="20" sizeShare="20">← ❸
        Définition de la zone de gauche
    </div>
```

```
        <div dojoType="ContentPane" sizeMin="50" sizeShare="50">← ❸
            Définition de la zone de droite
        </div>
    </div>
```

Onglets

La bibliothèque dojo offre également la possibilité de positionner des zones en se fondant sur des onglets, mécanisme implémenté par le composant `dojo.widget.TabContainer`.

Comme précédemment, il peut se fonder sur des composants de type `dojo.widget.Content-Pane` afin de définir le contenu de ses onglets mais également sur les gestionnaires décrits aux sections précédentes.

Le code suivant donne un exemple de mise en œuvre du composant `dojo.widget.TabContainer` (repère ❶) afin de définir deux zones associées à des onglets (repères ❷) :

```
<div id="mainTabContainer»dojoType="TabContainer" ← ❶
    style="width: 100%; height: 20em;"
    selectedTab="premierOnglet">
    <div id="premierOnglet"dojoType="ContentPane" ← ❷
                            label="Premier onglet">
        Contenu de la zone du premier onglet
    </div>
    <div id="secondOnglet"dojoType="ContentPane" ← ❷
                            label="Second onglet">
        Contenu de la zone du second onglet
    </div>
</div>
```

Notons la présence de la balise `selectTab` permettant de spécifier l'onglet à afficher initialement.

La figure 11.8 illustre l'apparence de la fenêtre modale mise en œuvre dans cette section.

Figure 11.8
Apparence d'un gestionnaire de positionnement fondé sur des onglets

Fenêtres

La bibliothèque dojo permet la mise en œuvre de diverses fenêtres au sein des pages Web. Internes à ces pages, ces fenêtres permettent d'afficher des informations au-dessus des éléments présents.

dojo supporte deux types de fenêtres, les fenêtres modales et les fenêtres flottantes.

Fenêtre modale

Ce type de fenêtre vient se positionner au-dessus et au centre du contenu de la page Web tout en empêchant son utilisation. Le contenu peut néanmoins rester visible mais est non modifiable.

La bibliothèque dojo met en œuvre cette fonctionnalité en se fondant sur la classe `dojo.widget.Dialog`, dont l'utilisation s'appuie sur une balise `div` permettant de délimiter les éléments qu'elle contient.

Le tableau 11.16 récapitule les divers attributs supportés par cette classe.

Tableau 11.16   Attributs de la classe *dojo.widget.Dialog*

Attribut	Description
bgColor	Spécifie la couleur avec laquelle est masqué le contenu de la page.
bgOpacity	Spécifie l'opacité utilisée pour masquer le contenu de la page.
toggle	Spécifie l'effet utilisé pour afficher et masquer la fenêtre.
toggleDuration	Spécifie la durée de l'effet précédent.

La mise en œuvre d'une fenêtre de ce type se réalise de la manière suivante en spécifiant ses attributs (repère ❶) ainsi que son contenu (repère ❷) :

```
<!-- Définition de la fenêtre et de ses attributs -->
<div dojoType="Dialog" id="maFenetreModale" bgColor="white"
        bgOpacity="0.5" toggle="fade" toggleDuration="250">← ❶
    <!-- Définition du contenu de la fenêtre -->
    Cette zone est une fenêtre modale contenant un formulaire.← ❷
    <br/><br/>
    <form onsubmit="return false;">
        <table>
            <tr>
                <td>Premier champ:</td>
                <td><input type="text"></td>
            </tr>
            <tr>
                <td>Second champ:</td>
                <td><input type="text"></td>
            </tr>
        </table>
    </form>
    Pour la fermer, cliquer
            <a href="javascript:void(0)" id="fermeture">ici</a>.
</div>
```

Comme le montre le code suivant, l'affichage de la fenêtre se réalise par l'intermédiaire de sa méthode show (repère ❶) :

```
function afficherFenetre() {
    var fenetre = dojo.widget.byId("maFenetreModale");
    fenetre.show(); ← ❶
}
```

La fermeture de la fenêtre s'effectue en se fondant sur un nœud supportant l'événement onclick, nœud spécifié par le biais de la méthode setCloseControl. La fenêtre s'enregistre automatiquement en tant qu'observateur de cet événement, ce qui permet de la fermer.

La spécification du nœud pour fermer la fenêtre d'identifiant maFenetreModale se réalise de la manière suivante en se fondant sur la méthode setCloseControl (repère ❶) :

```
function initialiserFenetre() {
    var fenetre = dojo.widget.byId("maFenetreModale");
    var fermeture = document.getElementById("fermeture");
    fenetre.setCloseControl(fermeture); ← ❶
}
dojo.addOnLoad(initialiserFenetre);
```

Notons que la méthode hide du composant graphique peut également être utilisée explicitement à cet effet.

La figure 11.9 illustre l'apparence de la fenêtre modale mise en œuvre dans cette section.

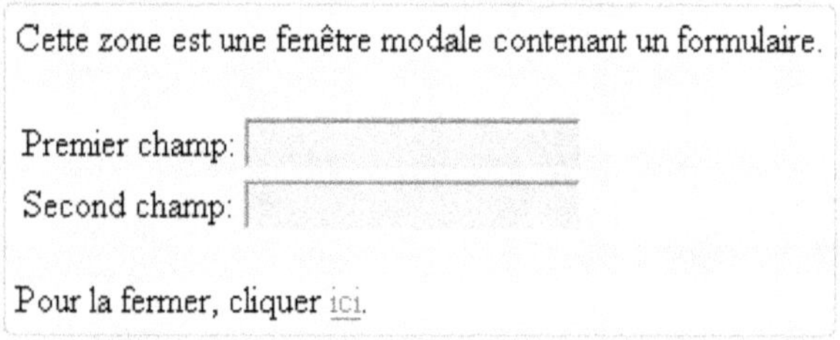

Figure 11.9
Apparence d'une fenêtre modale

Fenêtre flottante

Ce type de fenêtre vient se positionner au-dessus de la page Web à une position souhaitée. Elle peut être déplacée, éventuellement redimensionnée si elle le permet, et le contenu de la page Web reste visible et modifiable.

La bibliothèque dojo met en œuvre cette fonctionnalité en se fondant sur la classe dojo.widget.FloatingPage, dont l'utilisation recourt à une balise div permettant de délimiter les éléments qu'elle contient.

Le tableau 11.17 récapitule les divers attributs supportés par cette classe.

Tableau 11.17   Attributs de la classe *dojo.widget.FloatingPage*

Attribut	Description
`constrainToContainer`	Spécifie le parent auquel est rattachée la fenêtre. Permet de mettre en œuvre une sous-fenêtre à l'intérieur d'une autre fenêtre.
`displayCloseAction`	Spécifie si une icône est affichée dans la barre de la fenêtre pour la fermer.
`displayMaximizeAction`	Spécifie si une icône est affichée dans la barre de la fenêtre pour l'agrandir.
`displayMinimizeAction`	Spécifie si une icône est affichée dans la barre de la fenêtre pour la réduire.
`hasShadow`	Spécifie si la fenêtre possède une ombre.
`iconSrc`	Spécifie le chemin de l'icône à afficher dans la barre de la fenêtre.
`resizable`	Spécifie si la fenêtre peut être redimensionnée.
`title`	Spécifie le titre de la fenêtre.

La mise en œuvre d'une fenêtre de ce type se réalise de la manière suivante en spécifiant ses attributs (repère ❶) ainsi que son contenu (repère ❷) :

```
<div dojoType="FloatingPane" id="maFenetreFlottante" ← ❶
        title="Fenetre flottante redimensionnable"
        constrainToContainer="true"
        hasShadow="true" resizable="true"
        displayMinimizeAction="true"
        displayMaximizeAction="true"
        displayCloseAction="true"
        iconSrc="images/note.gif"
        style="width: 350px; height: 210px; left: 600px;">
    Cette zone est une fenêtre flottante contenant un ← ❷
    formulaire.<br/><br/>
    <form onsubmit="return false;">
        <table>
            <tr>
                <td style="font-family: Verdana, Helvetica,
                        Garamond, sans-serif; font-size: 12px;">
                    Premier champ:</td>
                <td><input type="text"></td>
            </tr>
            <tr>
                <td style="font-family: Verdana, Helvetica,
                        Garamond, sans-serif; font-size: 12px;">
                    Second champ:</td>
                <td><input type="text"></td>
            </tr>
        </table>
    </form>
    Pour la fermer, cliquer
        <a href="javascript:void(0)" id="fermeture">ici</a>.
</div>
```

La figure 11.10 illustre l'apparence de la fenêtre flottante mise en œuvre dans cette section.

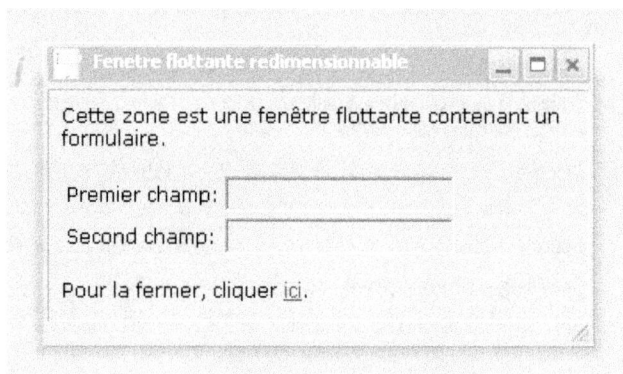

Figure 11.10
Apparence d'une fenêtre flottante

Menus et barres d'outils

La bibliothèque dojo implémente deux types de menus et une barre d'outils sous forme de composants graphiques. Le premier correspond à une barre de menus, tandis le second met à disposition un menu contextuel utilisable par le biais du clic droit de la souris.

Tous ces types de menus et la barre d'outils sont localisés respectivement dans les modules `dojo.widget.Menu2` et `dojo.widget.Toolbar`, qui doivent être importés dans la page Web.

Menus contextuels

Les menus contextuels sont mis en œuvre dans la bibliothèque dojo en se fondant sur les composants graphiques `dojo.widget.PopupMenu2`, `dojo.widget.MenuItem2` et `dojo.widget.MenuSeparator2`, correspondant respectivement au menu contextuel ainsi qu'à ses éléments.

Ces différents composants permettent de construire un menu (repère ❶) ainsi que ses éléments, comme dans le code suivant :

```html
<html>
    <head>
        (...)
        <script type="text/javascript">
            dojo.require("dojo.widget.Menu2");
        </script>
        <script type="text/javascript">
            function executerAction() {
                alert("Action déclenchée sur un élément de menu");
            }
        </script>
    </head>
```

```
    <body>
        <div dojoType="PopupMenu2" widgetId="monMenu" ← ❶
                            contextMenuForWindow="true"> ← ❷
            <div dojoType="MenuItem2"
                caption="Exécuter une action" ← ❸
                onClick="executerAction();"></div> ← ❹
            <div dojoType="MenuItem2"
                caption="Elément désactivé"
                disabled="true"></div> ← ❺
            <div dojoType="MenuSeparator2"></div>
            <div dojoType="MenuItem2"
                caption="Elément activé"></div>
        </div>
    </body>
</html>
```

Divers attributs permettent de spécifier le libellé d'un élément de menu (attribut `caption`, repère ❸), de le désactiver (attribut `disabled`, repère ❺) et de lui associer une action sur un clic (attribut `onclick`, repère ❹).

L'attribut `contextMenuForWindow` (repère ❷) permet de spécifier quel menu doit correspondre au menu contextuel de la page Web, ce dernier étant affiché par un clic droit de la souris.

La bibliothèque dojo offre la possibilité de créer des sous-menus et de les relier simplement à un élément d'un menu principal, menu pouvant correspondre aussi bien à une barre de menus qu'à un menu contextuel.

Comme le montre le code suivant, la liaison se réalise en se fondant sur l'attribut `submenuId` (repère ❶) des éléments de menu, attribut contenant l'identifiant d'un menu (repère ❷) :

```
<html>
    <head>
        (...)
        <script type="text/javascript">
            dojo.require("dojo.widget.Menu2");
        </script>
        <script type="text/javascript">
            function executerAction() {
                alert("Action déclenchée sur un élément de menu");
            }
        </script>
    </head>
    <body>
        <div dojoType="PopupMenu2" widgetId="monMenu"
                            contextMenuForWindow="true">
            <div dojoType="MenuItem2"
                caption="Exécuter une action"
                onClick="executerAction();"></div>
            <div dojoType="MenuItem2"
                caption="Elément désactivé" disabled="true"></div>
            <div dojoType="MenuSeparator2"></div>
            <div dojoType="MenuItem2"
                caption="Elément activé"></div>
```

```
                    <div dojoType="MenuItem2"
                        caption="Sous menu"
                        submenuId="monSousMenu"></div>← ❶
            </div>
            <div dojoType="PopupMenu2" widgetId="monSousMenu">← ❷
                <div dojoType="MenuItem2"
                    caption="Exécuter une action"
                    onClick="executerAction();"></div>
                <div dojoType="MenuItem2"
                    caption="Elément désactivé"
                    disabled="true"></div>
            </div>
        </body>
    </html>
```

La figure 11.11 illustre l'apparence du menu contextuel mis en œuvre dans cette section.

Figure 11.11

Apparence d'un menu contextuel

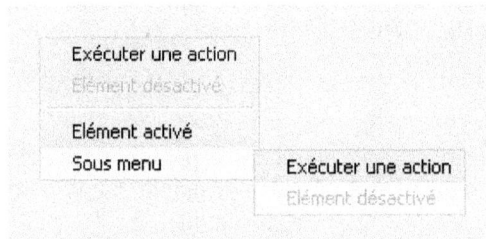

Barres de menus

Les barres de menus sont mises en œuvre dans la bibliothèque dojo en se fondant sur les composants graphiques `dojo.widget.MenuBar2` et `dojo.widget.MenuBarItem2`, correspondant respectivement à la barre de menus ainsi qu'à ses éléments.

À l'instar du type de menu décrit à la section précédente, le composant `dojo.widget.MenuBarItem2` peut faire référence à un menu en se fondant sur l'attribut `submenuId` et supporte les mêmes attributs.

Le code suivant fournit un exemple de mise en œuvre d'une barre de menus (repère ❶) permettant d'ouvrir un menu (repère ❸) sur un de ces éléments (repère ❷) :

```
<html>
    <head>
        (...)
        <script type="text/javascript">
            dojo.require("dojo.widget.Menu2");
        </script>
        <script type="text/javascript">
            function executerAction() {
                alert("Action déclenchée sur un élément de menu");
            }
        </script>
    </head>
```

```
    <body>
        <div dojoType="MenuBar2">← ❶
            <div dojoType="MenuBarItem2"
                caption="Element1"
                submenuId="monSousMenu"></div>← ❷
            <div dojoType="MenuBarItem2"
                caption="Element2" disabled="true"></div>
            <div dojoType="MenuBarItem2"
                caption="Exécuter une action"
                onClick="executerAction();"></div>
        </div>
        <div dojoType="PopupMenu2" widgetId="monSousMenu">← ❸
            <div dojoType="MenuItem2"
                caption="Exécuter une action"
                onClick="executerAction();"></div>
            <div dojoType="MenuItem2"
                caption="Elément désactivé" disabled="true"></div>
        </div>
    </body>
</html>
```

La figure 11.12 illustre l'apparence de la barre de menus mise en œuvre dans cette section.

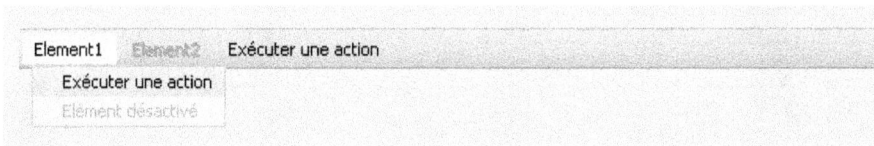

Figure 11.12
Apparence d'une barre de menus

Barres d'outils

Les barres d'outils sont mises en œuvre dans la bibliothèque dojo en se fondant sur les composants graphiques `dojo.widget.ToolbarContainer`, `dojo.widget.Toolbar`, `dojo.widget.ToolbarButtonGroup` et `dojo.widget.ToolbarSelect`, correspondant respectivement au conteneur de la barre, à la barre d'outils elle-même ainsi qu'à ces divers éléments.

La création d'une barre d'outils doit être réalisée par programmation en se fondant sur la fonction `dojo.widget.createWidget`, précédemment décrite. Les composants sont ajoutés les uns aux autres par l'intermédiaire de leur méthode `addChild`.

La création de la structure de la barre se réalise de la manière suivante :

```
// Création du conteneur
var conteneur = dojo.widget.createWidget("ToolbarContainer");
// Création de la barre d'outils
var barreOutils = dojo.widget.createWidget("Toolbar", {
                                    id: "barreOutils" });
conteneur.addChild(barreOutils);
```

```
// Ajout de la barre d'outils à la page
document.body.insertBefore(conteneur.domNode,
                           document.body.firstChild);
```

Cette barre d'outils peut dès lors être enrichie avec des boutons et des groupes de boutons, des séparateurs et des listes de saisie, comme dans le code suivant :

```
(...)
// Création de boutons indépendants
barreOutils.addChild("images/gras.gif", null, {toggleItem:true});    ← ❶
barreOutils.addChild("images/italique.gif", null, {toggleItem:true}); ← ❶
barreOutils.addChild("images/souligne.gif", null, {toggleItem:true}); ← ❶
barreOutils.addChild("|");    ← ❶
// Création d'un groupe de boutons
var groupeBoutons = dojo.widget.createWidget("ToolbarButtonGroup", {   ← ❷
                                name: "alignement",
                                defaultButton: "alignementGauche",
                                preventDeselect: true
});
groupeBoutons.addChild("images/alignementGauche.gif");
groupeBoutons.addChild("images/alignementCentre.gif");
groupeBoutons.addChild("images/alignementDroite.gif");
groupeBoutons.addChild("images/alignementTotal.gif");
barreOutils.addChild(groupeBoutons);

barreOutils.addChild("|");
barreOutils.addChild("test");
barreOutils.addChild("|");
// Création d'une boîte de sélection
var boiteSelection = dojo.widget.createWidget("ToolbarSelect", {   ← ❸
                           name: "boiteSelection",
                           values: {
                               "Valeur1": "v1",
                               "Valeur2": "v2"
                           }
});
barreOutils.addChild(boiteSelection);
```

Les éléments élémentaires, tels que textes et images, sont ajoutés directement à la barre de menus (repères ❶). Les éléments plus complexes, tels que groupes de boutons (repère ❷) ou boîtes de sélection (repère ❸), sont également ajoutés à la barre.

Comme l'indique le code suivant, la barre d'outils offre la possibilité d'interagir avec ses boutons afin de déterminer leur état (repères ❶), le modifier (repère ❷) ou les désactiver (repère ❸) :

```
var barreOutils = dojo.widget.byId("barreOutils");
var boutonGras = barreOutils.getItem("gras");
var boutonAlignementGauche = barreOutils.getItem("alignement")
                                 .getItem("alignementGauche");
var estSelectionne = boutonGras.isSelected());    ← ❶
// estSelectionne contient true si le bouton boutonGras est sélectionné
```

```
var estActive = boutonGras.isEnabled()); ← ❶
// estActive contient true si le bouton boutonGras est activé
// Sélectionne le bouton boutonAlignementGauche
boutonAlignementGauche.setSelected(true); ← ❷
// Désactive le bouton boutonGras
barreOutils.disable("boutonGras"); ← ❸
```

Notons que les noms spécifiés dans les méthodes ci-dessus peuvent correspondre au nom d'un élément complexe, au texte ou au nom des fichiers des images des boutons sans leur extension.

La figure 11.13 illustre l'apparence de la barre d'outils mise en œuvre dans cette section.

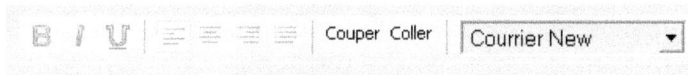

Figure 11.13
Apparence d'une barre d'outils

Composants complexes

La bibliothèque dojo met à disposition divers composants plus complexes, tels que tableaux, arbres ainsi qu'un éditeur Wysiwyg.

Tableaux

dojo offre la possibilité de mettre en œuvre des tableaux en se fondant sur les composants graphiques `FilteringTable` et `SortableTable`.

Le premier permet de définir un tableau dont le contenu affiché peut être trié et modifié en se fondant sur des filtres. Le second correspond à un tableau dont le contenu affiché peut être trié par colonne. Nous ne détaillons dans cette section que le premier composant, le second étant déprécié.

La mise en œuvre d'un composant de type `FilteringTable` se fonde sur la balise HTML `table`, qui permet notamment de définir les en-têtes du tableau. Les données du tableau peuvent être spécifiées dans cette balise ou être chargées par programmation en se fondant sur des structures JSON.

Le code suivant fournit un exemple de mise en œuvre d'un tableau de ce type et spécifie les données dans le corps de la balise `table` :

```html
<table dojoType="FilteringTable" id="monTableau"
       headClass="fixedHeader" tbodyClass="scrollContent"
       enableAlternateRows="true"
       rowAlternateClass="alternateRow"
       multiple="false" alternateRows="true" maxSortable="2"
       cellpadding="0" cellspacing="0" border="0">
```

```
<thead>
    <tr>
        <th field="Numero" dataType="Number"← ❶
                          align="center">Numéro</th>
        <th field="Nom" align="center" dataType="String"← ❶
                          valign="top">ISBN</th>
        <th field="Titre" dataType="html">Titre</th>← ❶
        <th field="Auteurs" dataType="String"← ❶
                          valign="top">Auteurs</th>
        <th field="DateParution" dataType="Date"← ❶
            format="%d %b %Y" align="center"
            valign="top">Date de parution</th>
    </tr>
</thead>
<tbody>
    <tr value="1">← ❷
        <td>1</td>
        <td>2212117108</td>
        <td><p>Spring par la pratique</p></td>
        <td>J. Dubois, J.P. Retaillé, T. Templier</td>
        <td>04/28/2006</td>
    </tr>
    <tr value="2">← ❷
        <td>2</td>
        <td>2212115709</td>
        <td><p>CSS 2: Pratique du design web</p></td>
        <td>R. Goetter et S. Blondeel</td>
        <td>07/16/2005</td>
    </tr>
    <tr value="3">← ❷
        <td>3</td>
        <td>-</td>
        <td><p>JavaScript pour le Web 2.0</p></td>
        <td>A. Gougeon, T. Templier</td>
        <td>11/30/2006</td>
    </tr>
</tbody>
</table>
```

Le code ci-dessus définit tout d'abord dans l'en-tête du tableau des informations relatives aux identifiants et aux types (attributs field et dataType, repères ❶), ainsi qu'aux libellés (corps de la balise th) des colonnes du tableau.

Les différentes lignes du tableau sont ensuite définies comme en HTML. Notons cependant la présence de l'attribut value (repères ❷) pour les balises tr des lignes, qui permet de les identifier notamment au moment des sélections de ligne.

Le tableau créé est automatiquement triable en cliquant sur les en-têtes de ses colonnes.

Le tableau 11.19 récapitule les principaux attributs utilisables pour le composant `Filtering-Table` en plus des attributs standards de la balise `table`.

Tableau 11.19 Principaux attributs du composant graphique *FilteringTable*

Attribut	Description
alternateRows	Spécifie si les traitements d'affichage relatifs aux lignes paires et impaires doivent être mis en œuvre. La valeur par défaut est `false`.
headClass	Spécifie la classe CSS utilisée pour l'en-tête du tableau (balise `thead`).
headerClass	Spécifie la classe CSS utilisée pour les différents en-têtes du tableau (balise `th`).
headerDownClass	Spécifie la classe CSS utilisée pour l'en-tête de la colonne triée de manière descendante. Par défaut, la classe utilisée est `selectedDown`.
headerUpClass	Spécifie la classe CSS utilisée pour l'en-tête de la colonne triée de manière ascendante. Par défaut, la classe utilisée est `selectedUp`.
maxSortable	Spécifie le nombre de colonnes sur lesquelles un tri peut être réalisé simultanément. La valeur par défaut est 1.
multiple	Spécifie si plusieurs lignes peuvent être sélectionnées dans le tableau. La valeur par défaut est `false`.
rowAlternateClass	Spécifie la classe CSS utilisée pour différencier les lignes paires des lignes impaires.
rowClass	Spécifie la classe CSS utilisée pour une ligne (balise `tr`).
rowSelectedClass	Spécifie la classe CSS utilisée pour une ligne sélectionnée (balise `tr`).
tbodyClass	Spécifie la classe CSS utilisée pour le corps du tableau. (balise `tbody`).

Le code suivant donne un exemple d'utilisation de ces attributs afin de paramétrer le comportement (repère ❷) ainsi que les classes CSS utilisées par le tableau (repère ❶) :

```
<table dojoType="FilteringTable" id="monTableau"
    tbodyClass="scrollContent" rowAlternateClass="alternateRow" ← ❶
    multiple="false" alternateRows="true" maxSortable="1" ← ❷
    cellpadding="0" cellspacing="0" border="0">
    (...)
</table>
```

La figure 11.14 illustre l'apparence du tableau mis en œuvre dans cette section.

Numéro	ISBN	Titre	Auteurs	Date de parution
1	2212117108	Spring par la pratique	J. Dubois, J.P. Retaillé, T. Templier	28 avr. 2006
2	2212115709	CSS 2: Pratique du design web	R. Goetter et S. Blondeel	16 juil. 2005
3	2212120095	JavaScript pour le Web 2.0	A. Gougeon, T. Templier	30 nov. 2006
4	2212119658	Développez en Ajax	Michel Plasse	14 sep. 2006

Figure 11.14

Apparence d'un tableau triable

Comme le montre le code suivant, le composant `dojo.widget.FilteringTable` met à disposition la méthode `getSelectedData` (repère ❶) afin d'avoir accès aux données sélectionnées :

```
function getDonneeSelectionnee() {
    var monTableau = dojo.widget.byId("monTableau");
    return monTableau.getSelectedData(); ← ❶
}
```

Le composant `dojo.widget.FilteringTable` offre la possibilité de modifier son contenu par programmation par l'intermédiaire de son attribut `store` en se fondant sur des données structurées au format JSON. Ce dernier attribut est de type `dojo.data.SimpleStore` et peut ainsi être mis à jour par le biais du support Ajax de dojo.

Le code suivant indique la manière d'ajouter un élément au tableau par programmation en se fondant sur la méthode `addData` (repère ❶) de son attribut `store` :

```
function ajouterLigne() {
    var monTableau = dojo.widget.byId("monTableau");
    monTableau.store.addData({ ← ❶
        Numero: "4",
        Isbn: "2212119658",
        Titre: "Développez en Ajax",
        Auteurs: "Michel Plasse",
        DateParution: "09/14/2006"
    });
}
```

Notons que la bibliothèque offre la possibilité de remplacer toutes les données d'un tableau avec la méthode `setData` et de supprimer une de ses lignes avec la méthode `removeData`.

Comme le montre le code suivant, des filtres relatifs aux données affichées peuvent facilement être appliqués à un champ du tableau en se fondant sur la méthode `setFilter` (repère ❷) du composant `FilteringTable` et des fonctions de rappel (repère ❶) :

```
function filtreDateParution(dateParution) { ← ❶
    return (dateParution > new Date("06/01/2004")
                    && dateParution < new Date("08/01/2005"));
}
function filtrerDonnees() {
    var monTableau = dojo.widget.byId("monTableau");
    monTableau.setFilter("DateParution", filtreDateParution); ← ❷
}
```

Notons que la méthode `clearFilters` permet de supprimer tous les filtres spécifiés pour le tableau et donc d'afficher la totalité de ses données.

Arbres

La bibliothèque dojo fournit divers composants graphiques afin de mettre en œuvre des arbres dans des pages Web.

Deux versions cohabitent actuellement dans la distribution de dojo, mais nous ne détaillons dans cette section que la nouvelle version, désignée par le terme V3.

La structure de l'arbre est définie par l'imbrication de ses différents nœuds, comme l'indique le code suivant :

```
<div dojoType="TreeV3">
    <div dojoType="TreeNodeV3" title="Elément 1">
        <div dojoType="TreeNodeV3" title="Elément 1.1" ></div>
        <div dojoType="TreeNodeV3" title="Elément 1.2" >
            <div dojoType="TreeNodeV3"
                title="Elément 1.2.1" ></div>
            <div dojoType="TreeNodeV3"
                title="Elément 1.2.2" ></div>
        </div>
        <div dojoType="TreeNodeV3" title="Elément 1.3" >
            <div dojoType="TreeNodeV3"
                title="Elément 1.3.1" ></div>
            <div dojoType="TreeNodeV3"
                title="Elément 1.3.2" ></div>
        </div>
        <div dojoType="TreeNodeV3" title="Elément 1.4" >
            <div dojoType="TreeNodeV3"
                title="Elément 1.4.1" ></div>
        </div>
    </div>
</div>
```

Une fois cette structure définie, diverses entités doivent lui être associées afin de gérer l'interaction avec l'utilisateur.

La première consiste en l'entité de contrôle de l'arbre, qui permet de déplier et de refermer les branches de l'arbre. Une implémentation de cette entité est fournie par le composant `dojo.widget.TreeBasicControllerV3`.

La seconde gère la sélection des nœuds de l'arbre et correspond au composant `dojo.widget.TreeSelectorV3`. Une autre entité, le composant `dojo.widget.TreeEmphaseOn-Select`, peut être spécifiée en plus afin que le nœud cliqué soit sélectionné.

Comme l'indique le code suivant, ces différentes entités sont reliées à l'arbre par l'intermédiaire de son attribut `listeners` (repère ❶) :

```
<div dojoType="TreeBasicControllerV3" widgetId="controller"></div>
<div dojoType="TreeSelectorV3" widgetId="selector"></div>
<div dojoType="TreeEmphaseOnSelect" selector="selector"></div>
<div dojoType="TreeV3" listeners="controller,selector">←❶
    (...)
</div>
```

La figure 11.15 illustre l'apparence de l'arbre mis en œuvre dans cette section.

Figure 11.15

Apparence d'un arbre

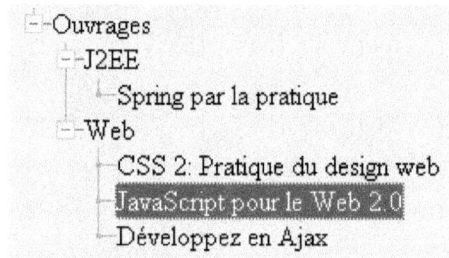

Comme le montre le code suivant, divers attributs des nœuds offrent la possibilité d'étendre des branches (attribut `expandLevel`, repère ❶) et de sélectionner un nœud (attribut `selected`, repère ❷) au moment de la création de la structure d'un arbre :

```
<div dojoType="TreeV3">
    <div dojoType="TreeNodeV3" title="Elément 1">
        <div dojoType="TreeNodeV3" title="Elément 1.1" expandLevel="2"></div>←❶
        <div dojoType="TreeNodeV3" title="Elément 1.2" selected="true">←❷
            <div dojoType="TreeNodeV3" title="Elément 1.2.1" ></div>
            <div dojoType="TreeNodeV3" title="Elément 1.2.2" ></div>
        </div>
    </div>
</div>
```

Le tableau 11.20 récapitule les attributs utilisables pour des éléments d'arbres.

Tableau 11.20   Attributs des éléments d'arbres

Attribut	Description
`expandLevel`	Spécifie le nombre de niveaux à ouvrir sous le nœud.
`isFolder`	Spécifie que le nœud n'est pas une feuille de l'arbre et peut contenir des sous-éléments.
`object`	Permet de spécifier une adresse qui est accédée par l'intermédiaire d'un clic sur le nœud.
`selected`	Spécifie que le nœud de l'arbre est sélectionné.

La prise en compte des événements se réalise en se fondant sur l'entité de sélection associée à l'arbre. Cette entité supporte les événements de sélection par un clic ou un double-clic ainsi que les événements de désélection.

Comme le montre le code suivant, l'enregistrement d'observateurs s'effectue par l'intermédiaire du support des événements de dojo avec la méthode `connect` de l'objet `dojo.event` (repères ❶) :

```
function traiterSelection(message) {
    alert("Evénement de sélection: "+message);
}
function traiterDeselection(message) {
    alert("Evénement de désélection: "+message);
}
```

```
function initialisation() {
    var selector = dojo.widget.byId("selector");
    dojo.event.connect(selector, "select", "traiterSelection"); ←❶
    dojo.event.connect(selector,
                    "deselect", "traiterSelection"); ←❶
}
dojo.addOnLoad(initialisation);
```

Notons que l'association d'observateurs d'événements d'un arbre doit être réalisée après la création de ce dernier. L'utilisation de la fonction dojo.addOnLoad permet de réaliser ces traitements à ce moment. Notons que les observateurs acceptent en paramètre un message contenant le type du nœud ainsi que son libellé.

La nouvelle version de support des arbres offre la possibilité de leur associer des menus contextuels et de gérer le glisser-déposer. La mise en œuvre de ces fonctionnalités consiste en l'utilisation d'un composant de type TreeContextMenuV3 et d'un contrôleur d'arbre de type TreeDndControlerV3, entités dont nous ne détaillons pas ici la mise en œuvre.

Éditeur Wysiwyg

La bibliothèque dojo met à disposition le composant dojo.widget.Editor2 afin de permettre l'édition visuelle d'éléments d'une page HTML. Ce composant permet donc de mettre en œuvre un éditeur Wysiwyg.

Le code suivant fournit un exemple de mise en œuvre de ce composant graphique (repère ❶) dans une page Web :

```
<html>
    <head>
        (...)
        <script type="text/javascript">
            dojo.require("dojo.widget.Menu2");
        </script>
        <script type="text/javascript">
            function executerAction() {
                alert("Action déclenchée sur un élément de menu");
            }
        </script>
    </head>
    <body>
        <div id="editable"dojoType="Editor" widgetId="editdiv"> ←❶
            Ceci est un texte editable avec l'éditeur Wysiwyg de la
            bibliothèque dojo
        </div>
    </body>
</html>
```

Comme l'indique le code suivant, qui adapte l'exemple précédent, il est possible de restreindre les éléments contenus dans la barre d'outils en se fondant sur l'attribut items (repère ❶) de l'éditeur :

```
<div id="editable"dojoType="Editor" widgetId="editdiv"
    items="formatblock;|;insertunorderedlist;insertorderedlist;|;bold;italic;
    underline;strikethrough;|;createLink;">←❶
    Ceci est un texte editable avec l'éditeur Wysiwyg de la
    bibliothèque dojo
</div>
```

La figure 11.16 illustre l'affichage de ce type de composants dans une page HTML.

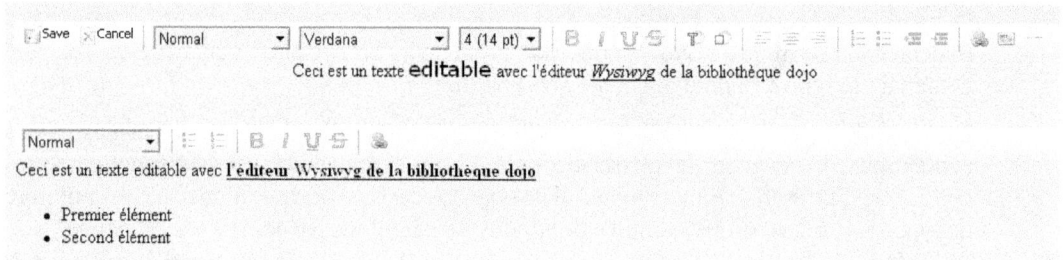

Figure 11.16
Aspect de l'éditeur Wysiwyg de la bibliothèque dojo

Étude de cas

Dans le cadre de cet ouvrage, une étude de cas a été réalisée afin de fournir un exemple de mise en œuvre du langage JavaScript, des techniques Ajax et de la bibliothèque dojo.

Cette étude de cas consiste en une application de gestion de sites archéologiques permettant de définir et modifier les informations relatives à un site archéologique, telles que son nom, la commune où il est localisé ainsi que son type.

Un aspect important consiste également en leur localisation sur des cartes. Comme nous le verrons au chapitre 13 relatif à Google Maps, des fonctionnalités ont été développées afin de situer des sites dans leur contexte géographique.

Mise en œuvre de dojo

Le contenu de la version 0.3.1 de la distribution de dojo a été copiée dans le répertoire **js/dojo-0.3.1** de notre application Web, répertoire auquel ses différentes pages peuvent faire référence.

Comme l'indique le code suivant, la configuration de la bibliothèque dojo se réalise comme décrit au chapitre 7 en instanciant un objet nommé djConfig (repère ❶) et en important le fichier principal (repère ❷) de la bibliothèque, fichier nommé **dojo.js** :

```
<html>
    <head>
        <script type="text/javascript">
            djConfig = { isDebug: true };←❶
        </script>
```

```
            <script type="text/javascript"
                    src="/js/dojo-0.3.1/dojo.js"></script>← ❷
            <script type="text/javascript">
                (...)
            </script>
    </head>
    <body>
        (...)
    </body>
</html>
```

Comme indiqué dans le code suivant, les différents modules de dojo utilisés sont importés dans chaque page HTML en se fondant sur la fonction `dojo.require` (repères ❶) :

```
<html>
    <head>
        <script type="text/javascript">
            djConfig = { isDebug: true };
        </script>
        <script type="text/javascript"
                src="/dojo-0.3.1/dojo.js"></script>
        <script type="text/javascript">
            dojo.require("dojo.widget.Dialog");←❶
            dojo.require("dojo.widget.FilteringTable");←❶
            (...)
        </script>
    </head>
    <body>
        (...)
    </body>
</html>
```

Utilisation de composants graphiques

Une partie de l'étude de cas met en œuvre les composants `dojo.widget.FilteringTable` et `dojo.widget.Dialog` afin de gérer les données des sites sous forme de tableau.

Le tableau (composant `dojo.widget.FilteringTable`) offre également la possibilité de modifier les données de base des sites archéologiques, à savoir le numéro, le nom et le type du site ainsi que la commune sur laquelle il est situé en se fondant sur une fenêtre de saisie (composant `dojo.widget.Dialog`), laquelle s'affiche par dessus le tableau dans la page Web.

Afin d'alléger la description de ce mécanisme, nous avons omis dans cette section le code mettant en œuvre les principes Ajax. Ce code n'a pas trait aux aspects graphiques de la page et permet simplement de charger et de modifier les données de la base de données par le biais d'une application accessible par l'intermédiaire de l'architecture REST.

Mise en œuvre des composants

Le premier composant mis en œuvre dans le code suivant consiste en une fenêtre modale permettant d'ajouter ou d'éditer des informations du tableau. La fenêtre contient les champs correspondant aux différentes propriétés d'un site, à savoir le numéro (repère ❶), le nom (repère ❸) et le type (repère ❹) du site, ainsi que la commune (repère ❷) sur laquelle il est situé et deux boutons permettant de déclencher les traitements d'enregistrement (repère ❻) des données et d'annulation (repère ❺) :

```
<div dojoType="Dialog" id="fenetreSaisie" bgColor="white" bgOpacity="0.9"
➡toggle="fade" toggleDuration="250">
    <div align="center" class="fenetreSaisie"><em>Edition des données du site:
      ➡</em></div><br/>
    <form onsubmit="return false;">
        <div align="center">
            <table class="fenetreSaisie">
                <tr>
                    <td>Numéro:</td>
                    <td><input id="fenetreSaisie.numero"
                            type="text"/></td>← ❶
                </tr>
                <tr>
                    <td>Commune:</td>
                    <td><input id="fenetreSaisie.commune"
                            type="text"/></td>← ❷
                </tr>
                <tr>
                    <td>Nom:</td>
                    <td><input id="fenetreSaisie.nom"
                            type="text"/></td>← ❸
                </tr>
                <tr>
                    <td>Type:</td>
                    <td><input id="fenetreSaisie.type"
                            type="text"/></td>← ❹
                </tr>
            </table>
        </div>
    </form>
    <div style="float: right;">
        <button dojoType="button" id="boutonAnnuler">Annuler</button>← ❺
    </div>
    <div style="float: right;">
        <button dojoType="button" id="boutonEnregistrer">Enregistrer</button>← ❻
    </div>
</div>
```

La figure 11.17 illustre l'apparence de la fenêtre de saisie.

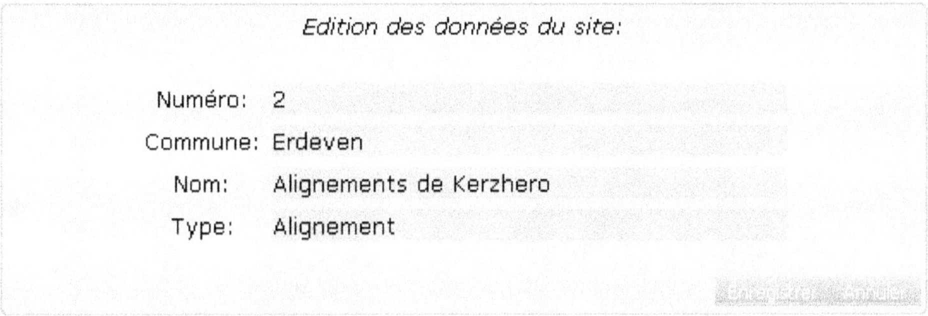

Figure 11.17
Apparence de la fenêtre de saisie

Dans le code suivant, le second composant correspond au tableau lui-même, dont les propriétés générales (repères ❶) sont tout d'abord définies, suivies des en-têtes de ses colonnes (repère ❷) et des données utilisées pour l'initialiser (repère ❸) :

```
<table dojoType="FilteringTable" id="tableau"
    tbodyClass="scrollContent" rowAlternateClass="alternateRow" ←❶
    multiple="false" alternateRows="true" maxSortable="1" ←❶
    cellpadding="0" cellspacing="0" border="0"> ←❶
  <thead> ←❷
    <tr>
      <th field="numero" align="center"
          dataType="Number">Numéro</th>
      <th field="commune" align="center"
          dataType="String" valign="top">Commune</th>
      <th field="nom" dataType="html">Nom</th>
      <th field="type" valign="top"
          dataType="String">Type</th>
    </tr>
  </thead>
  <tbody> ←❸
    (...)
  </tbody>
</table>
```

Notons que les attributs `field` des colonnes correspondent aux noms des attributs dans les structures JSON représentant les données du tableau.

Pour finir, le code suivant met en œuvre divers boutons positionnés dans la page Web sous le tableau afin de permettre les actions d'ajout (repère ❸), de modification (repère ❷) et de suppression (repère ❶) d'éléments du tableau ; dans les cas d'ajout et de modification, ils déclenchent l'ouverture de la fenêtre de saisie :

```
<div style="float: right;">
    <button id="boutonSupprimer"dojoType="button">← ❶
                        Supprimer le site sélectionné</button>
</div>
<div style="float: right;">
    <button id="boutonOuvrirEditer"dojoType="button">← ❷
                        Modifier le site sélectionné</button>
</div>
<div style="float: right;">
    <button id="boutonOuvrirAjouter"dojoType="button">← ❸
                        Ajouter un site</button>
</div>
```

La figure 11.18 illustre l'apparence du tableau et des boutons.

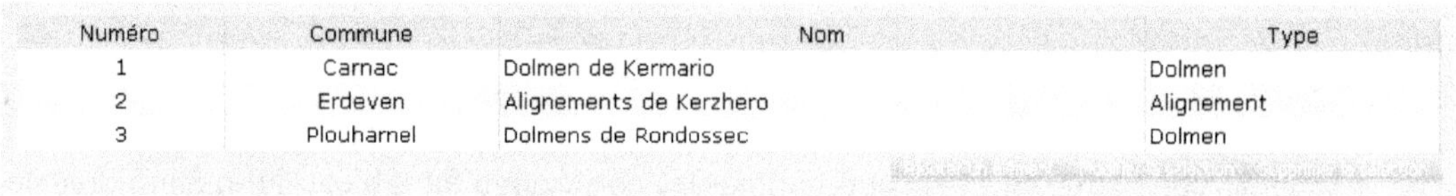

Numéro	Commune	Nom	Type
1	Carnac	Dolmen de Kermario	Dolmen
2	Erdeven	Alignements de Kerzhero	Alignement
3	Plouharnel	Dolmens de Rondossec	Dolmen

Figure 11.18

Apparence du tableau et de ses boutons de manipulation

Spécification des comportements

Maintenant que nous avons défini les différents composants graphiques proposés par la bibliothèque dojo, nous allons voir comment implémenter les traitements qui leur sont attachés.

Ces divers traitements sont mis en œuvre par l'intermédiaire de la classe GestionnaireTableau, laquelle permet d'enregistrer automatiquement certaines de ses méthodes en tant qu'observateur des différents boutons décrits à la section précédente.

Afin d'avoir accès aux éléments qu'elle manipule, la classe GestionnaireTableau fournit la méthode initialiser, qui prend en paramètres les différents éléments qu'elle manipule. Ces éléments correspondent au tableau, à la fenêtre de saisie et aux boutons.

Le code suivant donne un exemple de la structure de base de la classe Gestionnaire-Tableau, structure correspondant au constructeur (repère ❶) de la classe et à ses méthodes d'initialisation (repère ❷) et d'enregistrement des observateurs d'événements (repère ❸) :

```
function GestionnaireTableau() { }← ❶
GestionnaireTableau.prototype = {
    initialiser: function(elements) {← ❷
        this.tableau = elements["tableau"];
        this.fenetreSaisie = elements["fenetreSaisie"];
        this.boutonFenetreAjout = elements["boutonFenetreAjout"];
        this.boutonEnregistrer = elements["boutonEnregistrer"];
        this.boutonFenetreEdition =
                        elements["boutonFenetreEdition"];
```

```
            this.boutonSupprimer = elements["boutonSupprimer"];
            this.boutonAnnuler = elements["boutonAnnuler"];
          . this.enregistrerObservateurs();
        },
        enregistrerObservateurs: function() { ← ❸
            dojo.event.connect(this.boutonFenetreAjout, "onClick",
                        this, "ouvrirFenetreSaisiePourAjout");
            dojo.event.connect(this.boutonFenetreEdition, "onClick",
                        this, "ouvrirFenetreSaisiePourModification");
            dojo.event.connect(this.boutonEnregistrer, "onClick",
                            this, "enregistrerLigne");
            dojo.event.connect(this.boutonSupprimer, "onClick",
                            this, "supprimerLigne");
            dojo.event.connect(this.boutonAnnuler, "onClick",
                            this, "annuler");
        },
        (...)
    }
```

La classe implémente également les méthodes de traitement des diverses actions de l'utilisateur.

Ces actions sont récapitulées au tableau 11.21. Les numéros de repères figurant dans le tableau renvoient à l'exemple de code suivant, qui fournit un exemple de mise en œuvre de ces différentes méthodes dans la classe GestionnaireTableau :

```
function GestionnaireTableau() { }
GestionnaireTableau.prototype = {
    (...)
    initialiserDonneesFenetreSaisie: function() {
        dojo.byId("fenetreSaisie.numero").value = "";
        dojo.byId("fenetreSaisie.commune").value = "";
        dojo.byId("fenetreSaisie.nom").value = "";
        dojo.byId("fenetreSaisie.type").value = "";
    },
    getDonneesFenetreSaisie: function() {
        return {
            numero: dojo.byId("fenetreSaisie.numero").value,
            commune: dojo.byId("fenetreSaisie.commune").value,
            nom: dojo.byId("fenetreSaisie.nom").value,
            type: dojo.byId("fenetreSaisie.type").value,
        };
    },
    setDonneesFenetreSaisie: function(donnees) {
        dojo.byId("fenetreSaisie.numero").value
                                        = donnees["numero"];
        dojo.byId("fenetreSaisie.commune").value
                                        = donnees["commune"];
        dojo.byId("fenetreSaisie.nom").value = donnees["nom"];
        dojo.byId("fenetreSaisie.type").value = donnees["type"];
    },
```

```
ouvrirFenetreSaisiePourAjout: function() {  ←❶
    this.initialiserDonneesFenetreSaisie();
    this.ajout = true;
    this.fenetreSaisie.show();
},
ouvrirFenetreSaisiePourModification: function() {  ←❷
    this.initialiserDonneesFenetreSaisie();
    var donnees = this.tableau.getSelectedData();
    if( donnees!=null ) {
        this.setDonneesFenetreSaisie(donnees);
        this.ajout = false;
        this.fenetreSaisie.show();
    }
},
enregistrerLigne: function() {  ←❸
    if( this.ajout == true ) {
        this.tableau.store.addData(
                    this.getDonneesFenetreSaisie());
    } else {
        var donnees = this.tableau.getSelectedData();
        this.tableau.store.removeData(donnees);
        this.tableau.store.addData(
                    this.getDonneesFenetreSaisie());
    }
    this.fenetreSaisie.hide();
},
supprimerLigne: function() {  ←❹
    var donnees = this.tableau.getSelectedData();
    if( donnees!=null ) {
        this.tableau.store.removeData(donnees);
    }
},
annuler: function() {  ←❺
    this.fenetreSaisie.hide();
}
};
```

Tableau 11.21   Actions des éléments de l'écran

Bouton	Méthode de traitement	Description
`boutonAnnuler`	`annuler` (repère ❺)	Action survenant dans la fenêtre de saisie et permettant de la fermer sans enregistrer les données saisies
`boutonEnregistrer`	`enregistrerLigne` (repère ❸)	Action survenant dans la fenêtre de saisie et permettant de la fermer en enregistrant les données saisies
`boutonOuvrirAjouter`	`ouvrirFenetreSaisiePourAjout` (repère ❶)	Action permettant d'ouvrir la fenêtre de saisie afin d'ajouter un site dans le tableau
`boutonOuvrirEditer`	`ouvrirFenetreSaisiePourModi-fication` (repère ❷)	Action permettant d'ouvrir la fenêtre de saisie afin de modifier le site sélectionné dans le tableau. Les données du site sont chargées dans le formulaire de la fenêtre.
`boutonSupprimer`	`supprimerLigne` (repère ❹)	Action permettant de supprimer le site sélectionné dans le tableau

Notons que la manipulation des données affichées dans le tableau se fonde sur la propriété `store` du tableau, qui correspond à une instance de type `dojo.data.SimpleStore`. La modification de son contenu est répercutée automatiquement sur l'affichage du tableau. Cette modification se réalise notamment par le biais de ses méthodes `addData` et `removeData`.

Conclusion

Comme nous avons pu le voir dans ce chapitre, le support graphique de la bibliothèque dojo est d'une rare richesse. Il consiste tout d'abord en un ensemble de modules utilitaires permettant de manipuler les différents constituants des pages Web, de gérer les événements, les effets ainsi que le glisser-déposer.

Ces modules adressent ces différentes problématiques tout en intégrant les spécificités des navigateurs. Cet aspect permet de rendre leurs traitements portables dans tous les navigateurs.

Notons que le module `dojo.i18n`, en cours de développement, a pour objectif de résoudre les problématiques liées à l'internationalisation des applications JavaScript dans les pages Web.

Le support graphique de dojo va plus loin encore puisqu'un réel effort a été accompli afin de structurer et mettre en œuvre des composants graphiques. Dans ce cadre, la bibliothèque se révèle particulièrement flexible puisqu'elle offre aussi bien une approche fondée sur la structure HTML de la page qu'une approche par programmation.

En se fondant sur cette structure, la bibliothèque dojo fournit un ensemble riche de composants graphiques allant de composants élémentaires à des composants plus complexes, tels que arbres et tableaux.

La bibliothèque dojo simplifie l'utilisation des modules décrits au chapitre 7. Cet aspect est particulièrement visible avec les modules relatifs aux techniques Ajax puisque l'envoi et la réception de données avec ces techniques sont intégrés à certains composants, tels que ceux relatifs aux formulaires HTML.

La bibliothèque rialto

À l'instar de dojo, la bibliothèque rialto offre la possibilité de développer des applications Web riches en se fondant sur une collection de composants graphiques.

Cette bibliothèque se focalise toutefois davantage sur les applications Web pour l'informatique de gestion par l'intermédiaire de divers composants et de mécanismes dédiés.

Ce chapitre détaille la manière d'utiliser cette bibliothèque ainsi que la façon de développer des applications avec ses composants graphiques.

Historique

Avant d'entrer dans le détail de la bibliothèque et de son utilisation, nous allons dresser un bref historique du projet et détailler ses différents sous-projets ainsi que ses objectifs.

Puisque le cadre de cet ouvrage est la technologie JavaScript, nous ne détaillons ici que le sous-projet rialto JavaScript. Les autres sous-projets offrent des fonctionnalités permettant d'utiliser le cœur de la bibliothèque JavaScript avec différentes technologies serveur.

Réalisée initialement au sein de l'Institut Gustave Roussy (IGR), premier centre européen de lutte contre le cancer, à Villejuif, la bibliothèque rialto a permis de bâtir une application de consultation des dossiers des patients accessible par le Web et désormais utilisée par l'ensemble du personnel médical de l'IGR.

L'objectif principal de ce projet était de réaliser une application Web facilement consultable au sein de l'hôpital ainsi que par des médecins en déplacement sur d'autres sites afin de leur donner accès à toutes les informations de leurs patients.

Le second objectif de rialto était d'offrir aux utilisateurs l'ergonomie riche à laquelle ils étaient habitués avec les applications de gestion en mode client-serveur déjà déployées sur le site.

Au début du développement de l'application, en 2002, on ne parlait pas encore d'Ajax, et aucun framework de ce type n'était disponible.

Projets annexes

Le sous-projet JavaScript est situé au cœur du projet rialto en ce qu'il met en œuvre les implémentations des composants graphiques riches. Il n'en existe pas moins d'autres sous-projets, dont l'objectif est de faciliter l'utilisation de la bibliothèque JavaScript sous différentes technologies serveur. Ils consistent essentiellement en l'encapsulation des classes JavaScript dans des composants écrits dans différents langages au niveau du serveur.

Le tableau 12.1 récapitule l'ensemble des sous-projets rialto.

Tableau 12.1   Sous-projets rialto

Sous-projet	Description
rialto JavaScript	Cœur du projet mettant à disposition les différentes classes JavaScript du support de base et des composants graphiques
rialto Taglib	Ensemble de taglibs facilitant l'utilisation de la bibliothèque JavaScript dans un environnement J2EE
rialto JSF	Mise en œuvre des composants JavaScript fondée sur la technologie JSF (JavaServer Faces) afin de les manipuler en tant qu'objets Java
rialto PHP	Mise en œuvre en PHP des composants JavaScript afin de faciliter leur utilisation avec cette technologie
rialto Python	Mise en œuvre en Python des composants JavaScript afin de faciliter leur utilisation avec cette technologie
rialto .Net	Mise en œuvre des composants JavaScript avec la technologie .Net afin de faciliter leur utilisation avec cette technologie

Dans la suite de ce chapitre, nous appelons bibliothèque rialto le sous-projet relatif aux composants JavaScript.

Installation

L'installation de la bibliothèque rialto consiste en l'inclusion de divers fichiers CSS et JavaScript. Nous utilisons dans ce chapitre la version 0.8.6 de la bibliothèque.

Les fichiers CSS permettent de mettre à disposition les styles et classes CSS sur lesquels la bibliothèque rialto se fonde pour définir l'aspect de ses différents composants graphiques.

Le code suivant fournit un exemple de spécification de ces fichiers CSS (repères ❶) :

```
<html>
    <head>
        (...)
        <link rel="stylesheet" type="text/css" ← ❶
            href="/rialto-0.8.6/rialtoEngine/style/rialto.css"/>
```

```
            <link id="standard_behaviour" rel="stylesheet" ← ❶
                type="text/css"
                href="/rialto-0.8.6/rialtoEngine/style/behavior.css"/>
            <link id="defaultSkin" rel="stylesheet" type="text/css" ← ❶
              href="/rialto-0.8.6/rialtoEngine/style/defaultSkin.css"/>
            (...)
        </head>
        (...)
    </html>
```

Les fichiers JavaScript permettent de référencer les éléments JavaScript de la bibliothèque.

Le code suivant donne un exemple de spécification de ces fichiers JavaScript, à savoir le fichier **config.js** (repère ❶) relatif à la configuration de la bibliothèque et le fichier **rialto.js** (repère ❷) correspondant à ses éléments :

```
<html>
    <head>
        (...)
        <script type="text/javascript" ← ❶
            src="/rialto-0.8.6/rialtoEngine/config.js">
        </script>
        <script type="text/javascript" ← ❷
            src="/rialto-0.8.6/rialtoEngine/javascript/rialto.js">
        </script>
        (...)
    </head>
    (...)
</html>
```

Une configuration est nécessaire dans le fichier **config.js** inclus précédemment afin de positionner le chemin des éléments JavaScript de la bibliothèque.

Dans ce fichier, le bloc JavaScript suivant doit être mis à jour soit avec le chemin de la bibliothèque sur le serveur Web utilisé (repère ❶), soit avec le chemin local de son répertoire d'installation si aucun serveur Web n'est utilisé (repère ❷) :

```
// protocol file: absolute local path for rialtoEngine
if (document.location.protocol ==  "file:"){
    rialtoConfig.isFilePath=true;
    rialtoConfig.pathRialtoE = "file://c:/rialto/rialtoEngine/"; ← ❶
}
// protocol http: ; (relative path) url for rialtoEngine
else{
    if (document.location.protocol ==  "http:"){
        rialtoConfig.isFilePath=false;
        rialtoConfig.pathRialtoE = "rialtoEngine/"; ← ❷
    }
}
```

Bien que la bibliothèque rialto soit essentiellement axée sur la mise en œuvre de fonctionnalités graphiques dans des pages HTML, elle offre aussi des fonctionnalités destinées à faciliter la mise en œuvre de traitements fondés sur le langage JavaScript et les techniques Ajax.

Support de base

Avant de détailler les divers mécanismes et composants mis à disposition par rialto afin de développer des applications graphiques, nous allons décrire les modules de base de cette bibliothèque.

Le tableau 12.2 récapitule les objets relatifs au support de base.

Tableau 12.2   Objets du support de base de rialto

Objet	Description
rialto.lang	Offre diverses méthodes facilitant la mise en œuvre des mécanismes de base de JavaScript.
rialto.Dom	Offre diverses méthodes relatives à l'utilisation du DOM avec JavaScript.
rialto.string	Offre diverses méthodes relatives à la manipulation des chaînes de caractères avec JavaScript.
rialto.array	Offre diverses méthodes relatives à la manipulation des tableaux avec JavaScript.
rialto.date	Offre diverses méthodes relatives à la manipulation des dates avec JavaScript.
rialto.url	Offre diverses méthodes relatives à l'utilisation et la création d'URL avec JavaScript.

L'objet rialto.lang met à disposition diverses méthodes relatives aux traitements des fonctions, des objets ainsi qu'à la vérification des types. Le tableau 12.3 récapitule ces différentes méthodes.

Tableau 12.3   Méthodes de l'objet *rialto.lang*

Méthode	Paramètre	Description
addMethods	Un objet et un tableau associatif de fonctions	Permet d'ajouter un ensemble de fonctions à un objet.
extendObject (ou extend)	Une classe et un tableau associatif de fonctions	Permet d'ajouter un ensemble de fonctions au prototype d'une classe.
isArray	Un objet	Détermine si le paramètre est un tableau.
isBoolean	Un objet	Détermine si le paramètre est un booléen.
isDate	Un objet	Détermine si le paramètre est une date.
isFunction	Un objet	Détermine si le paramètre est une fonction.
isNumber	Un objet	Détermine si le paramètre est un nombre.
isString	Un objet et éventuellement un drapeau	Détermine si le premier paramètre est une chaîne de caractères. Le second paramètre est optionnel et spécifie si la chaîne doit être non nulle.
isStringIn	Une chaîne de caractères et un tableau	Détermine si une chaîne de caractères est contenue dans un tableau.
link	Un objet et une fonction	Retourne une fonction permettant d'exécuter la fonction en paramètre dans le contexte de l'objet en paramètre.

Comme l'indique le code suivant, la méthode `link` (repère ❶) permet de lier une fonction à un objet et de résoudre ainsi les problèmes relatifs au mot-clé `this` ; l'exécution de la fonction est désormais réalisée (repère ❷) dans le contexte de l'objet spécifié :

```
// Définition d'une fonction utilisant le mot-clé this
function getAttribut() {
    return this.attribut;
}
// Définition d'un objet possédant un attribut nommé attribut
var unObjet = {};
unObjet.attribut = "La valeur de mon attribut";
// Liaison de la fonction getAttribut à l'objet unObjet
var getAttributLiee = rialto.lang.link(unObjet, getAttribut);← ❶
// Exécution de la fonction dans le contexte de l'objet
var retour = getAttributLiee();← ❷
// retour contient la valeur « La valeut de mon attribut »
```

Comme l'indique le code suivant, les méthodes `extendObject` et `addMethods` offrent la possibilité d'affecter des attributs et des fonctions respectivement au prototype d'un objet et à l'objet lui-même :

```
// Définition d'une classe
function MaClasse() {
}
// Ajout de méthodes à son prototype
rialto.lang.extendObject(MaClasse, {← ❶
    methode1: function() {
        (...)
    }
});
var unObjet = new MaClasse();
// Ajout de méthodes à l'objet unObjet
rialto.lang.addMethods(unObjet, {← ❷
    methode2: function() {
        (...)
    }
});
// Exécution des méthodes de l'objet
unObjet.methode1();
unObjet.methode2();
```

Dans le code ci-dessus, les méthodes ajoutées au prototype (repère ❶) de la classe `MaClasse` sont partagées par toutes ses instances, tandis que les méthodes ajoutées à l'objet `unObjet` (repère ❷) lui sont spécifiques.

Les fonctions dont le nom débute par `is` offrent la possibilité de détecter le type d'une variable, comme dans le code suivant :

```
var tableau = [];
alert(rialto.lang.isArray(tableau)); // Affiche true
alert(rialto.lang.isFunction(tableau)); // Affiche false
```

```
var booleen = true;
alert(rialto.lang.isBoolean(booleen)); // Affiche true
var chaine = "Ceci est un test";
alert(rialto.lang.isString(chaine)); // Affiche true
```

L'objet `rialto.Dom` met à disposition des méthodes relatives à la manipulation d'éléments en se fondant sur la technologie DOM. Le tableau 12.4 récapitule ces différentes méthodes.

Tableau 12.4   Méthodes de l'objet *rialto.Dom*

Méthode	Paramètre	Description
isCoveredBy	Deux nœuds	Détermine si le premier nœud est positionné au-dessus de l'autre.
isDescendantOf	Deux nœuds et un booléen	Détermine si le premier nœud est un enfant direct ou non du second. Le drapeau spécifie si les deux nœuds peuvent être identiques.

Le code suivant fournit un exemple de mise en œuvre de la méthode `isDescendantOf` (repère ❶) afin de déterminer si le nœud d'identifiant `monParagraphe` (repère ❷) est un descendant du nœud d'identifiant `monDiv` (repère ❸) :

```
<html>
    <head>
        <script language="JavaScript" type="text/javascript">
            function testRialtoDOMIsDescendantOf() {
                var monDiv = document.getElementById("monDiv");
                var monParagraphe
                    = document.getElementById("monParagraphe");
                var retour = rialto.Dom.isDescendantOf(←❶
                                        monParagraphe, monDiv);
                // retour contient la valeur true
            }
        </script>
    </head>
    <body>
        <div id="monDiv">←❷
            <div>
                <p id="monParagraphe">←❸
                    Ceci est un paragraphe.
                </p>
            </div>
        </div>
    </body>
</html>
```

L'objet `rialto.string` met à disposition diverses méthodes relatives à la manipulation de chaînes de caractères, méthodes récapitulées au tableau 12.5.

Tableau 12.5   Méthodes de l'objet *rialto.string*

Méthode	Paramètre	Description
formatHTTP	Une chaîne de caractères	Permet d'encoder au format d'une URL les caractères d'une chaîne de caractères.
replace	Une chaîne de caractères, le motif à remplacer et le nouveau motif	Permet de remplacer toutes les occurrences d'un motif spécifié par un autre.
trim	Une chaîne de caractères	Permet de supprimer les espaces au début et à la fin de la chaîne de caractères passée en paramètre.

Comme l'indique le code suivant, les méthodes trim et replace permettent de manipuler une chaîne en enlevant respectivement les espaces l'entourant (repère ❶) et en remplaçant divers de ses motifs par d'autres (repère ❷) :

```
var uneChaine = "    Ceci est une chaîne de caractères";
// Suppression des espaces en début et fin de chaîne
uneChaine = rialto.lang.trim(uneChaine); ← ❶
/* uneChaine contient la chaîne de caractères
« Ceci est une chaîne de caractères » */
// Remplacement d'un motif par un autre
uneChaine = rialto.lang.replace(uneChaine, "une", "ma"); ← ❷
/* uneChaine contient la chaîne de caractères
« Ceci est ma chaîne de caractères » */
```

Dans le code suivant, la méthode formatHTTP permet d'encoder les différents caractères (repère ❶) d'une chaîne de caractères :

```
var uneChaine = "    Ceci est une chaîne de caractères";
uneChaine = rialto.string.formatHTTP(uneChaine); ← ❶
/* uneChaine contient la chaîne de caractères
« %20%20%20%20Ceci%20est%20ma%20cha%EEne%20de%20caract%E8res » */
```

L'objet rialto.array met à disposition diverses méthodes relatives à la manipulation des tableaux, méthodes récapitulées au tableau 12.6.

Tableau 12.6   Méthodes de l'objet *rialto.array*

Méthode	Paramètre	Description
add	Un tableau et un objet	Ajoute l'élément passé en paramètre à la fin d'un tableau si ce dernier ne le contient pas déjà.
arrayToString	Un tableau	Retourne une représentation sous forme de chaîne de caractères d'un tableau.
copy	Un tableau	Crée et retourne un nouveau tableau contenant tous les éléments du tableau en paramètre.
indexOf	Un tableau et un objet	Retourne l'indice d'un élément dans un tableau si ce dernier le contient. Dans le cas contraire, la méthode retourne -1.
insert	Un tableau, un indice et un objet	Insère l'élément passé en paramètre dans un tableau pour un indice spécifié.
remove	Un tableau et un objet	Supprime l'élément passé en paramètre d'un tableau si ce dernier le contient.
sort	Un tableau	Trie les éléments d'un tableau par ordre alphabétique descendant.

Le code suivant fournit un exemple de mise en œuvre des méthodes add et indexOf afin d'ajouter un élément dans un tableau (repère ❶) et de déterminer ensuite sa position (repère ❷) :

```
var tableau = [ "élément1", "élément2", "élément3" ];
rialto.array.add(tableau, "élément4"); ← ❶
var longueurTableau = tableau.length;
var indice = rialto.array.indexOf("élément4"); ← ❷
/* indice contient la valeur 3 puisque l'élément a été ajouté
   en fin de tableau */
```

L'objet rialto.date met à disposition des méthodes relatives à la manipulation des dates. Le tableau 12.7 récapitule ces différentes méthodes.

Tableau 12.7   Méthodes de l'objet *rialto.date*

Méthode	Paramètres	Description
add	Une chaîne de caractères, une date et une durée	Ajoute une durée à une date. Cette durée peut être une année, un nombre de mois ou de jours. La chaîne de caractères en paramètre permet de spécifier le type de durée utilisée. Les valeurs possibles sont year (année), month (mois) et day (jour).
DDMMYYYYfromYYYYMMDD	Une chaîne de caractères représentant une date	Convertit la chaîne de caractères en paramètres d'un format DD/MM/YYYY dans un format YYYY/MM/DD. Les sigles DD, MM et YYYY correspondent aux mêmes éléments que précédemment.
equals	Deux dates	Compare deux dates en se fondant uniquement sur les jour, mois et année.
getBornes	Un numéro de semaine	Retourne un tableau contenant les dates de début et de fin de la semaine dont le numéro est passé en paramètre.
getDDMMYYYY	Une date	Retourne une représentation sous forme de chaîne de caractères de la date passée en paramètre. La méthode se fonde sur le format DD/MM/YYYY, où DD correspond au numéro du jour, MM au numéro du mois et YYYY à l'année.
getLibJour	Une date	Retourne le nom du jour de la date en paramètre en anglais.
getWeekNumber	Une date	Retourne le numéro de la semaine dans l'année de la date en paramètre.
getYYYYMMDD	Une date	Retourne une représentation sous forme de chaîne de caractères de la date passée en paramètre. La méthode see se fonde sur le format YYYY/MM/DD, où les sigles DD, MM et YYYY correspondent aux mêmes éléments que précédemment.
isBissextile	Une nombre entier	Détermine si une année est bissextile.
isDate	Une chaîne de caractères	Détermine si une chaîne de caractères est au format DD/MM/YYYY. Les sigles DD, MM et YYYY correspondent aux mêmes éléments que précédemment.
setDateFromYYYYMMDD	Une chaîne de caractères représentant une date	Retourne une date initialisée à partir de la chaîne de caractères en paramètre fondée sur le format YYYY/MM/DD. Les sigles DD, MM et YYYY correspondent aux mêmes éléments que précédemment.
toDay	-	Retourne un objet sur la date courante.
YYYYMMDDfromDDMMYYYY	Une chaîne de caractères représentant une date	Convertit la chaîne de caractères en paramètres d'un format YYYY/MM/DD dans un format DD/MM/YYYY. Les sigles DD, MM et YYYY correspondent aux mêmes éléments que précédemment.

Plusieurs méthodes de l'objet `rialto.date` sont mises à disposition afin de convertir des dates en chaînes de caractères et inversement. Le code suivant illustre la mise en œuvre des méthodes `getDDMMYYYY` (repère ❶) et `setDateFromYYYYMMDD` (repère ❷) afin de réaliser ces conversions de type :

```
var date = new Date(2006, 8, 10);
// date correspond au 10 septembre 2006
var chaine = rialto.date.getDDMMYYYY(date); ← ❶
// chaine contient la valeur 10/09/2006
var uneAutreDate = rialto.date.setDateFromYYYYMMDD("20060910"); ← ❷
// uneAutreDate correspond au 10 septembre 2006
```

La méthode `add` permet quant à elle d'ajouter des durées à une date, comme dans le code suivant :

```
var date = new Date(2006, 8, 10);
var nouvelleDate = rialto.date.add("month", date, 1);
/* nouvelleDate correspond à la date du jour à laquelle un
   mois a été ajouté */
```

L'objet `rialto.url` met à disposition des méthodes afin d'accéder aux informations contenues dans l'adresse d'une page Web. Le tableau 12.8 récapitule ces différentes méthodes.

Tableau 12.8   Méthodes de l'objet *rialto.url*

Méthode	Description
getArrayParameter	Retourne un tableau contenant les différents paramètres de la page courante. Chacun de ses éléments correspond à un tableau contenant la clé et la valeur des paramètres.
getObjectParameter	Retourne un objet contenant les différents paramètres de la page courante. Les attributs de l'objet correspondent aux noms des propriétés.
getSearch	Retourne la chaîne des paramètres de la page courante dans le format suivant : parametre1=valeur1&parametre2=valeur2.
getUrl	Retourne l'adresse de la page courante.

Le code suivant met en œuvre les différentes méthodes du tableau 12.8 afin d'avoir accès aux informations relatives à l'adresse de la page (repère ❶) et à la chaîne des paramètres de la page par l'intermédiaire d'une chaîne de caractères (repère ❷) :

```
/* L'adresse de la page saisie dans le navigateur est :
http://localhost/jsweb2.0/test.html?param1=valeur1&param2=valeur2
*/
var adressePage = rialto.url.getUrl(); ← ❶
/* la variable adressePage contient la valeur
« http://localhost/jsweb2.0/test.html?param1=valeur1&param2=valeur2 » */
var parametresPage = rialto.url.getSearch(); ← ❷
/* la variable parametresPage contient la valeur
« param1=valeur1&param2=valeur2 » */
```

Support des techniques Ajax

La bibliothèque rialto fournit la classe `rialto.io.AjaxRequest` afin de faciliter la mise en œuvre des techniques Ajax fondées sur la classe `XMLHttpRequest`. La classe `rialto.io.AjaxRequest` englobe tous les mécanismes et le cycle de ce type de requête en mode asynchrone.

Le tableau 12.9 récapitule les différents paramètres du constructeur de la classe `rialto.io.AjaxRequest`.

Tableau 12.9   Paramètres du constructeur de la classe *rialto.io.AjaxRequest*

Paramètre	Type	Description
`callBackObjectOnFailure`	Un objet	Correspond à l'objet sur lequel est exécutée la fonction de rappel lors d'un échec.
`callBackObjectOnSuccess`	Un objet	Correspond à l'objet sur lequel est exécutée la fonction de rappel lors d'un succès.
`canBeCancel`	Un booléen	Spécifie si la requête peut être annulée au cours de son exécution.
`method`	Une chaîne de caractères	Correspond à la méthode HTTP avec laquelle la requête est exécutée.
`onFailure`	Une fonction	Correspond à la fonction de rappel appelée lors de l'échec de la requête.
`onSuccess`	Une fonction	Correspond à la fonction de rappel appelée lors du succès de la requête.
`url`	Une chaîne de caractères	Correspond à l'adresse de la ressource sur laquelle est exécutée la requête.
`withWaitWindow`	Un booléen	Spécifie si une fenêtre d'attente doit être affichée lors de l'exécution de la requête.

L'exécution de la requête se réalise par le biais de la méthode `load`, méthode prenant en paramètre une chaîne de caractères contenant les données en entrée.

Le code suivant donne un exemple de la façon d'initialiser (repère ❶) puis d'exécuter (repère ❹) une requête Ajax fondée sur cette classe :

```
function traiterDonnees(requete) { (...) }
function traiterErreurs(requete) { (...) }
var requete = new rialto.io.AjaxRequest({ ← ❶
                url:"/ajax.html",
                method: "get",
                withWaitWindow:true,
                onSuccess: traiterDonnees, ← ❷
                onFailure: traiterErreurs ← ❸
});
var parametres = "parametre1=valeur1&parametre2=valeur2";
requete.load(parametres); ← ❹
```

Ce code se fonde sur le constructeur de la classe afin d'initialiser les fonctions de rappel en cas de succès de la requête (repère ❷) et en cas d'échec (repère ❸). Ces dernières prennent en paramètre un objet de type `XMLHttpRequest` correspondant à la requête courante.

Prenons l'exemple d'une fonction de rappel dont le rôle est de récupérer les informations contenues dans la réponse. Cette fonction se fonde sur une réponse au format JSON dont le contenu est décrit par le code suivant :

```
{
    "donnees": {
        "donnee1": "valeur1",
        "donnee2": "valeur2"
    }
}
```

Le code suivant donne un exemple de la manière d'implémenter la fonction de rappel afin de récupérer les informations contenues dans la réponse au format JSON :

```
function traiterDonnees(request){
    eval("var objetReponse="+request.responseText);
    var donnees = objetReponse.donnees;
    // Récupération des données de la réponse
    var donnee1 = donnees.donnee1;
    // donnee1 contient la valeur « valeur1 »
    var donnee2 = donnees.donnee2;
    // donnee2 contient la valeur « valeur2 »
}
```

Notons que la bibliothèque rialto offre également la possibilité de mettre en œuvre les techniques Ajax en se fondant sur une iframe cachée.

Composants graphiques

Maintenant que nous avons abordé les fondements de la bibliothèque rialto, avec ses objets utilitaires de base et son support des techniques Ajax, nous allons nous concentrer sur son support graphique.

Structuration des composants

Un composant graphique de rialto correspond à une classe JavaScript qui manipule la structure en mémoire de la page Web afin de définir sa structure ainsi que son apparence, ce dernier aspect se fondant sur des styles CSS.

La bibliothèque rialto structure les composants graphiques en se fondant sur deux classes de base abstraites, les classes AbstractComponent et AbstractContainer.

La première correspond à la classe de base de tous les composants graphiques de rialto, quel que soit leur type. Elle met à disposition diverses propriétés relatives à la taille, au positionnement et à l'aspect des composants.

La seconde classe l'étend afin de définir la classe de base des composants pouvant en contenir d'autres. Elle ajoute à cet effet des méthodes d'ajout et de suppression de composants imbriqués.

La figure 12.1 illustre la relation entre ces deux classes ainsi que leurs différentes méthodes.

Figure 12.1

Les classes de base
AbstractComponent
et AbstractContainer

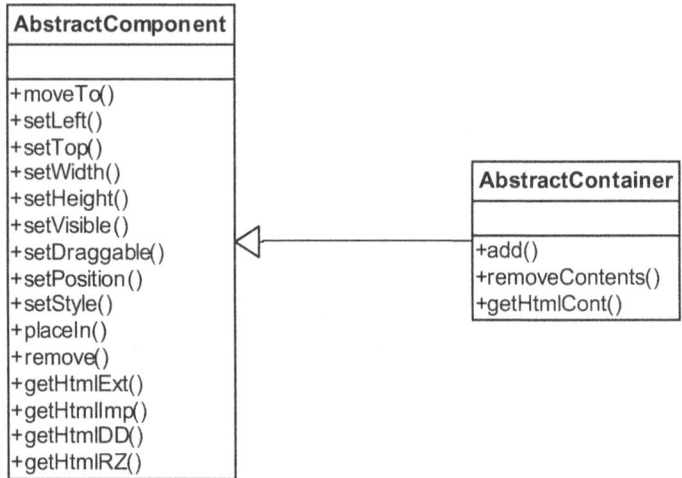

En se fondant sur ces deux classes, rialto met à disposition un ensemble de composants graphiques prédéfinis, dont l'objectif est de mettre en œuvre des interfaces graphiques Web élaborées. Ces composants permettent de répondre aux principales problématiques de ce type d'application.

Le tableau 12.10 récapitule les différentes familles de composants graphiques mis à disposition par la bibliothèque rialto.

Tableau 12.10   Familles de composants graphiques de la bibliothèque rialto

Famille	Description
Composants de base	Correspondent aux composants élémentaires des formulaires tels que les champs de saisie, les boîtes de sélection ou les boutons.
Gestion des formulaires	Correspond au support des formulaires afin de soumettre les données en se fondant sur une requête normal ou Ajax.
Gestion du positionnement	Correspond aux composants matérialisant des zones et permettant de les positionner dans une page Web.
Fenêtres	Correspondent aux composants graphiques permettant d'afficher des fenêtres dans une page Web.
Composants complexes	Correspondent aux composants permettant de mettre en œuvre des tableaux et des arbres.

Nous allons détailler les spécificités de ces différents composants ainsi que la façon de les mettre en œuvre dans une application JavaScript. Notons que le site du projet rialto fournit une application de démonstration en ligne de la bibliothèque JavaScript rialto. Cette application est disponible à l'adresse *http://rialto.application-servers.com/demoRialto.jsp*.

Composants de base

Les composants de base de la bibliothèque rialto correspondent à des éléments élémentaires de formulaire tels que des labels, des zones de saisie et des boîtes de sélection, permettant de mettre en œuvre divers écrans de saisie dans des pages Web.

La figure 12.2 illustre les différentes classes relatives à la mise en œuvre des composants de ce type.

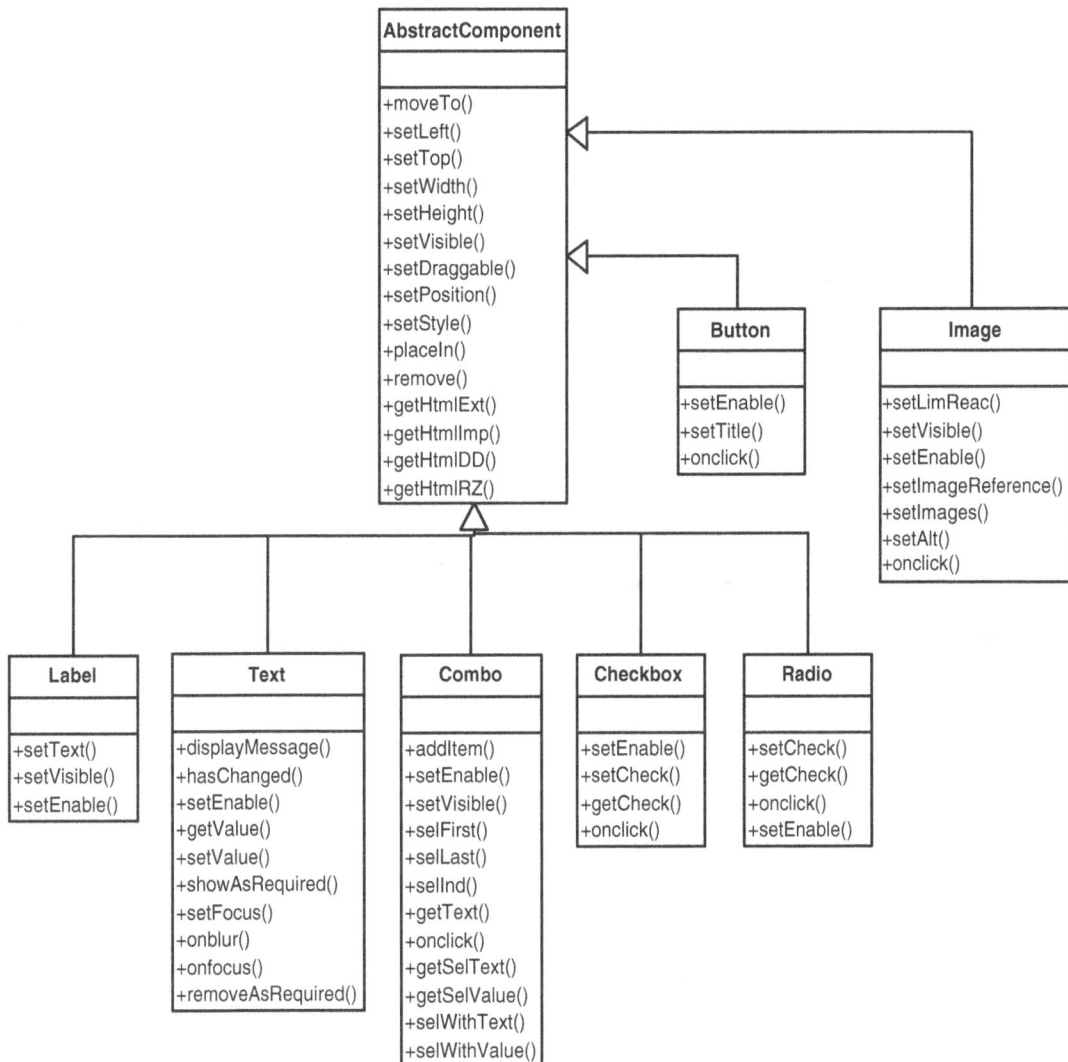

Figure 12.2
Classes des composants graphiques de base

Le tableau 12.11 récapitule les différentes classes des composants graphiques de base mis à disposition par la bibliothèque rialto.

Tableau 12.11   Composants graphiques de base de la bibliothèque rialto

Composant	Description
rialto.widget.Button	Correspond à un bouton.
rialto.widget.Checkbox	Correspond à une case à cocher.
rialto.widget.Combo	Correspond à une boîte de sélection.
rialto.widget.Image	Correspond à une image.
rialto.widget.Label	Correspond à une zone de texte non éditable permettant de définir un libellé.
rialto.widget.Radio	Correspond à une case d'option.
rialto.widget.Text	Correspond à une zone de saisie de texte.

Tous ces composants peuvent être ajoutés et reliés à des zones dans une page Web en se fondant sur leur paramètre de constructeur parent, paramètre permettant de faire référence à cette zone. Ces composants sont positionnés de manière absolue dans une zone à partir de son coin supérieur gauche.

Le composant rialto.widget.Label correspond à une zone de texte non éditable et est couramment utilisé afin de mettre en œuvre des étiquettes. Il est généralement associé à des zones de saisie et de sélection.

Le tableau 12.12 récapitule les différents paramètres du constructeur de cette classe.

Tableau 12.12   Paramètres du constructeur de la classe *rialto.widget.Label*

Paramètre	Type	Description
name	Une chaîne de caractères	Correspond au nom du composant
top	Un nombre entier	Correspond au positionnement vertical du composant.
left	Un nombre entier	Correspond au positionnement horizontal du composant.
parent	Un objet	Correspond à un composant rialto ou un conteneur HTML classique auquel est rattaché le composant.
text	Une chaîne de caractères	Correspond au texte affiché par le composant.
className	Une chaîne de caractères	Correspond à la classe CSS associée.

Le code suivant fournit un exemple de mise en œuvre d'un composant de ce type :

```
var libelle = new rialto.widget.Label(
                "monLibelle", 15, 10, cadre,
                "Texte du libellé", "classeLibelle");
```

Le composant rialto.widget.Text correspond à une zone dans laquelle l'utilisateur peut saisir un texte. Il offre la possibilité de contrôler automatiquement le type des données saisies.

Les tableaux 12.13 et 12.14 récapitulent respectivement les différents paramètres du constructeur de cette classe ainsi que les propriétés de son tableau associatif.

Tableau 12.13 Paramètres du constructeur de la classe *rialto.widget.Text*

Paramètre	Type	Description
name	Une chaîne de caractères	Correspond au nom du composant.
top	Un nombre entier	Correspond au positionnement vertical du composant.
left	Un nombre entier	Correspond au positionnement horizontal du composant.
width	Une chaîne de caractères	Correspond à la largeur du composant. Peut être exprimé aussi bien sous forme de nombre que de pourcentage.
dataType	Une chaîne de caractères	Correspond au type de données que peut contenir le composant. Les valeurs suivantes sont possibles : – A : peut contenir des caractères alphanumériques. – N : peut contenir des nombres. – D : peut contenir des dates. – H : peut contenir des heures. – P : peut contenir un mot de passe. – Hi : correspond à un champ caché. – T : correspond à un composant de type textarea.
parent	Un objet	Correspond à un composant rialto ou un conteneur HTML classique auquel est rattaché le composant.
parameters	Un tableau associatif	Contient les propriétés récapitulées au tableau 12.14.

Tableau 12.14 Propriétés du tableau associatif *parameters* du constructeur de la classe *rialto.widget.Text*

Propriété	Type	Description
accessKey	Un caractère	Spécifie un caractère utilisé conjointement avec la touche ALT afin de lui donner le focus.
autoUp	Un booléen	Spécifie si le texte saisi doit être automatiquement mis en majuscules.
disable	Un booléen	Spécifie si la zone est désactivée.
initValue	Une chaîne de caractères	Correspond à la valeur initiale du champ.
isRequired	Un booléen	Spécifie si le champ est obligatoire. Si tel est le cas, une étoile rouge est ajoutée automatiquement à côté du champ.
rows	Un nombre entier	Spécifie le nombre de lignes maximal si le composant est de type textarea.
tabIndex	Un nombre entier	Spécifie l'ordre de passage du champ par tabulation.

Le code suivant met en œuvre un composant de ce type afin de définir une zone de saisie :

```
var texte = new rialto.widget.Text(
                "monTexte", 10, 80, 100, "A", cadre,
                {
                    autoUp: false, isRequired: false,
                    disable: false, rows: 5, accessKey: "",
                    tabIndex: "", initValue: ""
                });
```

Dans le cas où le type de données correspond à une date, une icône est automatiquement ajoutée à côté du champ de saisie. Cette dernière permet l'affichage d'un calendrier afin de sélectionner une date.

La figure 12.3 illustre l'apparence de ce calendrier.

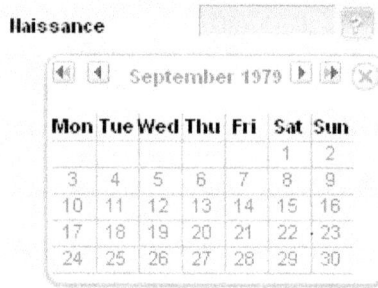

Figure 12.3
Apparence du calendrier

Le composant `rialto.widget.Checkbox` correspond à une case à cocher. Le tableau 12.15 récapitule les différents paramètres de son constructeur.

Tableau 12.15   Paramètres du constructeur de la classe *rialto.widget.Checkbox*

Paramètre	Type	Description
name	Une chaîne de caractères	Correspond au nom du composant.
top	Un nombre entier	Correspond au positionnement vertical du composant.
left	Un nombre entier	Correspond au positionnement horizontal du composant.
parent	Un objet	Correspond à un composant rialto ou un conteneur HTML classique auquel est rattaché le composant.
text	Une chaîne de caractères	Correspond au texte affiché par le composant.
checked	Un booléen	Spécifie si le composant est coché.
className	Une chaîne de caractères	Correspond à la classe CSS associée.

Le code suivant met en œuvre un composant de ce type :

```
var caseACocher = new rialto.widget.Checkbox(
                "caseACocher", 15, 230, cadre,
                "Case à cocher", false, "libelle1");
```

Le composant `rialto.widget.Radio` correspond à une case à cocher qui peut être rattachée à un groupe de boutons. Ainsi, une seule case à cocher peut être sélectionnée dans ce groupe.

Le tableau 12.16 récapitule les différents paramètres de son constructeur.

Tableau 12.16   Paramètres du constructeur de la classe *rialto.widget.Radio*

Paramètre	Type	Description
name	Une chaîne de caractères	Correspond au nom du composant.
top	Un nombre entier	Correspond au positionnement vertical du composant.
left	Un nombre entier	Correspond au positionnement horizontal du composant.
parent	Un objet	Correspond à un composant rialto ou un conteneur HTML classique auquel est rattaché le composant.
group	Une chaîne de caractères	Spécifie le nom du groupe de boutons auquel le composant est rattaché. Dans ce groupe, une seule case à cocher est sélectionnée.
text	Une chaîne de caractères	Correspond au texte affiché par le composant.
checked	Un booléen	Spécifie si le composant est coché.
className	Une chaîne de caractères	Correspond à la classe CSS associée.

Le code suivant met en œuvre des composants de ce type dans un groupe appelé groupe-Boutons :

```
var boutonRadio1 = new rialto.widget.Radio(
                "boutonRadio1", 100, 120, cadre,
                "groupeBoutons", "Bouton radio 1",
                true, "libNormal");
var boutonRadio2 = new rialto.widget.Radio(
                "boutonRadio2", 100, 120, cadre,
                "groupeBoutons", "Bouton radio 2",
                true, "libNormal");
```

Le composant rialto.widget.Combo correspond à une boîte de sélection pour une liste de valeurs.

Les tableaux 12.17 et 12.18 récapitulent respectivement les différents paramètres du constructeur de cette classe ainsi que les propriétés de son tableau associatif.

Tableau 12.17   Paramètres du constructeur de la classe *rialto.widget.Combo*

Paramètre	Type	Description
tabValues	Un tableau dont les éléments sont des tableaux.	Spécifie la liste des valeurs contenues dans la liste.
name	Une chaîne de caractères	Correspond au nom du composant.
top	Un nombre entier	Correspond au positionnement vertical du composant.
left	Un nombre entier	Correspond au positionnement horizontal du composant.
width	Une chaîne de caractères	Correspond à la largeur du composant.
parent	Un objet	Correspond à un composant rialto ou un conteneur HTML classique auquel est rattaché le composant.
parameters	Un tableau associatif	Contient les propriétés récapitulées au tableau 12.18.

Tableau 12.18   Propriétés du tableau associatif *parameters*
du constructeur de la classe *rialto.widget.Combo*

Propriété	Type	Description
suggest	Un booléen	Spécifie si la liste doit s'affiner en fonction de la saisie.
heightItem	Un nombre entier	Spécifie la largeur d'un élément dans la liste.
enable	Un booléen	Spécifie si la zone est activée.

Le code suivant met en œuvre un composant de ce type en spécifiant ses différentes propriétés (repère ❶) et en définissant les valeurs qu'il contient (repère ❷) ainsi que la valeur sélectionnée (repère ❸) dans la liste :

```
var boiteSelection = new rialto.widget.Combo( ← ❶
                    "", "boiteSelection", 70, 120, 80, cadre,
                    { suggest:true, enable:true, heightItem:0 });
sexe.addItem("1","Valeur 1"); ← ❷
sexe.addItem("2","Valeur 2");
sexe.addItem("3","Valeur 3");
sexe.selWithValue("Valeur 3"); ← ❸
```

Le composant `rialto.widget.Image` correspond à une image. Les tableaux 12.19 et 12.20 récapitulent respectivement les paramètres du constructeur de cette classe ainsi que les propriétés de son tableau associatif.

Tableau 12.19   Paramètres du constructeur
de la classe *rialto.widget.Image*

Paramètre	Type	Description
imageOut	Une chaîne de caractères	Correspond au chemin de l'image ou de la classe CSS de l'image.
top	Un nombre entier	Correspond au positionnement vertical de l'image.
left	Un nombre entier	Correspond au positionnement horizontal de l'image.
parent	Un objet	Correspond à un composant rialto ou à un conteneur HTML classique auquel est rattaché le composant.
alternate-Text	Une chaîne de caractères	Correspond au texte affiché lorsqu'on passe sur l'image.
imageOn	Une chaîne de caractères	Correspond au chemin de l'image ou de la classe CSS utilisée lorsque le pointeur passe au-dessus de l'image.
parameters	Un tableau associatif	Contient les propriétés récapitulées au tableau 12.20.

Tableau 12.20   Propriétés du tableau associatif *parameters*
du constructeur de la classe *rialto.widget.Image*

Propriété	Type	Description
imageDisabled	Une chaîne de caractères	Spécifie le chemin d'une image ou une classe CSS correspondant à l'image lorsqu'elle est désactivée.

Le code suivant met en œuvre un composant de ce type :

```
var image = new rialto.widget.Image(
                    "transparent3.gif", 310, 30,
                    cadre, "image", "",
                    { imageDisabled:"" });
```

Le composant `rialto.widget.Button` correspond à un bouton qui peut être utilisé afin de déclencher des traitements lors d'un clic.

Les tableaux 12.21 et 12.22 récapitulent respectivement les paramètres du constructeur de cette classe ainsi que les propriétés de son tableau associatif.

Tableau 12.21 Paramètres du constructeur de la classe *rialto.widget.Button*

Paramètre	Type	Description
top	Un nombre entier	Correspond au positionnement vertical du composant.
left	Un nombre entier	Correspond au positionnement horizontal du composant.
title	Une chaîne de caractères	Correspond au titre du composant.
alt	Une chaîne de caractères	Correspond au texte affiché lorsque le curseur passe sur le composant.
parent	Un objet	Correspond à un composant rialto ou à un conteneur HTML classique auquel est rattaché le composant.
parameters	Un tableau associatif	Contient les propriétés récapitulées au tableau 12.22.

Tableau 12.22 Propriétés du tableau associatif *parameters* du constructeur de la classe *rialto.widget.Button*

Propriété	Type	Description
adaptTotext	Un booléen	Spécifie si la longueur du bouton est proportionnelle à son texte.
enable	Un booléen	Spécifie si la zone est activée.
widthMin	Un nombre entier	Correspond à la longueur minimale du bouton.
width	Un nombre entier	Correspond à la longueur fixe du bouton.

Le code suivant met en œuvre un composant de ce type :

```
var bouton = new rialto.widget.Button(
                    250, 30, "Texte", "Texte", cadre,
                    { enable:true, adaptToText:true,
                    width:88, widthMin:88 });
```

Le code suivant montre comment utiliser conjointement les différents composants graphiques décrits dans cette section, à savoir les étiquettes (repère ❷), les zones de texte (repère ❸), les cases à cocher (repère ❹), les boîtes de sélection (repère ❺), les cases d'option (repère ❻) ainsi que les boutons (repère ❼) afin de définir un formulaire de saisie d'informations :

```
var cadre = new rialto.widget.Frame({←❶
                name:"cadre", title: "Informations",
                open:true, dynamic:false,
                position: "relative",
                draggable:false, parent:popup });

var libelleNom = new rialto.widget.Label(←❷
                "libelleNom", 15, 10, cadre, "Nom", "libelle1");
var nom = new rialto.widget.Text(←❸
                "textNom", 10, 120, 100, "A", cadre,
                { autoUp:false, isRequired:false,
                  disable:false, rows:5, accessKey:"",
                  tabIndex:"", initValue:""});
var nomJeuneFille = new rialto.widget.Checkbox(←❹
                "nomJeuneFille", 15, 230, cadre,
                "Nom de jeune fille", false, "libelle1");
var libellePrenom = new rialto.widget.Label(←❷
                "libellePrenom", 45, 10, cadre,
                "Mot de passe", "libelle1");
var prenom = new rialto.widget.Text(←❸
                "prenom", 40, 120, 100, "P", cadre,
                { autoUp:false, isRequired:false,
                  disable:false, rows:5,
                  accessKey:"", tabIndex:"", initValue:""});
var libelleSexe = new rialto.widget.Label(←❷
                "libelleSexe", 70, 10, cadre,
                "Sexe", "libelle1");
var sexe = new rialto.widget.Combo(←❺
                "", "SEXE", 70, 120, 80, cadre,
                { suggest:true, enable:true, heightItem:0 });
sexe.addItem("M","Masculin");
sexe.addItem("F","Féminin");
sexe.addItem("?","Non connu");
sexe.selWithValue("Masculin");
var libelleLieuHabitation = new rialto.widget.Label(←❷
                "libelleLieuHabitation", 100, 10, cadre,
                "Lieu d'habitation", "libelle1");
var nord = new rialto.widget.Radio(←❻
                "nord", 100, 120, cadre, "lieuHabitation",
                "Nord", true, "libNormal");
var ouest = new rialto.widget.Radio(←❻
                "ouest", 130, 120, cadre, "lieuHabitation",
                "Ouest", false, "libNormal");
var est = new rialto.widget.Radio(←❻
                "est", 160, 120, cadre, "lieuHabitation",
                "Est", false, "libNormal");
var sud = new rialto.widget.Radio(←❻
                "sud", 190, 120, cadre, "lieuHabitation",
                "Sud", false, "libNormal");
var paris = new rialto.widget.Radio(←❻
                "paris", 220, 120, cadre, "lieuHabitation",
                "Région parisienne", false, "libNormal");
```

```
var boutonFermeture = new rialto.widget.Button(← ❼
                 250, 30, "Fermeture", "Fermer", cadre,
              { enable:true, adaptToText:true,
                width:88, widthMin:88 });
var boutonAide = new rialto.widget.Button(← ❼
                 250, 130, "Aide", "Afficher l'aide", cadre,
              { enable:true, adaptToText:true,
                width:88, widthMin:88 });
```

Notons que tous ces composants sont rattachés au conteneur de composants dont le nom d'instance est cadre (repère ❶). Nous détaillons la mise en œuvre des conteneurs de composants dans la suite de ce chapitre.

La figure 12.4 illustre l'apparence du formulaire de saisie d'informations décrit précédemment.

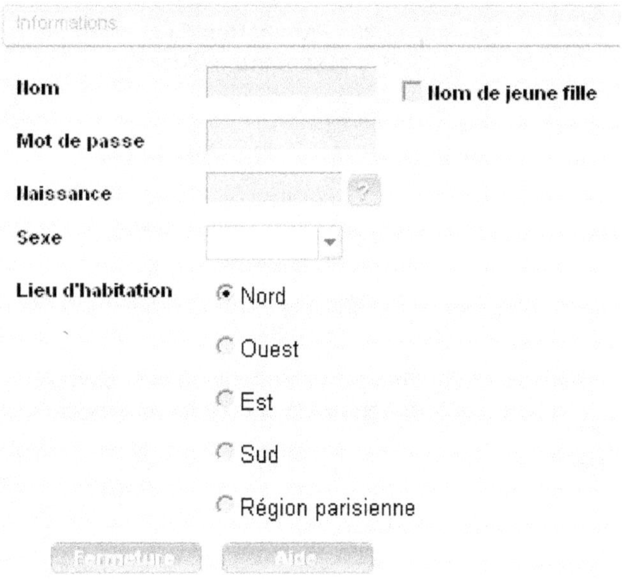

Figure 12.4
Formulaire de saisie d'informations

Gestion des formulaires

Afin de soumettre les données présentes dans un formulaire en se fondant sur une requête normale ou Ajax, la bibliothèque rialto met à disposition le composant rialto.widget.Form.

Ce composant correspond à un conteneur de composants et peut donc intégrer tous les composants de base détaillés à la section précédente.

Comme le montre le code suivant, la liaison se réalise par le biais du paramètre `parent` (repères ❶) de leurs constructeurs :

```
var formulaire = new rialto.widget.Form( (...) );
var libelleNom = new rialto.widget.Label(
          "libelleNom", 15, 10,
          formulaire, ← ❶
          "Nom", "libelle1");

var nom = new rialto.widget.Text(
          "textNom", 10, 120, 100, "A",
          formulaire, ← ❶
          { autoUp:false, isRequired:false, disable:false,
            rows:5, accessKey:"", tabIndex:"", initValue:""});
```

Les tableaux 12.23 et 12.24 récapitulent respectivement les paramètres du constructeur de cette classe ainsi que les propriétés de son tableau associatif.

**Tableau 12.23   Paramètres du constructeur
de la classe *rialto.widget.Form***

Paramètre	Type	Description
name	Une chaîne de caractères	Correspond au nom du formulaire.
url	Un nombre entier	Correspond au positionnement horizontal du composant.
parent	Un objet	Correspond à un composant rialto ou un conteneur HTML classique auquel est rattaché le composant.
parameters	Un tableau associatif	Contient les propriétés récapitulées au tableau 12.24.

**Tableau 12.24   Propriétés du tableau associatif *parameters*
du constructeur de la classe *rialto.widget.Form***

Propriété	Type	Description
boolAsynch	Un booléen	Spécifie si le formulaire doit être soumis de manière classique (valeur `false`) ou en se fondant sur les techniques Ajax (valeur `true`).
boolIframe	Un booléen	Dans le cas d'une requête Ajax, spécifie si la technique fondée sur les iframes doit être utilisée. Si la valeur de cette propriété est `false`, une requête Ajax fondée sur la classe `XMLHttpRequest` est réalisée.
boolWith-FenWait	Un booléen	Spécifie si une fenêtre d'attente doit être affichée pendant l'exécution de la requête Ajax de soumission. Ne peut être activée lors d'une soumission classique de formulaire.
canBeCancel	Un booléen	Spécifie si la requête Ajax peut être annulée durant son exécution.
imgBtonSubmit	Une instance d'un bouton	Correspond au bouton permettant de déclencher la soumission du formulaire.
method	Une chaîne de caractères	Correspond à la méthode HTTP utilisée afin de soumettre le formulaire.
onSuccess	Une référence à une fonction	Correspond à la fonction de rappel utilisée lors de l'utilisation d'une requête Ajax fondée sur la classe `XMLHttpRequest`.

Ce composant permet d'envoyer les données du formulaire de manière classique sans recourir aux techniques Ajax. L'adresse spécifiée dans le paramètre url est alors utilisée afin de soumettre le formulaire. L'interface graphique de la page est remplacée par celle construite par la ressource accédée. Cette approche se configure en spécifiant la valeur false pour la propriété boolAsynch.

Ce composant offre également la possibilité de soumettre le formulaire en se fondant sur les techniques Ajax. Deux approches sont en ce cas envisageables. La première se fonde sur la classe XMLHttpRequest et une fonction de rappel afin de traiter la réponse à la soumission. La seconde consiste à utiliser une iframe cachée.

Avec la première approche, les propriétés boolAsynch (repère ❸) et boolIframe (repère ❹) doivent respectivement contenir les valeurs true et false tandis que la propriété onSuccess (repère ❺) doit référencer la fonction de rappel (repère ❶) à utiliser pour traiter la réponse. L'adresse de la requête doit toujours être spécifiée dans le paramètre url (repère ❷).

Cette fonction de rappel accepte en paramètre l'instance de la classe XMLHttpRequest utilisée afin d'exécuter la requête. Pour plus de détail concernant l'utilisation d'une instance de ce type, voir le chapitre 5 relatif aux techniques Ajax.

Le code suivant donne un exemple de mise en œuvre de cette approche :

```
function traiterRequete(requete) { ← ❶
    // Exécute le code contenu dans la réponse
    try {
        eval(request.responseText);
    } catch(err) {
        alert(err.message);
    }
}
(...)
var formulaire = new rialto.widget.Form("subscriptionForm",
                    "/ajax/rialto/test1.js", ← ❷
                    cadre,
                    { method: "POST", autoSubmit: false,
                      boolWithFenWait: false,
                      boolAsynch: true, ← ❸
                      boolIframe: false, ← ❹
                      canBeCancel: true,
                      onSuccess: traiterRequete, ← ❺
                      imgBtonSubmit: null
                    });
```

Le code ci-dessus définit les paramètres de configuration du formulaire afin d'utiliser les techniques Ajax (repère ❸) et plus particulièrement la classe XMLHttpRequest (repère ❹) afin d'accéder à une ressource Web (repère ❷). La réponse à la soumission est traitée par une fonction de rappel (repère ❶) que référence le formulaire (repère ❺).

Avec la seconde approche, le composant rialto.widget.Form offre la possibilité de se fonder sur une iframe cachée afin d'exécuter la requête Ajax de soumission du formulaire. Dans ce cas, la valeur de la propriété boolIframe est true, et aucune fonction de rappel n'est nécessaire.

Pour plus de détail concernant l'utilisation d'une iframe cachée, voir le chapitre 5 relatif aux techniques Ajax.

Positionnement

Les composants de ce type sont des conteneurs permettant de positionner les composants dans une page Web. Ces conteneurs peuvent s'imbriquer de manière récursive afin de mettre en œuvre des positionnements complexes.

La figure 12.5 illustre les différentes classes relatives à la mise en œuvre des composants de ce type.

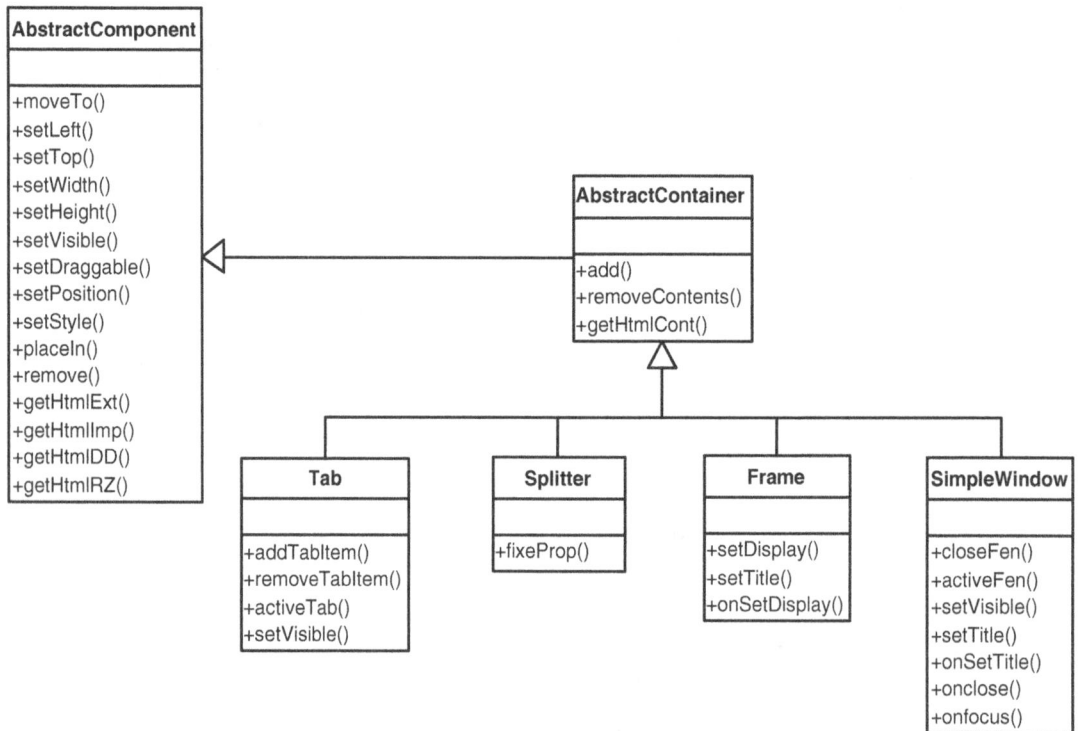

Figure 12.5

Classes des composants relatifs au positionnement

Ce support offre la possibilité de définir les différentes zones affichées dans un navigateur et de les positionner en se fondant sur un gestionnaire de positionnement redimensionnable ou des onglets.

Panel

La bibliothèque rialto offre la possibilité de définir des panels en se fondant sur la classe `rialto.widget.SimpleWindow`. Ces panels peuvent par la suite être rattachés à une balise

HTML `div`. Cette dernière peut aussi bien correspondre à une balise définie en dehors de rialto qu'à une balise `div` interne d'un composant graphique de cette bibliothèque, telle une zone d'un gestionnaire de positionnement.

Affichage des composants de type *rialto.widget.SimpleWindow*

La bibliothèque n'autorise l'affichage que d'un seul composant de ce type dans une page Web. L'application ne peut donc mettre en œuvre les composants qu'en prenant en compte cet aspect. Il sera possible dans les prochaines versions de la bibliothèque d'en afficher plusieurs simultanément.

Le constructeur de ce composant graphique prend en paramètre un tableau associatif contenant les propriétés récapitulées au tableau 12.25.

Tableau 12.25 Propriétés utilisables par le constructeur de la classe *rialto.widget.SimpleWindow*

Paramètre	Type	Description
`icone`	Une chaîne de caractères	Correspond à l'icône associée au panel.
`parent`	Un objet	Correspond à un composant rialto ou à un conteneur HTML classique auquel est rattaché le composant.
`title`	Une chaîne de caractères	Correspond au titre du panel.

Le code suivant met en œuvre un composant de ce type (repère ❶) contenant la zone (repère ❷) du formulaire de saisie :

```
var fenetre = new rialto.widget.SimpleWindow({ ← ❶
    parent: document.body,
    title: "Un titre",
    icone: "images/imgFenSimple/picto-gr_recherchepatients.gif"
});

var cadre = new rialto.widget.Frame({ ← ❷
    name:"cadre",
    title: "Informations", open:true, dynamic:true,
    position: "relative", draggable:false, parent:fenetre
});

var libelleNom = new rialto.widget.Label(
    "libelleNom", 15, 10, cadre, "Nom", "libelle1");
var nom = new rialto.widget.Text(
    "textNom", 10, 120, 100, "A", cadre,
    { autoUp:false, isRequired:false, disable:false,
      rows:5, accessKey:"", tabIndex:"", initValue:""});
(...)
```

La figure 12.6 illustre l'aspect d'un composant de ce type.

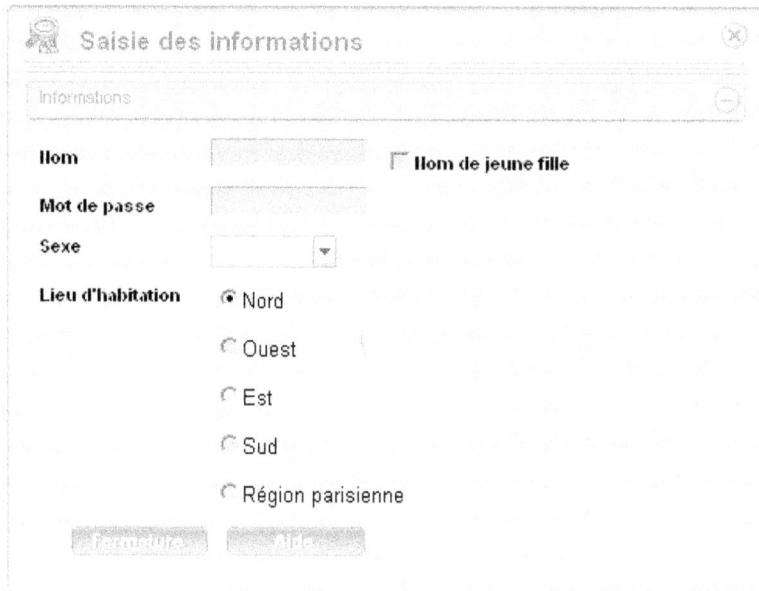

Figure 12.6
Aspect d'un composant de type rialto.widget.SimpleWindow

Zone

Dans un panel, la bibliothèque rialto offre la possibilité de définir différentes zones afin de regrouper des ensembles de composants graphiques. Cette approche se fonde sur la classe rialto.widget.Frame.

Le constructeur de ce composant graphique prend en paramètre un tableau associatif contenant les propriétés récapitulées au tableau 12.26.

Tableau 12.26   Propriétés utilisables par le constructeur de la classe *rialto.widget.Frame*

Propriété	Type	Description
draggable	Un booléen	Spécifie si la zone peut être déplacée par une opération de glisser-déposer.
dynamic	Un booléen	Spécifie si la zone est dynamique ou statique. Dans le cas où elle est dynamique (valeur true), elle peut être dépliée et repliée.
height	Une chaîne de caractères	Correspond à la hauteur du composant. Peut être exprimée aussi bien sous forme de nombre que de pourcentage.
left	Un nombre entier	Correspond au positionnement horizontal du composant.
name	Une chaîne de caractères	Correspond au nom de la zone.
open	Un booléen	Spécifie l'état de la zone (ouverte ou fermée) lorsque la valeur de la propriété dynamic vaut true.

Tableau 12.26 **Propriétés utilisables par le constructeur de la classe** *rialto.widget.Frame (suite)*

Propriété	Type	Description
parent	Un objet	Correspond à un composant rialto ou à un conteneur HTML classique auquel est rattaché le composant.
position	Une chaîne de caractères	Spécifie le mode de positionnement de la zone.
title	Une chaîne de caractères	Correspond au titre affiché en haut de la zone.
top	Un nombre entier	Correspond au positionnement vertical du composant.
width	Une chaîne de caractères	Correspond à la largeur du composant. Peut être exprimée aussi bien sous forme de nombre que de pourcentage.

Cette zone peut contenir tous les éléments simples de formulaire décrits précédemment, composants lui étant rattachés en se fondant sur son instance.

Le code suivant met en œuvre un composant de ce type (repère ❶), ainsi que le rattachement de composants (repère ❷) à la zone :

```
(...)
var cadre = new rialto.widget.Frame({ ← ❶
        name:"cadre",
        title: "Informations", open:true, dynamic:true,
        position: "relative", draggable:false, parent:fenetre
});
var libelleNom = new rialto.widget.Label(
        "libelleNom", 15, 10,
        cadre, ← ❷
        "Nom", "libelle1");
var nom = new rialto.widget.Text(
        "textNom", 10, 120, 100, "A",
        cadre, ← ❷
        { autoUp:false, isRequired:false, disable:false,
          rows:5, accessKey:"", tabIndex:"", initValue:""});
(...)
(...)
```

Notons que la spécification de la valeur true à la propriété dynamic permet d'afficher et de masquer la zone.

Gestionnaire de positionnement redimensionnable

Un gestionnaire de positionnement redimensionnable, ou *splitter,* offre la possibilité de mettre en œuvre deux zones dont la limite commune peut être déplacée. L'agrandissement d'une zone entraîne donc la réduction de l'autre.

La bibliothèque rialto implémente ce composant graphique par le biais de la classe rialto.widget.Splitter, dont le constructeur prend en paramètre un tableau associatif contenant les propriétés récapitulées au tableau 12.27.

Tableau 12.27   Propriétés utilisables par le constructeur de la classe *rialto.widget.Splitter*

Propriété	Type	Description
height	Une chaîne de caractères	Correspond à la hauteur du composant. Peut être exprimée aussi bien sous forme de nombre que de pourcentage.
left	Un nombre entier	Correspond au positionnement horizontal du composant.
limInf	Un nombre entier	Correspond à la proportion minimale possible de la première zone.
limSup	Un nombre entier	Correspond à la proportion maximale possible de la première zone.
name	Une chaîne de caractères	Correspond au nom de la zone.
orientation	Une chaîne de caractères	Spécifie l'orientation du composant. Les valeurs suivantes sont possibles : – v : pour une orientation verticale ; – h : pour une orientation horizontale.
parent	Un objet	Correspond à un composant rialto ou à un conteneur HTML classique auquel est rattaché le composant.
prop	Un nombre entier	Correspond à la proportion de la première zone. Cette valeur est comprise entre 0 et 1.
reverseClose	Un booléen	Spécifie si le composant se ferme à droite (ou en bas dans le cas d'une orientation verticale) sur un clic de la tirette.
style	Une chaîne de caractères	Correspond au style CSS du composant.
top	Un nombre entier	Correspond au positionnement vertical du composant.
width	Une chaîne de caractères	Correspond à la largeur du composant. Peut être exprimée aussi bien sous forme de nombre que de pourcentage.
withImg	Un booléen	Spécifie la séparation des zones possédant une image.

La mise en œuvre de ce gestionnaire de positionnement se réalise de la manière suivante :

```
var splitter = new rialto.widget.Splitter({
                    top: 0, left: 0,
                    height: "100%", width: "100%",
                    prop: 0.5, orientation: "h",
                    name: "splitter", parent: document.body,
                    style: "3D", limInf: 0, limSup: 1,
                    withImg: true, reverseClose: false
});
```

Afin de rattacher les zones au gestionnaire, ses propriétés div1 et div2 peuvent être utilisées, propriétés représentant respectivement ses parties gauche et droite (ou haute et basse dans le cadre d'une orientation verticale).

Le code suivant fournit un exemple de rattachement de deux zones à la partie gauche (repère ❷) et droite (repère ❸) d'un gestionnaire (repère ❶) de positionnement de ce type :

```
var splitter = new rialto.widget.Splitter({ (...) });← ❶
var libelle1 = new rialto.widget.Label(
        "libelle1", 15, 10,
        splitter.div1,← ❷
        "Première zone", "libelle1");
```

```
var libelle2 = new rialto.widget.Label(
        "libelle2", 15, 10,
        splitter.div2, ← ❸
        "Seconde zone", "libelle1");
```

La figure 12.7 illustre l'aspect d'un composant de ce type.

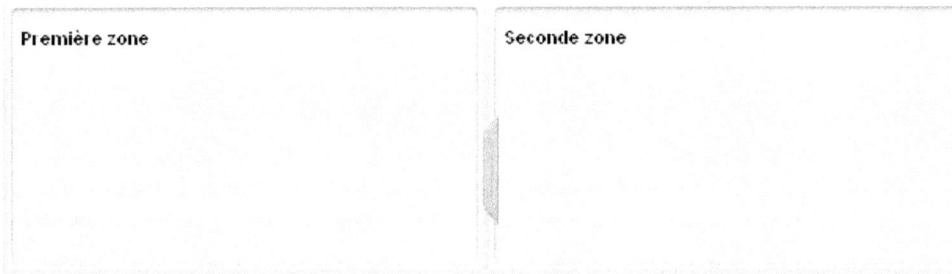

Figure 12.7
Aspect d'un composant de type rialto.widget.Splitter

Onglet

Un gestionnaire d'onglets permet de faire cohabiter plusieurs zones tout en n'en affichant qu'une seule simultanément. Les onglets permettent de sélectionner la zone à afficher dans le gestionnaire.

La bibliothèque rialto implémente cette fonctionnalité en se fondant sur la classe rialto.widget.TabFolder.

Le constructeur de cette classe prend en paramètre un tableau associatif contenant les propriétés récapitulées au tableau 12.28.

Tableau 12.28 Propriétés utilisables par le constructeur de la classe *rialto.widget.TabFolder*

Propriété	Type	Description
autoRedimTab	Un booléen	Spécifie si le redimensionnement automatique des titres des onglets est activé.
draggableItem	Un booléen	Spécifie si les onglets peuvent être déplacés par le mécanisme de glisser-déposer.
height	Une chaîne de caractères	Correspond à la hauteur du composant. Peut être exprimé aussi bien sous forme de nombre que de pourcentage.
isClosable	Un booléen	Spécifie si les onglets peuvent être fermés.
left	Un nombre entier	Correspond au positionnement horizontal du composant.
name	Une chaîne de caractères	Correspond au nom de la zone.
parent	Un objet	Correspond à un composant rialto ou à un conteneur HTML classique auquel est rattaché le composant.
top	Un nombre entier	Correspond au positionnement vertical du composant.
width	Une chaîne de caractères	Correspond à la largeur du composant. Peut être exprimée aussi bien sous forme de nombre que de pourcentage.
widthTabName	Un nombre entier	Correspond à la taille des onglets.

La mise en œuvre de ce type de gestionnaire de positionnement se réalise de la manière suivante :

```
var onglets = new rialto.widget.TabFolder({
            name: "onglets", top: "80", left: "150",
            width: "500", height: "350",
            parent: document.body,
            widthTabName: 100, autoRedimTab: false,
            isClosable: false, draggableItem: true
});
```

L'ajout d'onglet au gestionnaire s'effectue à partir de sa méthode addTabItem, qui permet de spécifier le titre de l'onglet et s'il est activé. Cette méthode renvoie l'instance de l'onglet ajouté, instance qui peut être utilisée afin de lui ajouter des zones et des composants.

Le code suivant met en œuvre cette méthode (repère ❶) afin de créer un onglet ainsi que le rattachement d'un composant (repère ❷) à ce dernier :

```
var onglets = new rialto.widget.TabFolder({ (...)});
var premierOnglet = onglets.addTabItem("Premier onglet", true);← ❶
var libelle1 = new rialto.widget.Label(
            "libelle1", 15, 10,
            premierOnglet, ← ❷
            "Première zone", "libelle1");
(...)
```

La figure 12.8 illustre l'aspect d'un composant de ce type.

Figure 12.8
Aspect d'un composant de type rialto.widget.TabFolder

Fenêtres flottantes

rialto met à disposition les classes rialto.widget.Alert et rialto.widget.PopUp afin de mettre en œuvre des fenêtres flottantes dans des pages Web.

La première correspond simplement à une fenêtre d'avertissement avec un message, et la seconde à une fenêtre modale flottante. Le contenu de cette dernière peut être construit spécifiquement suivant le besoin de l'application.

Fenêtre d'avertissement

La classe `rialto.widget.Alert` permet d'afficher des fenêtres d'avertissement. Le constructeur de cette classe accepte un unique paramètre correspondant au texte du message à afficher, comme dans le code suivant :

```
var fenetreAvertissement = new rialto.widget.Alert("Mon message");
```

La figure 12.9 illustre l'aspect du composant graphique créé.

Figure 12.9

Apparence du composant graphique correspondant à une fenêtre modale

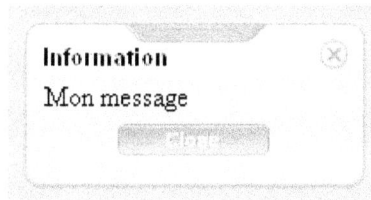

Fenêtre générique

La classe `rialto.widget.PopUp` est plus élaborée que celle décrite à la section précédente. Son constructeur se fonde sur les paramètres récapitulés au tableau 12.29.

Tableau 12.29   Paramètres du constructeur de la classe *rialto.widget.Popup*

Paramètre	Type	Description
name	Une chaîne de caractères	Correspond au nom de la fenêtre.
top	Un nombre entier	Correspond à la position verticale de la fenêtre.
left	Un nombre entier	Correspond à la position horizontale de la fenêtre.
width	Une chaîne de caractères	Correspond à la largeur de la fenêtre.
height	Une chaîne de caractères	Correspond à la hauteur de la fenêtre.
contain	Un objet	Spécifie un texte à ajouter dans la fenêtre.
title	Une chaîne de caractères	Correspond au titre de la fenêtre.
greyBackground	Une chaîne de caractères	Spécifie la couleur de fond de la fenêtre. La valeur Gris est utilisable pour un fond gris et la valeur transparent pour un fond transparent.

Le code suivant met en œuvre cette classe sous la forme d'une boîte de dialogue (repère ❶) contenant la saisie de paramètres d'authentification (repères ❷) :

```
var popup = new rialto.widget.PopUp( ← ❶
                        "test", 150, 370, "280", "120", "",
                        "Authentification","transparent");
var cadre = new rialto.widget.Frame({
                        name:"cadre", top:"20", left:"5",
                        width:"240", height: "70",
```

```
                               title: "Utilisateur/Mot de passe",
                               open:true, dynamic:false,
                               position: "absolute",
                               draggable:false, parent:popup
});

var libelleIdentifiant = new rialto.widget.Label(
                       "libelleIdentifiant", 15, 10, cadre,
                       "Utilisateur", "libelle1");
var identifiant = new rialto.widget.Text(←❷
                       "texteIdentifiant", 10, 100,
                       100, "A", cadre,
                       { autoUp:false, isRequired:false,
                         disable:false, rows:5, accessKey: "",
                         tabIndex:"", initValue:"" });
var libelleMotDePasse = new rialto.widget.Label(
                       "libelleMotDePasse", 45, 10,
                       cadre, "Mot de passe", "libelle1");
var motDePasse = new rialto.widget.Text(←❷
                       "texteMotDePasse", 40, 100,
                       100, "P", cadre,
                       { autoUp:false, isRequired:false,
                         disable:false, rows:5, accessKey:"",
                         tabIndex:"",initValue:"" });
(...)
```

La figure 12.10 illustre l'aspect du composant graphique créé.

Figure 12.10

Apparence du composant graphique de type rialto.widget.PopUp

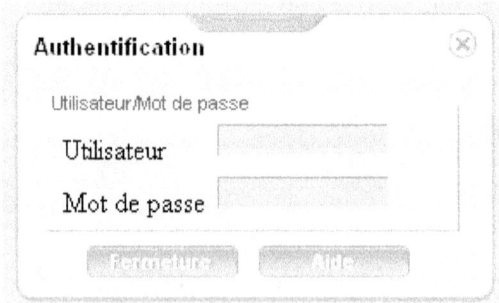

Composants complexes

La bibliothèque rialto met à disposition trois composants graphiques complexes aux fonctionnalités élaborées, qui permettent de mettre en œuvre des tableaux et des arbres.

La figure 12.11 illustre les classes relatives aux composants complexes.

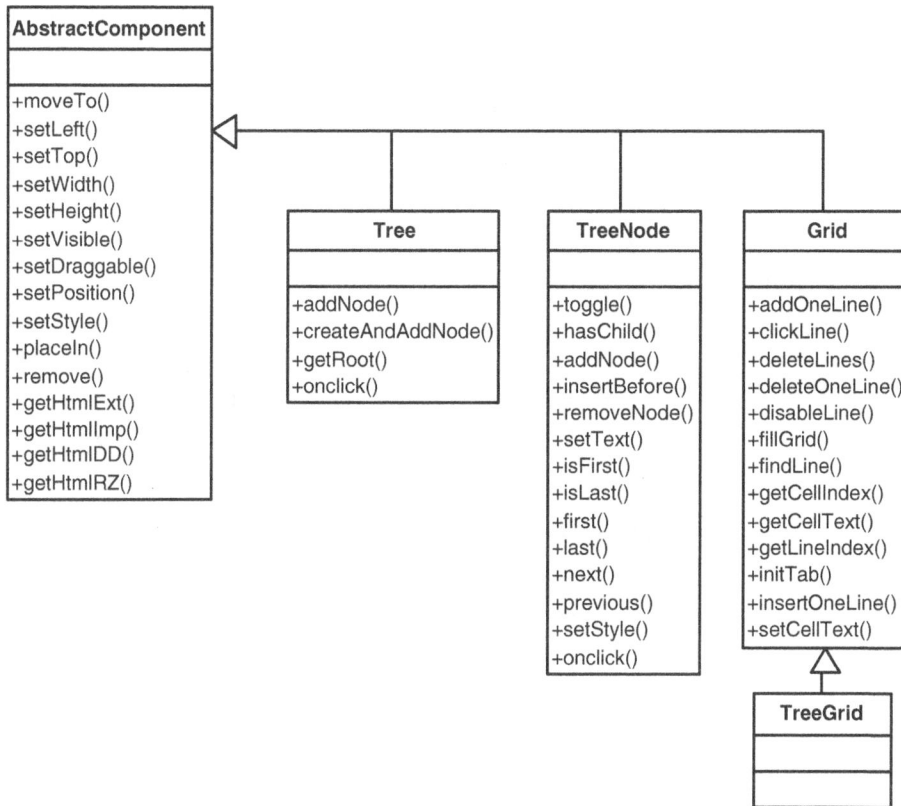

Figure 12.11
Classes des composants complexes

Support des tableaux

La bibliothèque offre la possibilité de mettre en œuvre des tableaux évolués en se fondant sur la classe `rialto.widget.Grid`.

Le constructeur de cette classe prend en paramètre un tableau associatif contenant les propriétés récapitulées au tableau 12.30.

Tableau 12.30 Propriétés utilisables par le constructeur de la classe *rialto.widget.Grid*

Paramètre	Type	Description
`actifClic`	Un booléen	Active le clic pour le tableau.
`autoWidth`	Un booléen	Spécifie si la taille du tableau est la même que celle du composant qui le contient.
`bNavig`	Un booléen	Spécifie le mode de navigation du tableau. Si la valeur est `true`, le tableau est paginé. Dans le cas contraire, les données du tableau sont affichées d'un bloc.
`boolPrint`	Un booléen	Spécifie si le tableau peut être imprimé.

Tableau 12.30 Propriétés utilisables par le constructeur de la classe *rialto.widget.Grid (suite)*

Paramètre	Type	Description
cellActive	Un booléen	Spécifie si la sélection se fait sur les lignes (valeur false) ou sur les cellules (valeur true).
height	Une chaîne de caractères	Correspond à la hauteur du composant. Peut être exprimée aussi bien sous forme de nombre que de pourcentage.
left	Un nombre entier	Correspond à la position horizontale de la fenêtre.
lineHeight	Un nombre entier	Correspond à la hauteur des lignes.
multiSelect	Un booléen	Spécifie si l'édition multiple de lignes est activée.
name	Une chaîne de caractères	Correspond au nom de la fenêtre.
parent	Un objet	Correspond à un composant rialto ou à un conteneur HTML classique auquel est rattaché le composant.
rang	Un nombre entier	Spécifie le nombre de lignes affichées en mode paginé.
sortable	Un booléen	Spécifie si les lignes du tableau peuvent être triées.
switchable	Un booléen	Spécifie si le mode d'affichage peut être changé.
TabEntete	Un tableau	Spécifie les libellés des en-têtes des différentes colonnes du tableau.
tabTypeCol	Un tableau	Spécifie les types et les largeurs des différentes colonnes du tableau.
top	Un nombre entier	Correspond à la position verticale de la fenêtre.
writable	Un booléen	Spécifie si les lignes du tableau sont éditables.

Le code suivant met en œuvre la classe rialto.widget.Grid, qui offre la possibilité de spécifier les en-têtes (repère ❶) des différentes colonnes, les types de données (repère ❷) qu'elles attendent et les divers comportements souhaités pour le tableau, tels que la sélection multiple (repère ❸) de lignes, le tri des lignes (repère ❹) ainsi que leur édition (repère ❺) :

```
var tableau = new rialto.widget.Grid({
                top:10, left:5, height:200,
                TabEntete:[ "Numéro","Isbn","Titre",← ❶
                            "Auteurs", "Date de parution" ],
                name:"tableau", parent:cadre,
                bNavig:false, rang:5,
                tabTypeCol:[ ["string",60], ["string",90],← ❷
                             ["string",200], ["string",220],
                             ["date",120] ],
                cellActive:false, multiSelect:false,← ❸
                sortable:true, lineHeight:16,← ❹
                boolPrint:true, switchable:true,
                actifClic:true, autoResizableW:false,
                writable:true← ❺
});
```

La classe rialto.widget.Grid met à disposition la méthode fillGrid afin de spécifier les données du tableau. Elle prend en paramètre un tableau contenant les données des différentes lignes. Les colonnes d'une ligne sont elles-mêmes spécifiées sous forme de tableau.

Le code suivant indique comment mettre en œuvre cette méthode :

```
var tableau = new rialto.widget.Grid({ (...) });
tableau.fillGrid([
        [ "1", "2212117108", "Spring par la pratique",
          "J. Dubois, J.P. Retaillé, T. Templier","28/04/2006"],
        [ "2", "2212115709","CSS 2: Pratique du design web",
          "R. Goetter et S. Blondeel","16/07/2005"],
        [ "3", "2212120095","JavaScript pour le Web 2.0",
          "A. Gougeon, T. Templier", "30/11/2006"],
        [ "4", "2212119658","Développez en Ajax",
          "Michel Plasse", "14/09/2006"]
]);
```

Les données contenues dans un tableau sont accessibles en se fondant sur son attribut `tabData`, correspondant à un tableau de données dont la structure est similaire à celle du paramètre de la méthode `fillGrid`.

La figure 12.12 illustre l'aspect du tableau créé.

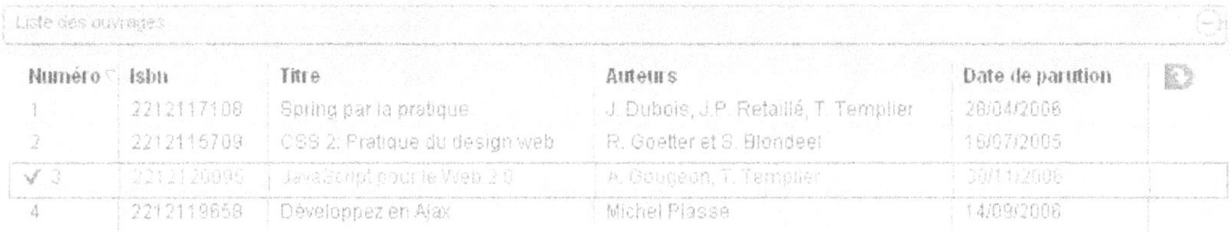

Figure 12.12
Aspect d'un composant graphique de type rialto.widget.Grid

La bibliothèque rialto permet de modifier les données du tableau en éditant directement les lignes de données qu'il contient. Cette fonctionnalité est activée au moment de la création du tableau en se fondant sur le paramètre `writable`.

La figure 12.13 illustre l'aspect d'un tableau en mode modification

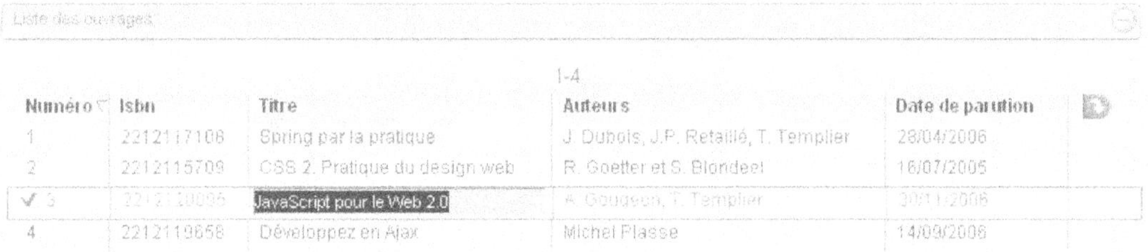

Figure 12.13
Aspect d'un tableau en mode modification

La classe `rialto.widget.Grid` offre diverses méthodes permettant de manipuler par programmation les données contenues dans un tableau.

Le tableau 12.31 récapitule les principales de ces méthodes de manipulation.

Tableau 12.31   Principales méthodes de manipulation des données de la classe *rialto.widget.Grid*

Méthode	Paramètre	Description
addOneLine	Un tableau contenant les données de la ligne	Ajoute une ligne à la fin du tableau en se fondant sur les données fournies.
clickLine	Deux nombres entiers	Sélectionne une ligne ou une cellule en se fondant sur les indices passés en paramètres.
deleteLines	Une chaîne de caractères	Supprime toutes les lignes du tableau et spécifie le nouveau titre du tableau en mode navigation.
deleteOneLine	Un nombre entier	Supprime une ligne du tableau dont l'indice est passé en paramètre.
disableLine	Deux nombres entiers	Désactive une ligne ou une cellule en se fondant sur les indices passés en paramètres.
fillGrid	Un tableau	Initialise les données du tableau à partir d'une tableau de données.
findLine	Un entier et une chaîne de caractères	Parcourt toutes les données d'une colonne afin de trouver une valeur et retourne l'indice de la première ligne correspondante.
getCellIndex	Un nœud DOM de cellule	Retourne l'indice d'une cellule en se fondant sur son nœud DOM.
getCellText	Les indices de la ligne et de la colonne	Retourne le texte d'une cellule.
getHtmlCellFromIndex	Deux nombres entiers	Retourne le nœud DOM de la cellule en se fondant sur les indices passés en paramètres.
getHtmlLineFromIndex	Un nombre entier	Retourne le nœud DOM de la ligne en fonction de son indice.
getIndCellClic	-	Retourne l'indice de la cellule cliquée.
getIndLineClic	-	Retourne l'indice de la ligne cliquée.
getLineIndex	Un nœud DOM de cellule	Retourne l'indice d'une ligne en se fondant sur son nœud DOM.
initTab	Un booléen	Initialise un tableau en supprimant les lignes et les données correspondantes.
insertOneLine	Un tableau contenant les données et l'indice de ligne	Ajoute une ligne à une position donnée dans le tableau en se fondant sur les données fournies.
isCell	Un nœud DOM	Retourne `true` si le nœud est une cellule.
isLine	Un nœud DOM	Retourne `true` si le nœud est une ligne.
setCellText	Les indices de la ligne et de la colonne ainsi qu'une chaîne de caractères	Positionne le texte pour une cellule.

La plupart des méthodes du tableau 12.31 prennent en paramètre des lignes HTML.

Le code suivant fournit un exemple d'utilisation des principales méthodes du tableau précédemment créé afin de lui ajouter (repère ❶) et de lui supprimer (repère ❷) des lignes :

```
(...)
function ajouterLigne() {←❶
    // Construction des données à ajouter
    var donnees = [ "3", "2212120095",
                    "JavaScript pour le Web 2.0",
                    "A. Gougeon, T. Templier",
                    "30/11/2006" ];
    // Ajout des données
    tableau.addOneLine(donnees);
}
function supprimerLigneSelectionnee() {←❷
    if(tableau.getIndLineClic()!=-1 ) {
        // Récupération de l'indice de la ligne sélectionnée
        var indiceLigneSelectionnee = tableau.getIndLineClic();
        // Récupération de la ligne sélectionnée
        var ligneSelectionnee = tableau.getHtmlLineFromIndex(
                                        indiceLigneSelectionnee);
        // Suppression de la ligne sélectionnée
        tableau.deleteOneLine(indiceLigneSelectionnee);
    }
}
```

Support des arbres

La bibliothèque rialto offre la possibilité de mettre en œuvre des arbres en se fondant sur les classes rialto.widget.Tree et rialto.widget.TreeNode.

Le constructeur de la classe rialto.widget.Tree accepte les différents paramètres récapitulés au tableau 12.32 par l'intermédiaire d'un tableau associatif.

Tableau 12.32　Paramètres du constructeur de la classe *rialto.widget.Tree*

Paramètre	Type	Description
boolSelActive	Un booléen	Spécifie si le style des nœuds change quand ils sont sélectionnés.
draggableNode	Un booléen	Spécifie si les nœuds peuvent être déplacés en se fondant sur le mécanisme de glisser-déposer.
height	Une chaîne de caractères	Correspond à la hauteur du composant. Peut être exprimée aussi bien sous forme de nombre que de pourcentage.
left	Un nombre entier	Correspond au positionnement horizontal du composant.
name	Une chaîne de caractères	Correspond au nom de l'arbre.
parent	Un objet	Correspond à un composant rialto ou à un conteneur HTML classique auquel est rattaché le composant.
rootOpen	Un booléen	Spécifie si le nœud racine est ouvert lors de la création du tableau.
top	Un nombre entier	Correspond au positionnement vertical du composant.
width	Une chaîne de caractères	Correspond à la largeur du composant. Peut être exprimée aussi bien sous forme de nombre que de pourcentage.
withRoot	Un booléen	Spécifie si un titre et une image sont associés au nœud racine.
withT	Un booléen	Spécifie si des lignes en pointillé sont affichées afin de relier les nœuds de l'arbre.

La mise en œuvre de la classe `rialto.widget.Tree` se réalise de la manière suivante :

```
var arbre = new rialto.widget.Tree({
            name: "arbre", top: "5", left:"0",
            width: "300", height: "200",
            parent: cadre, boolSelActive: true, rootOpen: true,
            withRoot: true, withT: true, draggableNode: false
});
```

Une fois cet élément instancié, les différents nœuds de l'arbre peuvent lui être ajoutés en se fondant sur sa méthode `createAndAddNode`. Cette méthode prend en paramètre l'identifiant du nœud auquel le nouveau nœud est ajouté ainsi que diverses propriétés pour le nœud ajouté.

Le code suivant donne un exemple de mise en œuvre de cette méthode :

```
var arbre = new rialto.widget.Tree({
            name: "arbre", top: "5", left:"0",
            width: "300", height: "200",
            parent: cadre, boolSelActive: true, rootOpen: true,
            withRoot: true, withT: true, draggableNode: false
});

var noeudRacineArbre = arbre.createAndAddNode(arbre.id, {
            name: "noeudRacineArbre", text: "Ouvrages",
            icon:'images/imTreeview/pict_synthetik_off.gif',
            icon2:'images/imTreeview/pict_synthetik_on.gif',
            onclick: "", open: true, reload: false,
            url: "", typeInfo: ""
});
var noeudJ2EE = arbre.createAndAddNode(noeudRacineArbre.id, {
            name: "noeudJ2EE", text: "J2EE",
            icon: "images/imTreeview/pict_synthetik_off.gif",
            icon2: "images/imTreeview/pict_synthetik_on.gif",
            onclick: "", open: true, reload: false,
            url: "", typeInfo: ""
});
```

La figure 12.14 illustre l'aspect de l'arbre créé ci-dessus.

Figure 12.14

Aspect d'un arbre

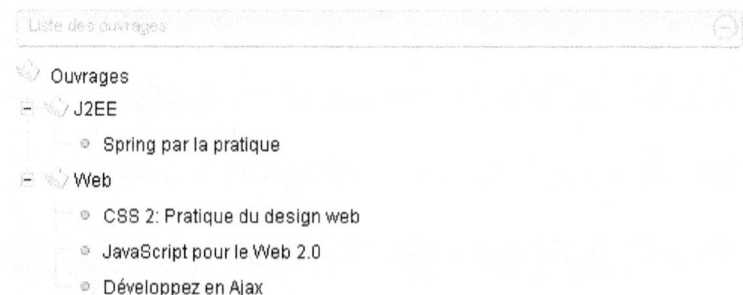

Un observateur global peut être enregistré sur l'arbre en se fondant sur sa méthode `onclick` (repère ❷) afin de réaliser des traitements (repère ❶) lors de la sélection de ces nœuds.

Le code suivant montre comment mettre en œuvre ce mécanisme :

```
function selectionNoeud(noeud) {←❶
    alert("Nœud sélectionné. Identifiant: "
                    +nœud.id+", texte: "+nœud.text);
}
var arbre = new rialto.widget.Tree({
                name: "arbre", top: "5", left:"0",
                width: "300", height: "200",
                parent: cadre, boolSelActive: true, rootOpen: true,
                withRoot: true, withT: true, draggableNode: false
});
arbre.onclick = selectionNoeud;←❷
```

Les nœuds que manipule l'arbre sont de type `rialto.widget.TreeNode` et peuvent être créés explicitement en instanciant cette classe directement. Ils doivent être ensuite ajoutés à l'arbre en se fondant sur sa méthode `addNode`.

Les tableaux 12.33 et 12.34 récapitulent les paramètres du constructeur de cette classe ainsi que ses différentes méthodes.

Tableau 12.33　Paramètres du constructeur de la classe *rialto.widget.TreeNode*

Paramètre	Type	Description
`icon`	Une chaîne de caractères	Correspond au chemin de l'image affichée pour le nœud.
`icon2`	Une chaîne de caractères	Correspond au chemin de l'image affichée quand le nœud est ouvert.
`name`	Une chaîne de caractères	Correspond au nom du nœud.
`onclick`	Une chaîne de caractères	Correspond au nom de la fonction à appeler lorsqu'un nœud est cliqué.
`open`	Un booléen	Spécifie si le nœud est initialement ouvert.
`reload`	Un booléen	Spécifie si le nœud peut être rechargé en se fondant sur la valeur du paramètre `url`.
`text`	Une chaîne de caractères	Correspond au texte affiché par le nœud.
`url`	Une chaîne de caractères	Correspond à l'adresse appelée afin de récupérer la nouvelle valeur du nœud.

Tableau 12.34　Méthodes de la classe *rialto.widget.TreeNode*

Méthode	Paramètre	Description
`addNode`	Un nœud de type `rialto.widget.TreeNode`	Permet d'ajouter un nœud.
`existChild`	Une chaîne de caractères	Retourne la valeur `true` s'il existe pour le nœud un enfant correspondant à l'identifiant passé en paramètre.
`first`	-	Retourne le premier nœud enfant du nœud.
`hasChild`	-	Retourne si le nœud possède des nœuds enfants.
`insertBefore`	Un nœud de type `rialto.widget.TreeNode` et une chaîne de caractères	Ajoute un nœud passé en paramètre avant le nœud sur lequel s'applique la méthode.

Tableau 12.34   Méthodes de la classe *rialto.widget.TreeNode (suite)*

Méthode	Paramètre	Description
isFirst	-	Détermine si le nœud est le premier enfant de son nœud parent.
isLast	-	Détermine si le nœud est le dernier enfant de son nœud parent.
last	-	Retourne le dernier nœud enfant du nœud.
next	-	Retourne le nœud suivant et situé au même niveau du nœud.
onclick	-	Correspond à la méthode à redéfinir afin de spécifier les traitements à exécuter lors de la sélection du nœud.
previous	-	Retourne le nœud précédent et situé au même niveau du nœud.
removeNode	Une chaîne de caractères	Supprime un nœud de la liste des nœuds enfants en se fondant sur son identifiant.
setStyle	Un tableau associatif	Positionne les propriétés du style en se fondant sur les paramètres contenus dans un tableau associatif.
setText	Une chaîne de caractères	Spécifie le nouveau texte du nœud.
toggle	Une chaîne de caractères et un tableau associatif	Ouvre ou ferme le nœud dont l'identifiant est passé en paramètre.

Le code suivant met en œuvre cette classe (repères ❶) conjointement avec la méthode addNode de l'arbre (repères ❷) :

```
var arbre = new rialto.widget.Tree({
          name: "arbre", top: "5", left:"0",
          width: "300", height: "200",
          parent: cadre, boolSelActive: true, rootOpen: true,
          withRoot: true, withT: true, draggableNode: false
});

var noeudRacineArbre = new rialto.widget.TreeNode({ ← ❶
          name: "noeudRacineArbre", text: "Ouvrages",
          icon:'images/imTreeview/pict_synthetik_off.gif',
          icon2:'images/imTreeview/pict_synthetik_on.gif',
          onclick: "", open: true, reload: false
});
arbre.addNode(noeudRacineArbre, arbre.id); ← ❷

var noeudJ2EE = new rialto.widget.TreeNode({ ← ❶
          name: "noeudJ2EE", text: "J2EE",
          icon: "images/imTreeview/pict_synthetik_off.gif",
          icon2: "images/imTreeview/pict_synthetik_on.gif",
          onclick: "", open: true, reload: false,
          url: "", typeInfo: ""
});
arbre.addNode(noeudJ2EE, noeudRacineArbre.id); ← ❷
```

Dans le code suivant, les méthodes first (repère ❶) et next (repère ❷) offrent la possibilité de parcourir les différents nœuds enfants d'un nœud :

```
(...)
var premierNoeudEnfant = noeudRacineArbre.first(); ← ❶
// premierNoeudEnfant contient le nœud « J2EE »
var secondNoeudEnfant = premierNoeudEnfant.next(); ← ❷
// premierNoeudEnfant contient le nœud « Web »
```

Dans le code suivant, la méthode removeNode (repère ❶) permet de supprimer un nœud de la liste des nœuds enfants :

```
var dernierNoeudEnfant = noeudWeb.last();
noeudWeb.removeNode(dernierNoeudEnfant.id); ← ❶
```

Comme l'indique le code suivant, la bibliothèque offre la possibilité de déclencher des traitements (repère ❶) lors de la sélection d'un nœud en utilisant sa propriété onclick (repère ❷) dans les paramètres du constructeur de la classe rialto.widget.TreeNode :

```
function selectionNoeud() { ← ❶
    alert("Le nœud a été sélectionné.");
}
(...)
var noeudRacineArbre = new rialto.widget.TreeNode({
            name: "noeudRacineArbre", text: "Ouvrages",
            icon:'images/imTreeview/pict_synthetik_off.gif',
            icon2:'images/imTreeview/pict_synthetik_on.gif',
            onclick: selectionNoeud, ← ❷
            open: true, reload: false
});
```

Combiner arbres et tableaux

La bibliothèque rialto offre la possibilité de combiner les tableaux avec les arbres afin de mettre en œuvre une représentation tabulaire d'éléments d'arbres.

Ce mécanisme est implémenté par le biais de la classe rialto.widget.TreeGrid héritant de la classe rialto.widget.Grid. Les paramètres de son constructeur sont donc les mêmes que ceux de cette dernière classe. La classe rialto.widget.TreeGrid accepte néanmoins les deux paramètres récapitulés au tableau 12.35.

**Tableau 12.35 Paramètres supplémentaires du constructeur
de la classe *rialto.widget.TreeGrid***

Paramètre	Type	Description
textFirstCol	Une chaîne de caractères	Correspond au titre de la première colonne, colonne contenant les nœuds.
widthFirstCol	Un nombre entier	Correspond à la longueur de la première colonne, colonne contenant les nœuds.

Certains paramètres de la classe rialto.widget.Grid ne sont néanmoins pas modifiables et prennent une valeur donnée. C'est le cas des paramètres switchable, avec la valeur false, lineHeight, avec la valeur 23, sortable, avec la valeur false, et bNavig, avec la valeur false.

Notons que les en-têtes n'incluent pas la colonne contenant les nœuds.

Comme l'indique le code suivant, la mise en œuvre de la classe `rialto.widget.TreeGrid` offre la possibilité de spécifier les en-têtes (repère ❶) des différentes colonnes ainsi que les types de données (repère ❷) qu'elles attendent ; cette classe offre en outre la possibilité de spécifier les divers comportements souhaités pour le tableau, tels que la sélection multiple (repère ❸) de lignes, le tri des lignes (repère ❹) ainsi que leur édition (repère ❺) :

```
var tableauArbre = new rialto.widget.GridTree({
        widthFirstCol:160,
        name: "tableauArbre", top: "5", left:"0",
        width: "300", height: "200",
        TabEntete: [ "Numéro","Isbn","Titre",←❶
                    "Auteurs", "Date de parution"],
        tabTypeCol: [ ["string",60], ["string",90],←❷
                     ["string",200], ["string",220],
                     ["date",120] ],
        bNavig: false, rang: 5,
        parent: cadre,
        cellActive: false, sortable: true,←❹
        multiSelect: false, lineHeight: 16,←❸
        boolPrint: true, switchable: true, actifClic: true,
        autoResizableW: false, writable: true←❺
});
```

Comme l'indique le code suivant, une fois cet élément instancié, les différents nœuds de l'arbre peuvent lui être ajoutés en se fondant sur sa méthode `addNodeLine`, laquelle prend en paramètre l'instance du nœud (attribut `parentLine`, repères ❶) auquel le nouveau nœud est ajouté, ainsi que diverses propriétés pour le nœud ajouté, telles que le contenu de la ligne (attribut `tabData`, repères ❷) qui lui est associé :

```
var noeudWeb = tableauArbre.addNodeLine({
        name: "noeudWeb", text: "Web", icon: "",
        parentLine: noeudRacineArbre,←❶
        tabData: null,←❷
        open: false, url: ""
});
var noeudJavaScriptWeb2 = tableauArbre.addNodeLine({
        name: "noeudJavaScriptWeb2", text: "JavaScript",
        icon: "",
        parentLine: noeudWeb,←❶
        tabData: [ "3", "2212120095",←❷
                   "JavaScript pour le Web 2.0",
                   "A. Gougeon, T. Templier",
                   "30/11/2006" ],
        open: false, url: ""
});
```

La figure 12.15 illustre l'aspect du tableau contenant l'arbre créé ci-dessus.

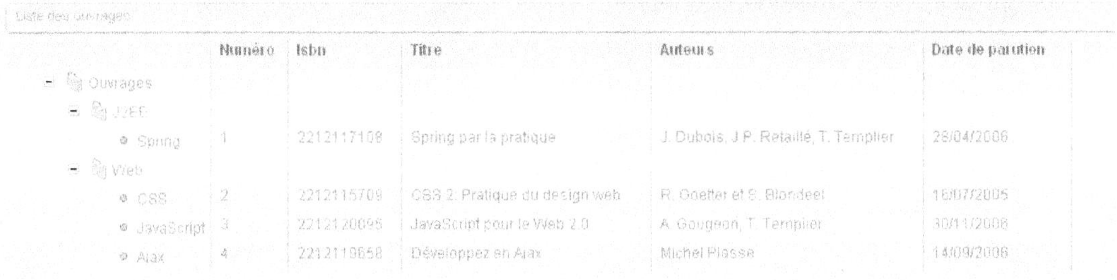

Figure 12.15
Aspect d'un arbre contenu dans un tableau

En résumé

Dans cette section, nous avons détaillé les différents composants graphiques mis à disposition par la bibliothèque rialto, tels que les composants de formulaire ou de positionnement, les fenêtres et les composants complexes.

Nous avons vu que les possibilités offertes par ces composants étaient très étendues et qu'elles permettaient de mettre en œuvre facilement des interfaces graphiques évoluées et interactives dans des pages Web.

La bibliothèque rialto offre également un cadre générique afin d'affecter des comportements aux composants graphiques.

Comportements

La bibliothèque rialto fournit un intéressant mécanisme permettant d'appliquer des comportements à des éléments d'une page Web.

La bibliothèque en propose quatre prédéfinis, comme le récapitule le tableau 12.36.

Tableau 12.36   Comportements prédéfinis

Comportement	Description
Target	Spécifie la cible potentielle d'une action de glisser-déposer.
Missile	Spécifie qu'un élément peut être glissé-déposé vers un autre.
DragAndDrop	Applique un comportement de glisser-déposer à un élément.
ReSize	Spécifie un comportement de redimensionnement à un élément.

L'affectation d'un comportement à un composant se réalise par l'intermédiaire de la méthode affect de l'objet rialto.widgetBehavior. Cette dernière prend en paramètre un élément HTML, le type de comportement ainsi qu'un tableau associatif de propriétés.

Comme l'indique le code suivant, la bibliothèque permet ainsi de spécifier simplement un comportement de glisser-déposer à un composant graphique (repère ❶) en se fondant sur la méthode affect (repère ❷) :

```
var libellePrenom = new rialto.widget.Label(← ❶
                    "libellePrenom", 45, 10, cadre,
                    "Mot de passe", "libelle1");
rialto.widgetBehavior.affect(← ❷
                    libellePrenom.divExt, "DragAndDrop", {
                        oHtmlToMove: libellePrenom.divExt,← ❸
                        oHtmlEvtTarget: libellePrenom.divExt← ❹
});
```

Le tableau associatif passé en paramètre de la méthode affect comprend les propriétés oHtmlToMove (repère ❸) et oHtmlEvtTarget (repère ❹) afin de spécifier respectivement l'objet déplacé et l'objet capturant les événements relatifs au glisser-déposer.

La mise en œuvre d'un glisser-déposer d'un composant vers un autre se réalise en se fondant sur les comportements Missile et Target, comportements spécifiant respectivement l'élément à l'origine du glisser-déposer et l'élément cible.

Le code suivant met en œuvre ce mécanisme avec un libellé (repère ❶) et un champ de saisie (repère ❷) afin de permettre de réaliser un glisser-déposer du premier (comportement Missile, repère ❸) vers le second (comportement Target, repère ❹) :

```
var libelleNom = new rialto.widget.Label(← ❶
            "libelleNom", 15, 10, cadre, "Nom", "libelle1");

var nom = new rialto.widget.Text(← ❷
            "textNom", 10, 120, 100, "A", cadre,
            { autoUp:false, isRequired:false, disable:false,
              rows:5, accessKey:"", tabIndex:"", initValue:""});
rialto.widgetBehavior.affect(libelleNom.divExt, "Missile", {← ❸
                        oHtmlToMove: libelleNom.divExt,
                        oHtmlEvtTarget: libelleNom.divExt
});
rialto.widgetBehavior.affect(nom.divExt, "Target", {});← ❹
```

Pendant de la méthode affect, la méthode desaffect permet de supprimer un comportement à un élément.

Le mécanisme de comportement de rialto est extensible, si bien qu'il est possible de mettre en œuvre ses propres comportements pour des éléments d'une page Web.

Rialto Studio

Le projet rialto s'accompagne d'un outil intéressant, écrit avec la bibliothèque JavaScript rialto, permettant de construire des interfaces graphiques visuellement.

Appelé Rialto Studio, il propose une interface en trois onglets, Design, Tree et Source :

• Design met à disposition une palette de composants graphiques qui peuvent être disposés sur l'interface graphique en construction simplement par glisser-déposer.

- Tree permet d'afficher la hiérarchie des composants graphiques utilisés dans l'interface graphique. Les différentes propriétés des composants sont accessibles en cliquant dans l'arborescence, et leur modification impacte automatiquement l'interface graphique. La figure 12.16 illustre l'onglet de navigation des éléments de l'interface graphique créée.

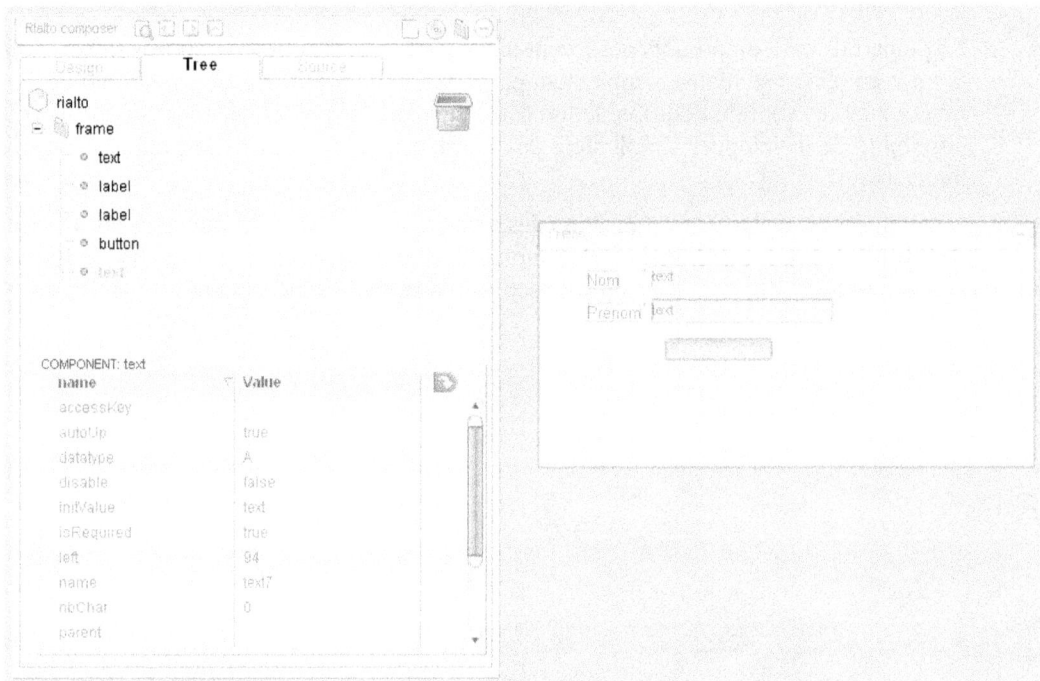

Figure 12.16
Onglet de navigation des éléments de l'interface graphique en construction

- Source contient les sources de l'interface graphique construite avec l'outil, sachant que plusieurs formats sont disponibles, dont le format JavaScript.

Certaines fonctionnalités, telles que l'ouverture d'un fichier source ou la sauvegarde dans un fichier de l'interface graphique construite, ne sont disponibles que lorsque l'outil est utilisé d'une manière locale.

Une démonstration au format Flash de cet outil est disponible sur le site du projet rialto, à l'adresse *http://rialto.application-servers.com/wiki/rialtostudio:video,* tandis qu'une version en ligne est utilisable à l'adresse *http://rialto.application-servers.com/rialto/rialtoStudio/.*

Conclusion

La bibliothèque rialto offre d'intéressants mécanismes afin de mettre en œuvre des applications de gestion aux interfaces Web riches. La bibliothèque propose ainsi une importante collection de composants graphiques permettant de créer des formulaires et de les positionner sur l'interface graphique. Des composants plus complexes sont également fournis afin de créer des arbres et des tableaux.

La plupart de ces composants possèdent un ensemble de fonctionnalités très riches, dont la mise en œuvre se réalise simplement par le biais de paramètres de configuration. Ces fonctionnalités vont de l'édition de lignes de tableaux au glisser-déposer, offrant ainsi la possibilité de développer simplement des interfaces graphiques riches, efficaces et très interactives.

Cette bibliothèque facilite l'utilisation des techniques Ajax afin de soumettre les données de formulaires. Ces techniques sont complètement masquées par le composant de formulaire, mais elles restent néanmoins utilisables directement si nécessaire.

Partie V

Utilisation de services externes

Après avoir décrit la façon de structurer ses applications JavaScript avec des bibliothèques telles que dojo ou rialto, nous allons voir qu'une application JavaScript peut intégrer et interagir avec un outil ou un service externe en se fondant sur une API JavaScript ou les techniques Ajax.

Le **chapitre 13** décrit la façon d'utiliser des API JavaScript externes. Après avoir présenté les mécanismes de fonctionnement de Google Maps, nous détaillons l'utilisation des API fournies par cet outil de cartographie dans des applications JavaScript.

Le **chapitre 14** se penche sur l'utilisation de services externes accessibles par l'intermédiaire de l'architecture REST. Les services fournis par Yahoo! et Amazon sont utilisés à titre d'exemple.

13

Google Maps

Développé par Google, société emblématique du Web 2.0, l'outil Google Maps permet d'implémenter des fonctionnalités de cartographie dans une application JavaScript. Cette intégration est très poussée, et l'application et l'outil peuvent interagir de manière très fine en se fondant sur des événements.

Google Maps a réussi la gageure d'offrir des fonctionnalités évoluées tout en gardant une API de programmation simple, avec, de surcroît, la possibilité de l'étendre.

Description et fonctionnement

Avant d'aborder la mise en œuvre de Google Maps, nous allons décrire le fonctionnement de cet outil fondé sur un service cartographique de Google, accédé par l'intermédiaire d'une API JavaScript fournie librement par cette société.

Les cartes sont décomposées en éléments unitaires désignés par le terme *tile*. L'API JavaScript de Google Maps construit la carte en se fondant sur ces éléments, accessibles depuis des serveurs de Google. L'image visible de la carte correspond à un assemblage de différents éléments calculés par un serveur de cartographie.

La figure 13.1 illustre ce principe.

L'outil offre la possibilité d'enrichir les cartes avec différents éléments graphiques afin de fournir des informations relatives à une localisation ou de signaler une localisation particulière. Dans ce cas, l'API JavaScript de Google Maps assemble des images avec le fond de carte de façon à afficher la carte enrichie.

La figure 13.2 illustre ce mécanisme.

Google met en outre à disposition un service structuré en différents éléments afin de répondre aux requêtes cartographiques.

Figure 13.1
Construction de la carte affichée

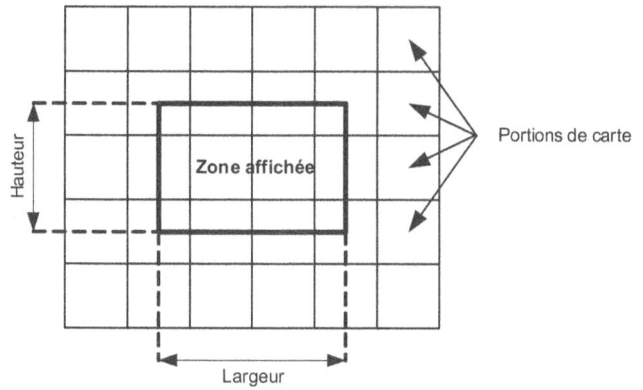

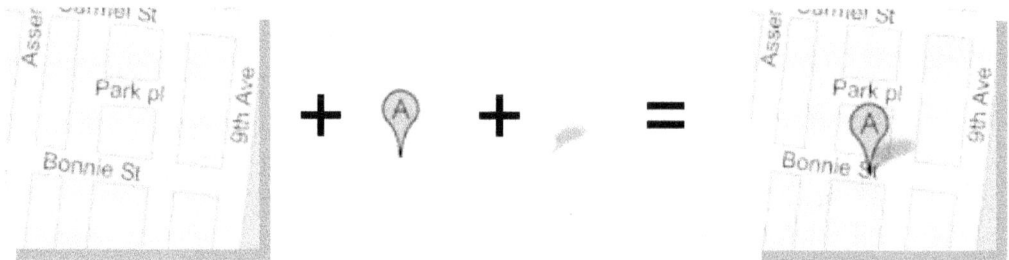

Figure 13.2
Assemblage de composants d'affichage

La figure 13.3 illustre les constituants de ce service.

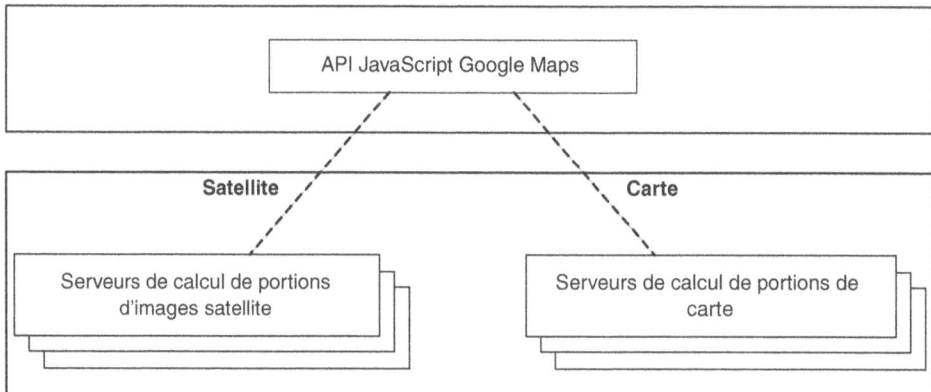

Figure 13.3
Constituants du service cartographique de Google

Mise en œuvre

L'API JavaScript fournie par Google Maps s'appuie sur différentes classes, que nous allons décrire tout au long de cette section. Ces classes permettent d'intégrer des cartes évoluées dans des applications JavaScript.

Nous détaillerons en outre la façon d'installer l'outil dans une page Web et de l'utiliser et montrerons comment enrichir les cartes en leur ajoutant diverses informations.

Nous indiquerons enfin les façons de faire interagir l'application avec les cartes afin de réagir à des actions de l'utilisateur.

Installation

Avant tout chose, une clé gratuite doit être obtenue à partir de l'adresse : *http://www.google. com/apis/maps/signup.html* afin de pouvoir utiliser l'outil.

Une fois la clé obtenue, la page Web doit importer le code JavaScript de l'application. L'adresse contenue dans l'attribut src doit inclure la clé précédemment récupérée.

Comme le montre le code suivant, cette opération est réalisée par l'intermédiaire d'une balise script (repère ❶) :

```
<html>
    <head>
        <script src="http://maps.google.com/maps?file=api&amp;v=2&amp;
        ➡key=Votre_ID_ici" ← ❶
                                type="text/javascript"></script>
        (...)
    </head>
    (...)
</html>
```

Comme nous pouvons le constater, l'adresse n'est pas un fichier JavaScript statique mais une ressource JavaScript calculée dynamiquement en fonction des paramètres suivants :

- file : type de fichier JavaScript à retourner. Dans notre cas, il s'agit des API. La valeur de la propriété est donc api.

- v : version de l'API Google Maps utilisée, actuellement la 2.

- key : clé d'utilisation de l'outil Google Maps.

Pour pouvoir utiliser des éléments vectoriels tels que les tracés de lignes dans les cartes, il est recommandé d'ajouter l'espace de nommage VML ainsi qu'un style CSS. Ces ajouts sont indispensables pour le bon fonctionnement de cette fonctionnalité dans Internet Explorer.

Le code suivant illustre la mise en œuvre de l'espace de nommage (repère ❶) et du style CSS (repère ❷) :

```
<!DOCTYPE html PUBLIC "-//W3C//DTD XHTML 1.0 Strict//EN"
        "http://www.w3.org/TR/xhtml1/DTD/xhtml1-strict.dtd">
<html xmlns="http://www.w3.org/1999/xhtml"
      xmlns:v="urn:schemas-microsoft-com:vml">←❶
    <head>
        (...)
        <style type="text/css">
            v\:* {←❷
                behavior:url(#default#VML);
            }
        </style>
        <script src="http://maps.google.com/maps?file=api&v=2&key=macle"
                        type="text/javascript"></script>
        (...)
    </head>
    (...)
</html>
```

Google Maps supporte les différents navigateurs récapitulés à l'adresse :
http://local.google.com/support/bin/answer.py?answer=16532&topic=1499.

Si le numéro de version de Google Maps évolue régulièrement, cela n'impacte pas le code des applications qui utilisent son interface de programmation.

Utilisation de base

La classe centrale de Google Maps est GMap2. Elle permet de positionner la carte sur une localisation avec un niveau de zoom. Elle offre en outre des méthodes qui enrichissent l'interface et permettent l'interaction avec l'application, comme nous le verrons par la suite.

Le tableau 13.1 récapitule les différentes familles de méthodes contenues dans cette classe.

Tableau 13.1   Familles de méthodes de la classe *GMap2*

Famille de méthode	Description
Configuration de la carte	Méthodes permettant de gérer les propriétés de configuration de la carte
Gestion des contrôles	Méthodes permettant de configurer les contrôles de la carte
Gestion des types de cartes	Méthodes permettant de spécifier les types de cartes à utiliser
État de la carte	Méthodes permettant de modifier l'état de la carte (position de son centre, de son niveau de zoom, etc.)
Gestion des enrichissements	Méthodes permettant de gérer les éléments d'enrichissement, tels que les marqueurs et les formes graphiques
Gestion des fenêtres d'information	Méthodes permettant de gérer les fenêtres d'information
Opérations sur les coordonnées	Méthodes permettant de convertir des coordonnées en différentes mesures (pixel, latitude/longitude, etc.)

Une instance de la classe GMap2 correspond à une carte dont la création se réalise par l'instanciation de cette classe. La carte doit être rattachée à une balise div de la page en se fondant sur le premier paramètre de son constructeur. La valeur de ce paramètre correspond à l'identifiant de cette balise.

Le second paramètre est optionnel et permet de spécifier des options de la carte.

Dès la carte créée, il convient de la centrer sur une position avec un niveau de zoom par l'intermédiaire de la méthode setCenter, comme dans le code suivant :

```
<html>
    <head>
        (...)
        <script langage="text/javascript">
            function initialisationCarte() {←❶
                var divCarte = document.getElementById("carte");
                var carte = new GMap2(divCarte);
                carte.setCenter(new GLatLng(47.2228, -1.5682), 11);
            }
        </script>
    </head>
    <body onLoad="initialisationCarte();">←❶
        <div id="carte" style="width: 600px; height: 400px"></div>←❷
    </body>
</html>
```

Le code JavaScript d'initialisation de la carte doit être exécuté après le chargement de l'arbre DOM de la page. De ce fait, le code ci-dessus le met en œuvre dans une fonction appelée au chargement de la page (repères ❶).

La taille de la carte est spécifiée dans cet exemple au niveau de l'attribut style de la balise div (repère ❷).

Il est possible de paramétrer la carte lors de l'instanciation de la classe GMap2, comme dans le code suivant :

```
var options = {
    size: new GSize(600, 400),
    mapTypes: [ GMapType.NORMAL_MAP, GMapType.SATELLITE_MAP ]
};
var carte = new GMap2(document.getElementById("carte"), options);
carte.setCenter(new GLatLng(47.2228, -1.5682), 11);
```

La figure 13.4 illustre la carte affichée par ce code dans un navigateur.

Figure 13.4

Mise en œuvre d'une carte simple avec Google Maps

Nous allons compléter la carte avec divers éléments afin de faciliter la navigation et d'identifier différents endroits de la carte.

Enrichissement de l'interface

Comme expliqué précédemment, Google Maps permet d'enrichir l'interface graphique des cartes afin de faciliter le déplacement du périmètre géographique affiché et de fournir des repères ainsi que des indications pour différentes localisations.

Entités de navigation

Certains outils de navigation, appelés contrôles, sont proposés afin d'offrir des fonction-nalités de navigation et d'interaction avec la carte. L'outil en définit cinq par l'intermédiaire des classes récapitulées au tableau 13.2.

Tableau 13.2   Classes de contrôle des cartes

Classe	Description
GLargeMapControl	Enrichit le contrôle GSmallMapControl en lui ajoutant une barre permettant de régler le niveau de zoom.
GMapTypeControl	Affiche des boutons permettant de changer de type de carte (plan/carte, satellite, mixte, etc.).
GOverviewMapControl	Affiche une petite fenêtre de navigation sur la carte.
GScaleControl	Affiche l'échelle de la carte pour la valeur de zoom courante.
GSmallMapControl	Affiche plusieurs icônes permettant de se déplacer sur la carte et de modifier le niveau de zoom.
GSmallZoomControl	Affiche deux icônes permettant de modifier le niveau de zoom.

L'ajout et la suppression d'éléments de contrôle pour une carte se réalisent respectivement par l'intermédiaire des méthodes addControl et removeControl. Elles prennent toutes deux en paramètre l'instance du contrôle. La méthode addControl supporte un paramètre supplémentaire qui spécifie la position du contrôle. Ce paramètre étant optionnel, s'il est omis, la méthode se fonde sur la valeur renvoyée par la méthode GControl.getDefault-Position().

Nous allons enrichir la carte précédemment créée avec différents contrôles permettant de se déplacer et de modifier le niveau de zoom ainsi que le type de carte.

Le code suivant illustre la mise en œuvre de ces contrôles :

```
var divCarte = document.getElementById("carte");
var carte = new GMap2(divCarte);
carte.addControl(new GLargeMapControl());
carte.addControl(new GScaleControl());
carte.addControl(new GMapTypeControl());
var carteApercu = new GOverviewMapControl(new GSize(200,200));
carte.addControl(carteApercu);
carte.setCenter(new GLatLng(47.2228, -1.5682), 11);
```

Depuis sa version 2.41, Google Maps supporte le contrôle GOverviewMapControl, qui offre la localisation de la zone affichée sur une carte de vue d'ensemble et facilite l'accès à des lieux de façon très ergonomique.

Le code suivant illustre sa mise en œuvre (repère ❶), ainsi que l'enregistrement d'un observateur pour l'événement click (repère ❷) sur la carte de vue d'ensemble :

```
var divCarte = document.getElementById("carte");
var carte = new GMap2(divCarte);
var controleApercu = new GOverviewMapControl(new GSize(200,200)); ← ❶
carte.addControl(controleApercu);
var carteApercu = controleApercu.getOverviewMap();
GEvent.addListener(carteApercu, "click", function() { ← ❷
    (...)
});
```

La figure 13.5 illustre l'affichage de la carte avec les contrôles dans un navigateur.

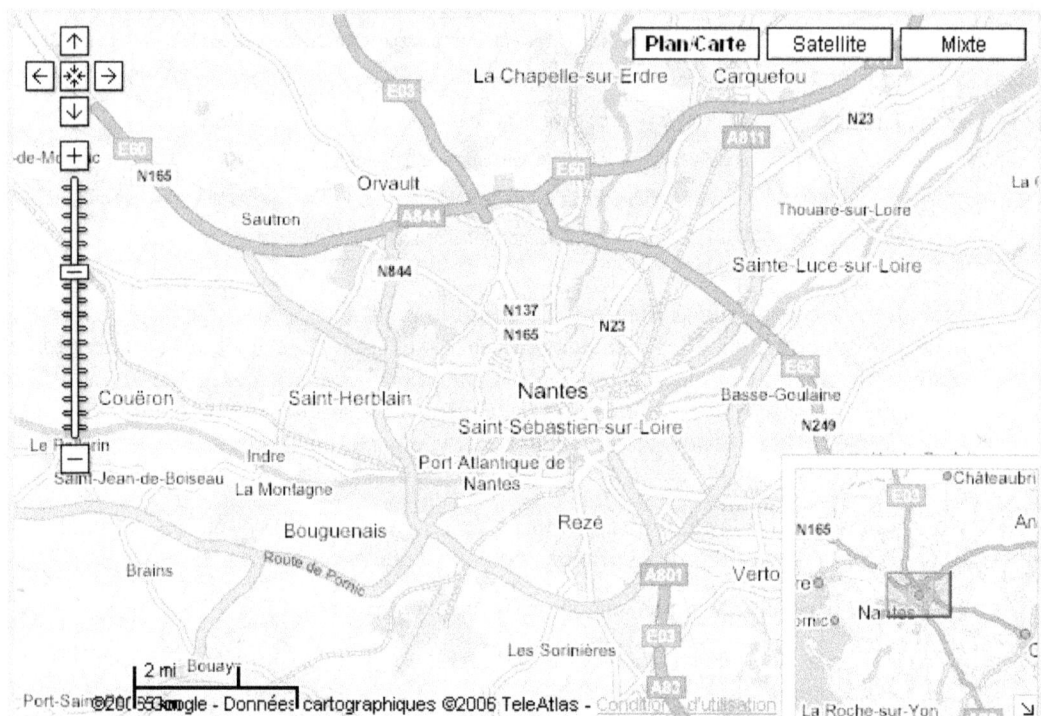

Figure 13.5
Utilisation des éléments de contrôle de Google Maps

Éléments de localisation et d'information

Google Maps offre la possibilité de définir des marqueurs ainsi que des bulles d'information permettant d'annoter les cartes et de les enrichir par des informations complémentaires. L'outil permet en outre de définir des tracés sur les cartes. Tous ces éléments étendent la classe GOverlay. L'ajout et la suppression de ces éléments se réalisent respectivement par l'intermédiaire des méthodes addOverlay et removeOverlay des classes GMap2 ou GMarker.

La classe GMarker permet de mettre en œuvre les marqueurs afin de pointer graphiquement un endroit sur une carte. Cette classe dispose d'un constructeur, dont les paramètres sont les coordonnées sur lesquelles il pointe ainsi que ses propriétés optionnelles.

Le tableau 13.3 récapitule ces différentes propriétés.

Tableau 13.3 Propriétés du constructeur de la classe *GMarker*

Propriété	Type	Description
bounceGravity	Number	Correspond à la gravité utilisée lorsque le marqueur rebondit à la fin d'une opération de glisser-déposer. Sa valeur par défaut est 1.
bouncy	Boolean	Spécifie si le marqueur doit rebondir à la fin d'une opération de glisser-déposer.
clickable	Boolean	Spécifie si le marqueur est cliquable. Sa valeur par défaut est true.
draggable	Boolean	Spécifie si le marqueur peut être déplacé par glisser-déposer. Sa valeur par défaut est false.
icon	GIcon	Spécifie l'icône à utiliser pour le marqueur. La valeur par défaut correspond à la valeur de la constante G_DEFAULT_ICON.
title	String	Spécifie la valeur du texte de description affiché lorsque la souris se trouve au-dessus du marqueur (tooltip).

La mise en œuvre d'un marqueur simple est illustrée dans le code suivant :

```
var divCarte = document.getElementById("carte");
var carte = new GMap2(divCarte);
(...)
var point = new GLatLng(47.2228, -1.5682); ← ❶
var marqueur = new GMarker(point,{draggable: true}); ← ❷
carte.addOverlay(marqueur);
```

Dans l'exemple précédent, un marqueur est positionné au centre de la ville de Nantes (repère ❶). Celui-ci peut être déplacé par glisser-déposer puisque la valeur de sa propriété draggable est true (repère ❷).

Il est possible de mettre en œuvre des marqueurs personnalisés afin d'utiliser ses propres images plutôt que l'icône fournie par défaut. Une image correspondant à l'ombre de l'icône doit également être mise en œuvre.

Le code suivant donne un exemple de mise en œuvre de cette personnalisation :

```
// Icône de base pour les icônes personnalisées
var iconeBase = new GIcon();
iconeBase.shadow = "http://www.google.com/mapfiles/shadow50.png";
iconeBase.iconSize = new GSize(50, 70);
iconeBase.shadowSize = new GSize(37, 34);
iconeBase.iconAnchor = new GPoint(9, 34);
iconeBase.infoWindowAnchor = new GPoint(42, 50);
iconeBase.infoShadowAnchor = new GPoint(18, 25);
// Icône personnalisée
var icone = new GIcon(iconeBase);
icone.image = "iconePersonalisee.png";
icone.shadow = "ombreIconePersonalisee.png"
icone.shadowSize = new GSize(70, 70);
// Marqueur utilisant l'icône personnalisée
var marqueur = new GMarker(carte.getCenter(), icone);
```

Les fenêtres d'information peuvent être rattachées à différents éléments, tels que la carte elle-même ou des marqueurs. Les différents types de fenêtres fournis par Google Maps sont récapitulés au tableau 13.4.

Tableau 13.4   Types de fenêtres fournies par Google Maps

Type	Description
HTML	Se fonde sur HTML en tant que contenu et est mis en œuvre par l'intermédiaire de la méthode `openInfoWindowHtml` d'une carte ou d'un marqueur. Cette méthode prend en paramètre une chaîne de caractères contenant du code HTML.
HTML avec onglets	Est mis en œuvre de la même manière que le type précédent mais par le biais de la méthode `openInfoWindowTabsHtml`.
Texte	Correspond au type le plus simple. Il est mis en œuvre par le biais de la méthode `openInfoWindow` d'une carte ou d'un marqueur. Cette méthode prend en paramètre un nœud XML de type texte.
Texte avec onglets	Met en œuvre une fenêtre avec des onglets. Ces derniers contiennent du texte et sont définis par l'intermédiaire de la classe `GInfoWindowTab`, dont le constructeur prend en paramètre le nom de l'onglet ainsi que son contenu. La fenêtre est mise en œuvre par le biais de la méthode `openInfoWindowTabs` d'une carte ou d'un marqueur, méthode acceptant en paramètre un tableau d'onglets.

Nous allons mettre en œuvre une fenêtre contenant du code HTML, la méthode `openInfo-WindowHtml` de la classe `GMap2` étant utilisée pour l'ajouter à la carte, comme dans le code suivant :

```
var divCarte = document.getElementById("carte");
var carte = new GMap2(divCarte);
(...)
carte.openInfoWindowHtml(carte.getCenter(),
                "Une fenêtre d'<b>information</b>");
```

Si la fenêtre doit être rattachée à un marqueur, une méthode du même nom est disponible dans la classe `GMarker`, comme l'illustre le code suivant :

```
(...)
var point = new GLatLng(47.2228, -1.5682);
var marqueur = new GMarker(point,{draggable: true});
carte.addOverlay(marqueur);
(...)
marqueur.openInfoWindowHtml("Une fenêtre d'<b>information</b>");
```

Notons que l'ouverture de ces fenêtres d'information peut être effectuée par l'intermédiaire d'événements, aussi bien au niveau de la carte que des marqueurs.

Google Maps offre en outre la possibilité de réaliser des tracés de points sur des cartes par le biais de la classe `GPolyline`. Cette dernière prend en paramètre un tableau contenant les différents points du tracé, comme dans le code suivant :

```
var divCarte = document.getElementById("carte");
var carte = new GMap2(divCarte);
(...)
var points = [...];
var trace = new GPolyline(points);
carte.addOverlay(trace);
```

La figure 13.6 illustre l'affichage sur une carte des différents éléments décrits tout au long de cette section : marqueurs, fenêtres d'information et tracés de points.

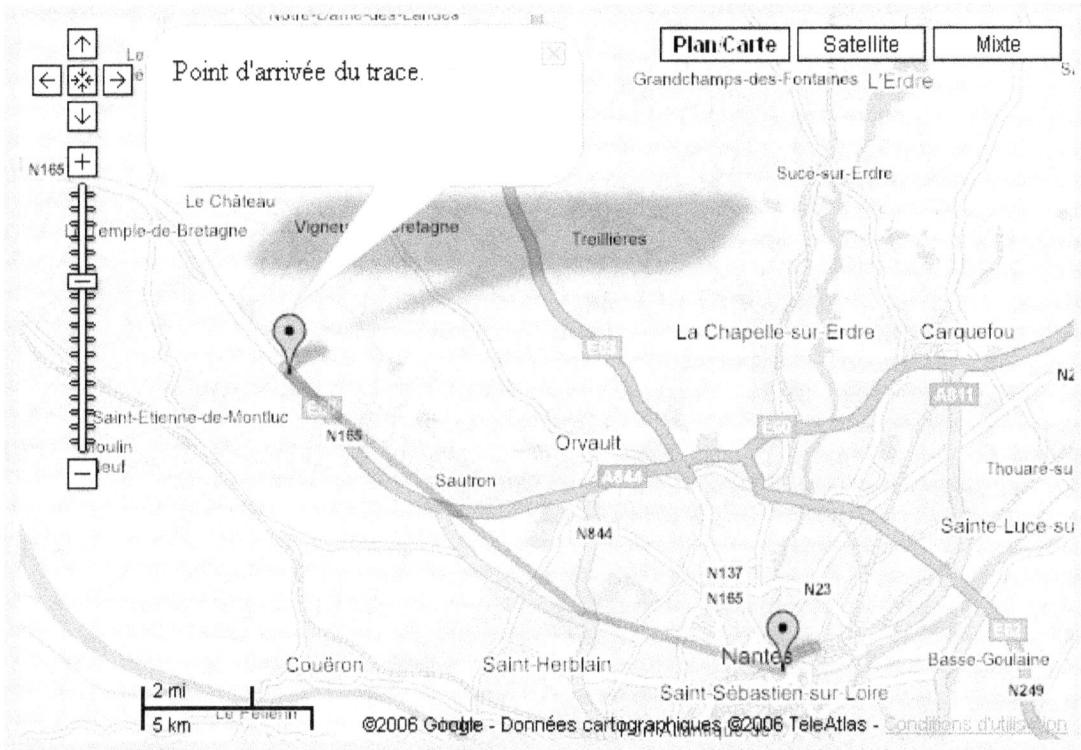

Figure 13.6
Éléments de localisation et d'information de Google Maps

Interaction avec l'application

Google Maps offre la possibilité d'effectuer des traitements à partir de différentes opérations réalisées par l'utilisateur sur la carte affichée. Ce mécanisme permet de mettre en œuvre une étroite interaction entre l'application et l'outil Google Maps.

L'enregistrement d'observateurs d'événements se réalise par l'intermédiaire de la classe GEvent, qui fournit des méthodes afin de gérer des observateurs aussi bien sous forme de fonctions JavaScript simples que de méthodes d'objets.

Le tableau 13.5 récapitule les méthodes de cette classe.

Tableau 13.5   Méthodes de la classe *GEvent*

Méthode	Paramètre	Description
addDomListener	L'instance de la source, le code de l'événement DOM et la fonction de l'observateur	Permet d'enregistrer une fonction en tant qu'observateur pour un événement DOM. Cette méthode retourne un objet représentant l'observateur enregistré.
addListener	L'instance de la source, le code de l'événement et la fonction de l'observateur	Permet d'enregistrer une fonction en tant qu'observateur pour un événement d'une instance de carte. Cette méthode retourne un objet représentant l'observateur enregistré.
bind	L'instance de la source, le code de l'événement, l'instance de l'observateur ainsi que sa méthode d'observation	Permet d'enregistrer une méthode d'un objet en tant qu'observateur pour un événement d'une instance de carte. Cette méthode retourne un objet représentant l'observateur enregistré.
bindDom	L'instance de la source, le code de l'événement DOM, l'instance de l'observateur ainsi que sa méthode d'observation	Permet d'enregistrer une méthode d'un objet en tant qu'observateur pour un événement DOM. Cette méthode retourne un objet représentant l'observateur enregistré.
clearInstanceListeners	L'instance de la source	Permet de supprimer tous les observateurs enregistrés pour une instance de carte.
clearListeners	L'instance de la source et le code de l'événement	Permet de supprimer tous les observateurs enregistrés pour un événement d'une instance de carte.
removeListener	L'objet représentant un observateur enregistré	Permet de supprimer un observateur en utilisant un objet représentant un observateur enregistré, ce dernier objet étant retourné par les méthodes addListener, addDomListener, bind et bindDom lors d'un enregistrement d'observateur.
trigger	L'instance de la source, le code de l'événement et éventuellement des paramètres additionnels	Permet de déclencher un événement particulier pour une instance de carte. Cette méthode est particulièrement utile pour tester une application utilisant Google Maps.

L'instance de la source correspond à l'instance sur laquelle sont ajoutés des observateurs d'événements. Elle ne correspond donc pas nécessairement à l'instance de la carte et peut être, par exemple, une instance d'un marqueur.

Le code suivant illustre l'utilisation respective des méthodes addListener, bind et removeListener afin d'enregistrer (repères ❶) et désenregistrer des observateurs (repères ❷) pour l'événement moveend :

```
var divCarte = document.getElementById("carte");
var carte = new GMap2(divCarte);
(...)
//Définition et enregistrement du premier observateur
var observateur1 = GEvent.addListener(carte, "moveend", function() { ←❶
    (...)
});
//Définition de la classe MaClasse
function MonGestionnaireCarte() {
};
MonGestionnaireCarte.prototype.traiterEvenement = function() {
    (...)
```

```
};
var gestionnaire = new MonGestionnaireCarte();
//Définition et enregistrement du second observateur
var observateur2 = GEvent.bind(carte, "moveend",
        MonGestionnaireCarte, gestionnaire.traiterEvenement); ← ❶
(...)
//Désenregistrement des observateurs précédemment enregistrés
GEvent.removeListener(observateur1); ← ❷
GEvent.removeListener(observateur2); ← ❷
```

Lorsque l'utilisateur de l'application a fini de se déplacer sur la carte, les fonctions et méthodes des observateurs sont appelées.

Les cartes supportent différents événements sur lesquels des observateurs peuvent être enregistrés par l'intermédiaire des méthodes addListener et bind. Le tableau 13.6 récapitule les noms de ces événements.

Tableau 13.6   Événements supportés par les cartes

Code	Argument de l'observateur	Description
addmaptype	Le type de carte	Un type de carte a été ajouté.
addoverlay	Overlay	Un overlay a été ajouté sur la carte.
clearoverlays	-	Tous les overlay de la carte ont été supprimés.
click	Overlay, point	L'utilisateur a cliqué sur la carte.
drag	-	L'utilisateur est en train de faire un glisser-déposer sur la carte.
dragend	-	L'utilisateur a fini de faire un glisser-déposer sur la carte.
dragstart	-	L'utilisateur a commencé à faire un glisser-déposer sur la carte.
infowindowclose	-	Une fenêtre d'information est fermée sur la carte.
infowindowopen	-	Une fenêtre d'information est ouverte sur la carte.
load	-	La carte a fini de se charger, et la méthode isLoaded renvoie true. Les images de la carte peuvent néanmoins être encore en cours de chargement.
maptypechanged	-	Le type de la carte a été changé.
mousemove	La localisation du curseur	L'utilisateur déplace le curseur de la souris sur la carte.
mouseout	La localisation du curseur	L'utilisateur fait sortir le curseur de la souris de la carte.
mouseover	La localisation du curseur	L'utilisateur fait entrer le curseur de la souris sur la carte.
move	-	L'utilisateur est en train de déplacer la carte.
moveend	-	L'utilisateur a fini de déplacer la carte.
movestart	-	L'utilisateur a commencé à déplacer la carte.
removemaptype	Le type de carte	Un type de carte a été supprimé.
removeoverlay	Overlay	Un overlay a été supprimé pour la carte.
zoomend	L'ancien et le nouveau niveau de zoom	L'utilisateur a fini de changer la valeur de zoom de la carte.

Les paramètres des fonctions ou méthodes de gestion des événements diffèrent suivant les événements. Dans l'exemple précédent, l'événement `moveend` imposait une fonction ou méthode sans paramètre. L'exemple suivant décrit la mise en œuvre d'un observateur pour l'événement `zoomend` :

```
var divCarte = document.getElementById("carte");
var carte = new GMap2(divCarte);
(...)
//Définition de l'observateur
function traitementZoomend(ancienZoom, nouveauZoom) {←❶
    alert("Ancienne valeur de zoom: "+ ancienZoom);
    alert("Nouvelle valeur de zoom: "+ nouveauZoom);
}
//Enregistrement de l'observateur
GEvent.addListener(carte, "zoomend", traitementClick);
```

La fonction de l'observateur possède désormais deux paramètres (repère ❶), dont le premier correspond à l'ancienne valeur de zoom et le second à la nouvelle.

L'événement `click` suit le même mécanisme et permet de détecter si un clic est réalisé sur la carte ou sur un marqueur, comme dans le code suivant :

```
var divCarte = document.getElementById("carte");
var carte = new GMap2(divCarte);
(...)
//Ajout d'un marqueur
var point = new GLatLng(47.2228, -1.5682);
carte.addOverlay(new GMarker(point));
//Définition et enregistrement de l'observateur
function traitementClic(marqueur, position) {←❶
    alert("Clic sur un marqueur: "+ marqueur);
    alert("Position du clic: "+ position);
}
GEvent.addListener(carte, "click", traitementClic);
```

Dans le cas où l'utilisateur clique sur un marqueur, le paramètre `marqueur` de la fonction `traitementClic` (repère ❶) est non nul et contient l'instance du marqueur cliqué. Le paramètre `position` de la même fonction (repère ❶) est alors nul. Dans le cas contraire, le paramètre `marqueur` est nul, et le paramètre `position` contient la position du clic.

Les marqueurs supportent en outre différents événements, sur lesquels peuvent être enregistrés des observateurs. Si le marqueur est inerte (les valeurs des propriétés `clickable` et `draggable` correspondent à `false`), aucun des événements suivants n'est déclenché.

Le tableau 13.7 récapitule les noms de ces événements.

Tableau 13.7 Événements supportés par les marqueurs

Code	Description
click	L'utilisateur clique sur le marqueur.
dblclick	L'utilisateur double-clique sur le marqueur.
drag	L'utilisateur déplace le marqueur par glisser-déposer.
dragend	L'utilisateur termine de déplacer le marqueur par glisser-déposer.
dragstart	L'utilisateur commence à déplacer le marqueur par glisser-déposer.
infowindowclose	Une nouvelle fenêtre d'information est fermée par l'intermédiaire du marqueur. Cet événement survient également lorsque cette fenêtre est ouverte à nouveau sur un autre marqueur ou sur la carte.
infowindowopen	Une nouvelle fenêtre d'information est ouverte par l'intermédiaire du marqueur.
mousedown	L'événement DOM mousedown est déclenché lorsque l'utilisateur presse un bouton de la souris. Cet événement n'est pas remonté à la carte. Ainsi, le déplacement de la carte ne se fait pas.
mouseout	La souris sort de la zone du marqueur.
mouseover	La souris entre dans la zone du marqueur.
mouseup	L'événement DOM mouseup est déclenché lorsque l'utilisateur relâche un bouton de la souris. Cet événement n'est pas remonté à la carte. Ainsi, aucune confusion n'intervient avec le déplacement de la carte.
remove	Le marqueur est supprimé de la carte par l'intermédiaire des méthodes removeOverlay et clearOverlays de la classe GMap2.

L'enregistrement d'observateurs pour un marqueur se réalise de la même manière que pour les cartes, par l'intermédiaire de la classe GEvent. Le code suivant met en œuvre l'enregistrement d'observateurs pour les événements click et mouseover :

```
var divCarte = document.getElementById("carte");
var carte = new GMap2(divCarte);
(...)
//Ajout d'un marqueur
var point = new GLatLng(47.2228, -1.5682);
var marqueur = new GMarker(point)
carte.addOverlay(marqueur);
//Définitions et enregistrements des observateurs
GEvent.addListener(marqueur, "dblclick", function() {
    alert("Déclenchement de l'événement dblclick");
});
GEvent.addListener(marqueur, "mouseover", function() {
    alert("Déclenchement de l'événement mouseover");
});
```

Un marqueur peut détecter l'événement correspondant à la fermeture d'une fenêtre d'information. Cet événement est déclenché par l'intermédiaire du bouton Fermer ou suite à un appel de la méthode closeWindowInfo des classes GMap2 ou GMarker.

Le code suivant illustre la mise en œuvre de ce mécanisme :

```
var divCarte = document.getElementById("carte");
var carte = new GMap2(divCarte);
(...)
//Ajout d'un marqueur
var point = new GLatLng(47.2228, -1.5682);
var marqueur = new GMarker(point)
carte.addOverlay(marqueur);
//Ajout d'une fenêtre d'information
marqueur.openInfoWindowHtml("Une fenetre d'information");
//Définitions et enregistrements des observateurs
GEvent.addListener(marqueur, "infowindowclose", function() {
    alert("Déclenchement de l'événement infowindowclose");
});
```

Extensions

Plusieurs extensions sont disponibles pour enrichir les fonctionnalités de Google Maps.
Le site de Make Williams en donne une liste non exhaustive, à l'adresse :
http://www.econym.demon.co.uk/googlemaps/extensions.htm.

Nous ne détaillons dans cette section que l'extension permettant d'utiliser des formes de
zones personnalisées en se fondant sur des images translucides.

Extension EInsert

Make Williams fournit une intéressante extension à Google Maps permettant d'utiliser
des formes personnalisées sur des cartes. L'objectif est de pouvoir utiliser n'importe
quelle figure sous forme d'image translucide sur une carte.

L'extension EInsert et sa documentation sont accessibles à l'adresse *http://www.econym.
demon.co.uk/googlemaps/einsert.htm.* Cette extension s'installe simplement dans une page par
le biais d'une balise script classique, comme dans le code suivant :

```
<html>
    <head>
        (...)
        <script type="text/javascript" src="einsert.js"></script>
        (...)
    </head>
    (...)
</html>
```

Nous allons mettre en œuvre une forme permettant de délimiter une zone circulaire
autour d'un point. Le code suivant illustre l'implémentation de cette fonctionnalité :

```
var carte = new GMap2(document.getElementById("carte"));
(...)
carte.setCenter(new GLatLng(47.21257, -1.54769), 11);
var centreForme = new GLatLng(47.21257, -1.54769); ← ❷
var imageForme = "circle.png"; ← ❸
var tailleForme = new GSize(800,800); ← ❹
var zoomForme = 13; ← ❺
```

```
var zoneCirculaire = new EInsert(centreForme, imageForme, tailleForme,
⇒zoomForme);← ❶
carte.addOverlay(zoneCirculaire);
```

Le tableau 13.8 récapitule les différents paramètres du constructeur (repère ❶) de la classe `EInsert` utilisée dans le code ci-dessus.

Tableau 13.8 Paramètres du constructeur de la classe *EInsert*

Paramètre	Description
centreZone	Spécifie la position sur laquelle la forme est centrée. Dans l'exemple ci-dessus, la forme est centrée sur le centre de Nantes (repère ❷).
imageZone	Spécifie le chemin du fichier dans lequel la forme est stockée. Dans l'exemple ci-dessus, la forme de la zone est stockée dans une image translucide (repère ❸) correspondant à un cercle.
tailleZone	Spécifie la taille avec laquelle la forme est affichée. Dans l'exemple ci-dessus, l'image est utilisée avec une largeur et hauteur de 800 (repère ❹).
zoomZone	Spécifie le zoom avec lequel la forme est affichée (repère ❺).
zindexZone	Spécifie l'ordre d'empilement des formes. Ce paramètre peut prendre les valeurs suivantes : – -1 : la forme se situe en dessous des autres formes de Google Maps. – 1 : la forme se situe au-dessus des autres formes de Google Maps. – 0 : se fonde sur l'ordre des appel à la méthode addOverlay. – autre : permet de spécifier l'empilement de différentes instances de la classe EInsert.

La classe `EInsert` offre les méthodes `hide` et `show` permettant respectivement de masquer et de rendre visible la forme.

La figure 13.7 illustre la mise en œuvre de cette extension.

Figure 13.7
*Mise en œuvre
d'une forme circulaire
sur une carte Google
Maps*

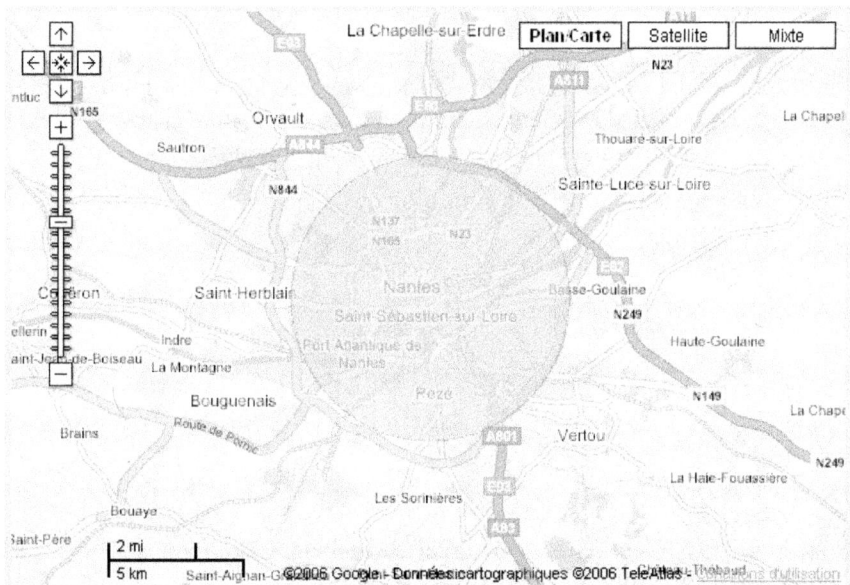

Support de Google Maps dans dojo

La bibliothèque dojo fournit un support pour Google Maps par l'intermédiaire du composant graphique `dojo.widget.GoogleMap`.

La bibliothèque masque totalement la spécification du lien vers le fichier JavaScript contenant l'interface de programmation de l'outil. Le composant ajoute alors automatiquement une balise `script` permettant l'accès à cette API.

Le code suivant illustre la mise en œuvre de ce support dans une page HTML. La clé d'utilisation est spécifiée au niveau de l'objet `djConfig` (repère ❶). L'importation du composant se réalise par l'intermédiaire de la méthode `dojo.require` (repère ❷) :

```
<html>
    <head>
        (...)
        <script type="text/javascript">
            var djConfig={
                    iDebug: true,
                    googleMapKey:"maCle" ← ❶
            };
        </script>
        <script type="text/javascript" src="../../dojo.js"></script>
        <script type="text/javascript">
            dojo.require("dojo.widget.GoogleMap"); ← ❷
        </script>
        (...)
    </head>
    (...)
</html>
```

Le module `dojo.widget.GoogleMap` de dojo permet d'insérer une carte dans une page Web. Il fonctionne de la même manière que ceux décrits au chapitre 11, et les mêmes techniques peuvent être mises en œuvre afin de le manipuler.

Le code suivant décrit l'utilisation de ce module :

```
<html>
    (...)
    <body>
        (...)
         <div dojoType="googlemap" id="carte"
                 class="carte" controls="smallmap"></div>
        (...)
    </body>
</html>
```

Le composant offre la possibilité de spécifier les différents éléments de contrôle de la carte par le biais de son attribut `controls`.

Pour définir la largeur et la hauteur de la carte ainsi que ses bordures, un style CSS doit être spécifié pour la carte par le biais de son attribut `class`. Le style de la carte ci-dessus est le suivant :

```
.carte{
    width:100%;
    height:400px;
    border:1px solid black;
}
```

Le composant offre en outre la possibilité de charger des marqueurs pour la carte en se fondant sur un simple tableau HTML. La corrélation entre le composant et les données se réalise par le biais de l'attribut `datasrc`, qui fait référence à l'identifiant du tableau.

Le code suivant décrit la mise en œuvre de cette fonctionnalité :

```
(...)
<div dojoType="googlemap" id="carte"
                    class="carte" datasrc="mesDonnees"></div>
<table id="mesDonnees">
    <thead>
        <tr>
            <th>Lat</th> ← ❶
            <th>Long</th> ← ❶
            <th>Icon</th>
            <th>Description</th> ← ❸
        </tr>
    </thead>
    <tbody>
        <tr>
            <td>47.18737</td> ← ❷
            <td>-1.54701</td> ← ❷
            <td></td>
            <td><div>Commune de Rezé.</div></td> ← ❹
        </tr>
        <tr>
            <td>47.17011</td> ← ❷
            <td>-1.47834</td> ← ❷
            <td></td>
            <td><div>Commune de Vertou.</div></td> ← ❹
        </tr>
    </tbody>
</table>
```

Les colonnes de l'en-tête du tableau permettent de spécifier l'emplacement des données de longitude et de latitude des marqueurs (repères ❷) dans le tableau, avec respectivement les codes `Long` et `Lat` (repères ❶), ainsi que le texte de la bulle d'information (repères ❹) qui leur est associée par l'intermédiaire du code `Description` (repères ❸).

La carte contenue dans le composant est accessible par l'intermédiaire de la propriété `map` de type `GMap2`. En se fondant sur cette instance, toutes les fonctionnalités décrites aux sections précédentes sont applicables. Afin de les mettre en œuvre, il est conseillé d'étendre le composant avec les fonctionnalités de dojo.

Étude de cas

Nous détaillons dans cette section la manière de positionner des sites sur une carte Google Maps pour le périmètre géographique affiché par le biais de marqueurs et de bulles d'information.

Nous verrons par la suite comment spécifier la position d'un site.

Recherche géographique de sites

L'objectif de cette fonctionnalité est d'afficher tous les sites ou ceux d'un certain type, qui sont localisés dans le périmètre géographique affiché par la carte.

Ce mécanisme permet de ne pas positionner les marqueurs des sites dont la position ne se situe pas dans la zone affichée par la carte. La consommation mémoire de l'application s'en trouve d'autant allégée.

Cette fonctionnalité est implémentée par le biais de la classe AfficherSites. Cette classe se fonde sur la carte et s'y enregistre en tant qu'observateur pour les événements moveend, correspondant à une fin de déplacement de la carte, et zoomend, correspondant à une fin de modification du niveau de zoom. Ce dernier observateur permet de ne pas surcharger la carte, car les sites ne sont affichés que si le niveau de zoom de la carte est supérieur à 10.

L'instance de cette classe doit être initialisée avec la carte utilisée ainsi qu'avec une instance du formulaire de saisie des critères de filtrage, l'instance affichant elle-même les marqueurs correspondant aux positions des sites sur la carte.

Le code suivant décrit l'implémentation de la classe AfficherSites :

```
function AfficherSites(carte, formulaire) {
    this.carte = carte;
    this.formulaire = formulaire;
    this.marqueursSites = {};
    this.fenetreInformationOuverte = false;
    this.zoomCourant = 0;
    this.initialisation();
}

AfficherSites.prototype = {
    initialisation: function() {
        GEvent.bind(this.carte, "click", this, this.gestionCliqueCarte);
        this.affichageCarteModifie();
    },
    gestionCliqueCarte: function(marqueur, point) {
        if( marqueur!=null ) {
            this.fenetreInformationOuverte = true;
```

```
                    var siteMarqueur = this.marqueursSites[marqueur.getPoint().toString()];
                    marqueur.openInfoWindowHtml(siteMarqueur.nom+"
                    ➥<br/>"+siteMarqueur.descriptionCourte);
                }
        },
        miseAJourFormulaire: function(extremiteBasseGauche, extremiteHauteDroite) {←❸
            (...)
        },
        recupererSitesRappel: function(type, sites) {←❹
            this.afficherSites(sites);←❺
        },
        recupererSites: function() {←❹
            (...)
        },
        afficherSites: function(sites) {←❺
            if( this.fenetreInformationOuverte==true ) {
                return;
            }
            this.carte.clearOverlays();
            var zoom = this.carte.getZoom();
            if( zoom<10 ) {
                return;
            }
            for(var cpt=0; cpt<sites.length; cpt++) {
                var site = sites[cpt];
                var localisation = new GLatLng(site.x, site.y);
                var marqueur = new GMarker(localisation);
                GEvent.addListener(marqueur, "infowindowclose", function() {
                    this.fenetreInformationOuverte = false;
                });
                this.carte.addOverlay(marqueur);
                this.marqueursSites[marqueur.getPoint()] = site;
            }
        },
        affichageCarteModifie: function () {←❶
            var extremites = this.carte.getBounds();←❷
            var extremiteBasseGauche = extremites.getSouthWest();
            var extremiteHauteDroite = extremites.getNorthEast();
            this.miseAJourFormulaire(extremiteBasseGauche, extremiteHauteDroite);←❸
            this.recupererSites();←❹
        },
        zoomCarteModifie: function (ancienZoom, nouveauZoom) {←❻
            if( zoom<10 ) {
                this.carte.clearOverlays();
            }
        }
    }
}
```

Lorsque l'utilisateur déplace le périmètre géographique affiché, la méthode affichage-
CarteModifie (repère ❶) de la classe précédente est appelée. Elle calcule tout d'abord les

nouvelles limites de la carte (repère ❷) afin de mettre à jour le formulaire des critères par l'intermédiaire de la méthode miseAJourFormulaire (repères ❸).

Elle exécute ensuite une requête Ajax contenant les informations de ce formulaire en s'appuyant sur les méthodes recupererSites et recupererSitesRappel (repères ❹) afin de récupérer la liste des sites dont les coordonnées sont comprises dans le périmètre géographique affiché. L'aspect asynchrone des requêtes Ajax impose l'utilisation de la méthode de rappel recupererSitesRappel. Par souci de lisibilité, nous avons omis l'implémentation de cette méthode.

Pour finir, la méthode afficherSites (repères ❺) est appelée afin de construire et d'ajouter des marqueurs pour les sites retournés par la requête Ajax. La classe PositionnerSite supporte l'ouverture et la fermeture de fenêtres d'information pour les marqueurs positionnés.

Remarquons la présence de la méthode zoomCarteModifie (repère ❻), qui permet de supprimer tous les marqueurs si le niveau de zoom est trop bas. Ce mécanisme permet de ne pas afficher un trop grand nombre de marqueurs sur la carte.

Cette classe est mise en œuvre dans l'application de la manière suivante :

```
var carte = (...)
var formulaireCriteres = document.getElementById("criteres");
var afficher = new AfficherSites(carte, formulaireCriteres);
GEvent.bind(carte, "moveend", afficher,
                        afficher.affichageCarteModifie);
GEvent.bind(carte, "zoomend", afficher, afficher.zoomCarteModifie);
```

Positionnement d'un site

En se fondant sur Google Maps, le renseignement de la position d'un site peut être facilement mis en œuvre à partir d'une carte en utilisant un marqueur.

Nous allons structurer cette fonctionnalité sous la forme d'une classe, que nous nommerons PositionnerSite. Cette classe se fonde sur la carte et s'y enregistre en tant qu'observateur de l'événement click de cette dernière et observateur de l'événement dragend pour le marqueur positionné.

L'instance de cette classe doit être initialisée avec la carte utilisée afin de positionner un site ainsi qu'une instance de ce site. Cette dernière instance est avertie d'une modification de sa position par l'intermédiaire de sa méthode miseAJourPosition.

Le code suivant décrit l'implémentation de la classe PositionnerSite :

```
function PositionnerSite(carte, site) {
    this.carte = carte;
    this.marqueurPositionne = false; ← ❶
    this.site = site;
    this.marqueurCourant = null;
}
```

```
PositionnerSite.prototype = {
    positionnerSite: function (marqueur, point) {
        if( marqueur==null && this.marqueurPositionne==false ) {←❶
            this.marqeurCourant = new GMarker(point, {draggable: true});
            this.carte.addOverlay(this.marqueurCourant);←❷
            GEvent.bind(this.marqeurCourant, "dragend", this, this.deplacerMarqueur);
            this.marqueurPositionne=true;←❶
            this.site.miseAJourPosition(point.x, point.y);←❹
        } else {
            this.carte.removeOverlay(marqueur);←❸
            GEvent.clearListeners(marqueur, "dragend");
            this.marqueurCourant = null;
            this.marqueurPositionne=false;←❶
            this.site.miseAJourPosition(0, 0);←❹
        }
    },
    deplacerMarqueur: function() {
        var point = this.marqeurCourant.getPoint();
        this.site.miseAJourPosition(point.x, point.y);←❹
    }
}
```

La classe empêche l'utilisation de plusieurs marqueurs pour cette fonctionnalité. Son attribut `marqueurPosition` permet de le garantir (repères ❶). S'il n'existe pas, il est ajouté pour la position courante (repère ❷).

L'attribut `draggable` permet de spécifier qu'il peut être déplacé par glisser-déposer. Un clic sur le marqueur permet de le supprimer (repère ❸).

À chaque modification de la position du marqueur et lors de ses création et suppression, le site est mis à jour avec les nouvelles coordonnées (repères ❹).

Cette classe est mise en œuvre dans l'application de la manière suivante :

```
var carte = new GMap2(document.getElementById("carte"));
(...)
var site = (...)
var positionnement = new PositionnerSite(map,site);
GEvent.bind(map, "click", positionnement, positionnement.positionnerSite);
```

Conclusion

Google Maps est un puissant outil JavaScript, qui permet d'ajouter d'intéressantes fonctionnalités cartographiques à une application JavaScript. L'interaction entre cette dernière et l'outil est particulièrement fine, puisque l'application peut être avertie des moindres manipulations effectuées par un utilisateur sur une carte affichée.

Les développeurs de cet outil se sont fait un point d'honneur de fournir une API de programmation simple, extensible et facile d'utilisation.

L'utilisation de Google Maps nous a permis de décrire un exemple d'utilisation d'API JavaScript externe dans une application JavaScript. De nombreux autres outils fournissent des API similaires permettant d'accéder à un service.

14

Services offerts
par Yahoo! et Amazon

Des sociétés telles que Yahoo! et Amazon mettent à la disposition d'applications externes des services donnant accès à des données de leur système d'information, et ce par l'intermédiaire de l'architecture REST (Representational State Transfert).

Ces services permettent d'échanger des données dans des formats tels que XML et JSON, rendant ainsi possible de les utiliser directement dans des applications JavaScript. Dans ce cas, les techniques Ajax doivent être mises en œuvre afin d'appeler ces services et de récupérer les données en retour.

Ce chapitre détaille les mécanismes à mettre en œuvre pour utiliser dans des applications JavaScript des services de ce type accessibles par Internet.

Yahoo!

Yahoo! offre divers services gratuits et payants en ligne. Créée en 1995 en tant qu'annuaire de sites, Yahoo! a connu une telle popularité que de nouveaux sites sont venus s'ajouter à l'annuaire afin de le transformer petit à petit en portail Internet. Ces services sont notamment les messageries (Web et instantanée), l'hébergement de listes de diffusion, ainsi que divers portails d'information.

Yahoo! met à disposition plusieurs services sur Internet autour notamment des problématiques de la cartographie, de la recherche Web, de la musique et des informations par l'intermédiaire de l'architecture REST. L'objectif est d'offrir aux applications la possibilité d'interagir avec ces services.

Le tableau 14.1 récapitule les principaux services de Yahoo! ainsi que leurs adresses d'exécution et de documentation.

Tableau 14.1   Principaux services mis à disposition par Yahoo!

Nom	Description
Map Image	Permet de calculer une carte à partir de coordonnées géographiques. Adresse d'exécution : *http://api.local.yahoo.com/MapsService/V1/mapImage*. Documentation : http://developer.yahoo.com/maps/rest/V1/mapImage.html
Geocode	Permet de retourner les coordonnées d'un lieu à partir de son adresse. Adresse d'exécution : *http://api.local.yahoo.com/MapsService/V1/geocode*. Documentation : http://developer.yahoo.com/maps/rest/V1/geocode.html
Web Search	Exécute une recherche Internet en se fondant sur le moteur de recherche de Yahoo!. Adresse d'exécution : *http://api.search.yahoo.com/WebSearchService/V1/webSearch*. Documentation : *http://developer.yahoo.com/search/web/V1/webSearch.html*.
Artist Search	Recherche un artiste en se fondant sur diverses informations (nom, etc.). Adresse d'exécution : *http://api.search.yahoo.com/AudioSearchService/V1/artistSearch*. Documentation : *http://developer.yahoo.com/search/audio/V1/artistSearch.html*.
Album Search	Recherche un album musical en se fondant sur diverses informations (nom, etc.). Adresse d'exécution : *http://api.search.yahoo.com/AudioSearchService/V1/albumSearch*. Documentation : *http://developer.yahoo.com/search/audio/V1/albumSearch.html*.
News Search	Réalise une recherche dans une base relative à l'actualité. Adresse d'exécution : *http://api.search.yahoo.com/NewsSearchService/V1/newsSearch*. Documentation : *http://developer.yahoo.com/search/news/V1/newsSearch.html*.

Pour utiliser ces différents services, un enregistrement est nécessaire auprès de Yahoo!, à l'adresse *http://developer.yahoo.com/register/*. Un identifiant peut alors être créé afin d'identifier l'application auprès de Yahoo! à l'adresse *http://api.search.yahoo.com/webservices/register_application*. Cet identifiant doit être spécifié à chaque appel de service.

Nous allons détailler les services mis à disposition par Yahoo! relatifs à la recherche sur Internet et à la musique. Nous décrirons ensuite la façon de les utiliser dans une application Web en se fondant sur le langage JavaScript.

Service de recherche Internet

Le principal service offert par Yahoo! concerne la recherche sur Internet en utilisant le moteur de recherche de Yahoo!.

La documentation relative à ce service est disponible à l'adresse *http://developer.yahoo.com/search/web/V1/webSearch.html*. Elle décrit les différents paramètres utilisables ainsi que la structure des données contenues dans les réponses.

Les paramètres d'invocation de ce service sont récapitulés au tableau 14.2.

Tableau 14.2   Paramètres du service de recherche Internet

Propriété	Type	Description
adult_ok	-	Spécifie si le contenu pour adultes est autorisé dans les résultats. Aucune valeur (valeur par défaut) l'interdit, tandis que la valeur 1 l'autorise.
appid	Chaîne de caractères	Correspond à l'identifiant de l'application utilisatrice. Ce paramètre est obligatoire.
callback	Chaîne de caractères	Spécifie le nom de la fonction de rappel à utiliser pour passer les données.
country	Code ISO	Spécifie le pays des pages recherchées. Aucune valeur (par défaut) autorise tous les pays. Sinon, le code ISO des pays doit être utilisé, comme fr pour le français.
format	-	Spécifie le type de fichiers correspondant à la recherche. Par défaut, tous les types sont pris en compte (valeur any). Les types de fichiers peuvent être spécifiés : msword (Microsoft Word), pdf, ppt (Microsoft PowerPoint), rss (fichier de syndication), txt (fichier texte) et xls (Microsoft Excel).
language	Code ISO	Spécifie le langage dans lequel le résultat est écrit. Aucune valeur (par défaut) autorise tous les langages. Sinon, le code ISO des langues doit être utilisé, comme fr pour le français.
license	-	Spécifie la ou les licences Creative Commons du contenu recherché. Les valeurs possibles sont any, cc_any, cc_commercial ou cc_modifiable.
output	Chaîne de caractères	Spécifie le format de retour souhaité pour les données. La valeur par défaut est xml pour le format XML. Le format JSON est supporté par le biais de la valeur json.
query	Chaîne de caractères	Spécifie la chaîne de recherche. Cette dernière doit être encodée en UTF-8.
region	Code ISO	Spécifie le moteur de recherche régional à utiliser. Pour la France, fr doit être utilisé (moteur *http://fr.search.yahoo.com/*). La valeur par défaut est us.
results	Entier	Spécifie le nombre de résultats à retourner.
similar_ok	-	Spécifie si des résultats avec des contenus similaires sont autorisés dans les résultats. Aucune valeur (valeur par défaut) l'interdit, tandis que la valeur 1 l'autorise.
site	Chaîne de caractères	Spécifie le domaine des pages recherchées. Aucune valeur (par défaut) ne restreint pas la recherche. Plusieurs domaines peuvent être spécifiés en concaténant le domaine avec le caractère &.
start	Entier	Spécifie la position de début dans les données.
subscription	Valeur	Spécifie si la recherche doit porter sur une source particulière de contenu, telle que le *Wall Street Journal* (wsj). La liste complète de ces sources est disponible à l'adresse *http://developer.yahoo.com/search/subscriptions.html*.
type	Liste de valeurs	Spécifie le type de recherche à soumettre : – all, pour des résultats correspondant à tous les mots de recherche ; – any, pour des résultats correspondant au moins à un mot ; – phrase, pour des résultats contenant la phrase telle quelle.

Le lien suivant permet de rechercher le mot « JavaScript » dans le moteur de recherche de Yahoo! et d'en afficher les deux premiers résultats :

http://api.search.yahoo.com/WebSearchService/V1/webSearch?appid=YahooDemo&query=JavaScript&results=2

Les données retournées sont par défaut au format XML, et leur balise de base est Result-Set. Cette dernière possède les attributs totalResultsAvalaible, totalResultsReturned et `firstPositionResult`, qui correspondent respectivement au nombre total d'éléments correspondant à la recherche, au nombre retourné et à la position du premier élément dans la recherche. Notons que le format JSON est supporté pour ce service.

Plusieurs éléments peuvent être retournés par ce service dans des blocs délimités par la balise `Result`.

Le tableau 14.3 récapitule les différents champs contenus dans ces éléments.

Tableau 14.3   Champs retournés par le service de recherche

Propriété	Description
`Cache`	Correspond à l'adresse du résultat mis en cache.
`ClickUrl`	Correspond à l'adresse à utiliser si la page doit être accédée par l'intermédiaire d'un lien dans une liste de résultats de recherche. Elle permet à Yahoo! d'optimiser son service de recherche.
`MimeType`	Correspond au type MIME de la page.
`ModificationDate`	Correspond à la dernière date de modification de la page.
`Summary`	Correspond au résumé de la page Web.
`Title`	Correspond au titre de la page Web.
`Url`	Correspond à l'adresse de la page.

Le code suivant donne un exemple de données reçues au format XML lors de l'invocation de ce service pour la chaîne de recherche « JavaScript » :

```
<ResultSet xsi:schemaLocation="urn:yahoo:srch (...)"
           type="web" ← ❶
           totalResultsAvailable="354000000"
           totalResultsReturned="2"
           firstResultPosition="1"
           moreSearch="(...)">
    <Result> ← ❷
        <Title>
            JavaScript.com (TM) - The Definitive JavaScript
            Resource: JavaScript Tutorials, Free Java Scripts,
            Source Code and ...
        </Title>
        <Summary>
            Resource for tutorials, scripts, and more.
        </Summary>
        <Url>http://www.javascript.com/</Url>
        <ClickUrl>http://uk.wrs.yahoo.com/_ylt=(...)</ClickUrl>
        <DisplayUrl>www.javascript.com/</DisplayUrl>
        <ModificationDate>1157266800</ModificationDate>
        <MimeType>text/html</MimeType>
        <Cache>
            <Url>http://uk.wrs.yahoo.com/_ylt=A9h(...)</Url>
            <Size>60241</Size>
        </Cache>
```

```
        </Result>
        <Result> ← ❸
            <Title>
                JavaScript Source: Free JavaScripts, Tutorials, Example
                Code, Reference, Resources, And Help
            </Title>
            <Summary>
                Cut and paste JavaScript library with source code.
            </Summary>
            <Url>http://javascript.internet.com/</Url>
            <ClickUrl>http://uk.wrs.yahoo.com/_ylt=(...)</ClickUrl>
            <DisplayUrl>javascript.internet.com/</DisplayUrl>
            <ModificationDate>1157266800</ModificationDate>
            <MimeType>text/html</MimeType>
            <Cache>
                <Url>http://uk.wrs.yahoo.com/_ylt=A9(...)</Url>
                <Size>56399</Size>
            </Cache>
        </Result>
    </ResultSet>
```

Si nous avions spécifié `json` en tant que valeur du paramètre `output` de la requête, les données auraient été les suivantes :

```
{"ResultSet":{
    "type":"web", ← ❶
    "totalResultsAvailable":354000000,
    "totalResultsReturned":2,
    "firstResultPosition":1,
    "moreSearch":"(...)",
    "Result":[{ ← ❷
        "Title":"JavaScript.com (TM) - The Definitive JavaScript
                Resource: JavaScript Tutorials, Free Java Scripts,
                Source Code and ... ",
        "Summary":"Resource for tutorials, scripts, and more.",
        "Url":"http:\/\/www.javascript.com\/",
        "ClickUrl":"http:\/\/uk.wrs.yahoo.com\/_ylt=(...)",
        "DisplayUrl":"www.javascript.com\/",
        "ModificationDate":1157266800,
        "MimeType":"text\/html",
        "Cache":{
            "Url":"http:\/\/uk.wrs.yahoo.com\/_ylt=(...)",
            "Size":"60241"
        }
    },{ ← ❸
        "Title":"JavaScript Source: Free JavaScripts, Tutorials,
                Example Code, Reference, Resources, And Help",
        "Summary":"Cut and paste JavaScript library with source
                code.",
        "Url":"http:\/\/javascript.internet.com\/",
```

```
        "ClickUrl":"http:\/\/uk.wrs.yahoo.com\/_ylt=(...)",
        "ModificationDate":1157266800,
        "MimeType":"text\/html",
        "Cache":{
            "Url":"http:\/\/uk.wrs.yahoo.com\/_ylt=(...)",
            "Size":"56399"
        }
    }]
}}
```

Dans les deux exemples de code ci-dessus, le repère ❶ correspond aux informations globales de la recherche, telles que le nombre de résultats de la recherche et le nombre de résultats retournés.

Les repères ❷ et ❸ correspondent aux deux résultats retournés.

Service de recherche d'albums musicaux

Un des services offerts par Yahoo! permet de rechercher des informations relatives à des albums de musique.

La documentation relative à ce service est disponible à l'adresse *http://developer.yahoo.com/ search/audio/V1/albumSearch.html*. Elle décrit les différents paramètres utilisables, ainsi que la structure des données contenues dans les réponses.

Les différents paramètres d'invocation de ce service sont récapitulés au tableau 14.4.

Tableau 14.4 Paramètres du service de recherche d'albums musicaux

Propriété	Type	Description
album	Chaîne de caractères	Spécifie un nom (partiel ou non) d'album à rechercher.
albumid	Entier	Spécifie un identifiant d'album à rechercher.
appid	Chaîne de caractères	Correspond à l'identifiant de l'application utilisatrice. Ce paramètre est obligatoire.
artist	Chaîne de caractères	Spécifie le nom de l'artiste de l'album à rechercher.
artistid	Chaîne de caractères	Spécifie l'identifiant de l'artiste de l'album à rechercher.
callback	Chaîne de caractères	Spécifie le nom de la fonction de rappel à utiliser pour passer les données.
output	Chaîne de caractères	Spécifie le format de retour souhaité pour les données. La valeur par défaut est xml pour le format XML. Le format JSON est supporté par le biais de la valeur json.
results	Entier	Spécifie le nombre de résultats à retourner. La valeur par défaut est 10 et le maximum 50.
start	Entier	Spécifie la position de début dans les données.
type	Texte libre	Spécifie le type de la recherche. Les valeurs possibles sont all pour se fonder sur tous les termes, any sur un ou plusieurs et phrase sur la phrase.

Le lien suivant permet de rechercher les albums de la chanteuse Madonna, dont l'identifiant est XXXXXXP000064565, contenant le mot « Like » et d'en afficher les deux premiers résultats :

http://api.search.yahoo.com/AudioSearchService/V1/albumSearch?appid=YahooDemo&artis-tid=XXXXXXP000064565&album=Like&results=2

Les données retournées sont, par défaut, au format XML, et leur balise de base est `ResultSet`. Cette dernière possède les attributs `totalResultsAvalaible`, `totalResultsReturned` et `first-PositionResult`, qui correspondent respectivement au nombre total d'albums correspondant à la recherche, au nombre retourné et à la position du premier élément dans la recherche. Le format JSON est supporté pour ce service.

Plusieurs éléments peuvent être retournés par ce service dans des blocs délimités par la balise `Result`. Cette dernière possède l'attribut `id` correspondant à l'identifiant de l'album.

Le tableau 14.5 récapitule les différents champs contenus dans ces éléments.

Tableau 14.5 Champs retournés par le service de recherche d'albums

Propriété	Description
`Album`	Description d'un album
`Artist`	Informations sur l'artiste (identifiant et nom)
`Publisher`	Maison de disques de l'album
`RelatedAlbums`	Liste des albums relatifs à l'album courant
`ReleaseDate`	Date de sortie de l'album
`Thumbnail`	Informations relatives à l'image de la pochette de l'album (adresse et taille)
`Title`	Titre de l'album

Le code suivant donne un exemple de données reçues au format XML lors de l'invocation de ce service pour les albums de la chanteuse Madonna dont le titre contient le mot « like » :

```
<ResultSet xsi:schemaLocation="urn:yahoo:srchma (...)"
           totalResultsAvailable="8"
           totalResultsReturned="2"
           firstResultPosition="1">
    <Result id="7adc0b0a5cdc84f0e08004dcf8b2c093">
        <Title>Like A Virgin</Title>
        <Artist id="XXXXXXP000064565">Madonna</Artist>
        <Publisher>Warner Bros.</Publisher>
        <ReleaseDate>2005 09 13</ReleaseDate>
    </Result>
    <Result id="XXXXXXR000532143">
        <Title>What It Feels Like for a Girl [US CD/12"]</Title>
        <Artist id="XXXXXXP000064565">Madonna</Artist>
        <Publisher>Warner Bros.</Publisher>
        <ReleaseDate>2001 05 01</ReleaseDate>
        <Tracks>9</Tracks>
        <Thumbnail>
            <Url>(...)</Url>
            <Height>59</Height>
            <Width>60</Width>
        </Thumbnail>
    </Result>
</ResultSet>
```

Si nous avions spécifié `json` en tant que valeur du paramètre `output` de la requête, les données auraient été les suivantes :

```
{"ResultSet":{
    "totalResultsAvailable":8,
    "totalResultsReturned":2,
    "firstResultPosition":1,
    "Result":[{
        "id":"7adc0b0a5cdc84f0e08004dcf8b2c093",
        "Title":"Like A Virgin",
        "Artist":{
            "id":"XXXXXXP000064565",
            "content":"Madonna"
        },
        "Publisher":"Warner Bros.",
        "ReleaseDate":"2005 09 13",
         "Tracks":0
    },{
        "id":"XXXXXXR000532143",
        "Title":"What It Feels Like for a Girl [US CD\/12\"]",
        "Artist":{
            "id":"XXXXXXP000064565",
            "content":"Madonna"
        },
        "Publisher":"Warner Bros.",
        "ReleaseDate":"2001 05 01",
        "Tracks":9,
        "Thumbnail":{
            "Url":"(...)",
            "Height":59,
            "Width":60
        }
    }]
}}
```

Nous utilisons cette structure de réponse plus loin dans ce chapitre afin de mettre en œuvre ce service.

Utilisation des services

Du fait de l'utilisation du langage JavaScript, l'appel aux services de Yahoo! se réalise par l'intermédiaire des techniques Ajax que nous avons abordées au chapitre 5.

Puisque les services de Yahoo! ne correspondent pas au même domaine que l'application qui les appelle, un des mécanismes décrits à la section « Contournements des restrictions » du chapitre 5 doit être utilisé.

La figure 14.1 illustre les mécanismes mis en œuvre afin d'appeler un service de Yahoo!.

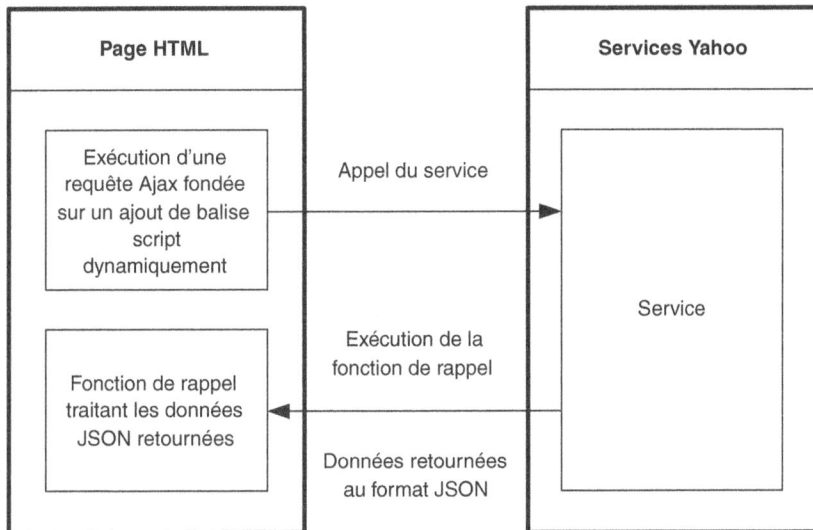

Figure 14.1
Mécanismes mis en œuvre afin d'appeler un service de Yahoo!

Notons que nous utilisons des réponses au format JSON, qui sont plus facilement utilisables dans des applications JavaScript.

Mise en œuvre

Pour mettre en œuvre Ajax, nous allons utiliser la technique fondée sur la balise `script`. Pour plus de détails sur cette dernière, voir le chapitre 5.

Le code qui nous intéresse dans ce chapitre est le suivant :

```
function ajouterBaliseScript(adresse) {
    var script = document.createElement("script");
    script.setAttribute("type","text/javascript");
    script.setAttribute("src",adresse);

    var head = document.getElementsByTagName("head");
    head.appendChild(script);
}
function supprimerBaliseScript(adresse) {
    var head = document.getElementsByTagName("head");
    var script = document.getElementById("scriptId");
    head.removeChild(script);
}
function executerRequete(adresse, parametres, fonctionDeRappel) {
    var requete = [];
    // Spécification de l'adresse de la requête
    requete.push(adresse);
```

```
// Spécification des paramètres de la requête
var premierParametre = true;
for( parametre in parametres ) {
    if( premierParametre ) {
        requete.push("?");
    } else {
        requete.push("&");
    }
    requete.push(parametre);
    requete.push("=");
    requete.push(parametres[parametre]);
    premierParametre = false;
}
// Spécification de la fonction de rappel
requete.push("&callback="+fonctionDeRappel);
// Exécution de la requête
ajouterBaliseScript(requete.join(""));
// Suppression de la balise utilisée
supprimerBaliseScript();
}
```

À partir de la fonction executerRequete, l'appel du service de recherche d'albums se réalise de la manière suivante :

```
function fonctionDeRappel(donnees) {
    var resultset = donnees["ResultSet"];
    var results = resultset["Result"];
    for(var cpt=0; cpt<results.length; cpt++) {
        var result = results[cpt];
        alert(result["id"]+": "+result["Title"]);
    }
}
var adresse =
   "http://api.search.yahoo.com/AudioSearchService/V1/albumSearch";
var parametres = {
    appid: "YahooDemo",
    artistid: "XXXXXXP000064565",
    album: "Like",
    output: "json",
    results: "2"
};
executerRequete(adresse, parametres, "fonctionDeRappel");
```

Support de la bibliothèque dojo

La bibliothèque dojo supporte les différents services de Yahoo! par l'intermédiaire de son module dojo.rpc.YahooService. Les services supportés sont décrits dans le fichier **yahoo.smd,** localisé dans le répertoire **src/rpc** de la distribution de dojo.

Le module dojo.rpc.YahooService est importé par l'intermédiaire du code suivant :

```
dojo.require("dojo.rpc.YahooService");
```

Ce fichier permet d'associer un service à une méthode et de spécifier les différents paramètres associés.

Le tableau 14.6 récapitule les méthodes relatives aux services de Yahoo!.

Tableau 14.6   Méthodes relatives aux services de Yahoo!

Méthode	Service associé
albumSearch	Album Search
artistSearch	Artist Search
geocode	Geocode
mapImage	Map Image
newsSearch	News Search
songSearch	Song Search
webSearch	Web Search

L'appel de services Yahoo! se réalise de manière très simple, comme le montre le code suivant, qui réalise une recherche sur Internet en se fondant sur Yahoo! :

```
function executerRechercheYahoo() { ← ❶
    var service = new dojo.rpc.YahooService();
    var retour = service.webSearch({"query":"javascript"}); ← ❷
    retour.addCallback(traiterResultatRecherche); ← ❸
}
function traiterResultatRecherche(donnees) { ← ❹
    var typeRecherche = donnees["type"];
    var resultats = donnees["Result"];
    for(var cpt=0;cpt<resultats.length;cpt++) { ← ❺
        var resultat = resultats[cpt];
        var titre = resultat["Title"];
        var resume = resultat["Summary"];
        alert(titre+": "+resume);
    }
}
```

La fonction executerRechercheYahoo (repère ❶) contient toute la logique d'appel du service. Elle se fonde sur la classe dojo.rpc.YahooService de dojo et appelle le service par l'intermédiaire de sa méthode webSearch (repère ❷). Une fonction de rappel est associée à l'appel par l'intermédiaire de la méthode addCallback (repère ❸).

Lorsque la réponse est reçue, cette dernière (repère ❹) est appelée avec en paramètre les données de la réponse au format JSON. Ces données peuvent alors être parcourues en tant qu'objet en se fondant sur les fonctionnalités offertes par JavaScript (repère ❺).

À aucun moment nous n'avons spécifié la technique utilisée afin d'exécuter la requête. dojo met en œuvre Ajax par l'intermédiaire d'une balise script dans ce cas.

En résumé

Yahoo! offre de nombreux services permettant d'ajouter du contenu dans des pages Web. Ces services sont accessibles grâce à l'architecture REST. Les données qu'ils renvoient peuvent être structurées aussi bien au format XML que JSON.

Puisque le domaine des services de Yahoo! est différent de celui de ses pages Web, la classe `XMLHttpRequest` ne peut être utilisé. Les techniques de contournement décrites au chapitre 5 doivent donc être mises en œuvre.

Des bibliothèques telles que dojo offrent une API masquant les mécanismes à mettre en œuvre pour y accéder.

Amazon

Amazon est une société de commerce électronique dont la spécialité la plus connue est la vente de livres. Elle permet également d'acheter tout type de produits culturels relatifs notamment à la musique et au cinéma ainsi que récemment de matériels.

Créée en 1995, cette société ne fut réellement bénéficiaire qu'en 2004. Son originalité tient à ce qu'elle ne possède aucun établissement physique de vente et qu'elle utilise les choix des utilisateurs de son site afin de leur proposer des sélections d'articles ciblés.

À l'instar de Yahoo!, Amazon offre la possibilité d'accéder à tous les éléments de son catalogue par le biais d'un service de recherche accessible sur Internet. Amazon fournit bien d'autres services, que nous ne détaillons pas dans ce chapitre.

Ce service de recherche est mis à disposition par le biais de l'architecture REST, mais, contrairement à Yahoo!, les données sont structurées au seul format XML. Un service XSLT permet toutefois de convertir les données dans n'importe quel format.

Service ECS

Le seul service mis à disposition par Amazon est ECS (E-Commerce Service), qui donne accès à la plupart des informations des différents sites Web d'Amazon. Ces informations sont les suivantes :

- données des produits ;
- commentaires relatifs aux produits saisis par les utilisateurs ;
- informations sur les vendeurs ;
- liste des produits de zShops et Marketplace ;
- caddy d'achats.

Ce service rend possible différentes opérations relatives à ces données.

Le tableau 14.7 récapitule les principales d'entre elles.

Tableau 14.7   Principales opérations du service ECS

Opération	Description
CustomerContentLookup	Permet de récupérer un ensemble d'informations relatives à un client.
CustomerContentSearch	Permet d'effectuer une recherche de clients.
ItemLookup	Permet de récupérer un ensemble d'informations relatives à un produit en se fondant sur son identifiant.
ItemSearch	Permet d'effectuer une recherche de produits en se fondant sur différents critères.
SellerLookup	Permet de récupérer un ensemble d'informations relatives à un vendeur.

La documentation de ce service est accessible à l'adresse suivante :

http://docs.amazonwebservices.com/AWSEcommerceService/2005-03-23/index.html

Afin d'utiliser les différentes opérations de ce service, un enregistrement est nécessaire auprès d'Amazon à l'adresse *http://www.amazon.com/gp/aws/registration/registration-form.html*. Une clé d'utilisation est ensuite fournie pour le compte à l'adresse *http://aws-portal.amazon.com/gp/aws/developer/account/index.html?action=access-key*. Cette clé doit être spécifiée lors de l'appel des différentes opérations mises à disposition par le service.

Afin de décrire le fonctionnement du service ECS et de ses opérations, nous allons tout d'abord détailler les différents paramètres communs, puis la manière d'exécuter des opérations. Nous finirons par la structure des données de résultat.

Paramètres communs du service

Le service d'Amazon fournit différents groupes de paramètres communs à toutes les opérations :

- Paramètres obligatoires, qui doivent être présents pour chaque utilisation d'opérations.
- Paramètres généraux, qui spécifient l'origine de la requête ainsi que les types de données retournées.
- Paramètres XSL, qui spécifient les informations nécessaires à l'utilisation du moteur XSLT d'Amazon.
- Paramètres de formatage XML.
- Paramètres destinés à faciliter le développement et le débogage.

Les tableaux 14.8 à 14.10 récapitulent les paramètres obligatoires, généraux et XSL.

Tableau 14.8   Paramètres obligatoires du service ECS

Paramètre	Description
Operation	Spécifie l'opération utilisée.
Service	Spécifie le nom du service utilisé. Dans notre cas, la valeur AWSECommerceService doit toujours être utilisée.
SubscriptionId	Spécifie l'identifiant souscrit par l'utilisateur du service.

Tableau 14.9 Paramètres généraux du service ECS

Paramètre	Description
AssociateTag	Spécifie l'identifiant associé à l'application. Ce paramètre permet de déterminer le flux de données généré par l'application relativement au service d'Amazon.
ResponseGroup	Spécifie les données retournées par l'opération. Ce paramètre permet de contrôler en détail le volume et le contenu de la réponse d'une opération.

Tableau 14.10 Paramètres XSL du service ECS

Paramètre	Description
ContentType	Spécifie le type de format généré par la feuille de style.
Style	Spécifie la feuille de style à appliquer aux données retournées au format XML.

Détaillons maintenant la façon d'utiliser les opérations de base du service ECS d'Amazon.

Opérations

Nous ne détaillons dans cette section que les fonctionnalités de recherche de produits et de récupération d'informations de produits, correspondant respectivement aux opérations ItemSearch et ItemLookup.

Chaque opération du service d'Amazon possède des paramètres particuliers à utiliser en plus des paramètres communs décrits à la section précédente.

Pour l'opération ItemSearch, l'ensemble de produits dans lequel la recherche s'exécute doit être spécifié par l'intermédiaire du paramètre SearchIndex ainsi qu'éventuellement un ensemble de mots-clés par le biais du paramètre Keywords.

Le lien suivant permet de rechercher les livres correspondant à la chaîne de caractères « Spring par la pratique » :

http://webservices.amazon.fr/onca/xml?Service=AWSECommerceService&SubscriptionId=Votre_ID_ici&Operation=ItemSearch&SearchIndex=Books&Keywords=Spring%20par%20la%20pratique

Pour l'opération ItemLookup, l'identifiant du produit doit uniquement être spécifié par l'intermédiaire du paramètre ItemId.

Le lien suivant permet de charger les informations du livre « Spring par la pratique » :

http://webservices.amazon.fr/onca/xml?Service=AWSECommerceService&SubscriptionId=Votre_ID_ici&Operation=ItemLookup&ItemId=2212117108

Données

La structuration des données retournées par une opération du service ECS s'applique notamment aux opérations ItemSearch et ItemLookup.

Ces données sont structurées par l'intermédiaire de XML. La balise de base de la réponse est ItemSearchResponse, qui englobe des informations relatives à l'opération réalisée (sous-balise OperationRequest) et aux résultats (sous-balise Items).

Dans l'exemple de code suivant, la balise `OperationRequest` (repère ❶) reprend tous les paramètres spécifiés pour l'opération (repère ❷) ainsi que des informations techniques (repère ❸), telles que le temps d'exécution de la requête :

```
<ItemSearchResponse>
    <OperationRequest> ← ❶
        <HTTPHeaders> ← ❸
            <Header Name="UserAgent"
                    Value="Mozilla/5.0 (Windows; U; Windows NT 5.1;
                           fr; rv:1.8.0.6) Gecko/20060728
                           Firefox/1.5.0.6"/>
        </HTTPHeaders>
        <RequestId>1KD1XBKYDC09V0EQ6F4C</RequestId> ← ❸
        <Arguments> ← ❷
            <Argument Name="Service" Value="AWSECommerceService"/>
            <Argument Name="SearchIndex" Value="Books"/>
            <Argument Name="SubscriptionId"
                      Value="Votre_ID_ici"/>
            <Argument Name="Keywords"
                      Value="Spring par la pratique"/>
            <Argument Name="ResponseGroup" Value="Medium"/>
            <Argument Name="Operation" Value="ItemSearch"/>
        </Arguments>
        <RequestProcessingTime> ← ❸
            0.0749619007110596
        </RequestProcessingTime>
    </OperationRequest>
    (...)
</ItemSearchResponse>
```

Dans l'exemple suivant, la balise `Items` (repère ❶) comprend tous les résultats de la requête et intègre des informations relatives aux paramètres de la requête (sous-balise `Request` au repère ❷), au nombre de résultats (sous-balise `TotalResults` au repère ❸) et de pages de résultats (sous-balise `TotalPages` au repère ❹) ainsi qu'aux éléments de résultats eux-mêmes (sous-balise `Item` au repère ❺) :

```
<ItemSearchResponse>
    <OperationRequest>(...)</OperationRequest>
    <Items> ← ❶
        <Request> ← ❷
            <IsValid>True</IsValid>
            <ItemSearchRequest>
                <Keywords>Spring par la pratique</Keywords>
                <ResponseGroup>Medium</ResponseGroup>
                <SearchIndex>Books</SearchIndex>
            </ItemSearchRequest>
        </Request>
        <TotalResults>1</TotalResults> ← ❸
        <TotalPages>1</TotalPages> ← ❹
        <Item>(...)</Item> ← ❺
    </Items>
</ItemSearchResponse>
```

Détaillons maintenant les éléments compris dans la balise Item correspondant aux données du résultat de la requête. Comme nous l'avons spécifié à la section relative aux paramètres communs, le service ECS offre la possibilité de spécifier les blocs de données à inclure dans le résultat par l'intermédiaire du paramètre ResponseGroup. Ainsi, ces blocs sont présents ou non dans la balise Item.

Le tableau 14.11 récapitule les principales valeurs que peut prendre ce paramètre.

Tableau 14.11   Principales valeurs du paramètre *ResponseGroup*

Valeur	Description
CustomerReviews	Spécifie que les commentaires des clients relatifs au produit (bloc CustomerReviews) doivent être contenus dans la réponse.
EditorialReviews	Spécifie que les commentaires d'Amazon relatifs au produit (bloc EditorialReviews) doivent être contenus dans la réponse.
Image	Spécifie que les informations relatives aux images du produit doivent être contenues dans la réponse.
ItemAttributes	Spécifie que les informations relatives au produit (bloc ItemAttributes) doivent être contenues dans la réponse.
Medium	Correspond au groupe de valeurs : Small, Request, ItemAttributes, OfferSummary, SalesRank, EditorialReviews et Image.
Offers	Spécifie que les différentes offres pour le produit doivent être contenues dans la réponse.
OfferSummary	Spécifie qu'un résumé des différentes offres pour le produit (bloc OfferSummary) doit être contenu dans la réponse.
Request	Spécifie que les informations relatives à la requête (bloc Request) doivent être contenues dans la réponse.
SalesRank	Spécifie que le rang du produit dans les ventes d'Amazon doit être contenu dans la réponse.
Small	Spécifie que les informations de base du produit doivent être contenues dans la réponse.

Plusieurs valeurs peuvent être combinées pour le paramètre ResponseGroup en se fondant sur le caractère « , ».

Le tableau 14.12 récapitule les principaux blocs de données pouvant être présents sous la balise Item.

Tableau 14.12   Principaux blocs de données de la balise *Item*

Balise	Description
ASIN	Correspond à l'identifiant unique ASIN (Amazon Standard Identification Number) du produit dans la base d'Amazon.
CustomerReviews	Correspond aux commentaires d'Amazon relatifs au produit.
DetailPageURL	Correspond à l'adresse de la page détaillant le produit sur le site d'Amazon.
EditorialReviews	Correspond aux commentaires des clients relatifs au produit.
Errors	Détaille les différentes erreurs survenues lors de la récupération des données du produit.
ItemAttributes	Comprend les caractéristiques et propriétés du produit.
LargeImage	Correspond aux informations relatives à l'image de grande taille du produit.

Tableau 14.12   Principaux blocs de données de la balise *Item (suite)*

Balise	Description
MediumImage	Correspond aux informations relatives à l'image de taille moyenne du produit.
Offers	Correspond aux informations relatives aux offres pour le produit.
OfferSummary	Correspond à des statistiques relatives aux offres (nombre de vendeurs, meilleurs prix pour le produit neuf, etc.).
SalesRank	Correspond au rang du produit dans les ventes d'Amazon.
SmallImage	Correspond aux informations relatives à l'image de petite taille du produit.

Pour les livres, les blocs ItemAttributes et OfferSummary comportent les informations de base du produit. Le code suivant donne un exemple de données d'un livre :

```
<ItemLookupResponse>
    <OperationRequest>(...)</OperationRequest>
    <Items>
        <Request>(...)</Request>
        <Item>
            <ASIN>2212117108</ASIN> ← ❶
            <DetailPageURL> ← ❶
                http://www.amazon.fr/gp/redirect.html%3F(...)
            </DetailPageURL>
            <SalesRank>777</SalesRank> ← ❶
            <SmallImage> ← ❶
                <URL>(...)</URL>
                <Height Units="pixels">75</Height>
                <Width Units="pixels">62</Width>
            </SmallImage>
            <!-- Même structure pour MediumImage et LargeImage -->
            <ItemAttributes> ← ❷
                <Author>Julien Dubois</Author>
                <Author>Jean-Philippe Retaillé</Author>
                <Author>Thierry Templier</Author>
                <Binding>Broché</Binding>
                <Creator Role="Préface">Rod Johnson</Creator>
                <EAN>9782212117103</EAN>
                <ISBN>2212117108</ISBN>
                (...)
                <Manufacturer>Eyrolles</Manufacturer>
                <NumberOfPages>517</NumberOfPages>
                <ProductGroup>Book</ProductGroup>
                <PublicationDate>2006-04-28</PublicationDate>
                <Publisher>Eyrolles</Publisher>
                <Studio>Eyrolles</Studio>
```

```
            <Title>
                Spring par la pratique : Mieux développer ses
                applications Java/J2EE avec Spring, Hibernate,
                Struts, Ajax...
            </Title>
        </ItemAttributes>
        <OfferSummary> ← ❸
            <LowestNewPrice>
                <Amount>3990</Amount>
                <CurrencyCode>EUR</CurrencyCode>
                <FormattedPrice>EUR 39,90</FormattedPrice>
            </LowestNewPrice>
            <LowestUsedPrice>
                <Amount>3990</Amount>
                <CurrencyCode>EUR</CurrencyCode>
                <FormattedPrice>EUR 39,90</FormattedPrice>
            </LowestUsedPrice>
            <TotalNew>7</TotalNew>
            <TotalUsed>2</TotalUsed>
            <TotalCollectible>0</TotalCollectible>
            <TotalRefurbished>0</TotalRefurbished>
        </OfferSummary>
    </Item>
  </Items>
</ItemLookupResponse>
```

Les informations générales relatives à Amazon se trouvent directement sous la balise Item (repères ❶), tandis que les informations relatives au livre sont contenues dans la balise ItemAttributes (repère ❷). Le prix de l'article est quant à lui compris dans la balise OfferSummary (repère ❸).

Utilisation du service

L'utilisation du service d'Amazon suit les mêmes principes que ceux décrits pour Yahoo! puisque le domaine est là aussi différent de celui de l'application.

De ce fait, nous utilisons la même implémentation que celle décrite à la section relative à l'appel des services de Yahoo!, à savoir la fonction executerRecherche.

La différence avec Yahoo! est qu'Amazon ne supporte que le format XML pour les données. Pour utiliser le format JSON dans les applications JavaScript, le moteur XSLT d'Amazon doit être utilisé afin de réaliser une conversion de format.

Le service ECS offre la possibilité de spécifier l'adresse d'une feuille de style qui sera appliquée au contenu XML des données avant de le retourner à l'initiateur de la requête.

Nous allons mettre en œuvre dans cette section une feuille de style spécifique afin de convertir les données XML de l'opération ItemSearch au format JSON.

La figure 14.2 illustre les mécanismes mis en œuvre afin d'appeler un service d'Amazon selon cette approche.

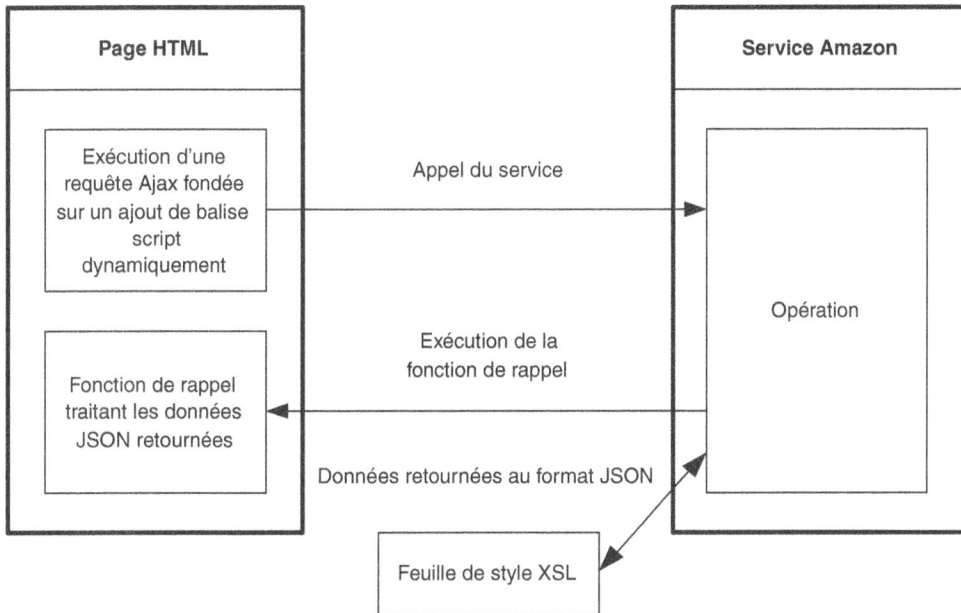

Figure 14.2

Mécanismes mis en œuvre afin d'appeler un service d'Amazon

La feuille de style utilisée à cet effet se nomme **itemSearchJSON.xsl** et est décrite dans le code suivant :

```
<?xml version="1.0" ?>
<xsl:stylesheet version="1.0" xmlns:xsl="http://www.w3.org/1999/XSL/Transform"
    xmlns:aws="http://webservices.amazon.com/AWSECommerceService/
                      2005-10-05" exclude-result-prefixes="aws">
    <xsl:output method="text" encoding="ISO-8859-1"/>
    <!-- Ecrire l'appel à la fonction de rappel -->
    <xsl:template match="/">←❶
        <xsl:value-of
            select="/aws:ItemSearchResponse/aws:OperationRequest
            /aws:Arguments/aws:Argument[@Name='Callback']/@Value"/>
        <xsl:text>( </xsl:text>
        <xsl:apply-templates
                    select="/aws:ItemSearchResponse/aws:Items"/>
        <xsl:text> );</xsl:text>
    </xsl:template>
    <!-- Traitement des balises Items -->
    <xsl:template match="aws:Items">←❷
        <xsl:text>{ </xsl:text>
        <xsl:text>"TotalResults": </xsl:text>
        <xsl:value-of select="aws:TotalResults"/>
        <xsl:text>, </xsl:text>
        <xsl:text>"TotalPages": </xsl:text>
```

```
                <xsl:value-of select="aws:TotalPages"/>
                <xsl:text>, </xsl:text>
                <xsl:text>"Items": [ </xsl:text>
                <xsl:for-each select="aws:Item">
                    <xsl:apply-templates select="." />
                    <xsl:if test="position() != last()">
                        <xsl:text>, </xsl:text>
                    </xsl:if>
                </xsl:for-each>
                <xsl:text> ] }</xsl:text>
        </xsl:template>
        <!-- Traitement des balises Item -->
        <xsl:template match="aws:Item">←❸
            <xsl:text>{ </xsl:text>
            <xsl:text>"ASIN": "</xsl:text>
            <xsl:value-of select="ASIN"/>
            <xsl:text>", </xsl:text>
            <xsl:text>"DetailPageURL": "</xsl:text>
            <xsl:value-of select="DetailPageURL"/>
            <xsl:text>", </xsl:text>

            <xsl:text>"SalesRank": "</xsl:text>
            <xsl:value-of select="SalesRank"/>
            <xsl:text>"</xsl:text>

            <xsl:if test="aws:ItemAttributes">
                <xsl:text>, "ItemAttributes": </xsl:text>
                <xsl:apply-templates select="aws:ItemAttributes"/>
            </xsl:if>
            <xsl:text> }</xsl:text>
        </xsl:template>
        <!-- Traitement des balises ItemAttributes -->
        <xsl:template match="aws:ItemAttributes">←❹
            <xsl:text>{ "Author": [ </xsl:text>
            <xsl:for-each select="aws:Author">
                "<xsl:value-of select="."/>"
                <xsl:if test="position() != last()">
                    <xsl:text>, </xsl:text>
                </xsl:if>
            </xsl:for-each>
            <xsl:text> ], </xsl:text>
            <xsl:text>"ISBN": "</xsl:text>
            <xsl:value-of select="aws:ISBN"/>
            <xsl:text>", </xsl:text>
            <xsl:text>"Title": "</xsl:text>
            <xsl:value-of select="aws:Title"/>
            <xsl:text>" }</xsl:text>
        </xsl:template>
</xsl:stylesheet>
```

Le template principal (repère ❶) permet de spécifier l'appel à la fonction de rappel et de passer en paramètre les données générées au format JSON.

Ces données sont générées par les templates aux repères ❷, ❸ et ❹, lesquels convertissent respectivement les balises Items, Item et ItemAttributes de manière récursive.

L'appel du service ItemSearch se réalise désormais de la manière suivante :

```
function fonctionDeRappel(donnees) {
    var resultats = resultset["Items"];
    for(var cpt=0; cpt<resultats.length; cpt++) {
        var resultat = resultats[cpt];
        var attributs = resultat["ItemAttributes"];
        alert(attributs["ISBN"]+": "+attributs["Title"]);
    }
}
var adresse = "http://webservices.amazon.fr/onca/xml";
var parametres = {
    Service: "AWSECommerceService",
    SubscriptionId: "19267494ZR5A8E2CGPR2",
    Operation: "ItemSearch",
    SearchIndex: "Books",
    Keywords: "Spring%20par%20la%20pratique",
    ResponseGroup: "ItemAttributes,Reviews",
    Style: "http://jsweb2.sourceforge.net/xsl/itemSearchJSON.xsl",
    ContentType: "text/javascript"
};
executerRequete(adresse, parametres, "fonctionDeRappel");1
```

Support de dojo

Nous avons abordé à la section relative aux services de Yahoo! l'utilisation du module dojo.rpc.YahooService. Afin d'accéder aux services d'Amazon, il est possible d'utiliser directement le support Ajax de la bibliothèque dojo permettant d'interagir avec le service.

Le code suivant illustre la mise en œuvre la fonction dojo.io.bind, décrite au chapitre 7, en se fondant sur la feuille de style XSL **itemSearchJSON.xsl** :

```
function fonctionDeRappel(donnees) {
    // Même code que précédemment
}
var parametresService = {
    Service: "AWSECommerceService",
    SubscriptionId: "19267494ZR5A8E2CGPR2",
    Operation: "ItemSearch",
    SearchIndex: "Books",
    Keywords: "Spring%20par%20la%20pratique",
    ResponseGroup: "ItemAttributes,Reviews",
    Style: "http://jsweb2.sourceforge.net/xsl/itemSearchJSON.xsl",
    ContentType: "text/javascript",
    Callback: "fonctionDeRappel"
};
```

```
var parametres = {
    url: "http://webservices.amazon.fr/onca/xml",
    mimetype: "text/javascript",
    transport: "ScriptSrcTransport",
    timeoutSeconds: 10,
    content: parametresService
};
dojo.io.bind(parametres);
```

Notons que l'implémentation utilisée par la fonction `dojo.io.bind` est spécifiée explicitement par l'intermédiaire de l'attribut `transport`. Aussi, les modules `dojo.io.*` et `dojo.io.ScriptSrcIO` doivent être importés.

Cette technique aurait également pu être utilisée afin d'appeler les services de Yahoo! décrits précédemment.

En résumé

À l'instar de Yahoo!, Amazon offre de nombreux services permettant d'accéder aux données de son système d'information. Ces dernières sont accessibles simplement grâce à l'architecture REST.

Les données renvoyées ne peuvent être structurées qu'au format XML, mais Amazon offre la possibilité de réaliser des transformations sur la structure de ces données en utilisant la technologie XSL.

Cette dernière peut être mise en œuvre afin d'avoir accès à des données au format JSON, format plus facilement utilisable avec le langage JavaScript. Il est aussi possible d'effectuer la conversion au sein du navigateur Web en utilisant une bibliothèque Javascript spécifique.

Conclusion

Nous avons parcouru dans ce chapitre différentes techniques permettant d'intégrer dans des applications JavaScript des données de services externes mises à disposition par l'intermédiaire de l'architecture REST.

L'interaction avec de tels services se fonde sur certaines techniques Ajax décrites au chapitre 5, techniques devant offrir la possibilité de réaliser des requêtes vers des sites d'autres domaines.

Nous avons pris l'exemple de services des sociétés Yahoo! et Amazon, lesquelles ont fait le choix de mettre à disposition du public des données de leur système d'information.

Bien que les mécanismes d'appel soient similaires dans les deux cas, des spécificités se présentent au niveau du traitement des données reçues. Tandis que Yahoo! renvoie des données aux formats XML et JSON, Amazon offre la possibilité de réaliser des transformations afin de convertir les données en un format gérable par l'application.

Partie VI

Outils annexes

Cette partie présente un certain nombre d'outils qui facilitent la mise en œuvre d'applications JavaScript et la vérification de leur bon fonctionnement dans différents navigateurs Web.

Le **chapitre 15** aborde la mise en œuvre des tests unitaires dans les applications JavaScript à partir de l'outil JsUnit et d'implémentations de simulacres d'objets *(mock objects)*. L'objectif est d'automatiser la vérification du bon fonctionnement des composants JavaScript.

Le **chapitre 16** décrit différents outils proposés par la communauté Open Source afin de développer, déboguer et documenter des applications JavaScript. Ces outils fournissent des aides précieuses pour améliorer les temps de développement et la robustesse des applications. Ce chapitre aborde en outre la problématique de la réduction du poids des scripts JavaScript.

15

Tests d'applications JavaScript

Tout au long des chapitres précédents, nous avons décrit la façon d'utiliser le langage ainsi que les bibliothèques JavaScript afin de développer des applications évoluées pour le Web 2.0.

Dans le présent chapitre, nous nous penchons sur la façon de mettre en œuvre des tests d'applications JavaScript dans le but de détecter les non-régressions et de vérifier le bon fonctionnement des applications dans différents navigateurs.

Nous verrons que l'outil JsUnit permet d'automatiser facilement l'exécution de ces tests. Les erreurs détectées peuvent être globales ou spécifiques à un navigateur, chaque navigateur ayant des façons spécifiques d'interpréter JavaScript.

Les tests unitaires

Cette section traite de la façon de mettre en œuvre des tests unitaires en utilisant l'outil Open Source JsUnit.

Après avoir détaillé l'installation de l'outil, nous décrivons la structure des cas de tests ainsi que les API disponibles afin de vérifier la validité des traitements, de créer des suites de tests et de charger des données spécifiques aux tests.

Mise en œuvre de JsUnit

JsUnit est un framework Open Source écrit en JavaScript et Java, dont le créateur est Edward Hieatt. Il appartient à la longue liste des frameworks xUnit, qui ont pour objectif le test d'applications pour une technologie ou une problématique donnée.

JsUnit correspond à un portage de l'outil de test des applications Java JUnit, dont le développement a débuté en 2001. Son objectif est d'adapter les différents concepts de JUnit afin de tester des applications JavaScript.

Comme nous le verrons tout au long de ce chapitre, il fournit aussi bien un cadre de développement des tests unitaires que des outils permettant d'exécuter les tests dans différents environnements et navigateurs. L'outil est disponible à l'adresse *http://www.jsunit.net/*.

Après avoir téléchargé et décompressé dans un répertoire la version 2.2 alpha 11, nous obtenons l'arborescence de la distribution illustrée à la figure 15.1.

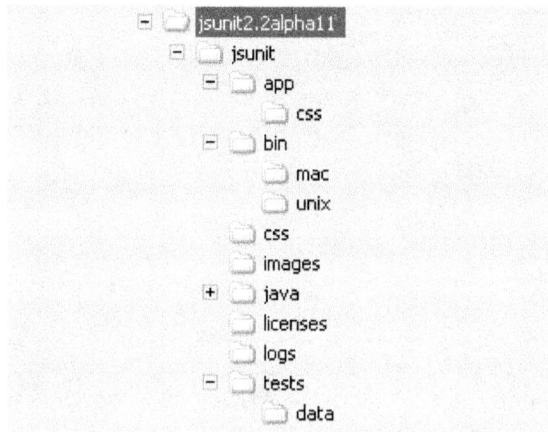

Figure 15.1
Structure de la distribution de JsUnit

Dans le répertoire **jsunit/** de la distribution se trouve le fichier principal du lanceur HTML de tests, ainsi que les tâches Ant de JsUnit, éléments que nous détaillerons par la suite.

Le répertoire **app/** et son sous-répertoire contiennent les différentes bibliothèques Java-Script de JsUnit ainsi que les différents fichiers HTML et styles utilisés par le lanceur HTML. Les répertoires **css/** et **images/** contiennent également des éléments utilisés par ce dernier.

Le répertoire **bin/** contient des scripts permettant de lancer et de fermer des navigateurs sur différents systèmes d'exploitation. Le répertoire **java/** contient les sources du serveur de JsUnit ainsi que ses tests unitaires. Pour finir, le répertoire **tests/** contient des exemples de tests unitaires JavaScript fondés sur JsUnit.

Pour fonctionner correctement, JsUnit nécessite des navigateurs supportant une version de JavaScript supérieure ou égale à 1.4. D'après la documentation de l'outil, JsUnit supporte l'ensemble des navigateurs recensés au tableau 15.1.

Afin d'utiliser son serveur et ses tâches Ant, l'outil nécessite une machine virtuelle Java supérieure ou égale à 1.4.

Tableau 15.1 Navigateurs et systèmes d'exploitation supportés par JsUnit

Navigateur	Version et système d'exploitation
Internet Explorer	Version 5.5+ sur Windows NT, 2000, XP, MacOS 9 et MacOS X
Konqueror	Version 5+ sur KDE 3.0.1 (Linux)
Mozilla	Version 0.9.4+ sur tous les systèmes d'exploitation (incluant tous les navigateurs fondés sur Gecko, dont Firefox 0.9+ et Netscape 6.2.3+)

Les cas de test

Détaillons maintenant la façon dont les cas de test doivent être implémentés, aussi bien au niveau de leur structure que de leur gestion du contexte d'exécution.

Structure d'un cas de test

Afin de mettre en œuvre un test unitaire, nous allons implémenter une classe StringBuffer, dont la fonctionnalité est de concaténer des chaînes de caractères. Elle reprend les principes de la classe Java du même nom mais en beaucoup plus simple, puisque seules les méthodes append, clear et toString sont implémentées.

Le code suivant définit la structure de cette classe :

```
function StringBuffer() {
    this.chainesInternes = [];
}
StringBuffer.prototype.append = function(chaine) {
    this.chainesInternes.push(chaine);
};
StringBuffer.prototype.clear = function() {
    this.chainesInternes.splice(0, this.chainesInternes.length);
};
StringBuffer.prototype.toString = function() {
    return this.chainesInternes.join("");
};
```

Notre cas de test doit être défini dans une page HTML classique, dont le squelette doit être le suivant afin d'importer le framework JsUnit et de fournir une description du test :

```
<!DOCTYPE HTML PUBLIC "-//W3C//DTD HTML 4.01 Transitional//EN"
                      "http://www.w3.org/TR/html4/loose.dtd">
<html>
<head>
    <meta http-equiv="Content-Type"
          content="text/html; charset=UTF-8">
    <title>Tests JsUnit: StringBuffer</title>
    <link rel="stylesheet"
          type="text/css" href="css/jsUnitStyle.css"/>
    <script language="JavaScript"
          type="text/javascript" src="app/jsUnitCore.js"/>
    <script language="JavaScript" type="text/javascript">
        (...)
    </script>
</head>
```

```
<body>
    <h1>Tests JsUnit: StringBuffer</h1>
    <p>Cette page contient les tests relatifs à la classe
        StringBuffer.</p>
</body>
</html>
```

Le code du test doit être contenu dans la balise `script` et comporter par défaut des fonctions dont le nom est préfixé par `test`.

Le code suivant illustre la mise en œuvre d'un test permettant de vérifier le bon fonctionnement des méthodes `append` et `toString` de la classe `StringBuffer` :

```
<!DOCTYPE HTML PUBLIC "-//W3C//DTD HTML 4.01 Transitional//EN"
                      "http://www.w3.org/TR/html4/loose.dtd">
<html>
<head>
    <meta http-equiv="Content-Type"
          content="text/html; charset=UTF-8">
    <title>Tests JsUnit: StringBuffer</title>
    <link rel="stylesheet"
          type="text/css" href="css/jsUnitStyle.css"/>
    <script language="JavaScript"
          type="text/javascript" src="app/jsUnitCore.js"/>
    <script language="JavaScript"
          type="text/javascript" src="StringBuffer.js"/>
    <script language="JavaScript" type="text/javascript">
        function testAppend() {
            var sb = new StringBuffer();
            sb.append("param1");
            sb.append(" - ");
            sb.append("param2");
            assertEquals(sb.chainesInternes.length,3);
            assertEquals(sb.chainesInternes[0],"param1");
            assertEquals(sb.chainesInternes[1]," - ");
            assertEquals(sb.chainesInternes[2],"param2");
        }
        function testToString() {
            var sb = new StringBuffer();
            sb.append("param1");
            sb.append(" - ");
            sb.append("param2");
            assertEquals(sb.toString(),"param1 - param2");
        }
    </script>
</head>
<body>
    <h1>Tests JsUnit: StringBuffer</h1>
    <p>Cette page contient les tests relatifs à la classe
        StringBuffer.</p>
</body>
</html>
```

JsUnit offre également la possibilité de définir explicitement les fonctions de tests. L'outil fournit à cet effet la fonction `exposeTestFunctionNames`, qui retourne la liste des noms de ces fonctions. Par défaut, son implémentation retourne la liste des fonctions de la page commençant par `test`.

Le code suivant illustre la redéfinition de cette fonction pour une page de test :

```
<!DOCTYPE HTML PUBLIC "-//W3C//DTD HTML 4.01 Transitional//EN"
                      "http://www.w3.org/TR/html4/loose.dtd">
<html>
<head>
    (...)
    <script language="JavaScript" type="text/javascript">
        function exposeTestFunctionNames() {
            return ["testAppend", "testToString"];
        }
        (...)
    </script>
</head>
<body>
    <h1>Tests JsUnit: StringBuffer</h1>
    <p>Cette page contient les tests relatifs à la classe
        StringBuffer.</p>
</body>
</html>
```

Nous détaillons par la suite la façon de valider ou non un test. Dans l'exemple ci-dessus, les tests sont valides dans les conditions suivantes :

• Si la méthode `append` de l'instance `sb` ajoute la chaîne passée en paramètre à la fin du tableau interne de chaînes de caractères.

• Si la méthode `toString` de l'instance `sb` retourne une chaîne de caractères construite à partir de la concaténation des chaînes contenues dans le tableau interne.

Contexte d'exécution des tests

Dans JsUnit, le contexte correspond à un ensemble d'objets initialisés pour une fonction de test. Ces objets sont instanciés et initialisés avant l'exécution de la fonction de test puis libérés ensuite.

Un cas de test est typiquement centré sur une ou plusieurs classes précises de l'application. Il est donc possible de définir une ou plusieurs variables afin de les utiliser dans une ou plusieurs fonctions de tests du cas. L'ensemble de ces variables correspond au contexte d'exécution des tests. Le contexte doit être identique pour toutes les fonctions de tests. À cet effet, JsUnit offre la possibilité d'ajouter des traitements avant et après l'exécution de ces fonctions afin de les gérer et de garantir ainsi l'indépendance des tests les uns par rapport aux autres.

> **Contexte et JsUnit**
>
> Contrairement à JUnit, qui permet de réaliser des tests unitaires en Java, le contexte n'est pas aussi cloisonné puisque ses éléments sont globaux à la page dans laquelle s'exécutent les tests. Aussi convient-il d'être particulièrement prudent dans la réalisation des tests afin de les rendre les plus indépendants les uns des autres. Il est également très important de bien libérer les objets initialisés pour le test.

Deux fonctions dont le nom est normalisé permettent de gérer le contexte : la fonction setUp pour son initialisation et la fonction tearDown pour sa libération. setUp est appelée avant l'exécution, et tearDown à la fin de l'exécution de chaque fonction de test.

Le code suivant illustre l'utilisation de ces deux fonctions avec l'exemple précédent :

```html
<!DOCTYPE HTML PUBLIC "-//W3C//DTD HTML 4.01 Transitional//EN"
                      "http://www.w3.org/TR/html4/loose.dtd">
<html>
<head>
    (...)
    <script language="JavaScript" type="text/javascript">
        var sb = null;
        function setUp() {
            sb = new StringBuffer();
        }
        function tearDown() {
            sb = null;
        }
        function testAppend() {
            sb.append("param1");
            sb.append(" - ");
            sb.append("param2");
            assertEquals(sb.chainesInternes.length,3);
            assertEquals(sb.chainesInternes[0],"param1");
            assertEquals(sb.chainesInternes[1]," - ");
            assertEquals(sb.chainesInternes[2],"param2");
        }
        function testToString() {
            sb.append("param1");
            sb.append(" - ");
            sb.append("param2");
            assertEquals(sb.toString(),"param1 - param2");
        }
    </script>
</head>
<body>
    <h1>Tests JsUnit: StringBuffer</h1>
    <p>Cette page contient les tests relatifs à la classe
       StringBuffer.</p>
</body>
</html>
```

JsUnit définit en outre la fonction `setUpPage`, qui est appelée au chargement de la page de test et avant l'exécution des tests. L'exécution des tests commence une fois que les traitements de cette fonction ont été exécutés et que la valeur de la variable globale `setUpPageStatus` est égale à `complete`.

Le code suivant illustre l'utilisation de cette fonction dans l'exemple précédent :

```
<!DOCTYPE HTML PUBLIC "-//W3C//DTD HTML 4.01 Transitional//EN"
                      "http://www.w3.org/TR/html4/loose.dtd">
<html>
<head>
    (...)
    <script language="JavaScript" type="text/javascript">
        var sb = null;
        function setUpPage() {
            sb = new StringBuffer();
            setUpPageStatus = "complete";
        }
        function setUp() {
            sb.clear();
        }
        function tearDown() {
        }
        //Les méthodes du code précédent sont inchangées
        (...)
    </script>
</head>
(...)
</html>
```

Assertion et échec

Dans les outils de la famille xUnit, les assertions permettent de spécifier une valeur attendue pour un champ ou le retour d'une fonction. Si la valeur effective est différente de celle attendue, une erreur est levée. L'exécution de la fonction de test est alors interrompue, et le test est considéré comme échoué.

Toutes les fonctions de ce type sont préfixées par `assert` et sont définies dans le fichier JavaScript **jsUnitCore.js,** localisé dans le répertoire **app/** de la distribution de JsUnit.

On distingue plusieurs types de fonctions, suivant le type d'élément sur lequel elles portent.

Tout d'abord, JsUnit définit des fonctions d'assertion portant sur des types primitifs :

```
function assert(obtenu) //Equivalente à assertTrue
function assertTrue(obtenu)
function assertFalse(obtenu)
function assertEquals(attendu,obtenu)
function assertNotEquals(attendu,obtenu)
```

Les trois premières fonctions vérifient que la valeur ou l'expression en paramètre est égale à true ou false. Les deux suivantes travaillent sur des types primitifs afin de vérifier leur égalité. Aucune de ces deux dernières fonctions ne permet de travailler sur des objets JavaScript.

Pour ce faire, il convient d'utiliser les fonctions suivantes :

```
function assertObjectEquals(objetAttendu,objetObtenu)
function assertArrayEquals(objetAttendu,objetObtenu)
                            //Equivalente à assertObjectEquals
```

Un autre type de fonction permet de vérifier la validité ou la non-nullité d'une variable :

```
function assertNull(attendu);
function assertNotNull(attendu);
function assertUndefined(attendu);
function assertNotUndefined(attendu);
function assertNaN(attendu);
function assertNotNaN(attendu);
```

Remarquons les fonctions permettant de tester si une variable est non définie (undefined) au sens JavaScript du terme et si un nombre est non valide (NaN, comme le résultat d'une division par 0, par exemple).

L'ensemble de ces fonctions peut également être utilisé avec un message en paramètre afin de décrire plus précisément l'erreur. S'il est utilisé, ce paramètre doit toujours être placé en première position.

Le code suivant en donne un exemple d'utilisation :

```
var maVariable = (...);
assertEquals("La valeur de la variable ne correspond pas",
             "valeur attendue", maVariable);
```

Pour finir, il convient de noter la présence de la fonction fail permettant de faire échouer explicitement un test. Elle peut être utilisée sans paramètre ou avec un message et permet notamment de faire échouer un test si l'exécution passe par un bloc non autorisé.

Le code suivant donne un exemple d'utilisation de cette fonction :

```
try {
    var monInstance = (...);
    monInstance.execute();
    fail("Une exception doit être levée");
} catch(err) {
    (...)
}
```

Les suites de tests

Afin de pouvoir enchaîner plusieurs tests successivement, les outils de la famille xUnit définissent la notion de suite de tests.

Comme une suite de tests est également un test, son exécution est possible par l'intermédiaire des différents lanceurs. Cette technique permet d'automatiser facilement l'exécution d'un ensemble de tests.

JsUnit met en œuvre la classe `jsUnitTestSuite` à cet effet. Notons que cette classe néces-site l'inclusion du fichier JavaScript **jsUnitCore.js,** localisé dans le répertoire **app/** de la distribution de l'outil.

La méthode *addTest*

La méthode `addTest` permet d'ajouter un fichier HTML de test à une suite de tests d'après son adresse. Toutes les fonctions identifiées dans le fichier comme étant des fonctions de test sont alors exécutées.

Le code ci-dessous en donne un exemple de mise en œuvre :

```
var myTestSuite = new top.jsUnitTestSuite();
myTestSuite.addTestPage("tests/jsUnitAssertionTests.html");
```

Notons que la classe `jsUnitTestSuite` de ce code est préfixée par le mot-clé `top`. Ce dernier permet de résoudre le nom de la classe définie dans le fichier **jsUnitTestSuite.js,** fichier importé dans **testRunner.html** et non dans le fichier HTML de test.

La méthode *addTestSuite*

La méthode `addTestSuite` permet d'ajouter une suite de tests à une autre. Ainsi, toutes les fonctions de tests contenues dans la suite sont exécutées.

Le code ci-dessous en donne un exemple de mise en œuvre :

```
function maSuiteDeTests() {
    var maSuiteTests = new top.jsUnitTestSuite();
    maSuiteTests.addTestPage("tests/jsUnitAssertionTests.html");
    return maSuiteTests;
}
var testSuite = new top.jsUnitTestSuite();
testSuite.addTestSuite(maSuiteDeTests());
```

Mise en œuvre d'une suite de tests

Afin d'utiliser sa propre suite de tests pour un cas de test, il convient de mettre en œuvre la fonction `suite`, qui retourne un objet de type `jsUnitTestSuite` et permet de construire la suite de tests désirée.

Le code suivant donne un exemple de mise en œuvre de ce mécanisme :

```
<!DOCTYPE HTML PUBLIC "-//W3C//DTD HTML 4.01 Transitional//EN"
                    "http://www.w3.org/TR/html4/loose.dtd">
<html>
<head>
    <meta http-equiv="Content-Type"
          content="text/html; charset=UTF-8">
    <title>Tests JsUnit: suite</title>
    <link rel="stylesheet"
          type="text/css" href="css/jsUnitStyle.css"/>
    <script language="JavaScript"
          type="text/javascript" src="app/jsUnitCore.js"/>
```

```
<script language="JavaScript" type="text/javascript">
    function suite() {
        var maSuite = new top.jsUnitTestSuite();
        maSuite.addTestPage("testStringBuffer.html");
        return maSuite;
    }
</script>
</head>
(...)
</html>
```

Chargement de données pour les tests

JsUnit offre un support afin de charger des données à partir de fichiers de différents formats. La mise en œuvre de cette fonctionnalité utilise la propriété documentLoader du gestionnaire de tests du framework.

La première étape consiste à charger les données du fichier en utilisant la fonction setUpPage, qui appelle la méthode load de la propriété documentLoader.

Le code suivant illustre le chargement de données d'un fichier dont le nom est spécifié dans la variable uri (repère ❶). Ce fichier, nommé **data.xml**, est chargé dans la fonction setUpPage (repère ❷).

```
<!DOCTYPE HTML PUBLIC "-//W3C//DTD HTML 4.01 Transitional//EN"
                      "http://www.w3.org/TR/html4/loose.dtd">
<html>
<head>
    <meta http-equiv="Content-Type"
          content="text/html; charset=UTF-8">
    <title>Tests JsUnit: documentLoader</title>
    <link rel="stylesheet"
          type="text/css" href="css/jsUnitStyle.css"/>
    <script language="JavaScript"
            type="text/javascript" src="app/jsUnitCore.js"/>
    <script language="JavaScript" type="text/javascript">
        var uri = "tests/datas.xml"; ← ❶
        function setUpPage() {
            setUpPageStatus = 'running';
            top.testManager.documentLoader.callback
                                = setUpPageComplete;
            top.testManager.documentLoader.load(uri); ← ❷
        }
        function setUpPageComplete() {
            if (setUpPageStatus == 'running')
                setUpPageStatus = 'complete';
        }
        (...)
    </script>
</head>
(...)
</html>
```

Une fois les données chargées, la structure de stockage peut être utilisée par l'intermédiaire de la propriété `buffer` de `documentLoader`. Cette structure offre une propriété `document` afin de parcourir ces données avec les mécanismes DOM, comme l'illustre le code suivant :

```
<!DOCTYPE HTML PUBLIC "-//W3C//DTD HTML 4.01 Transitional//EN"
                      "http://www.w3.org/TR/html4/loose.dtd">
<html>
<head>
    <meta http-equiv="Content-Type"
          content="text/html; charset=UTF-8">
    <title>Tests JsUnit: documentLoader </title>
    <link rel="stylesheet"
          type="text/css" href="css/jsUnitStyle.css"/>
    <script language="JavaScript"
          type="text/javascript" src="app/jsUnitCore.js"/>
    <script language="JavaScript" type="text/javascript">
        (...)
        function testDocumentLoader() {
            //L'élément racine des données
            var root
                = top.testManager.documentLoader. documentElement;
            //La liste des balises contenues dans les données
            var buffer = top.testManager.documentLoader.buffer();
            var elms = buffer.document.getElementsByTagName("*");
        }
        (...)
    </script>
</head>
(...)
</html>
```

Exécution des tests

L'exécution des tests avec JsUnit requiert des composants disponibles dans sa distribution. Ils consistent en différents lanceurs. Dans le cas d'une utilisation du module serveur de JsUnit, l'outil Java d'exécution de tâches Ant doit être installé ainsi qu'une machine virtuelle Java.

Ant est disponible à l'adresse *http://ant.apache.org/ et Java à l'adresse http://java.sun.com/*. Nous ne détaillons pas ici leur installation (pour plus d'informations, voir la documentation disponible sur leurs sites respectifs).

Test Runner

JsUnit fournit un lanceur Web, correspondant à une page HTML, qui permet d'exécuter des tests unitaires à la demande en se fondant sur le nom d'une page. Ce lanceur reprend l'interface graphique des différents lanceurs de JUnit dans le monde Java. Cette page correspond au fichier **testRunner.html,** localisé à la racine de la distribution de l'outil.

Une barre horizontale verte (gris clair sur la figure 15.2) s'affiche lorsque tous les tests sont correctement exécutés.

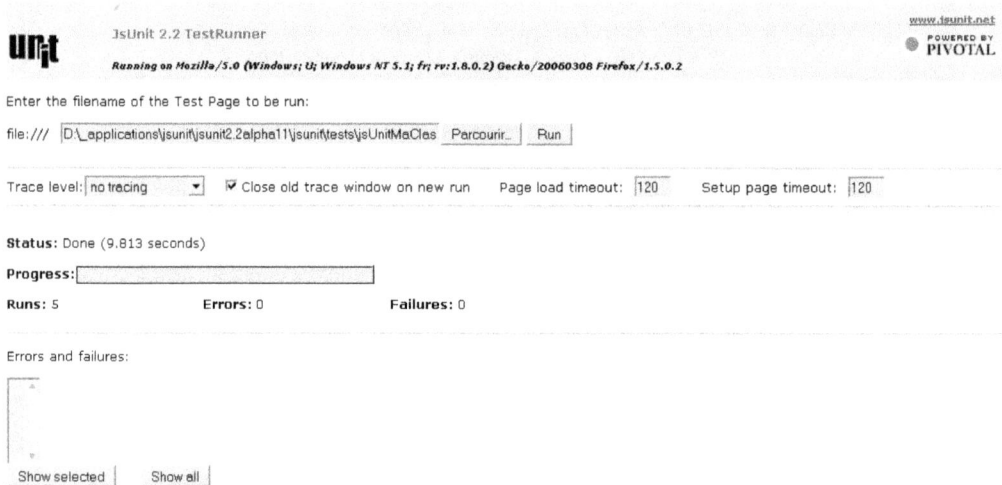

Figure 15.2

Interface graphique de JsUnit lorsque tous les tests sont correctement exécutés

Une barre horizontale rouge (gris foncé sur la figure 15.3) s'affiche lorsque un ou plusieurs tests a échoué.

Figure 15.3

Interface graphique de JsUnit lorsque un ou plusieurs tests a échoué

L'interface comporte quatre parties. La première permet de spécifier le fichier HTML de tests et de lancer son exécution. La seconde permet de spécifier des paramétrages relatifs notamment au niveau de traces et aux délais d'expiration des tests.

La troisième partie affiche les résultats des tests exécutés ainsi que les statistiques associées. La dernière partie donne accès à des informations supplémentaires relatives aux échecs de tests. Ces informations sont accessibles en sélectionnant les erreurs dans la liste puis en affichant leur détail (Show selected et Show all).

Le lanceur JsUnit intégré à Eclipse

JsUnit fournit également un lanceur intégré à Eclipse, qui permet d'exécuter des pages HTML de tests directement depuis cet environnement de développement.

Après l'avoir installé dans Eclipse, il convient de configurer le lanceur, avec son répertoire d'installation, ainsi que les différents exécutables des navigateurs à utiliser.

La figure 15.4 illustre la fenêtre de configuration du lanceur dans Eclipse. Cette fenêtre est accessible depuis l'élément Préférences… du menu Fenêtre de l'outil.

Figure 15.4

Fenêtre de configuration du plug-in JsUnit d'Eclipse

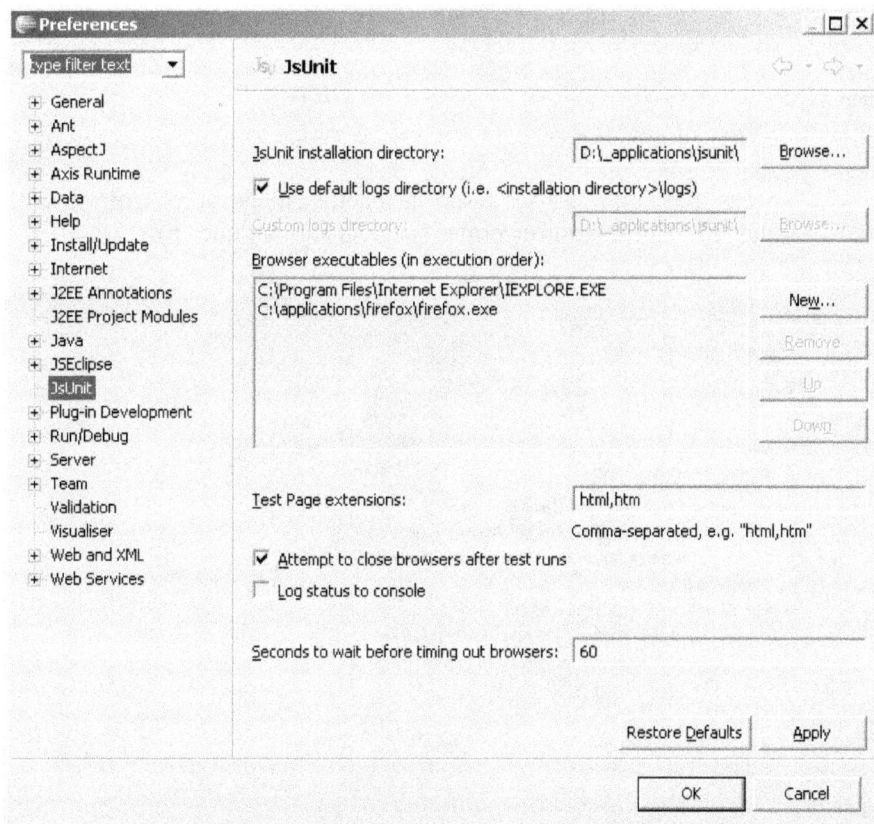

Pour exécuter une page HTML de tests, le support d'exécution interne d'Eclipse doit être utilisé. Ainsi, la page peut être exécutée *via* le menu contextuel JsUnit Test Page.

En cas de succès, la fenêtre affiche une barre verte (gris clair sur la figure 15.5) et décrit la liste des fonctions de tests exécutées par page de test.

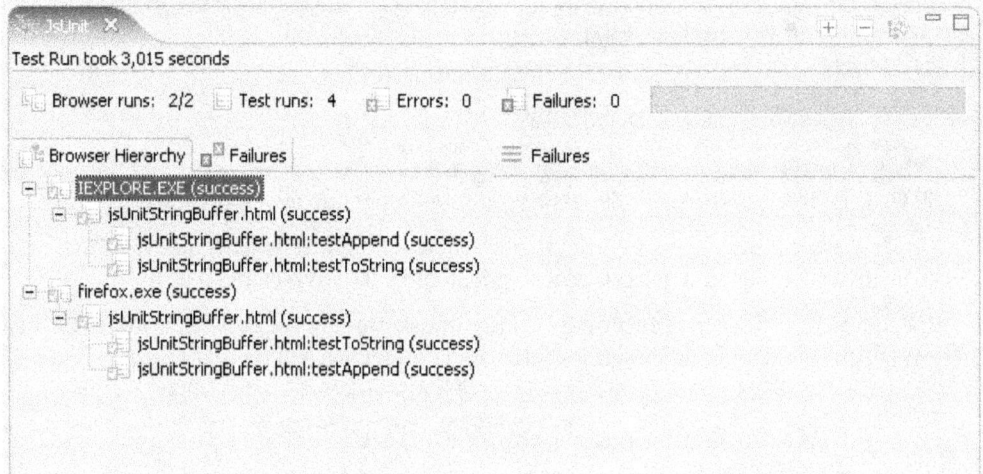

Figure 15.5
Vue JsUnit intégrée à Eclipse (exécution des tests avec succès)

En cas d'erreurs dans les tests, la fenêtre affiche une barre rouge (gris foncé sur la figure 15.6), et les tests en erreur sont signalés par une croix.

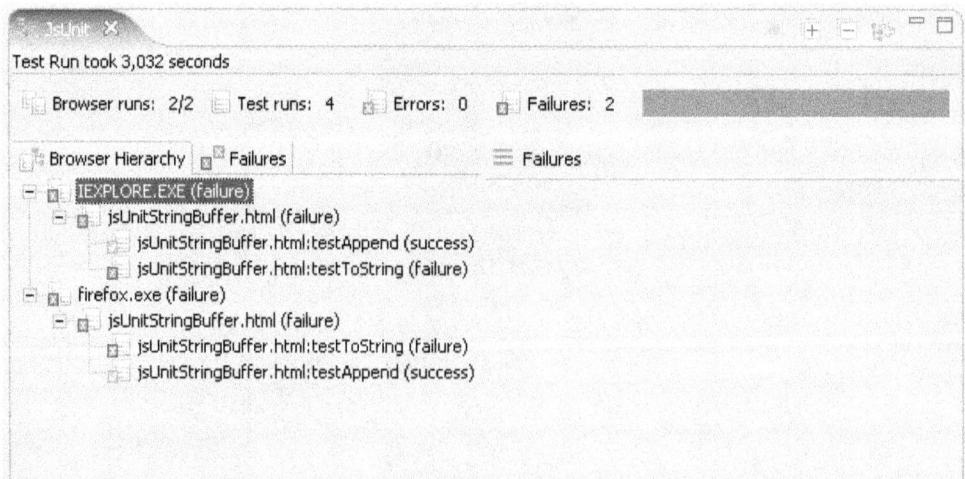

Figure 15.6
Vue JsUnit intégrée à Eclipse (erreurs dans l'exécution des tests)

Détaillons maintenant le support fourni par l'outil JsUnit permettant d'automatiser l'exécution des tests dans un ou plusieurs navigateurs.

Automatisation des tests avec JsUnit Server et Ant

JsUnit Server est un outil intéressant, qui permet d'aller plus loin dans l'automatisation de l'exécution des tests unitaires JavaScript. Cette automatisation s'appuie sur les facilités offertes par l'outil Ant, tout en l'enrichissant de tâches spécifiques à JsUnit. Le principal intérêt d'une telle automatisation consiste en la vérification automatique des dysfonctionnements et des non-régressions d'applications JavaScript dans différents navigateurs. Il n'est alors pas nécessaire de les jouer les uns après les autres à la main.

La conjonction du serveur de JsUnit et des tâches Ant de JsUnit permet de mettre en œuvre les trois fonctionnalités suivantes :

- Stockage des résultats de tests JsUnit dans des fichiers XML de manière similaire à JUnit.

- Exécution de tests JsUnit en local sur des navigateurs Web différents.

- Exécution de tests JsUnit sur des machines distantes (nous ne détaillons pas ici cette fonctionnalité).

> **L'outil Ant**
>
> Cet outil est communément utilisé dans le monde Java afin d'automatiser les tâches répétitives. Grâce à ses fonctionnalités, son extensibilité et au grand nombre de tâches disponibles, Ant permet de mettre en œuvre facilement et rapidement des traitements évolués. L'outil permet en outre de spécifier des enchaînements de tâches. Ainsi, l'enchaînement des traitements suivants peut facilement être mis en œuvre : récupération des sources dans CVS, compilation, packaging des binaires ou exécution de tests unitaires. Cet outil Open Source est disponible à l'adresse *http://ant.apache.org/*.

Afin de mettre en œuvre ces fonctionnalités, le script Ant **build.xml,** localisé à la racine de la distribution de JsUnit, doit être utilisé. Ce dernier est constitué de différentes tâches, utilisables directement après la configuration des variables du script. Ce fichier n'est pas un exécutable, mais il permet de paramétrer l'exécution de Ant. Cet outil utilise par défaut le fichier portant ce nom localisé dans le répertoire d'exécution. Le code suivant illustre l'exécution de Ant en ligne de commande :

```
<JSUNIT_HOME>\jsunit > ant maTache
Buildfile: build.xml

maTache:
    (...)

BUILD SUCCESSFUL
Total time: 1 second
<JSUNIT_HOME>\jsunit >
```

Les tableaux 15.2 et 15.3 récapitulent les différentes propriétés et tâches contenues dans le script.

Tableau 15.2 Propriétés du fichier *build.xml* de JsUnit

Propriété	Description
browserFileNames	Correspond à la liste des exécutables des navigateurs à utiliser pour les tests. Cette propriété est utilisée uniquement lorsque des tests autonomes et locaux sont exécutés par l'intermédiaire de la tâche `standalone_test`. Plusieurs navigateurs peuvent être spécifiés. Les noms de leurs exécutables doivent être séparés par des virgules, comme ceci : *c:\program files\internet explorer\iexplore.exe,c:\program files\netscape\netscape7.1\netscp.exe.*
closeBrowsersAfterTestRuns	Détermine si JsUnit doit essayer de fermer les navigateurs après l'exécution des tests. Sa valeur par défaut est `true`.
description	Permet de définir la description d'un serveur JsUnit.
ignoreUnresponsiveRemoteMachines	Permet, lors de la mise en œuvre de tests distribués, d'ignorer les tests d'une machine si celle-ci ne répond pas. Si la value est `true`, une machine ne répondant pas n'est pas considérée comme une erreur. Dans le cas contraire (valeur à `false`), une erreur est ajoutée à la liste des erreurs.
logsDirectory	Permet de spécifier l'endroit où sont stockés les résultats des tests. La valeur peut correspondre à un chemin de répertoire aussi bien relatif qu'absolu. Si cette propriété est omise, les fichiers sont stockés dans un sous-répertoire **logs/** sous la valeur de la propriété `resourceBase`.
port	Permet de définir le port utilisé par le serveur JsUnit. Par défaut, sa valeur est 8080.
remoteMachineURLs	Permet de spécifier la liste des machines de tests à utiliser. Les adresses doivent être des adresses HTTP valides spécifiant le protocole (`http`), le nom de la machine ainsi que le port utilisé. Si plusieurs machines sont utilisées, leurs adresses doivent être séparées par des virgules, comme ceci : *http://machine1.company.com:8080,http://localhost:8080.*
resourceBase	Permet de spécifier le répertoire de base pour le serveur JsUnit. Cette propriété n'est pas obligatoire. Si elle est omise, le répertoire courant est utilisé par défaut.
timeoutSeconds	Permet de spécifier la durée maximale (en seconde) que l'exécution d'un test ne doit pas excéder. La valeur par défaut est 60.
url	Permet de définir l'adresse où exécuter les tests unitaires. Cette propriété est obligatoire pour les tests autonomes et doit être une adresse valide, comme dans *file:///c:/jsunit/testRunner.html?testPage=c:/jsunit/tests/jsUnitTestSuite.html.* L'exécution est effectuée par l'intermédiaire de l'outil TestRunner.html.

Tableau 15.3 Tâches Ant du fichier *build.xml* de JsUnit

Tâche	Dépend de	Description
_compile_source		Tâche de compilation des sources Java de l'outil JsUnit
_compile_tests		Tâche de compilation des tests JUnit de l'outil JsUnit
_create_jar	_compile_source	Tâche de création du fichier **jsunit.jar**
_generateJsUnitPropertiesSample		Tâche de génération du fichier **jsunit.properties.sample**
_run_all_tests	_create_jar _compile_tests	Tâche exécutant les tests unitaires de JsUnit

Tableau 15.3   Tâches Ant du fichier *build.xml* de JsUnit *(suite)*

Tâche	Dépend de	Description
`_run_unit_tests`	`_compile_tests`	Tâche exécutant les tests unitaires Java de JsUnit
`create_distribution`	`_create_jar` `_run_unit_tests`	Tâche permettant de créer la distribution JsUnit (JsUnit Server et tâches Ant)
`distributed_test`		Exécution des tests sur une ou plusieurs machines distantes
`standalone_test`		Exécution des tests en local
`start_farm_server`		Démarrage de plusieurs serveurs JsUnit Server
`start_server`		Démarrage d'un serveur JsUnit Server
`stop_server`		Arrêt d'un serveur JsUnit Server

Maintenant que nous avons détaillé les différentes tâches Ant fournies par l'outil JsUnit, détaillons la façon de mettre en œuvre les deux premières fonctionnalités précédemment citées, à savoir le stockage XML du résultat des tests et la configuration de l'exécution des tests dans différents navigateurs.

Stockage XML du résultat des tests

Afin de générer les résultats d'exécution des tests au format XML, la tâche Ant `standalone_test` doit être utilisée. Elle permet de lancer un ou plusieurs navigateurs Web, d'y exécuter les tests et de récupérer les résultats afin de les sauvegarder au format XML dans un fichier.

La figure 15.7 illustre ces mécanismes.

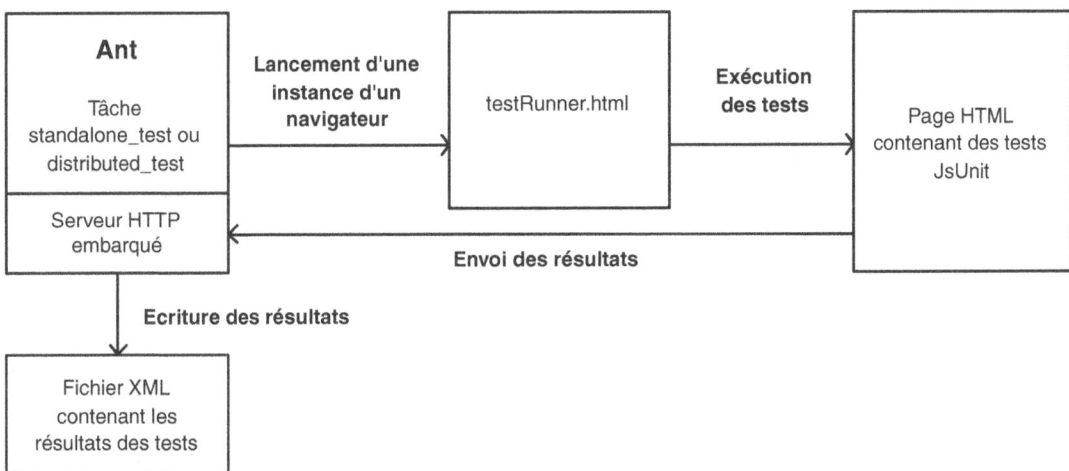

Figure 15.7
Exécution des tests dans JsUnit

Les variables suivantes du script Ant doivent être positionnées :

- `browserFileNames`, afin de définir les emplacements des exécutables des navigateurs. Plusieurs valeurs peuvent être positionnées afin de réaliser les tests dans plusieurs navigateurs.

- `logsDirectory`, afin de définir l'endroit où sont écrits les fichiers XML de résultat.

- `url`, afin de spécifier l'adresse du lanceur de JsUnit ainsi que de la page contenant les tests unitaires.

La valeur de la variable `url` contenant le chemin du fichier de test à exécuter est de la forme suivante :

```
file:///<JSUNIT_HOME>/jsunit/testRunner.html?testPage=<TESTS_HOME>/jsUnitMesTests.html
```

Le code suivant illustre la structure d'un fichier XML contenant le résultat des tests :

```
<browserResult id="1146827481781" time="5.594">
    <properties>
        <property name="browserFileName"
                  value="C:/applications/firefox/firefox.exe" />
        <property name="browserId" value="0" />
        <property name="jsUnitVersion" value="2.2" />
        <property name="userAgent"
                value=" Mozilla/5.0 (Windows; U; Windows NT 5.1;
                fr; rv:1.8.0.2) Gecko/20060308 Firefox/1.5.0.2 " />
        <property name="remoteAddress" value="127.0.0.1" />
        <property name="url"
                 value="file://<TESTS_HOME>/jsUnitMesTests.html" />
    </properties>
    <testCases>
        <testCase
            name="file:///<TESTS_HOME>/
                jsUnitStringBuffer.html:testAppend" time="1.375">
          <failure>Expected <param1> (String) but was <param11>
            (String) Stack trace follows: > JsUnitException >
            _assert > assertEquals > testGetParam1</failure>
        </testCase>
        <testCase
            name="file:///<TESTS_HOME>/
                jsUnitMesTests.html:testToString" time="1.156">
    </testCases>
</browserResult>
```

Remarquons que le fichier contient quelques informations relatives au navigateur qui a exécuté les tests. Ces dernières sont localisées dans les balises `property`. Dans le fichier ci-dessus, les tests ont été exécutés en local avec le navigateur Firefox en utilisant le fichier **jsUnitStringBuffer.html.**

Notons pour finir que JsUnit ne fournit pas pour le moment d'outil permettant de générer de documentations à partir des fichiers XML de résultats. Comme le format XML utilisé ne correspond pas à celui de l'outil JUnit, l'utilisation de la tâche Ant `junitreport` de JUnit n'est pas possible. Le support de cet outil est cependant prévu pour une prochaine version.

Configuration de l'exécution des tests dans différents navigateurs

L'exécution des tests se réalise de la manière décrite à la section précédente. Seule la configuration change avec la variable browserFileNames, qui doit désormais contenir plusieurs valeurs séparées par des virgules.

Pour l'exécution successive de tests dans Firefox et Internet Explorer, la valeur de la variable a la forme suivante :

```
<property name="browserFileNames"
        value="C:/Program Files/Internet Explorer/IEXPLORE.EXE,
            C:/applications/firefox/firefox.exe"/>
```

Dans ce cas, la tâche Ant de JsUnit exécute successivement les tests dans les différents navigateurs, comme l'illustre la figure 15.8.

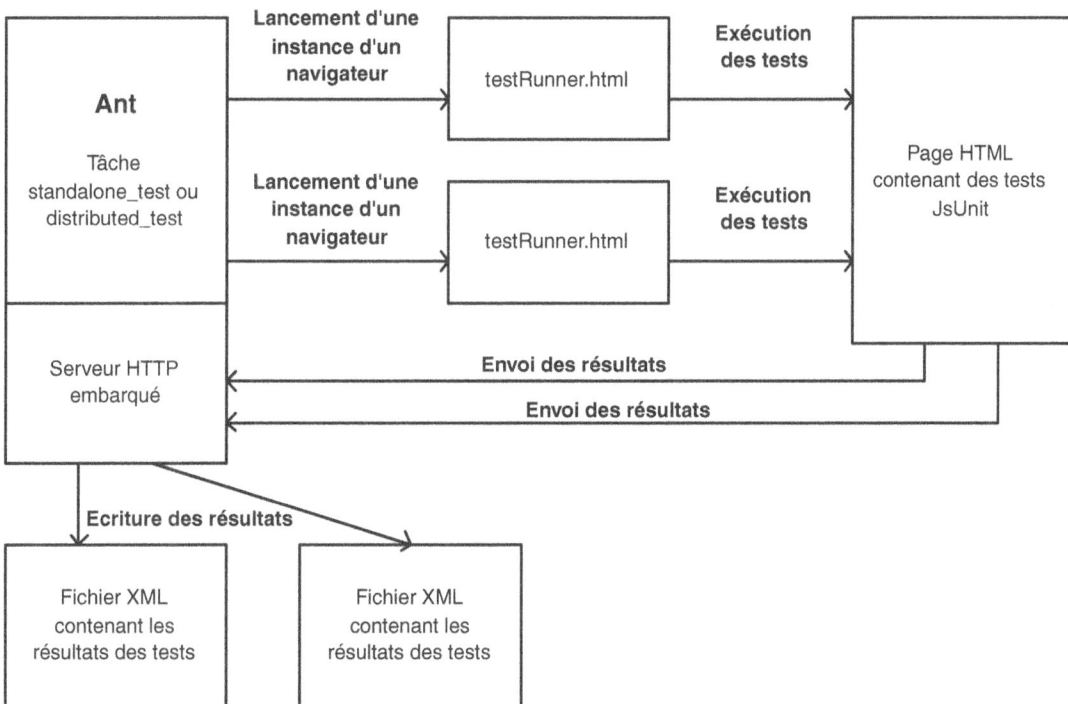

Figure 15.8
Exécution des tests dans plusieurs navigateurs

Dans ce cas d'utilisation de la tâche Ant de JsUnit, plusieurs fichiers XML de résultats sont générés, correspondant au nombre de navigateurs configurés. La structure de leur contenu est similaire à celle décrite à la section précédente.

Simulacres d'objets

Si JsUnit offre des fonctionnalités permettant de mettre en œuvre des tests, de vérifier leur validité et de les exécuter de différentes manières, il ne permet pas d'isoler les composants testés par rapport aux objets dont ils dépendent. À cet effet, les simulacres d'objets, ou *mock objects,* peuvent être utilisés. Ils permettent de fournir des objets de substitution afin de vérifier que les méthodes sont correctement appelées et que les paramètres sont ceux attendus ainsi que de forcer leurs valeurs de retour.

Avec cette technique, il est possible de tester les méthodes utilisatrices de l'objet ainsi que leur façon d'interagir avec le simulacre. La mise en œuvre de simulacres d'objets en JavaScript est relativement simple puisque le langage n'est pas typé et que les objets y sont considérés comme de simples tableaux de propriétés et de fonctions.

L'implémentation de simulacres consiste à initialiser un objet vide à partir d'un autre. Les méthodes de cet objet possèdent les mêmes noms que celles de l'objet de référence mais doivent être vides. Avant l'exécution du simulacre, le test paramètre ce simulacre avec les résultats attendus pour différentes méthodes devant être appelées.

Bien que les simulacres JavaScript ne soient pas très développés, il en existe deux implémentations qui méritent d'être détaillées.

Implémentation de simulacres simples

Le site jpspan propose sur son wiki une implémentation simple de simulacres d'objets JavaScript.

Le code de cette implémentation est disponible à l'adresse *http://web.archive.org/web/20050205085833/http://jpspan.sourceforge.net/wiki/doku.php?id=javascript:mock*

Son objectif est d'enregistrer le nombre d'appel de méthodes d'un objet JavaScript. Avant toute chose, il est nécessaire d'initialiser le simulacre à partir d'une classe, comme dans le code suivant :

```
function testSimulacreSimple() {
    var simulacre = MockCreate(StringBuffer);
    (...)
}
```

À partir de ce moment, le simulacre contient les mêmes méthodes que la classe initiale, mais ces dernières ne retournent aucune valeur. Il faut donc configurer le simulacre afin de spécifier les valeurs de retour désirées.

Le code suivant illustre ce paramétrage :

```
(...)
function testToString() {
    var simulacre = MockCreate(StringBuffer);
    simulacre.setReturnValue("toString","Mon résultat");
    (...)
}
```

La méthode toString peut dès lors être appelée sur le simulacre, qui renvoie désormais la valeur "Mon résultat".

L'implémentation offre en outre la possibilité de récupérer des informations relatives aux méthodes appelées, comme dans le code suivant :

```
(...)
function testToString() {
    var simulacre = MockCreate(StringBuffer);
    simulacre.setReturnValue("toString","Mon résultat");
    simulacre.toString();
    alert("La méthode maMethode a été appelée "
                + simulacre.getCallCount("toString")+" fois");
    alert("L'argument du dernier appel de la méthode est "
                + simulacre.getLastCallArgs("toString")[0]);
}
```

Implémentation de simulacres fondée sur JsUnit

La seconde implémentation, en cours d'intégration au framework JsUnit, est plus évoluée. Elle présente cependant le désavantage d'utiliser des fonctions de ce framework et ne peut donc être utilisée sans lui.

Le code de cette implémentation et une documentation sont accessibles aux adresses *http://micampe.it/bzr/jsmock/ et http://micampe.it/wiki/JavascriptMockObjects.*

Comme pour l'implémentation précédente, le simulacre doit être initialisé avec la classe cible.

La mise en œuvre de cette implémentation consiste à spécifier les paramètres et les retours des méthodes devant être appelées pour un objet par l'intermédiaire de la méthode _expect.

Le code suivant illustre cette configuration :

```
(...)
function testToString() {
    var simulacre = MockCreate(StringBuffer);
    simulacre._expect("toString",
                    ["Mon parametre"], "Mon resultat");
    (...)
}
```

Une fois ce paramétrage réalisé, les différents appels de méthodes sur le simulacre peuvent être réalisés.

La méthode _verify du simulacre permet de vérifier que l'exécution correspond au résultat souhaité, comme dans le code suivant :

```
(...)
function testToString() {
    var simulacre = MockCreate(StringBuffer);
    simulacre._expect("toString",
                    [], "Mon resultat");
```

```
    var resultat = simulacre.toString();
    simulacre._verify();
    assertEquals(resultat, "Mon resultat");
}
```

L'implémentation fournit également une méthode _expectThrows afin de lever une exception sur l'appel d'une méthode donnée.

Le code suivant illustre l'utilisation de cette méthode :

```
(...)
function test() {
    var simulacre = MockCreate(StringBuffer);
    simulacre._expectThrows("toString",
                            ["Mon parametre"], "Une exception");
    try {
        var resultat = simulacre.toString("Mon parametre");
        fail("Pas d'exception levée");
    } catch(err) {}
    simulacre._verify();
}
```

Réalisation des tests

À la section précédente, nous avons décrit les principes de fonctionnement de JsUnit, principes similaires à ceux de JUnit dans le monde Java. Nous allons maintenant nous pencher sur la façon de mettre en œuvre des tests dans des applications JavaScript dans le but de détecter d'éventuelles erreurs et d'améliorer leur robustesse et leur qualité.

Afin de décrire la façon de mettre en œuvre JsUnit, nous allons prendre pour exemple le composant graphique SortableTable de la bibliothèque dojo.

Commençons par créer la page de test contenant un tableau généré par l'intermédiaire du composant SortableTable :

```
<!DOCTYPE HTML PUBLIC "-//W3C//DTD HTML 4.01 Transitional//EN"
                      "http://www.w3.org/TR/html4/loose.dtd">
<html>
<head>
    (...)
    <script language="JavaScript" type="text/javascript">
        var djConfig = {isDebug: true, debugAtAllCosts: true };
    </script>
    <script type="text/javascript"
            src="<DOJO_HOME>/dojo.js"></script>
    <script language="JavaScript" type="text/javascript">
        dojo.require("dojo.widget.SortableTable");
        dojo.hostenv.writeIncludes();
    </script>
```

```
        <style type="text/css">
            (...)
        </style>
</head>
<body>
    <div class="tableContainer">
        <table widgetId="testTable»dojoType="SortableTable
            headClass="fixedHeader" tbodyClass="scrollContent"
            enableMultipleSelect="true" enableAlternateRows="true"
            rowAlternateClass="alternateRow" cellpadding="0"
            cellspacing="0" border="0">
            <thead>
                <tr>
                    <th field="Id" dataType="Number">Id</th>
                    <th field="Name" dataType="String">Nom</th>
                    <th field="Description" dataType="String
                                        sort="asc">Description</th>
                </tr>
            </thead>
            <tbody>
                <tr><td>1</td><td>Nantes</td>
                    <td>Préfecture de Loire-Atlantique</td></tr>
                <tr><td>2</td><td>Paris</td>
                    <td>Capitale de la France</td></tr>
                <tr><td>3</td><td>Saint-Nazaire</td>
                  <td>Sous-préfecture de Loire-Atlantique</td></tr>
            </tbody>
        </table>
    </div>
</body>
</html>
```

Maintenant que notre composant est en place, nous pouvons implémenter la structure de notre test en spécifiant tout d'abord la localisation des fichiers JavaScript de JsUnit nécessaires :

```
<!DOCTYPE HTML PUBLIC "-//W3C//DTD HTML 4.01 Transitional//EN"
                    "http://www.w3.org/TR/html4/loose.dtd">
<html>
<head>
    (...)
    <link rel="stylesheet" type="text/css"
            href="file://<JSUNIT_DIR>/jsunit/css/jsUnitStyle.css">
    <script language="JavaScript" type="text/javascript"
        src="file://<JSUNIT_DIR>/jsunit/app/jsUnitCore.js"></script>
    <script language="JavaScript" type="text/javascript">
        var djConfig = {isDebug: true, debugAtAllCosts: true };
    </script>
    <script type="text/javascript" src="../../../dojo.js"></script>
```

```
        <script language="JavaScript" type="text/javascript">
            dojo.require("dojo.widget.SortableTable");
            dojo.hostenv.writeIncludes();
            function testExistenceTableau() {
                (...)
            }
            function testChargementDonneesTableau() {
                (...)
            }
            function testTriDonneesTableau() {
                (...)
            }
        </script>
    </head>
    <body>
        <div class="tableContainer">
            (...)
        </div>
    </body>
</html>
```

Nous implémentons ensuite les trois fonctions de tests. La première, `testExistenceTableau`, vérifie que le composant graphique a correctement été créé et qu'il est possible de le référencer par l'intermédiaire de la méthode `dojo.widget.byId`. La seconde, `testChargementDonneesTableau`, vérifie que les données du tableau ont été correctement chargées par le composant. La troisième, `testTriDonneesTableau`, vérifie que le rendu du tableau est bien trié par rapport à la dernière colonne, comme spécifié au moment de la création du tableau.

La première fonction de test vérifie simplement que la méthode `dojo.widget.byId` de la bibliothèque dojo retourne une instance sur le composant :

```
function testExistanceTable() {
    var monTableau = dojo.widget.byId("monTableau");
    assertNotUndefined(monTableau);
    assertNotNull(monTableau);
}
```

La seconde fonction s'appuie sur la structure interne de stockage des données du tableau pour vérifier que toutes les données spécifiées sont présentes. Comme le composant stocke les données telles qu'elles sont définies, nous n'avons pas à nous soucier d'un éventuel tri. Puisque le composant définit les types des différentes colonnes, nous devons en tenir compte lors de la vérification de leurs valeurs. La fonction `assertObjectEquals` doit être utilisée car le composant gère les données sous forme d'objets :

```
function testLoadTable() {
    var monTableau = dojo.widget.byId("monTableau");
    var donnees = monTableau.data;
    assertEquals(donnees.length,3);

    //Première ligne
    var donneesPremiereLigne = donnees[0];
```

```
        assertObjectEquals(donneesPremiereLigne["Id"],1);
        assertObjectEquals(donneesPremiereLigne["Name"],"Nantes");
        assertObjectEquals(
                donneesPremiereLigne["Description"],
                        "Préfecture de Loire-Atlantique");
        //Seconde ligne
        var donneesSecondeLigne = donnees[1];
        assertObjectEquals(donneesSecondeLigne["Id"],2);
        assertObjectEquals(donneesSecondeLigne["Name"],"Paris");
        assertObjectEquals(donneesSecondeLigne["Description"],
                                        "Capitale de la France");
        //Troisième ligne
        var donneesTroisiemeLigne = donnees[2];
        assertObjectEquals(donneesTroisiemeLigne["Id"],3);
        assertObjectEquals(donneesTroisiemeLigne["Name"],
                                                "Saint-Nazaire");
        assertObjectEquals(
                donneesTroisiemeLigne["Description"],
                        "Sous-préfecture de Loire-Atlantique");
    }
```

La dernière fonction de test s'appuie directement sur l'arbre DOM du composant afin de vérifier la fonctionnalité de tri (ce dernier ne s'effectue qu'au moment de l'affichage par l'intermédiaire de la méthode de rendu render) :

```
function testTriDonneesTableau() {
    var monTableau=dojo.widget.byId("monTableau");
    var dom = monTableau.domNode;
    assertEquals(dom.rows.length,4);
    //Première ligne
    var premiereLigne = dom.rows[1];
    assertObjectEquals(premiereLigne.cells[0],"2");
    assertObjectEquals(premiereLigne.cells[1],"Paris");
    assertObjectEquals(premiereLigne.cells[2],
                            "Capitale de la France");
    //Seconde ligne
    var secondeLigne = dom.rows[2];
    assertObjectEquals(secondeLigne.cells[0],"1");
    assertObjectEquals(secondeLigne.cells[1],"Nantes");
    assertObjectEquals(secondeLigne.cells[2],
                    "Préfecture de Loire-Atlantique");
    //Troisième ligne
    var troisiemeLigne = dom.rows[3];
    assertObjectEquals(troisiemeLigne.cells[0],"3");
    assertObjectEquals(troisiemeLigne.cells[1],"Saint-Nazaire");
    assertObjectEquals(troisiemeLigne.cells[2],
                        "Sous-préfecture de Loire-Atlantique");
}
```

Limites des tests unitaires avec JavaScript

L'implémentation de tests n'est pas toujours évidente, car certains mécanismes, tels les mécanismes asynchrones d'Ajax, en complexifient la mise en œuvre. Ajax impose de surcroît des contraintes de sécurité. Par exemple, un appel utilisant cette technologie ne peut être réalisé qu'à partir de la machine d'où a été chargée la page. Dans ce cas, le lanceur HTML de JsUnit doit lancer les pages de tests présentes sur un serveur HTTP. Ce serveur doit également être la cible des appels Ajax des tests.

Les tests unitaires peuvent cependant permettre de tester le bon fonctionnement des applications JavaScript à l'égard du déclenchement d'événements, puisque le langage permet de les simuler. Une telle simulation est toutefois spécifique au navigateur.

Par exemple, Firefox permet d'utiliser les facilités de DOM niveau 2 à cet effet. La méthode `createEvent` de l'objet `document` crée l'événement, puis l'appel à la méthode `initMouseEvent` permet d'initialiser un événement déclenché par la souris. Finalement, la méthode `dispatchEvent` permet de déclencher l'événement.

Le code suivant illustre la mise en œuvre de cette technique avec Firefox :

```
var traiterEvenementAppelee = false;
function traiterEvenement(evenement) {
    traiterEvenementAppelee = true;
}
function testSimulationEvenementsFirefox() {
    var elt = document.getElementById("monId");
    var evt = document.createEvent("MouseEvents");
    evt.initMouseEvent("click", true, true, window,
                       0, 0, 0, 0, 0, false, false,
                       false, false, 0, null);
    elt.dispatchEvent(evt);
    if( !traiterEvenementAppelee ) {
        fail();
    }
}
```

Conclusion

Les tests unitaires ne sont pas exclusivement réservés aux langages « évolués » tels que Java, C++ ou .Net. À l'aide de JsUnit, un outil de la famille xUnit, il est possible de réaliser des tests d'applications JavaScript afin de les rendre plus robustes et de vérifier leur fonctionnement dans différents navigateurs.

Dans un premier temps, nous avons détaillé les principes permettant de mettre en œuvre des cas de tests. Les développeurs ayant déjà utilisé un outil de la famille xUnit y ont retrouvé des mécanismes et fonctionnalités connus.

Nous avons également vu que JsUnit proposait d'intéressants mécanismes afin d'automatiser ces tests d'applications JavaScript dans différents navigateurs, et ce, aussi bien en local que sur des machines distantes. Ces fonctionnalités ouvrent la perspective de les utiliser dans des outils d'intégration continue, tels que CruiseControl, afin d'automatiser les vérifications de non-régression.

JsUnit n'offre malheureusement pas pour le moment la possibilité de formater les résultats des tests et ne supporte pas la tâche Ant `junitreport` de l'outil JUnit du monde Java.

Il faut cependant être conscient que l'implémentation de tests n'est pas toujours évidente du fait des différents mécanismes utilisés par JavaScript, notamment les mécanismes asynchrones d'Ajax.

16

Outillage

Ce chapitre présente divers outils permettant de mettre en œuvre un environnement convivial et productif pour implémenter des applications JavaScript.

Nous commençons avec des outils de développement et de mise au point de code Java-Script, pour finir avec des éléments permettant d'optimiser les applications Web fondées sur le langage JavaScript.

Loin de se vouloir exhaustif, ce chapitre ne prend en compte que certains outils que les auteurs jugent incontournables.

Outils de développement

Comme son nom l'indique, JavaScript est un langage de script. Un simple éditeur de texte suffit donc pour écrire des programmes fondés sur ce langage.

Des éditeurs de texte avec coloration syntaxique permettent d'améliorer la lisibilité du code mais pas de disposer d'un environnement de développement convivial et productif.

L'éditeur de texte atteint ainsi rapidement ses limites, d'autant qu'il ne propose aucun automatisme d'aide à la saisie et encore moins de fonctionnalité permettant de mettre au point des scripts.

L'outil ATF, plug-in d'Eclipse, apporte des solutions tangibles à ces difficultés en proposant un environnement complet pour le codage et le débogage des applications JavaScript.

ATF (Ajax Toolkit Framework)

L'outil Open Source ATF fournit une extension à Eclipse afin de mettre à disposition un environnement complet pour le développement d'applications Web.

Eclipse

Eclipse est une plate-forme de développement Open Source extensible et adaptable grâce à l'adjonction de plug-in. Cet environnement de développement se veut universel, de par sa faculté à intégrer toutes sortes de fonctionnalités. Le sous-projet WTP (Web Tools Platform) d'Eclipse ajoute un ensemble de fonctionnalités liées au Web, notamment un éditeur HTML, un éditeur de feuilles de style CSS et un éditeur JavaScript.

ATF enrichissant la distribution WTP (Web Tools Platform) de fonctionnalités supplémentaires, le prérequis à l'installation d'ATF est de disposer d'un environnement WTP, téléchargeable à l'adresse *http://www.eclipse.org/webtools/*. Une fois WTP installé, il ne reste plus qu'à installer ATF, disponible à l'adresse *http://www.eclipse.org/atf/*.

Fonctionnalités de base

ATF offre un environnement de développement JavaScript complet, incluant des fonctionnalités de vérification de la syntaxe lors de la saisie. Il propose également l'autocomplétion de code, qui apporte une aide à la saisie de code en proposant les méthodes ou attributs disponibles pour un objet donné.

Nous n'abordons dans cette section que les fonctionnalités relatives au langage JavaScript, mais ATF propose tout un panel de fonctionnalités permettant d'écrire des pages HTML et de mettre en œuvre les styles CSS.

ATF permet de tester les applications Web directement dans l'outil, sans avoir à recourir à un navigateur externe. Cette fonctionnalité est rendue possible grâce à l'intégration du navigateur Mozilla.

De même, le débogage des scripts JavaScript est disponible directement dans l'outil, sans nécessiter de débogueur externe. L'inspection de l'arbre DOM, qui permet de visualiser la représentation en mémoire d'une page Web, est également fondée sur ce principe.

La figure 16.1 illustre l'interface graphique proposée par ATF dans l'environnement de développement Eclipse.

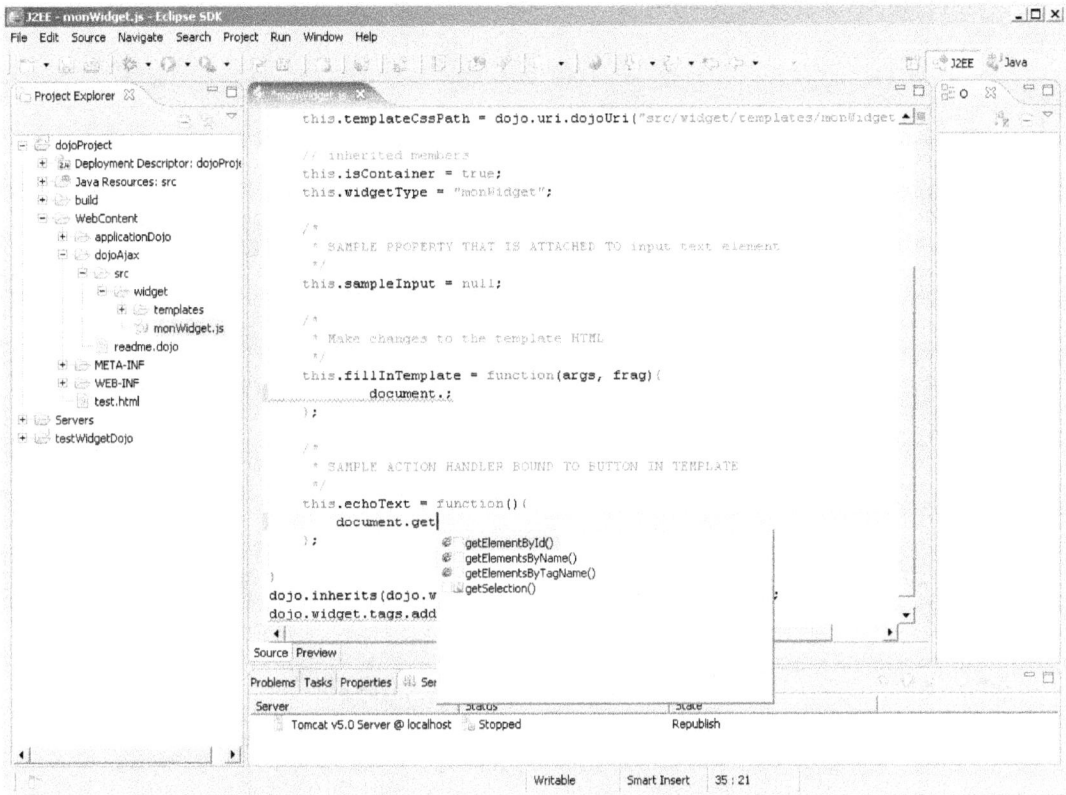

Figure 16.1
Interface graphique de l'outil ATF

Nous pouvons voir les principales aides à la saisie relatives au langage JavaScript, ainsi que celles permettant d'afficher les méthodes d'objets DOM par l'intermédiaire d'un cadre contenant les méthodes disponibles. Les lignes contenant des erreurs de syntaxe sont soulignées.

Support de bibliothèques JavaScript

Outre la coloration syntaxique du langage JavaScript, de l'autocomplétion et de la vérification de la syntaxe à la saisie, ATF propose un ensemble d'assistants permettant de générer du code.

Il offre des assistants pour générer les squelettes autour de la bibliothèque dojo et permettre notamment la création de nouveaux composants graphiques dojo.

La figure 16.2 illustre la mise en œuvre de ce dernier assistant.

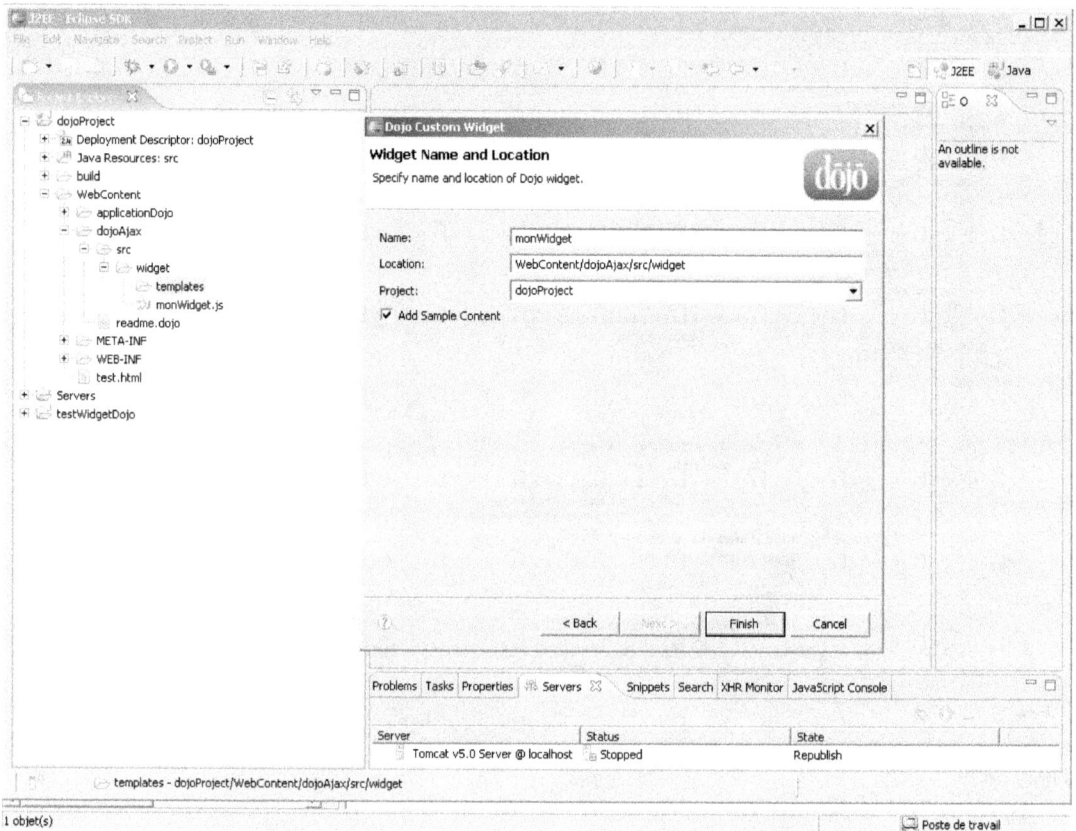

Figure 16.2

Assistant de génération de composants graphiques dojo

Cet assistant permet de générer les différents éléments définissant un composant graphique dojo, en particulier le template, la feuille de style, ainsi que la classe JavaScript contenant la structure d'un widget.

Le code suivant détaille la classe JavaScript d'un composant graphique généré en se fondant sur l'assistant dojo :

```
dojo.provide("dojo.widget.monWidget");
dojo.require("dojo.event.*");
dojo.require("dojo.widget.*");
dojo.require("dojo.graphics.*");
dojo.require("dojo.fx.html");
dojo.require("dojo.style");
dojo.widget.monWidget = function(){
    dojo.widget.HtmlWidget.call(this);
    this.templatePath = dojo.uri.dojoUri("src/widget/templates/monWidget.html");
```

```
        this.templateCssPath = dojo.uri.dojoUri("src/widget/templates/monWidget.css");
        // attributs hérités
        this.isContainer = true;
        this.widgetType = "monWidget";

        /*
         * Modifier le template HTML
         */
        this.fillInTemplate = function(args, frag){
        };
    }
dojo.inherits(dojo.widget.monWidget, dojo.widget.HtmlWidget);
dojo.widget.tags.addParseTreeHandler("dojo:monWidget");
```

D'autres assistants, portant le nom de *snippets,* permettent d'ajouter les composants graphiques de dojo dans une page HTML.

Ces assistants proposent diverses boîtes de dialogue afin de paramétrer le composant graphique.

La figure 16.3 illustre la boîte de dialogue relative au paramétrage du composant graphique `FloatingPane`. Ce composant graphique est une fenêtre qu'il est possible de déplacer.

Figure 16.3

Boîte de dialogue pour la saisie des propriétés de la FloatingPane

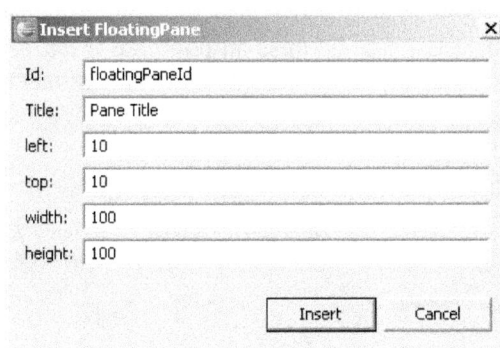

La sélection du bouton `Insert` dans la boîte de dialogue produit le code HTML suivant :

```html
<div dojoType="FloatingPane"
    widgetId="floatingPaneId"
    title="Pane Title"
    constrainToContainer="1"
    style="width: 100px; height: 100px; left: 10px; top: 10px;">
</div>
```

L'outil ATF offre un environnement de développement complet, dont nous n'avons présenté que quelques fonctionnalités, permettant de mettre en œuvre des applications Web et, surtout, de les mettre au point.

Ces fonctionnalités se révèlent précieuses pour développer des applications JavaScript productives.

Notons néanmoins que cet outil est très orienté Java/J2EE et qu'il impose un serveur J2EE pour déboguer les applications JavaScript. De plus, ATF supporte de nombreuses bibliothèques JavaScript, mais pas encore la version 0.3 de dojo.

Outils de débogage

La mise au point des traitements des applications JavaScript peut s'avérer très fastidieuse sans outil adapté. Cette section présente divers outils destinés à améliorer la productivité lors de la recherche de dysfonctionnements.

Ces outils évitent les débogages fondés sur des messages d'alerte (fonction `alert`), qui atteignent rapidement leurs limites et deviennent fastidieuses.

Console JavaScript de Firefox

Le navigateur Firefox est doté d'une console JavaScript permettant de recueillir l'ensemble des erreurs, avertissements ou messages JavaScript. Cette console est accessible par le biais du menu Outils.

Dès qu'une erreur est levée, une ligne apparaît dans la console indiquant le contexte de l'erreur, le nom du fichier ainsi que le numéro de ligne. À partir de ces informations, il est relativement facile d'identifier les erreurs lors de l'exécution.

Pendant la phase de mise au point du script, nous conseillons d'ouvrir en permanence cette console afin de vérifier son bon fonctionnement.

La figure 16.4 illustre l'interface de la console.

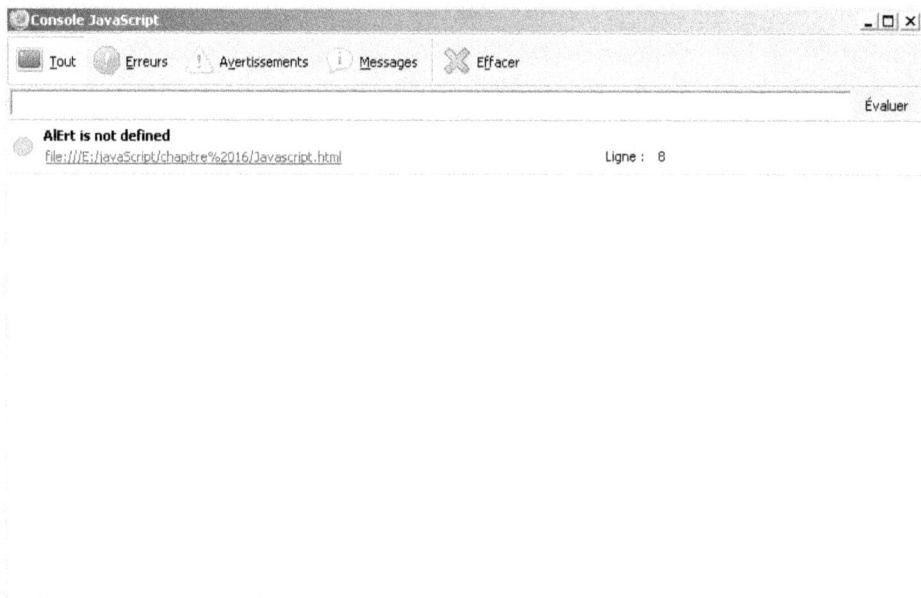

Figure 16.4
Console JavaScript de Firefox

La console JavaScript conserve toutes les erreurs qui se sont produites dans les pages Web visitées. Elle ne permet cependant pas de filtrer les erreurs par rapport à une page Web ou à un script particuliers. Pour visualiser les erreurs d'une seule page, il faut au préalable nettoyer la console par l'intermédiaire du bouton Effacer.

FireBug pour Firefox

Le débogage JavaScript dans Firefox passe par l'installation d'extensions de ce navigateur. Ce chapitre n'ayant pas pour objectif de présenter de manière exhaustive toutes les extensions disponibles, il se concentre à titre d'exemple sur l'extension FireBug.

Développée par Joe Hewitt, FireBug est disponible à l'adresse *https://addons.mozilla.org/firefox/1843/*. Après son installation, les fonctions de débogage sont accessibles par l'intermédiaire des menus Outils/FireBug.

Cette extension permet de déboguer des scripts JavaScript pas à pas en suivant les appels de méthodes et de visualiser ainsi la valeur des objets présents. Une console donne la possibilité de ne visualiser que les erreurs de la page courante. Le développeur peut de la sorte cibler au mieux l'endroit où sont déclenchées les erreurs.

Avec FireBug, il est possible d'exécuter à la volée du code JavaScript et de déclencher ainsi n'importe quelle méthode dans le contexte d'exécution de la page HTML.

Un inspecteur Dom permet de visualiser en détail l'arbre DOM de la page Web. Cette fonctionnalité s'avère particulièrement adaptée lorsque l'arbre Dom est modifié dynamiquement en JavaScript.

FireBug propose enfin un module d'analyse des flux échangés avec Ajax, et plus particulièrement par le biais de la classe XMLHttpRequest.

Afin d'illustrer le fonctionnement de ce débogueur, prenons le code source suivant :

```
<html>
<head>
    <title>FireBug</TITLE>

    <script type="text/javaScript">
        // fonction contenant du code en erreur
        function fonctionEnErreur(){
            AlErt("test console"); ← ❶
        }
        // mise en oeuvre de l'inspecteur Dom
        function utilisationInspecteurDom(){
            var zone = document.getElementById("maZone");
            var lbl = document.createElement("label"); ← ❷
            var txt = document.createTextNode("libellé");
            lbl.appendChild(txt);
            zone.appendChild(lbl);
        }
        // utilisation du débogueur pas à pas
        function calcul(){
            var i=0;
```

```
                    var j=0;
                    for (i=0; i < 10; i++){
                        j = j + 2;
                    }
                }
            </script>
        </head>
        <body onload="fonctionEnErreur()">
            <div id="maZone">
            </div>
            <input type="button"
                    onclick="utilisationInspecteurDom()"
                    value="Iinspecteur DOM">
            <input type="button" onclick="calcul()" value="Calcul"/>
        </body>
        </html>
```

Le code ci-dessus contient volontairement une erreur de syntaxe au repère ❶. Lors de l'ouverture de cet exemple, la console présente l'erreur comme illustré à la figure 16.5.

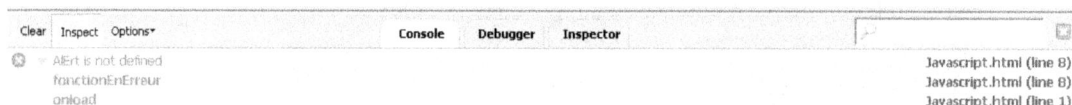

Clear	Inspect	Options▾			Console	Debugger	Inspector			
⊗	▾ AlErt is not defined									Javascript.html (line 8)
	fonctionEnErreur									Javascript.html (line 8)
	onload									Javascript.html (line 1)

Figure 16.5

Affichage d'une erreur dans la console de FireBug

Notons la précision avec laquelle FireBug localise l'erreur de syntaxe.

Nous allons à présent utiliser l'inspecteur DOM afin de visualiser la création dynamique d'une balise label (repère ❷).

Le clic sur le bouton Inspecteur Dom permet de déclencher l'ajout de l'étiquette sur la page. L'inspecteur DOM (onglet Inspector) affiche l'ajout de la balise label, comme illustré à la figure 16.6.

```
<html>
  <head>
  <body onload="fonctionEnErreur()">
    <div id="maZone"> </div>
      <label>libellé</label>
    <input type="button" value="inspecteur Dom" onclick="utilisationInspecteurDom()"/>
    <input type="button" value="calcul" onclick="calcul()"/>
  </body>
</html>
```

Figure 16.6

L'inspecteur DOM de FireBug

L'inspecteur DOM permet de visualiser toute la structure en mémoire de la page HTML ainsi que les feuilles de style ou encore les scripts.

Comme indiqué précédemment, le débogueur permet de suivre l'enchaînement pas à pas du code et d'évaluer les variables au cours de l'exécution.

Comme tout débogueur, son utilisation repose sur la pose de points d'arrêt. Ces derniers lui indiquent les instructions sur lesquelles nous souhaitons arrêter l'exécution afin d'analyser le code.

Le débogueur de FireBug est accessible *via* l'onglet Debugger, qui affiche à son ouverture le code source de la page. À ce stade, l'ajout de points d'arrêt s'effectue par simple clic sur une ligne. Ils sont représentés visuellement par un rond rouge.

Si nous plaçons dans le code précédent un point d'arrêt sur la fonction `calcul` en cliquant sur la première ligne de cette fonction, lors de l'appel de cette fonction par un clic sur le bouton Calcul présent dans la page Web, une ligne en surbrillance indique que l'exécution s'est arrêtée au début de cette fonction.

La figure 16.7 illustre cette mise en œuvre.

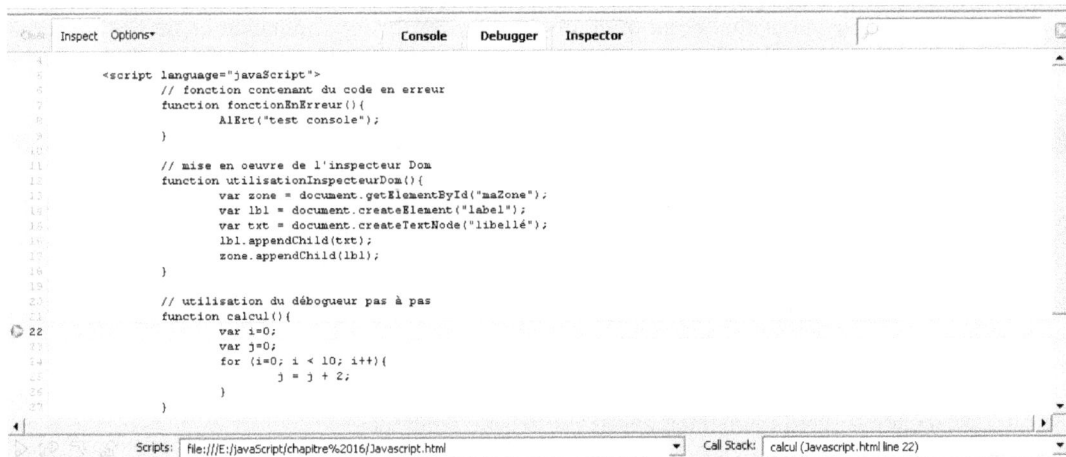

Figure 16.7
Débogage pas à pas dans FireBug

Il est désormais possible d'exécuter le code pas à pas par l'intermédiaire des boutons de commande situés au bas de l'onglet Debugger. Lors de l'avancement des instructions, les valeurs des différentes variables sont présentées comme illustré à la figure 16.8.

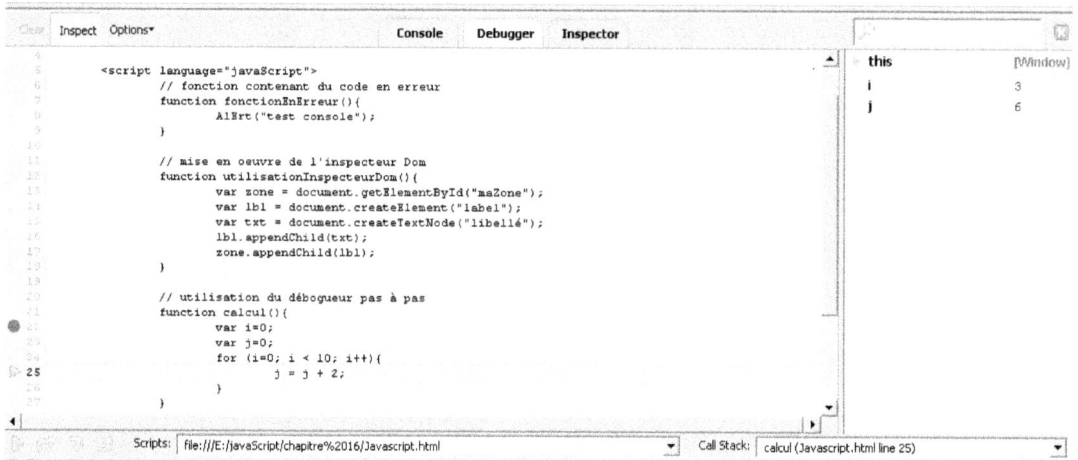

Figure 16.8

Visualisation des variables pendant le débogage dans FireBug

Comme nous l'avons vu, l'extension FireBug propose de nombreuses fonctionnalités indispensables pour mettre au point et corriger des dysfonctionnements de scripts écrits en JavaScript dans le navigateur Firefox.

Débogage dans Internet Explorer

Le débogage de script JavaScript est également possible dans le navigateur Internet Explorer par l'intermédiaire de l'outil Microsoft Script Debugger.

Accessible depuis le centre de téléchargement de Microsoft, cet outil permet de visualiser le code JavaScript afin de poser des points d'arrêt et d'exécuter le code pas à pas.

Script Debugger donne la possibilité de visualiser et modifier des variables à partir d'une fenêtre de commande ainsi que de voir la pile d'exécution. Cette dernière fonctionnalité permet de suivre l'enchaînement des appels de méthodes.

Une fois installé, le débogueur est accessible *via* les menus Affichage/Débogueur de script/Ouvrir.

Afin de présenter ses différentes fonctionnalités, reprenons l'exemple de la section précédente.

Lors de l'ouverture de la page contenant cet exemple, une boîte de dialogue s'ouvre et affiche une erreur de syntaxe. À partir de cette boîte de dialogue, le débogueur peut être lancé afin d'indiquer la ligne en erreur. Cette dernière est alors présentée surlignée en jaune.

La touche de fonction F9 permet de poser un point d'arrêt sur une ligne sélectionnée, lequel est représenté par des ronds rouges.

La figure 16.9 illustre la pose d'un point d'arrêt dans la fonction `calcul`.

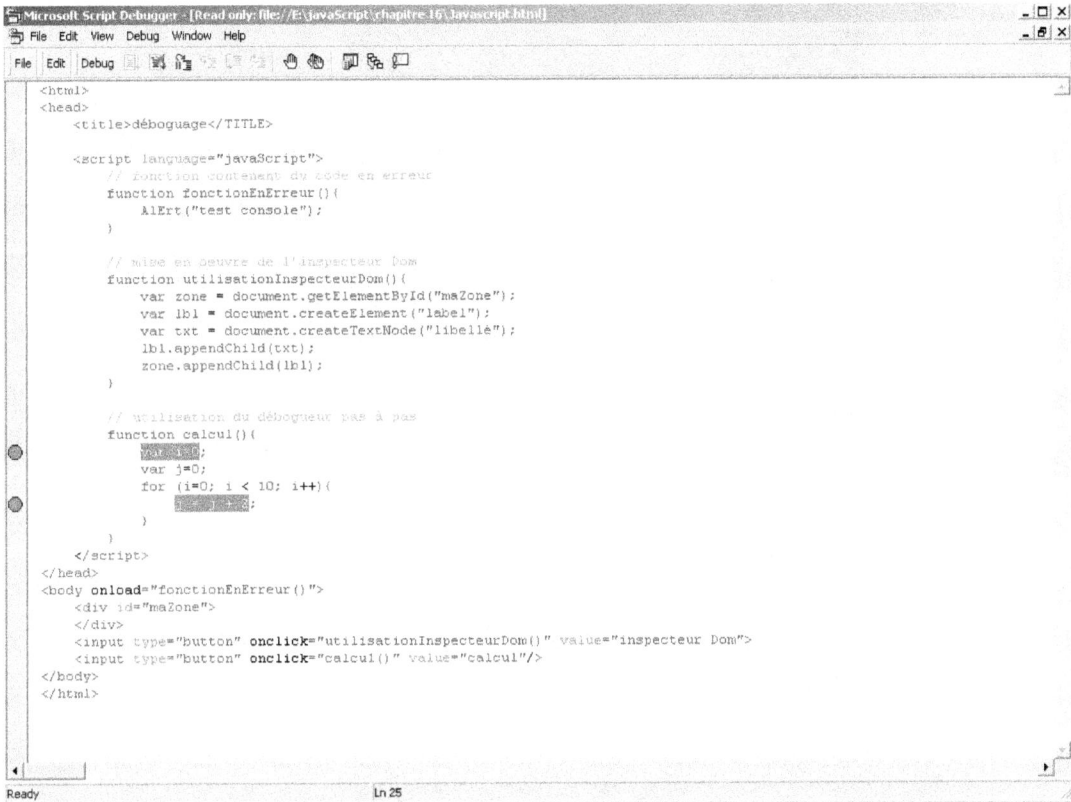

```
Microsoft Script Debugger - [Read only: file://E:\javaScript\chapitre 16\Javascript.html]    _ |□| ×
  File  Edit  View  Debug  Window  Help                                                     _ |8| ×

File   Edit   Debug

    <html>
    <head>
        <title>déboguage</TITLE>

        <script language="javaScript">
            // fonction contenant du code en erreur
            function fonctionEnErreur(){
                AlErt("test console");
            }

            // mise en œuvre de l'inspecteur Dom
            function utilisationInspecteurDom(){
                var zone = document.getElementById("maZone");
                var lbl = document.createElement("label");
                var txt = document.createTextNode("libellé");
                lbl.appendChild(txt);
                zone.appendChild(lbl);
            }

            // utilisation du débogueur pas à pas
            function calcul(){
                var i=0;
                var j=0;
                for (i=0; i < 10; i++){
                    j=(2*i)+1;
                }
            }
        </script>
    </head>
    <body onload="fonctionEnErreur()">
        <div id="maZone">
        </div>
        <input type="button" onclick="utilisationInspecteurDom()" value="inspecteur Dom">
        <input type="button" onclick="calcul()" value="calcul"/>
    </body>
    </html>

Ready                                      Ln 25
```

Figure 16.9

Spécification de points d'arrêt dans Internet Explorer

Une fois les points d'arrêt posés, il ne reste plus qu'à cliquer sur le bouton Calcul de la page Web afin d'atteindre le premier. La touche de fonction F8 permet alors l'exécution pas à pas des instructions.

À la différence de FireBug, les valeurs des variables ne sont pas affichées, leur visualisation restant à l'initiative de l'utilisateur par l'intermédiaire de la fenêtre de commande.

La figure 16.10 illustre la visualisation de la variable j de notre exemple.

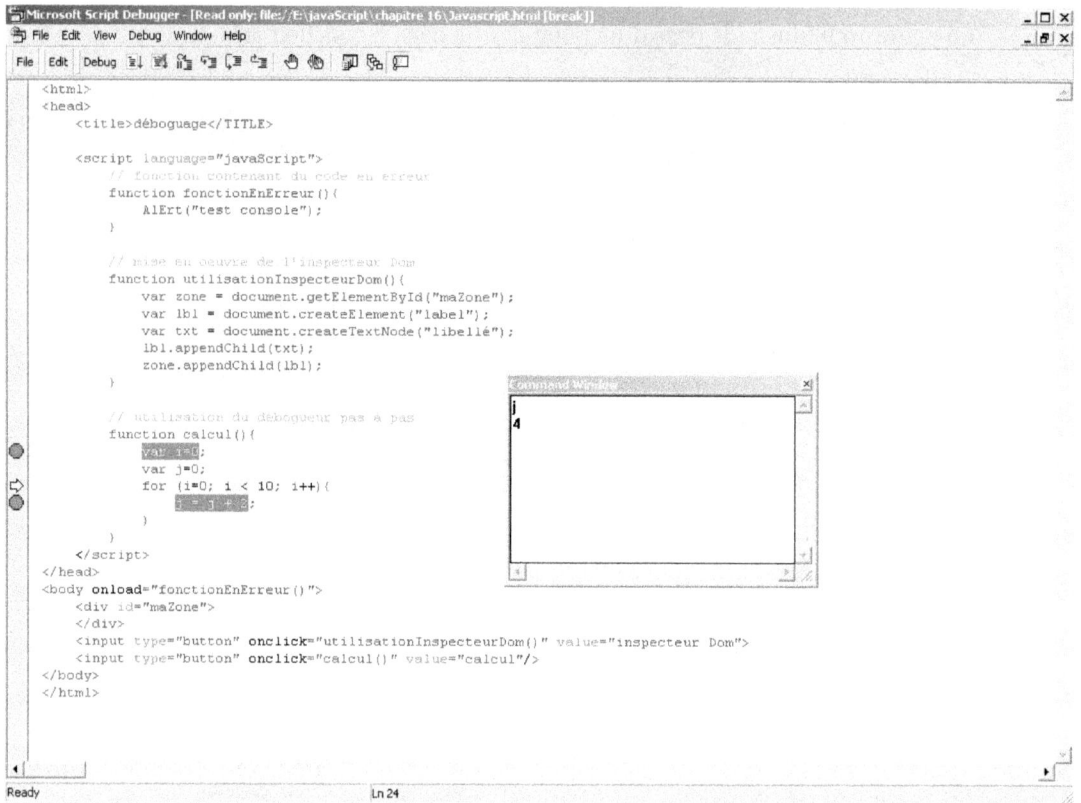

Figure 16.10

Visualisation des variables lors de l'exécution pas à pas dans Internet Explorer

Le débogueur de script pour Internet Explorer fournit les fonctionnalités majeures permettant de déboguer des scripts JavaScript, à l'exception du navigateur DOM, pourtant très utile pour la mise en œuvre d'applications JavaScript.

Débogage avec dojo

Du fait du chargement dynamique des modules de dojo, le débogage dans cette bibliothèque s'avère délicat.

Les scripts étant chargés à la volée par le biais d'une requête Ajax puis étant évalués dynamiquement au moyen de la fonction eval, le débogage n'est pas permis. Pour le rendre possible, il faut modifier la stratégie de chargement des scripts.

La propriété debugAtAllCosts de la configuration dojo (objet djCOnfig) permet de charger différents scripts en se fondant sur l'ajout dynamique d'une balise script dans l'en-tête de la page Web.

Le code suivant fournit un exemple d'activation du débogage (repère **❶**) lors de la configuration de la bibliothèque dojo :

```
djConfig = {
    isDebug: true,
    debugAtAllCosts: true← ❶
};
```

La propriété `debugAtAllCosts` doit être activée uniquement lors de la phase de mise au point ou de recherche de dysfonctionnements et ne doit en aucun cas être utilisée en production, car son impact sur les performances est loin d'être négligeable.

Détection des fuites mémoire

Le langage JavaScript s'appuie sur un ramasse-miettes (garbage collector) pour libérer la mémoire utilisée en ôtant de la mémoire tous les objets qui ne sont plus référencés.

Le mécanisme de garbage collector est en réalité très compliqué, car il doit vérifier tous les objets du DOM et tous les objets utilisés par le javaScript. Internet Explorer dispose d'un garbage collector pour les objets JavaScript et un autre pour ses objets natifs. Il arrive fréquemment qu'une référence circulaire entre un objet natif et un objet JavaScript empêche le bon fonctionnement de la libération de la mémoire.

Des outils tels que Drip permettent de détecter les fuites mémoires dans le navigateur Internet Explorer.

Disponible à l'adresse *http://outofhanwell.com/ieleak/index.php*, Drip permet de suivre l'utilisation de la mémoire.

Pour Firefox, l'extension Leak Monitor, disponible à l'adresse *https://addons.mozilla.org/firefox/2490/*, *ne* permet de détecter qu'un type de fuite mémoire : les objets restés en mémoire alors que la page HTML qui les avaient créés a été fermée.

Outils de documentation

Dans toutes les applications, la documentation est très importante dès lors que nous souhaitons les pérenniser et les maintenir.

Les scripts JavaScript n'échappent pas à cette règle.

jsDoc

À l'instar de Javadoc pour Java, jsDoc, disponible à l'adresse *http://jsdoc.sourceforge.net*, offre la possibilité de documenter des applications JavaScript.

La documentation est générée au format HTML à partir de balises placées dans les commentaires. Les diverses balises supportées sont récapitulées au tableau 16.1.

Tableau 16.1 Balises supportées par l'utilitaire jsDoc

Balise	Description
@argument	Identique à @param
@author	Spécifie l'auteur de la fonction ou du fichier JavaScript.
@class	Permet d'inclure de la documentation sur la classe.
@constructor	Indique que la fonction est le constructeur de la classe.
@depracated	Informe que la classe ou la fonction est dépréciée et ne doit plus être utilisée.
@extends	Indique que la classe hérite d'une autre classe.
@fileoverview	Positionnée au début d'un fichier JavaScript, permet de documenter le fichier.
@final	Indique que la valeur est une constante.
@ignore	Permet de ne pas documenter une méthode.
@param	Permet de donner des informations sur les paramètres d'une fonction. Le type du paramètre peut être indiqué entre accolades : /*@param {String} nomParamètre.
@private	Signifie que la fonction ou la classe sont privées et qu'elles ne figureront pas dans la documentation, excepté si l'option −private est utilisée dans la ligne de commande.
@requires	Indique une dépendance avec une autre classe.
@return	Permet de donner des informations sur le retour de la fonction.
@see	Spécifie un lien avec une autre classe ou une autre méthode. Le lien avec une autre méthode s'écrit de la manière suivante : @see #nom_méthode. Le lien avec une autre classe s'écrit : @see nom_classe.
@throws	Indique les exceptions que la méthode peut déclencher.
@type	Indique le type de retour d'une méthode.
@version	Spécifie la version du fichier JavaScript ou de la classe.

Pour mieux comprendre l'utilisation des balises dans jsDoc, prenons l'exemple suivant :

```
/**
 * @fileoverview Ce ficher permet de mettre en oeuvre jsDoc
 *
 * @author ago
 * @version 0.1
 */
/**
 * Construit un nouvel objet Utilisateur
 * @class Utilisateur
 * @constructor
 * @throws MemoryException
 * @return un nouvel objet Utilisateur
 */
```

```
function Utilisateur(){
   /**
    * retourne le nom de la classe
    * @type String
    */
this.getClassName = function(){

}
}
/**
 * Renvoie le nom de l'utilisateur
 * @returns le nom de l'utilisateur
 * @type String
 * @author ago
 */
Utilisateur.prototype.getNom = function(){
}
/**
 * positionne le nom de l'utilisateur
 * @param {String} nom de l'utilisateur
 */
Utilisateur.prototype.setNom = function(_nom){
   this.nom = _nom;
}
/**
 * renvoie l'age de l'utilisateur
 * @type int
 * @depracated ne plus utiliser
 */
Utilisateur.prototype.getAge = function(){
}
/**
 * Créé un objet Administrateur
 * @extends Utilisateur
 * @class Administrateur est une classe qui hérite de
 * {@link Utilisateur}
 */
function Administrateur() {
}
```

La génération de la documentation se réalise par le biais de la commande `perl` suivante :

```
> jsdoc.pj nom_fichier.js
```

Elle permet d'obtenir le résultat illustré à la figure 16.11.

Comme nous le constatons, la documentation est générée sous forme de pages Web. Les différents liens donnent la possibilité de naviguer dans les éléments de la documentation.

L'utilitaire jsDoc permet de documenter tous les objets définis dans les scripts JavaScript. Notons que plus le code source est commenté, meilleure est la documentation générée.

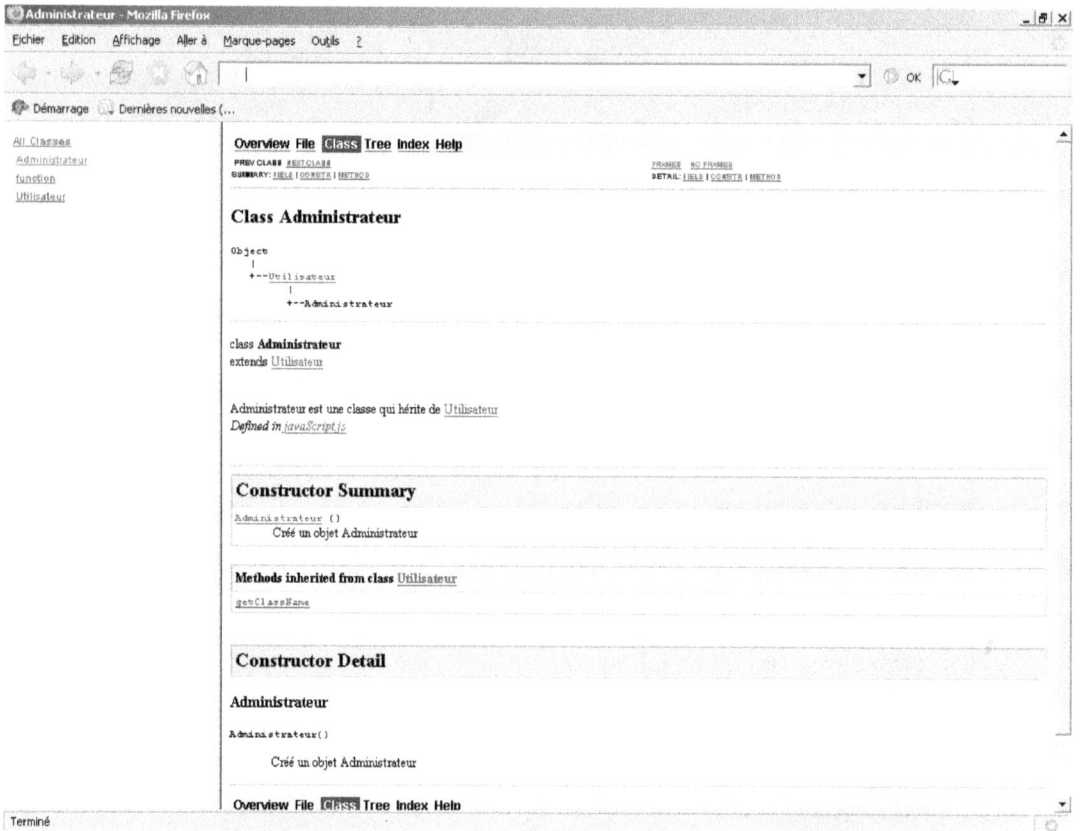

Figure 16.11

Exemple de documentation générée avec l'utilitaire jsDoc

Outils d'optimisation

Une des optimisations possibles pour améliorer le temps de chargement des scripts consiste en leur compression. Cette dernière permet de réduire la taille des fichiers et en conséquence de réduire significativement le temps de chargement par un navigateur.

Un second axe d'optimisation est lié au chargement dynamique des scripts. Cet axe consiste à limiter le nombre d'appel serveur et ainsi à réduire le temps de chargement.

Outils de compression

Plusieurs outils permettent de compresser les scripts en supprimant les espaces, les commentaires et les retours à la ligne.

La communauté dojo propose un outil qui va beaucoup plus loin en ce qu'il ajoute le renommage des variables au moyen de noms plus courts.

L'outil de compression dojo est fourni sous la forme d'un utilitaire Java téléchargeable à l'adresse *http://dojotoolkit.org/docs/compressor_system.html*. S'appuyant sur le moteur Rhino, il permet d'interpréter des scripts JavaScript et de réduire la longueur des noms de variables.

Son exécution requiert au minimum une machine virtuelle Java 1.4.

Le lancement de l'outil de compression sur l'exemple présenté à la section précédente donne le résultat suivant :

```
function Utilisateur(){
this.getClassName=function(){
};
}
Utilisateur.prototype.getNom=function(){
};
Utilisateur.prototype.setNom=function(_1){
this.nom=_1;
};
Utilisateur.prototype.getAge=function(){
};
function Administrateur(){
}
```

Remarquons que les commentaires ont été supprimés et que le paramètre nom de la méthode setNom a été remplacé par le paramètre _1. La taille du script JavaScript est ainsi passée de 1 068 à 237 octets.

Chargement dynamique

L'utilisation de classes en JavaScript consiste souvent à créer autant de fichiers source JavaScript que de classes. Cette méthode permet de se rapprocher du stockage des classes dans le langage Java. Ces classes, ou plus exactement ces fichiers de script, sont ensuite chargés à la demande par le navigateur Web.

La bibliothèque dojo utilise ce concept pour son découpage en classes. Le chargement dynamique des classes est ensuite effectué à la demande par une requête Ajax permettant de ramener sur le navigateur le contenu du fichier script puis de l'évaluer.

Ce mode de chargement requiert autant d'appels Ajax qu'il y a de classes à charger. Or il est important de noter que l'appel d'un grand nombre de requêtes Ajax pénalise fortement les temps de réponse. Chacune des requêtes Ajax n'est autre qu'une requête HTTP.

Pour limiter le nombre de ces requêtes et ainsi optimiser le temps de chargement des pages Web, il est préférable de regrouper dans un même fichier JavaScript les classes les plus utilisées. L'ensemble des petites requêtes Ajax sera ainsi remplacé par quelques grosses requêtes Ajax, ce qui aura pour effet de diminuer le temps de chargement des scripts JavaScript.

Conclusion

Ce chapitre a présenté différents outils permettant d'être plus productifs lors des phases de développement, de mise au point et de recherche de dysfonctionnements avec le langage JavaScript.

L'utilitaire jsDoc montre que la génération d'une documentation de bonne facture est également possible. Trop souvent négligée, cette documentation est essentielle pour assurer la maintenance des applications contenant du JavaScript. jsDoc n'est cependant utilisable qu'à condition qu'un réel effort d'écriture de commentaire ait été effectué au préalable.

Les derniers points abordés dans ce chapitre proposent des pistes d'amélioration visant à optimiser les temps de chargement des scripts. Cela peut s'effectuer aussi bien au niveau du poids des scripts JavaScript que de la manière de les charger.

Index

A

Ajax
  classe XMLHttpRequest 105
  contournement des restrictions
    114
  échanges de données 109
    données échangées 110
    structure des données échan-
      gées 111
  gestion des échanges 108
  iframe cachée 116
  implémentation de composants
    graphiques 241
  mise en œuvre 105
  proxy au niveau du serveur 115
  support
    par dojo 183
    par prototype 139
    par rialto 356
  utilisation
    des services Yahoo! 426
    dynamique de la balise script
      120
Amazon 419
  service ECS 430
  utilisation du service ECS 436
Ant (automatisation des tests) 457
ATF (Ajax Toolkit Framework)
  472

B

behaviour 266
  installation et mise en œuvre
    267
bibliothèque
  behaviour 266
  dojo 147
  graphique 253
  légère 255
    behaviour 266
    prototype 255
    script.aculo.us 269
  prototype 125
  rialto 347
  script.aculo.us 269

C

CCS 5
chaînes 33
closures 45
composants graphiques
  apparence 236
  approches de construction 242
  complétion automatique 247
  comportement générique 238
  conception orientée objet 235
  exemples d'implémentation
    246
  feuille de style 237
  généralités 231
  gestion des événements 240
  implémentation par dojo 299
  liste de sélection 248
  mise en œuvre 231
  objectifs 233
  organisation 233
  rialto 347, 357
  structuration 234
  utilisation d'Ajax 241
  zone de texte 247
CruiseControl 469
CSS 202
  application des styles 204
  définition de styles 203
  regroupement de styles 205
  validation de styles 204

D

dates 36
  spécificités des navigateurs 37
dojo 80, 147
  chaînes de caractères et dérivés
    164
  collections de base 173
  composants prédéfinis 317
    complexes 331
      arbres 334
      éditeur Wysiwyg 337
      tableaux 331
    fenêtres 322
    menus et barres d'outils 326
    positionnement 320
    simples 318
  configuration 338
  dates 167
  débogage 482
  distributions de la bibliothèque
    149
  étude de cas 338
  expressions régulières 170
  fonctions 156
    de gestion des objets JavaS-
      cript 157
    de manipulation des tableaux
      159
  gestion
    de l'affichage 288
    des effets 296
    des événements 290, 316
    des modules 151
    des styles 286
    du glisser-déposer 299

implémentation
  d'un composant personnalisé
    306
  des composants graphiques
    299
  structuration 300
initialisation des classes 162
installation et configuration
  149
itérateurs 177
manipulation de composants
  graphiques 313
mécanismes de base 148
mesure des performances 192
mise en œuvre
  des classes 162
  des composants 310
modules 148
  HTML de base 284
observateurs d'événements 291
outil de compression 487
structures de données avancées
  175
support
  de base 154
  de Google Maps 412
  de l'héritage 163
  de la programmation orien-
    tée objet 157
  des collections 173
  des services de Yahoo 428
  des techniques Ajax 183
    classes de transport dispo-
      nibles 187
    fonction dojo.io.bind 183
    soumission de formulaire
      189
    support de RPC 187
  du DOM 178
  graphique 283
tableaux 158
traces applicatives 190
traitements d'initialisation de
  la page 290
utilisation de composants
  graphiques 339
vérification de types 155
DOM
  classe
    Event 213
    MouseEvent 214
    Node 87

manipulation
  de l'arbre 209
  des éléments 89
méthode innerHTML 98
modification de l'arbre au
  chargement 100
niveau 2
  support des événements 212
niveau 0 100
niveau 2 95
parcours de l'arbre 95
spécifications 85
structure 86
support
  d'Internet Explorer 214
  par dojo 178
  par les navigateurs Web 86
types des nœuds 88

E

E4X (ECMAScript for XML) 4
Eclipse
  ATF (Ajax Toolkit Framework)
    472
  lanceur JsUnit intégré 455
  WTP (Web Tools Platform)
    472
ECMA (European Computer Ma-
  nufacturers Association) 2
ECMA-262 2
ECMAScript
  niveaux de conformité avec
    JavaScript 2
    JScript 2
  spécification 3
ECS (E-Commerce Service) 430
expressions régulières 37

F

FireBug 477
Firefox
  console JavaScript 476
  dates 37
  FireBug 477
  Leak Monitor 483
  modification de la classe CSS
    d'une balise 221
fonctions 41

G

gestion
  des collections (prototype) 131
  des exceptions 45
Google Maps 395
  classe
    AfficherSites 414
    de contrôle des cartes 401
    GMap2 398
    GMarker 402
    GPolyline 404
  description et fonctionnement
    395
  enrichissement de l'interface
    400
    éléments de localisation et
      d'information 402
    entités de navigation 400
  extensions 410
  interaction avec l'application
    405
  mise en œuvre 397
  positionnement d'un site 416
  recherche géographique de
    sites 414
  support dans dojo 412
  types des fenêtres fournies 404

H

HTML 198
  4.0.1 Strict 200
  balises 199

I

iframe cachée 116
interactivité 7
interfaces graphiques Web 197
  concepts avancés 222
  CSS 202
  HTML 198
  xHTML 198
Internet Explorer
  closures 45
  composants ActiveX relatifs
    à XSLT 228
    au DOM 224
  dates 37
  débogage 480
  Drip 483
  support des événements 214
interpréteurs JavaScript 13

J

JavaScript
appels de fonctions d'un objet 65
attribut prototype 66, 73
changement d'une propriété de style d'une balise 221
classes 57
de base 59
de l'environnement d'exécution 64
mise en œuvre 64
pré-instanciées 62
techniques de création 67
concepts des langages objet supportés 57
dans un navigateur Web 5
déclenchement manuel des événements 218
détection du navigateur 208
détermination du type d'un objet 79
ECMAScript 3
enrichissement de classes existantes 78
exécution de scripts 13
expressions régulières 37
symboles 38
fonctions de rappel 132
fondation du Web 2.0 7
fuites mémoire 82
gestion des événements 210
bonnes pratiques de mise en œuvre 222
héritage
de classes 72
multiple 76
historique 2
interactions avec les langages graphiques 208
interactivité 7
interpréteurs des navigateurs Web 13
introduction 1
JSON 70
late binding 67
limites des tests unitaires 468
manipulation
de l'arbre DOM 209
des styles 220

mécanismes de communication fondés sur Ajax 9
mise en œuvre d'objets personnalisés 64
mot-clé
delete 82
instanceof 79
this 64
with 81
objets littéraux 70
portée des attributs et méthodes 81
principes de base 11, 16
méthodes 27
opérateurs 20
structures de contrôle 24
tableaux 28
variables et typage 16
programmation orientée objet 49
réalisation des tests 464
simulacres d'objets 462
structuration
des applications 41
closures 45
fonctions 41
gestion des exceptions 45
des traitements 9
en packages 80
support des frameworks 80
tests
automatisation avec JsUnit Server et Ant 457
d'applications 443
exécution des 453
unitaires 443
types de base 32
manipulation
des chaînes 33
des dates 36
des nombres 35
utilisation
dans un navigateur 15
de XML et XSLT 223
des services Yahoo! 426
jpspan 462
JScript 2
jsDoc 483
JSON 70, 113

JsUnit 443
assertion et échec 449
automatisation des tests avec JsUnit Server et Ant 457
cas de test 445
chargement de données pour les tests 452
configuration de l'exécution des tests dans différents navigateurs 461
contexte d'exécution des tests 447
exécution des tests 453
implémentation de simulacres 463
lanceur intégré à Eclipse 455
navigateurs et systèmes d'exploitation supportés 445
propriétés du fichier build.xml 458
réalisation des tests 464
stockage XML du résultat des tests 459
suites de tests 450
tâches Ant du fichier build.xml 458
Test Runner 453

L

langage graphique (interactions avec JavaScript) 208

M

méthodes de base 27
Microsoft Script Debugger 480
Mozilla (interpréteur) 14

N

navigateurs
interpréteurs JavaScript 14
JavaScript 5
spécificités pour les dates 37
utilisation de JavaScript 15
Netscape (interpréteur) 14
nombres 35

O

OMG (Object Modeling Group) 50
opérateurs 20

outils
  d'optimisation 486
    chargement dynamique 487
    compression 486
  de débogage 476
    console JavaScript de Firefox 476
    détection des fuites mémoire 483
    dojo 482
    FireBug 477
    Microsoft Script Debugger 480
  de développement 471
    ATF (Ajax Toolkit Framework) 472
  de documentation 483
    jsDoc 483

P

programmation
  DOM 85
  graphique Web 195
  orientée objet 49
    agrégation 55
    classes 50
      abstraites 53
      finales 53
    composition 55
    dojo 157, 162
    encapsulation 51
    héritage 52
      multiple 54
    instances 51
    polymorphisme 56
    transtypage d'instances 56
    visibilité 51
prototype 125
  ajout de blocs HTML 258
  arbre DOM 138
  chaînes de caractères 129
  classe Event 262
  classes d'observateurs 262
  déclencheur 129
  exécution de requêtes Ajax 139
  fonctionnalités graphiques 255
  gestion
    des collections 131
    des événements 260
  manipulation d'éléments de l'arbre DOM 255

nombres 131
objet
  de transport 139
  Element 256
  Event 261
  Form 264
raccourcis 144
support
  d'Ajax 139
  des classes 126
    de base 129
  des éléments de base de JavaScript 126
  des fonctions 128
  des formulaires HTML 264

R

REST (Representational State Transfert) 419
Rhino 487
  interpréteur 14
  utilisation en ligne de commande 14
rialto 347
  comportements 389
  composants graphiques 357
    complexes 378
    de base 359
    fenêtres flottantes 376
    gestion des formulaires 367
    positionnement 370
    structuration 357
  historique 347
  installation 348
  outil Rialto Studio 390
  projets annexes 348
  support
    de base 350
    des techniques Ajax 356
Ruby on Rails
  prototype 125
  script.aculo.us 280

S

script.aculo.us 269
  autocomplétion 278
  effets 270
    paramètres de configuration 270
  glisser-déposer 275
services externes 393

simulacres d'objets 462
  JavaScript 462
SpiderMonkey (interpréteur) 14
structures de contrôle 24

T

tableaux 28
Test Runner 453
tests
  automatisation avec JsUnit Server et Ant 457
  d'applications JavaScript 443
  exécution des 453
  unitaires 443
typage 16

U

UML (Unified Modeling Language) 50

V

variables 16

W

Web 2.0
  échanges de données 8
  enrichissement des interfaces graphiques 7
  JavaScript 7
  structuration des applications 9
WTP (Web Tools Platform) 472

X

xbObjects 80
xHTML 5, 201
  Strict 202
  validation de fichiers 202
  versions du langage 202
xHTML 1.1 201
XML (création de documents suivant les navigateurs) 223
XMLHttpRequest 105
  gestion des échanges 108
XSLT (mise en œuvre) 225

Y

Yahoo! 419
  service de recherche
    d'albums musicaux 424
    Internet 420
    utilisation des services 426

www.ingramcontent.com/pod-product-compliance
Lightning Source LLC
Chambersburg PA
CBHW080117220326
41598CB00032B/4873